三维动画基础

3D Animation Basics

主编 彭国华 陈红娟

图书在版编目(CIP)数据

三维动画基础/彭国华,陈红娟主编. —西安:
西安交通大学出版社,2024.10
ISBN 978-7-5693-2864-6

Ⅰ. ①三… Ⅱ. ①彭… ②陈… Ⅲ. ①三维动画
软件—教材 Ⅳ. ①TP391.414

中国版本图书馆 CIP 数据核字(2022)第 203111 号

三维动画基础
SANWEI DONGHUA JICHU

主　　编 彭国华　陈红娟
责任编辑 郭鹏飞
责任校对 王　娜
封面设计 任加盟

出版发行 西安交通大学出版社
(西安市兴庆南路 1 号　邮政编码 710048)
网　　址 http://www.xjtupress.com
电　　话 (029)82668357　82667874(市场营销中心)
(029)82668315(总编办)
传　　真 (029)82668280
印　　刷 西安五星印刷有限公司

开　　本 787mm×1092mm　1/16　**印张** 21.625　**字数** 542 千字
版次印次 2024 年 10 月第 1 版　2024 年 10 月第 1 次印刷
书　　号 ISBN 978-7-5693-2864-6
定　　价 58.00 元

订购热线:(029)82665248　(029)82667874
投稿热线:(029)82669097　QQ:8377981
读者信箱:lg_book@163.com

前　言

近几年来，伴随数字科技水平的不断提高，三维动画技术在各个学科领域蓬勃发展，社会各行各业对动画设计与制作人才的需求也日益增加，许多高等院校针对市场上这一人才需求，纷纷开设了动画与三维动画设计相关课程。3ds Max 由于其覆盖面广泛及强大的动画制作功能，已经成为各大高等院校设计类专业、动画专业的重要课程。基于此种现状，作者将自己多年从事三维动画教学和制作实践的经验，按照初学者接受知识的重点难点，由浅入深地完成了本部教材的编写工作。

学习三维动画并没有想象的那么难，关键在于学习方法。本教材主编教师有二十多年的动画教学与制作经验，凝练出三维动画教学的核心知识点。基础理论与实战案例结合，让学生抓住学习的主动权，强调实践的重要性，做到“典型案例，熟能生巧，举一反三”。

本教材系统全面，主要内容有国内外三维动画的发展历程、应用领域、制作流程、模型、材质、灯光、动画、渲染、输出等。模型又分为初级建模、中级建模、高级建模；材质包含金属、玻璃、凹凸、环境等常用材质类型；灯光包括聚光灯、泛光灯、天光等运用；动画内容有钟表动画、修改器动画等典型的动画案例，熟练掌握后能满足大部分动画制作需求；一线动画公司的渲染输出标准，让您得心应手。教材中有大量图例，其中，在实例制作步骤中只保留图号，便于读者查阅，省略说明文字，同时，由于教材篇幅有限，对于一些简单步骤进行了适当省略。

本书精选出具有代表性、吸引学生的经典案例，让学生学习的同时，提高动画创作审美水平；熟练掌握后，增强学生的自信，做到举一反三，启迪学生动画创作思维。真正调动学生的积极性与主动性，做到“学动画、用动画、玩动画”。

本书的特色是对于 3ds Max 软件操作命令的高效率学习，主要针对三维动画制作过程中最核心常用的工具进行学习，去除不常用命令，并结合案例，尽量简化制作过程，使读者易于掌握。

本书可作为高等院校设计类专业、三维动画专业学生的本科教材，也可作为其他专业三维设计爱好者、电脑培训机构三维培训教材或自学参考资料。如果读者按照本书的教学进度进行学习，对教材中的经典实例反复训练，认真完成课后思考与练习，就能在 3 至 4 个月的时间内，对 3ds Max 有一个全面、系统的认识，达到三维动画技术入门、提高，乃至中级使用用户水平。

本书由陕西科技大学设计与艺术学院彭国华副教授和陈红娟副教授结合多年的三维动画教学和科研经验共同编写完成，其中第 1 至第 5 章由陈红娟老师编写完成，第 6 至第 13 章由彭国华老师编写完成。在此，特别感谢陕西科技大学动画系朱云丽、肖鹏等同学在本书精彩案例编写过程中的协助。

在本书的编写过程中，作者做到了尽心尽力，全力以赴，如果读者发现书中错误之处，望不齐提出宝贵意见。如果读者在阅读的过程中有问题和建议,欢迎与本书作者联系,共同探讨,共同提高。作者的 E-mail 地址:43627969@qq.com

彭国华
2024 年 8 月

目　录

三维动画概述

第1章

本章重点

(1)了解国内外三维动画发展历史。

(2)三维动画主流软件及其应用领域基本概况。

(3)掌握三维动画的制作流程。

学习目的

通过认识国内外三维动画的发展历程、三维动画的应用领域,初步了解三维软件的特点和三维动画的制作流程,增强读者学习 3ds Max 三维动画制作的兴趣,对三维软件有一个宏观、总体的认识。

科学技术的高速发展,三维动画已经融入我们生活的方方面面,广告、影视、平面设计、产品、环艺、机械、化工等各个专业,都在大量使用三维技术。

1.1 3ds Max 三维动画发展历程

3D Studio Max,常简称为 3ds Max 或 MAX,是 Discreet 公司开发的(后被 Autodesk 公司合并)基于 PC 系统的三维动画渲染和制作软件。1996 年 Kinetix 推出 3ds Max 第一个版本之后,3ds Max 迅速成为三维制作领域的明星,在 3ds Max 2.5 和 3ds Max 3 版本中,3ds Max 的功能逐渐完善,并足以完成各种大型的工程制作。

3ds Max 是一套在全世界范围内都应用广泛的建模、动画及渲染软件,其功能满足了生动的动画创建、游戏开发及独特的造型设计的需要。在经历过多个版本的升级之后,3ds Max 的功能和操作变得更加完善,这为艺术家和动画工作者提供了更广阔的创作空间。

3ds Max 2018 是一款功能强大、运行稳定、设计公司广泛采用的版本,本书全部内容围绕 3ds Max 2018 展开,其界面如图 1-1 所示。

拥有强大功能的 3ds Max 被广泛地应用于电视及娱乐业中,比如片头动画和视频游戏的制作,游戏《古墓丽影》的女主角劳拉的角色形象就是 3ds Max 的杰作,如图 1-2 所示。

在国内发展相对比较成熟的建筑效果图和建筑动画制作中,3ds Max 的使用率也很高。根据不同行业的应用特点对 3ds Max 的掌握程度有不同的要求,建筑方面的应用相对来说局限性大一些,它只要求单帧的渲染效果和环境效果,只涉及比较简单的动画;片头动画和视频游戏应用中动画占的比例较大,特别是视频游戏动画对角色的质感及效果的要求要高一些;影视特效方面的应用则把 3ds Max 的功能发挥到了极致。

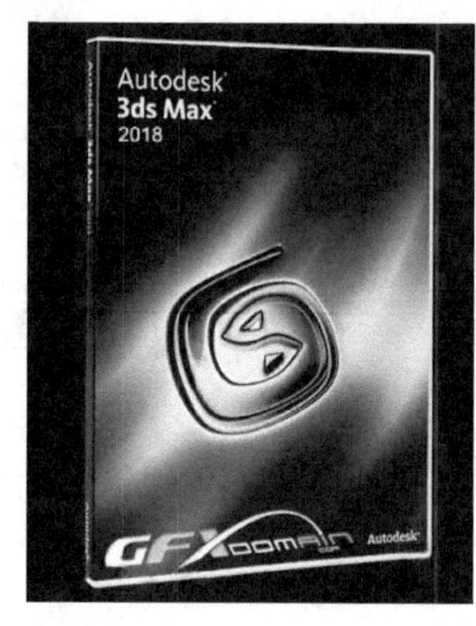

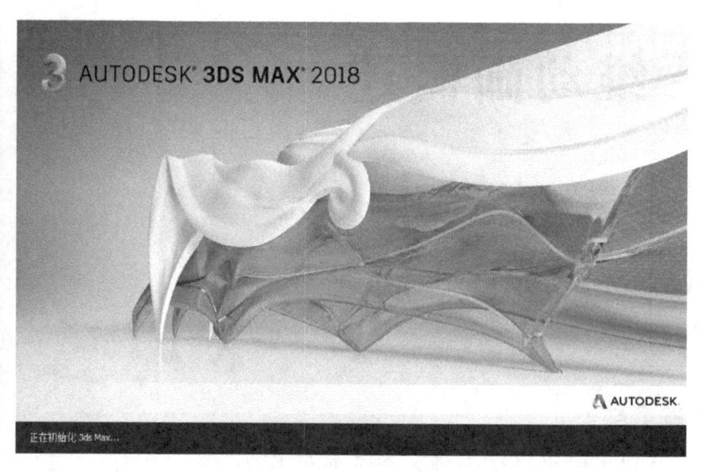

图 1 - 1 3ds Max 2018 软件与启动画面

图 1 - 2 游戏《古墓丽影》女主角——劳拉·克劳馥

3ds Max 功能强大、扩展性好，它的建模功能强大，制作方面具备很强的优势，另外丰富的插件也是其一大亮点。与强大的功能相比，3ds Max 可以说是非常容易上手的 3D 软件。同时，也能和其他相关软件流畅配合，做出来的效果也非常逼真。

1.1.1 国外三维动画发展历程

1982 年，迪斯尼(Disney)公司推出第一部电脑动画电影——TRON(电子争霸战)，讲述了主角 TRON 是一个电脑天才，他进入电脑中和其他进入电脑的人一起控制电脑程序，它属于最早的电脑动画电影，如图 1 - 3 所示。

1995 年 11 月，迪斯尼与皮克斯动画工作室合作，一起创作了划时代的全 3D 制作电影《玩具总动员》，如图 1 - 4 所示，其制作过程运用了电脑动画软件 SoftImage，在面部动画、水波模拟及大场面制作上都有不小的突破，尤其是对水纹的处理，每格胶片上都有数百万颗数字化的水滴，呈现出动画片中前所未有的模拟水景。

1998 年，获得多项奥斯卡大奖的《泰坦尼克号》(见图 1 - 5)的成功在很大程度上归功于计算机三维动画的大量应用：其利用基于 SGI 平台下的三维动画创作系统 SoftImage/3D，制作

图 1-3 第一部电脑动画电影 TRON

图 1-4 《玩具总动员》

图 1-5 《泰坦尼克号》

出了几百个在船甲板上的乘客，利用动作捕获系统捕捉演员表演的各种动作，利用影视后期特技效果制作系统 Inferno/Flame/Flint 等把所拍摄的轮船模型镜头合成在由三维动画制作的场景中，其杰出的三维动画制作获得了影视和传媒界的一致好评，由此宣告了计算机三维动画时代的到来。

近几年来，三维动画电影和三维特技在电影界扮演越来越重要的角色，三维动画电影深受影视观众好评。电影《阿凡达》《怪物史莱克》《冰河世纪》《飞屋环游记》《功夫熊猫》等一次次创造电影票房神话，如图1-6所示。

图1-6 电影《飞屋环游记》与《怪物史莱克》

游戏产品方面，三维技术达到了空前繁荣，三维游戏更是以逼真的视觉享受与身临其境的体验效果吸引着众多爱好者，游戏产业在欧美发达国家产值超过电影。《魔兽世界》《红色警戒》《波斯王子》《星际争霸》《反恐精英》等游戏深深吸引游戏玩家，如图1-7所示。

图1-7 《红色警戒》与《星际争霸》游戏画面

1.1.2 国内三维动画发展历程

1990年北京第十一届亚运会，中央电视台、北京电视台在当时电视转播中首次采用了计算机三维动画技术来制作电视片头。从此以后，计算机动画技术开始在我国迅速发展。随后，北方工业大学与北京科教电影制片厂、北京科协合作，于1992年制作了我国第一部完全用计算机编程技术实现的科教电影《相似》，并正式放映。1995年的《秦颂》是一部制作精良、场面恢弘、明星荟萃的历史大片，电影中的阿房宫就是由计算机三维动画技术制作完成的，如图1-8所示。

图1-8 《秦颂》与阿房宫

1998年北京三辰动画公司制作的《蓝猫淘气3000问》，动画片中有40%以上的镜头是用三维动画技术制作而成的。在该动画片中利用这些三维动画技术再现和还原了许多人们无法目睹或亲身经历的精彩画面，如天体运动、大陆漂移、原子弹爆炸、火山、地震、细胞分裂、纳米技术等，使人如临其境，融知识与娱乐于一体，极大地增强了国产卡通动画的艺术感染力和视觉冲击力，如图1-9所示。

图1-9 《蓝猫淘气3000问》动画片

2005 年荣获第十四届中国金鸡百花电影节“最佳美术片”提名的《魔比斯环》，如图 1－10 所示，其制作历时 5 年，是我国首部全 3D 高清动画电影。

图 1－10　电影《魔比斯环》中的三维角色

2007 年，杭州国家动画产业基地的杭州玄机科技信息技术有限公司制作的全三维武侠动画长片《秦时明月》，该片主要由 3ds Max 完成，如图 1－11 所示。在动作上，该片为了打造电影级的武打场面和镜头效果，投巨资采用 Motion Capture 技术，捕捉角色的动作场面，并首次在国产动画片中采用最新的 3D 渲染技术，其渲染效果兼具手绘动画的精美细腻和三维动画的强烈动态演出效果，带给观众新鲜完美的观影体验。这部动画片的上映标志着我国三维动画技术的应用达到一个崭新的水平。

图 1－11　动画片《秦时明月》

但是对比国际动画的发展水平，我国动画产业只是刚刚起步。尤其是三维动画技术，无论在三维动画的应用制作上，还是在理论的研究水平上，都和国外存在一定差距。但是，近几年来，国家加大动画产业相关投入，动画人才培养逐步与国际接轨，国内有众多三维动画公司和企业如雨后春笋般迅速崛起，一些跨国公司也纷纷进入中国，国家相继建立了一批动画基地和成立了一批国家重点实验室，这对我国动画产业尤其是三维动画制作的发展起到了非常大的推动作用，相信不久的将来，中国动画也将在全球动画行业中占有一席之地。

1.2 国内三维动画应用的主要方向

3ds Max是Autodesk公司出品的最流行的三维动画制作软件之一，它提供了强大的基于Windows平台的实时三维建模、渲染和动画设计等功能。国内3ds Max主要广泛应用于建筑表现与漫游、影视特效与栏目包装、动画电影与短片制作、工业设计与科学研究，以及游戏制作等方向。

1.2.1 建筑表现与漫游动画

建筑效果图与建筑漫游动画制作是现在国内三维设计软件应用最广泛的领域。拿北京奥运会的鸟巢和水立方为例，如图1-12和图1-13所示，在2002年，鸟巢和水立方的建筑漫游动画就已经完成，全方位向世界展示北京奥运场馆的恢宏气势，也帮助世界人民进一步了解了中国，了解了奥运。建筑效果图和漫游动画能够在建筑地产项目未完成之前将最终效果展示出来，能实现预知项目完成结果的效果，可以说，现在每一个建筑地产项目，大到城市规划、城市形象展示，小到家庭装修设计，都可以使用三维动画技术。

图1-12 水立方和鸟巢效果图

图 1 - 13 建筑漫游动画(引自网站作品)

1.2.2 影视特效与栏目包装

近年来,每当打开电视,我们就会被构思新颖、形式多样的电视广告和栏目包装所吸引。如何吸引观众的眼球,如何提高电视频道的收视率,越来越得到相关媒体的重视。其中,三维动画技术以其新颖的创作手法、神奇的创作效果和高效的性价比日益渗透到电视节目制作领域。国内知名的栏目包装策划公司有完美动力、5DS、世纪工厂等,创作了很多大家熟悉的经典作品,如图 1 - 14 所示。

图 1 - 14 栏目包装

在电影特效制作方面，3ds Max 也得到了很好的检验，国产电影《功夫》中的很多特效镜头，也用到了 3ds Max 的三维特效技术，给人很强的视觉冲击力，如图 1-15 所示。

图 1-15 国产电影《功夫》中的三维特效

水晶石数字科技有限公司成立于 1995 年，现已经成为亚洲数字视觉展示最大规模企业，作为全球领先的数字视觉技术及服务企业，水晶石数字科技致力以数字化三维技术为核心，提供与国际同步的全方位数字视觉服务，如图 1-16 所示为由北京水晶石数字科技有限公司完成的《大国崛起》三维特效镜头。

图 1-16 《大国崛起》三维特效

1.2.3 动画电影与短片制作

近几年来，文化产业发展迅速，国产动画电影在资金、人才、技术等方面有跨越式发展，涌现出众多优秀的具有中国传统元素与民族文化内涵的动画影片，《大圣归来》《哪吒之魔童降世》《姜子牙》等等，3D 效果突出、画面细腻，突出形象的同时，也加入很多搞笑的段落，让影片高潮不断，节奏紧凑，感人至深，如图 1-17 所示为电影《哪吒之魔童降世》的动画表情。

图 1－17 电影《哪吒之魔童降世》的动画表情

在科幻电影创作方面，三维动画技术也占据着越来越重要的地位。在电影《流浪地球》中，大量使用了三维动画技术，上海的寒冰冻结场景中，冰封并倒塌的“上海之巅观光厅”，就是首先用三维动画技术创建人物、道具和场景的三维模型，将未来冰冻的上海，展现在世人眼前，如图 1－18 所示为《流浪地球》中三维动画完成的冰冻上海。

图 1－18 电影《流浪地球》中三维动画完成的冰冻上海

动漫产业是国内继 IT 产业后又一个具有高经济增长点、亟待发展的新兴产业。因为其艺术审美及复杂制作工艺的要求，导致产业链条延伸很长且覆盖面很广，这一行业特点决定了它对于人才需求的多层次化。国产动画短片《秦时明月》是近年来国产动画片的一个亮点，该片主要使用 3ds Max 完成，娴熟流畅的角色动画和卡通化的场景设定增强了众多中国动画人的信心，国产动画片的春天已经到来，如图 1－19 所示为动画短片《秦时明月》三维场景。

广州蓝弧文化传播有限公司是定位于专业三维动画制作和影视后期制作的高科技文化传播有限公司。拥有国际先进的动画制作系统，并在多年的实践中建立了自己特有的高效管理模式和制作流程。蓝弧文化已完成了超过 10000 分钟的原创动漫作品，包括《迪比狗》《果宝特攻》《百变机兽》《猪猪侠》等，如图 1－20 所示是其制作的动画片《果宝特攻》中的场景。

图 1-19　动画短片《秦时明月》三维场景

图 1-20　动画片《果宝特攻》

1.2.4　工业设计与科学研究

在工业设计和科学研究的设计与展示领域，二维工程图纸、效果图已经不能满足多角度、全方位的设计要求，现在已全面进入到三维动画展示、虚拟仿真阶段，3ds Max 在其中发挥着越来越重要的作用，如图 1-21 所示为高性能双冷机组三维动画工作原理演示。

在航空航天、海洋科考中，为了能更真实全面地展现科学研究的工作流程，模拟真实设备工作顺序与状态，三维动画展现技术成为现代科学研究重要的辅助方式，如图 1-22 所示为火

图 1-21　高性能双冷机组三维动画工作原理演示

箭发射与工作过程演示动画，图 1-23 所示为海洋钻井平台施工演示动画。

图 1-22　火箭发射与工作过程演示动画(来源于网络)

图 1-23　海洋钻井平台施工演示动画(来源于网络)

1.2.5　游戏制作

随着电脑、网络技术的升级发展，原来的平面模拟三维的游戏正在被三维电脑游戏所取代。对于一些战争、探险或竞技体育类游戏，发现只有做成全三维才能更吸引玩家，让人身临其境，如《红色警戒》《古墓丽影》《魔兽争霸》《半条命》《极品飞车》等，如图1-24、图1-25、图1-26、图1-27和图1-28所示。国产三维网络游戏也正在蓬勃发展，由于3ds Max的高效、可操作性和开放性，在众多三维软件中，3ds Max越来越受到游戏公司的青睐。

图1-24　游戏《红色警戒》三维场景

图1-25　《古墓丽影》中的三维模型

图 1-26 《魔兽争霸》

图 1-27 《半条命》三维场景

图 1-28 《极品飞车》三维场景

1.3　3ds Max 三维动画制作流程

三维动画的制作流程大致分为构思动画、故事板、建立模型、赋予材质、设置灯光和摄像机、动画设置、渲染合成及输出等阶段，如图 1-29 所示。

我们可以把这个过程看成是拍摄一部电视剧或电影的过程。

首先，构思情节，编剧是电影、电视剧拍摄的前提，也是三维动画制作的纲要，三维动画设计师犹如电影、电视剧的编剧，需要构造一个感人的故事情节。其次，模型的创建犹如影片拍摄场地的演员与道具，是动画制作的物质基础，模型建立后，还要给模型赋予适当的材质，就像要给演员穿上适当的服装还要化妆一样，为了烘托气氛，还必须进行灯光的设置，恰如其分的灯光能更好地感染观众，动画设置用来设定相关物体的运动，指定摄像机的运动轨迹，也包括摄像机镜头的切换。最后是渲染合成输出阶段，包括先制作一段段的动画后，再利用一些剪辑软件把这些动画片段“串”起来，还要根据剧情需要进行剪辑、衔接与不同场景过渡处理等。

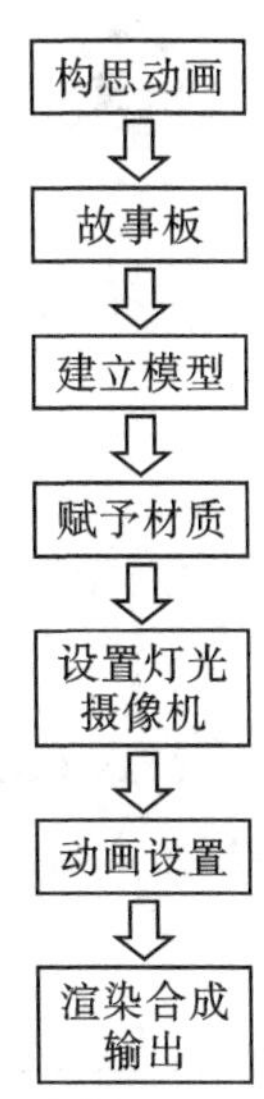

图 1-29　三维动画制作流程的七个阶段

本章小结

本章主要介绍了国内外三维动画的发展历程、三维动画的应用领域，并初步让读者了解三维软件的特点和三维动画的制作流程，以增强其学习 3ds Max 三维动画制作的兴趣。

思考与练习

1. 简述国内外电脑三维动画的发展历程。

2. 国内三维动画运用的方向有哪些？

3. 影视游戏中，三维动画运用越来越广泛，请列举 1～2 部影视与游戏作品，简述三维动画技术发挥了哪些重要作用。

4. 简述三维动画的制作过程。

第2章 3ds Max 基础知识

本章重点

(1)了解 3ds Max 视图操作。

(2)熟练掌握 3ds Max 主要工具的运用。

学习目的

通过了解 3ds Max 的视图操作和主要工具的运用，初步掌握 3ds Max 的基础操作，为以后进一步学习三维动画奠定基础。

2.1 3ds Max 软件安装

3ds Max 软件可登录 AUTODESK 官方网站下载免费试用版，如图 2-1 所示。

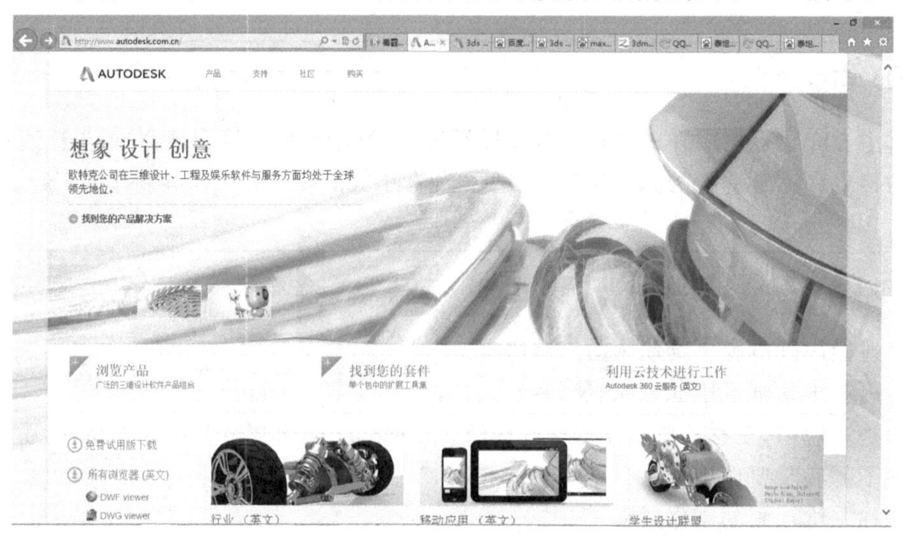

图 2-1 AUTODESK 官方网站

打开下载的 3ds Max 安装文件夹，点击安装程序中的 Setup 安装文件，进入 Max 软件安装界面，点击安装，输入产品序列号，如图 2-2 所示。

3ds Max 要求在 64 位系统下安装，整个软件安装过程 15 分钟左右，下面是软件安装画面截图，如图 2-3 所示。

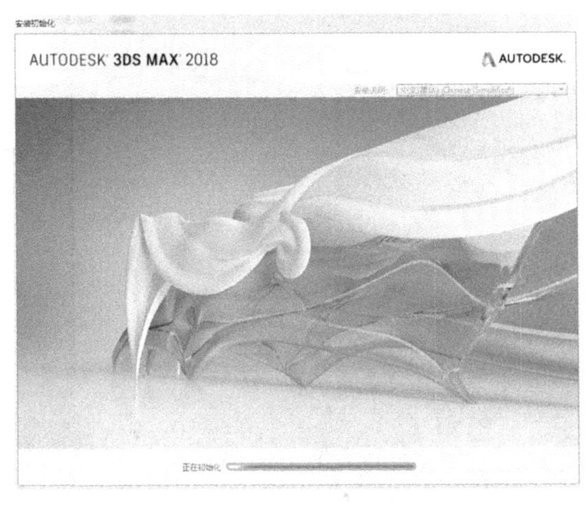

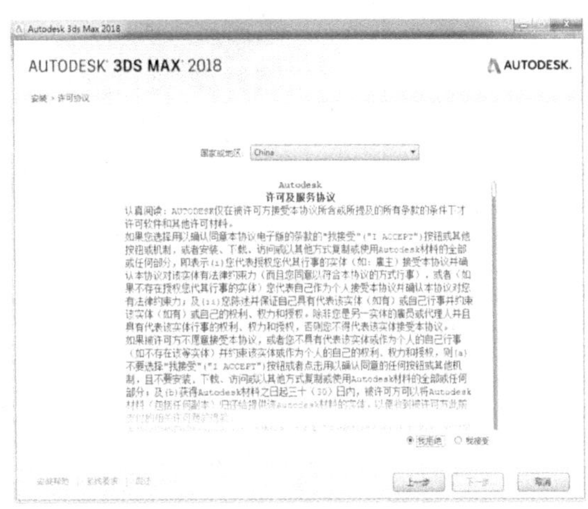

图 2-2　软件安装界面

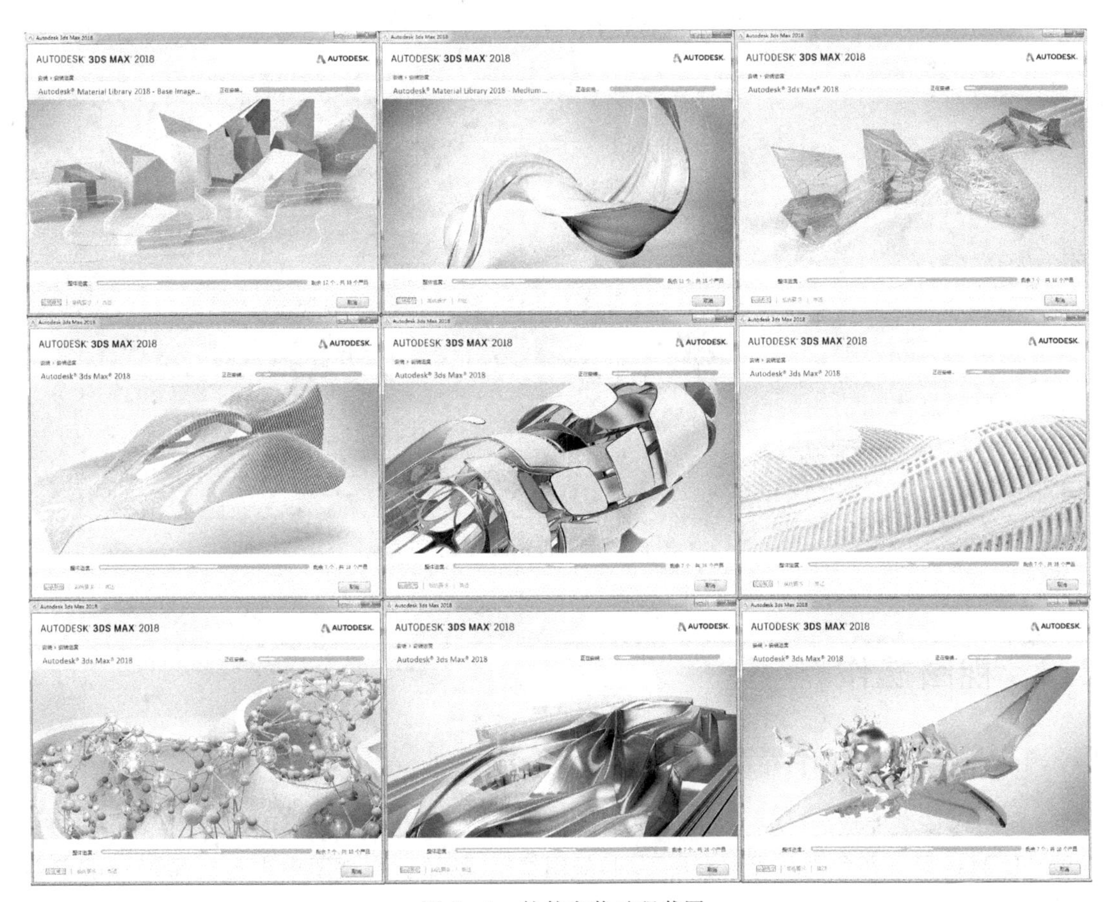

图 2-3　软件安装过程截图

软件全部安装完成后，显示安装项目明细，软件安装完成，如图 2-4 所示。

3ds Max 软件安装完成后，在电脑桌面上会增加 3ds Max 软件图标，第一次双击运行后，会进入 3ds Max 注册画面，软件提供 30 天免费试用，如图 2-5 所示。

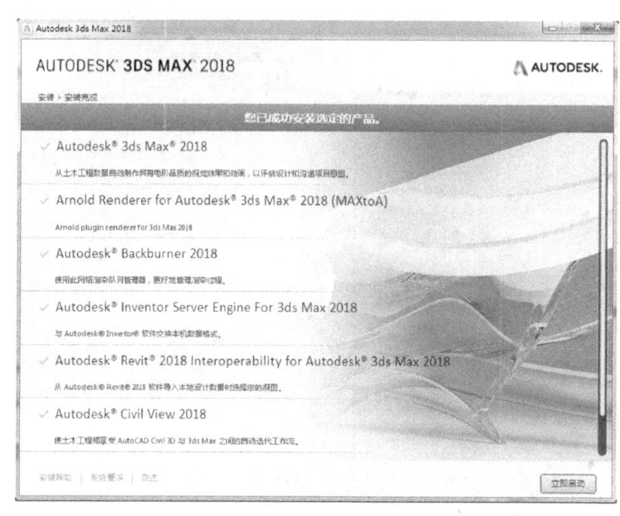

图 2-4 软件安装完成与桌面快捷方式

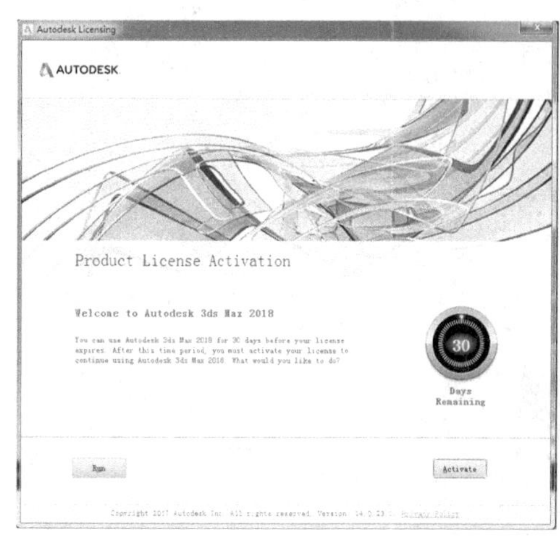

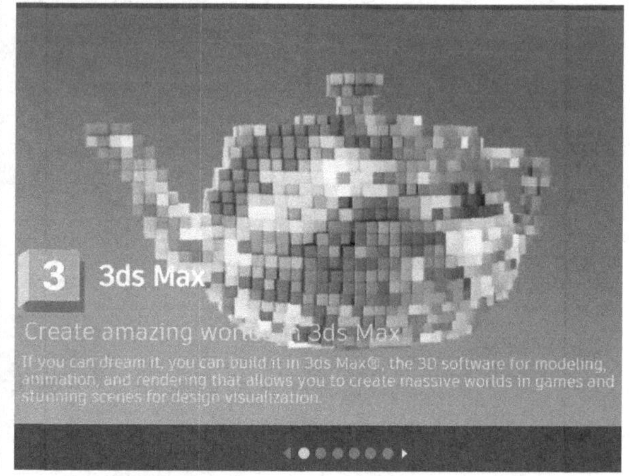

图 2-5 软件注册完成

2.2 视图操作

2.2.1 3ds Max 工作界面

3ds Max 安装完成后，运行 3ds Max 启动程序，Max 启动后默认界面是黑色界面，与以前较低 3ds Max 版本灰色默认界面有所不同，如图 2-6 所示。在视图中央会出现 Max 自带的基础入门操作视频。

点击不同的模块按钮，会播放相应的教学视频文件，能帮助初学者了解 Max 常用的基础操作，如图 2-7 所示。

3ds Max 灰色界面较为常见，本书内容将采用灰色 Max 界面讲解，下面我们学习一下 3ds Max 黑色界面与灰色界面的切换方法，大家可以在学习过程中灵活使用。

在【自定义】菜单中有一项【加载自定义用户界面方案】命令，在弹出的加载 UI 界面选项

图 2-6　3ds Max 默认界面

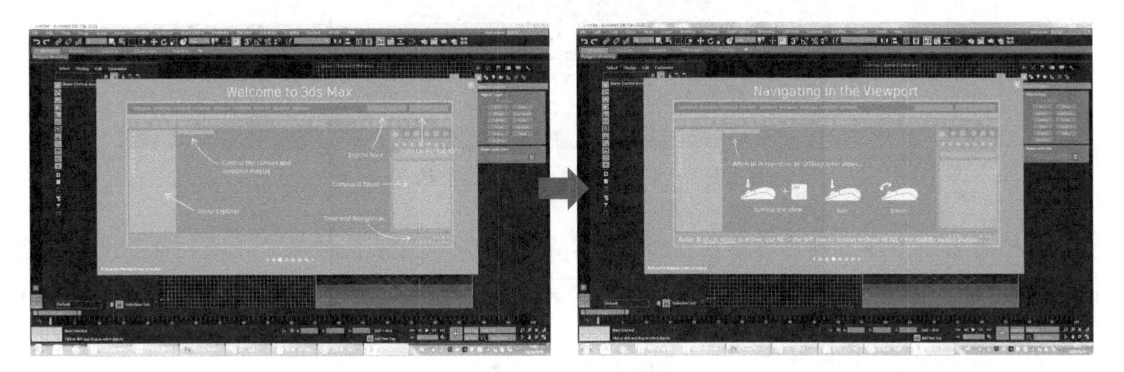

图 2-7　3ds Max 自带的操作视频

中，选择【ame-Light】界面文件，Max 界面将会改变为灰色，选择【DefaultUI】默认 UI 界面文件时，界面将会改变为 3ds Max 默认的黑色，如图 2-8 所示。

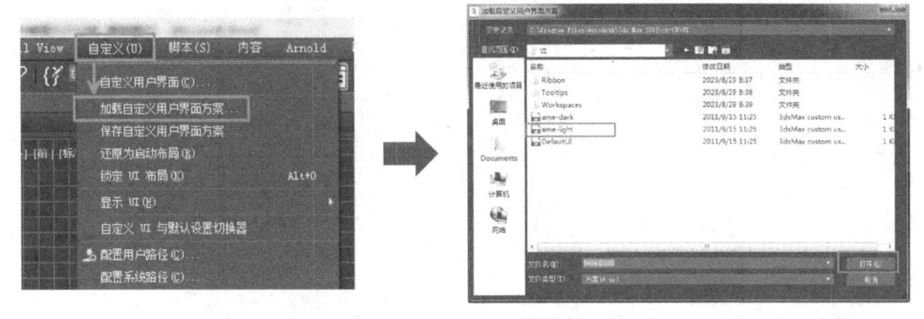

图 2-8　黑色界面与灰色界面的切换

界面修改完成后，会出现提示：界面修改会在 Max 重启后生效。也就是说以后运行 Max 都会是您更改的界面效果，如图 2-9 所示。

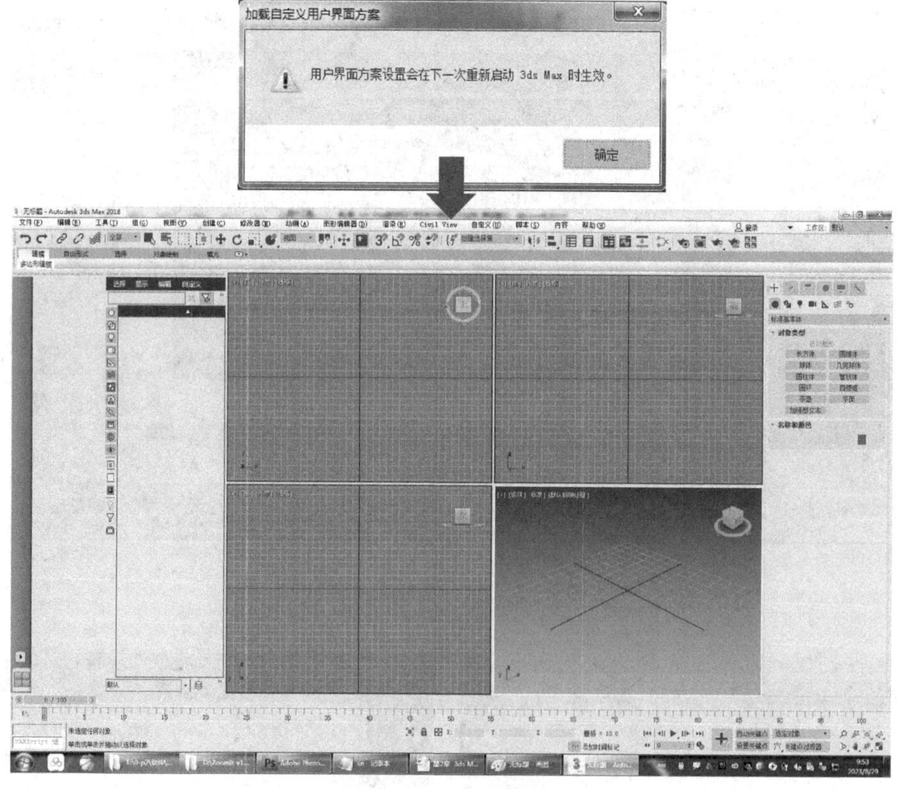

图 2-9 切换完成后的灰色界面

初学者由于不注意操作等原因，会将 Max 界面排列位置搞乱或某个工具栏丢失，如果界面工具面板丢失或位置异常，如图 2-10 所示，都可以使用加载用户自定义界面方案命令对 3ds Max 的界面进行恢复。

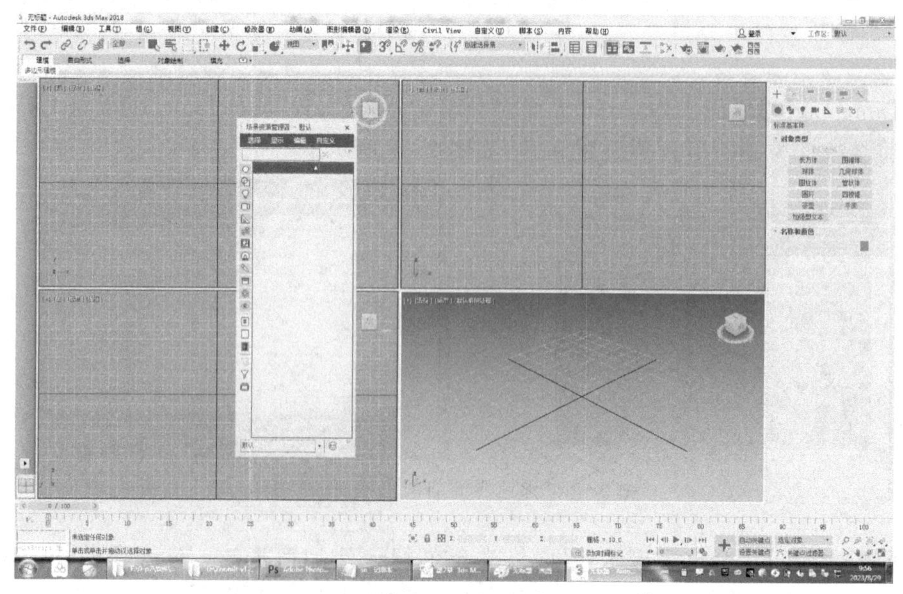

图 2-10 初学者误操作后混乱的界面

下面，我们学习Max界面的组成。

3ds Max工作界面主要由下面9个部分组成，它们分别是【标题栏】【菜单栏】【工具栏】【帮助信息栏】【视图工作区】【命令面板】【状态栏】【动画控制区】和【视图控制区】，如图2-11所示。

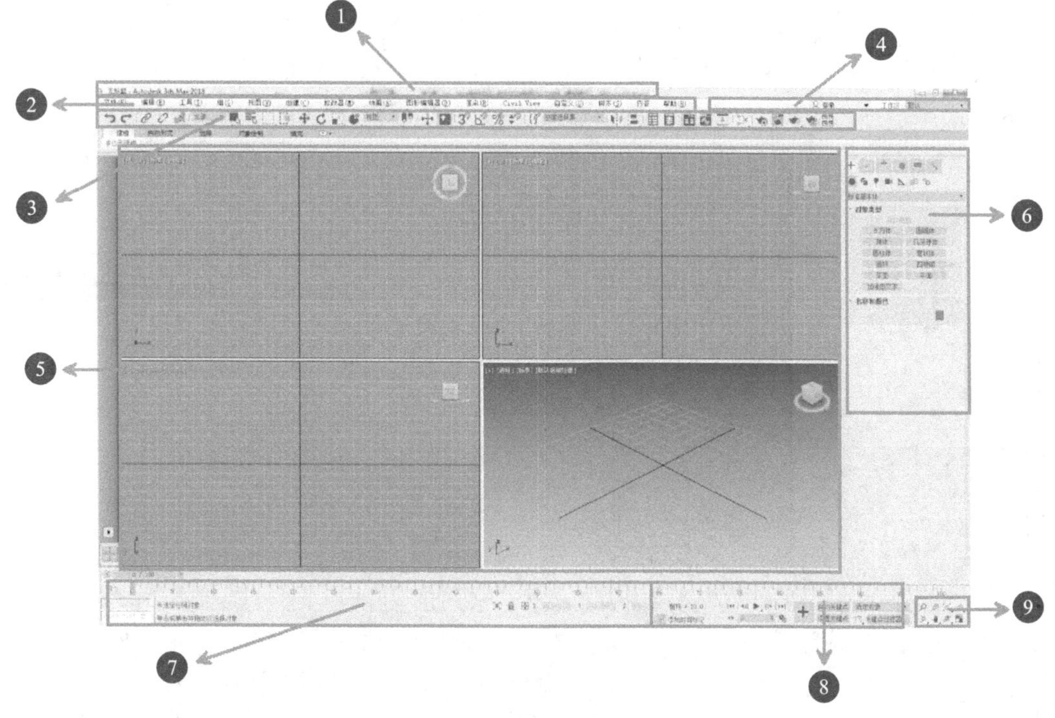

图2-11　3ds Max工作界面

❶【标题栏】　显示用户所使用的版本信息和当前场景名称。

❷【菜单栏】　Max操作命令，以菜单的形式划分归类。

❸【工具栏】　Max常用的主要工具

❹【帮助信息栏】　帮助信息栏搜索、查询。

❺【视图工作区】　用户完成三维设计的主要操作界面。

❻【命令面板】　集中Max创建、修改等主要命令。

❼【状态栏】　显示当前鼠标的xyz轴的位置和一些命令的使用帮助信息。

❽【动画控制区】　控制动画的记录方式和动画的播放。

❾【视图控制区】　控制视图工作区中物体显示的大小、观察角度等信息。

为了增加【视图工作区】的面积，便于视图操作，我们可以在【主工具栏】空白处单击鼠标右键，在弹出的快捷菜单中将【视口布局选项卡】和【Ribbon】选项关闭，如图2-12所示。

2.2.2　三维物体的显示方式

当我们使用命令面板的创建三维物体命令，在视图工作区创建三维物体时，会发现物体在视图上有两种不同的显示方式，【线框模式】与【实体模式】；默认在前视图、顶视图、左视图上物体显示为线框模式，而在透视图，物体显示为实体模式，如图2-13所示。

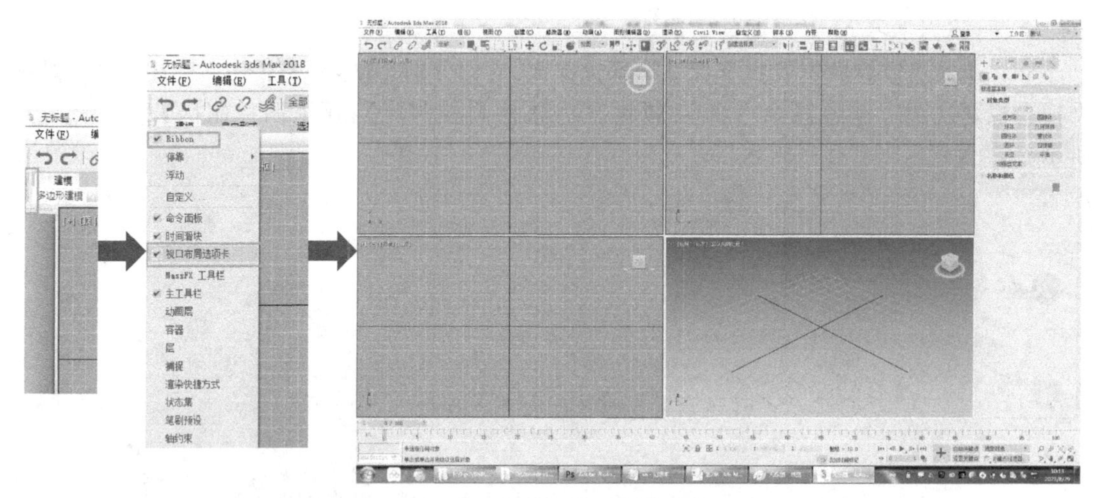

图 2－12　视图工作区面积优化

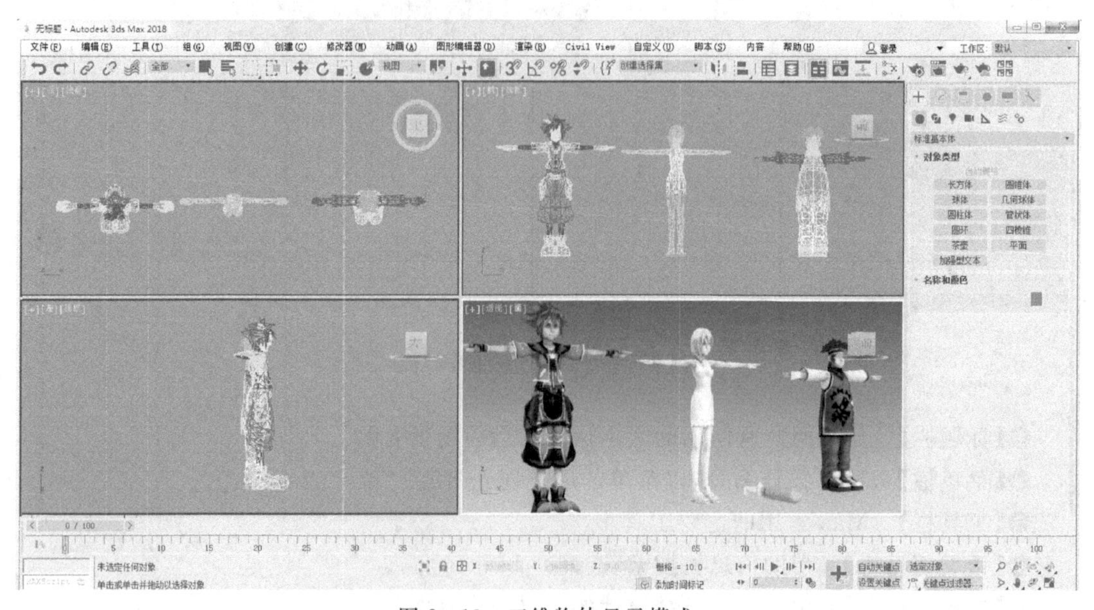

图 2－13　三维物体显示模式

3ds Max 物体的显示方法有很多，我们可以在任何视图的右上角第三栏显示方式中对其进行修改，显示方式的修改只是方便在视图中参看物体，对渲染、灯光、动画等操作无效，如图 2－14 所示。

【真实】显示模式：速度最慢，立体效果最好，能通过默认灯光计算物体间的阴影。

【明暗处理】显示模式：速度快，实体显示，无阴影。

【一致的色彩】显示模式：速度慢，物体自发光，有自身阴影，如图 2－15 所示。

【边面】显示模式：在实体显示的基础上，增加网格线显示。

【隐藏线＋边面】显示模式：在实体显示的基础上，增加黑色网格线显示，无材质物体显示灰色，如图 2－16 所示。

【面】显示模式：相对线框模式耗费系统资源更多，如果场景较大的话，刷新速度较慢，优点

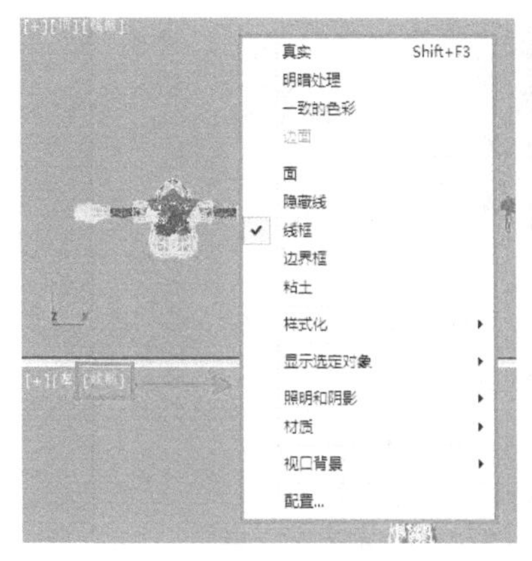

图 2-14 显示方式修改与真实显示模式

图 2-15 【明暗处理】与【一致的色彩】显示

图 2-16 【边面】与【隐藏线+边面】显示

是在透视图中观察三维物体更加真实，立体感强。

【线框】显示模式：速度较快，查看物体比较准确，通常在前、左、顶三视图中使用，如图 2-17 所示。

【边界框】显示模式：速度最快，便于显示很复杂的场景。

【粘土】显示模式：类似 Zbrush 中的显示模式，如图 2-18 所示。

在【样式化】中，有其他几种显示模式，例如 PS 中的滤镜效果，可以用来查看三维场景的

图 2-17 【面】与【线框】显示

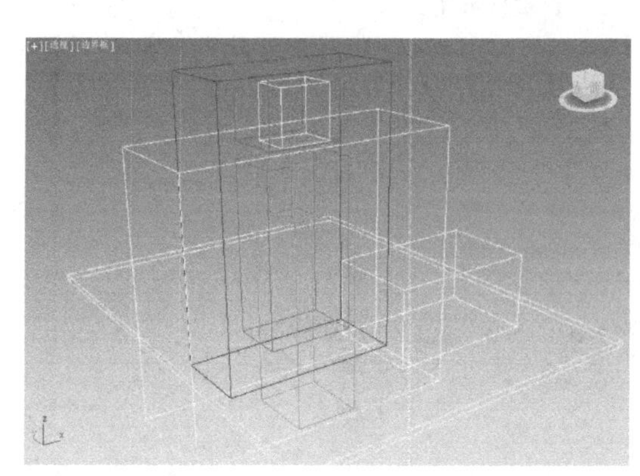
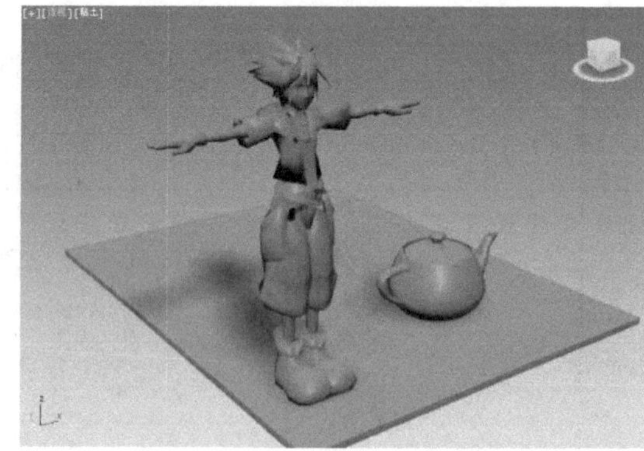

图 2-18 【边界框】与【粘土】显示

风格化效果，建模过程中不建议使用，如图 2-19 所示。

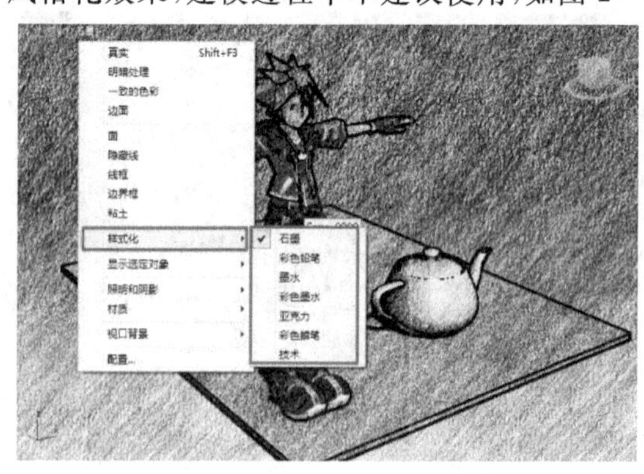

图 2-19 【样式化】中两种显示效果

【半透明】显示模式：选择物体后按组合键【Alt+X】，能够在实体的基础上，半透明地显示物体，看到物体的内部。

线框、实体、实体+线框、半透明四种显示模式，如图 2-20 所示。

Max 中常用的物体显示模式有四种，分别为【线框】【面】【边面】【半透明】模式。

不同显示模式的切换方法。

【线框】显示与【面】显示切换：【F3】键。线框模式视图按【F3】键，切换为实体模式，相反实

图 2-20　四种显示模式

体显示模式视图按【F3】键，也能切换到线框模式。

【边面】显示模式：在视图为实体显示模式的情况下，按【F4】键，能够实现【实体+线框】显示，再次按【F4】键取消。

【半透明】显示模式：在物体为实体显示模式的情况下，按组合键【Alt+X】，将物体切换为【半透明】显示模式，再次按组合键【Alt+X】取消。

2.2.3　视图的布局与设置

如图 2-21 所示，Max 默认的视图工作区由四个视图构成，它们分别是顶视图【Top】、前视图【Front】、左视图【Left】和透视图【Perspective】。

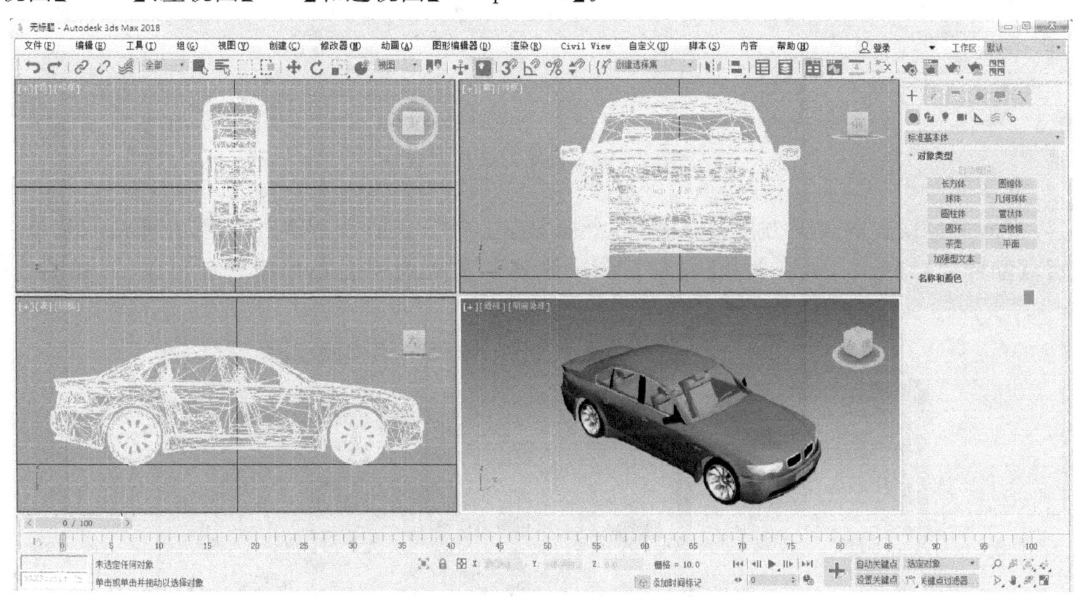

图 2-21　视图工作区

顶视图、前视图、左视图都是正投影视图，它们没有近大远小的变化，透视图是我们观察物体体积大小的重要窗口，它具有近大远小的透视关系，符合视觉感觉。

更改视图的显示位置可以通过快捷键来进行，视图的快捷键是视图英文名称的第一个字母，顶视图是【T】键，前视图【F】键，左视图是【L】键，透视图是【P】键。在建模的过程中，有可能在不注意的情况下将视图错误改变，我们可以通过视图相应的快捷键将它调整回来。

视图窗口布局是可以重新设定的，视图窗口的显示方式可以根据模型的形状需要进行不同的位置结构划分，如图 2-22 所示。

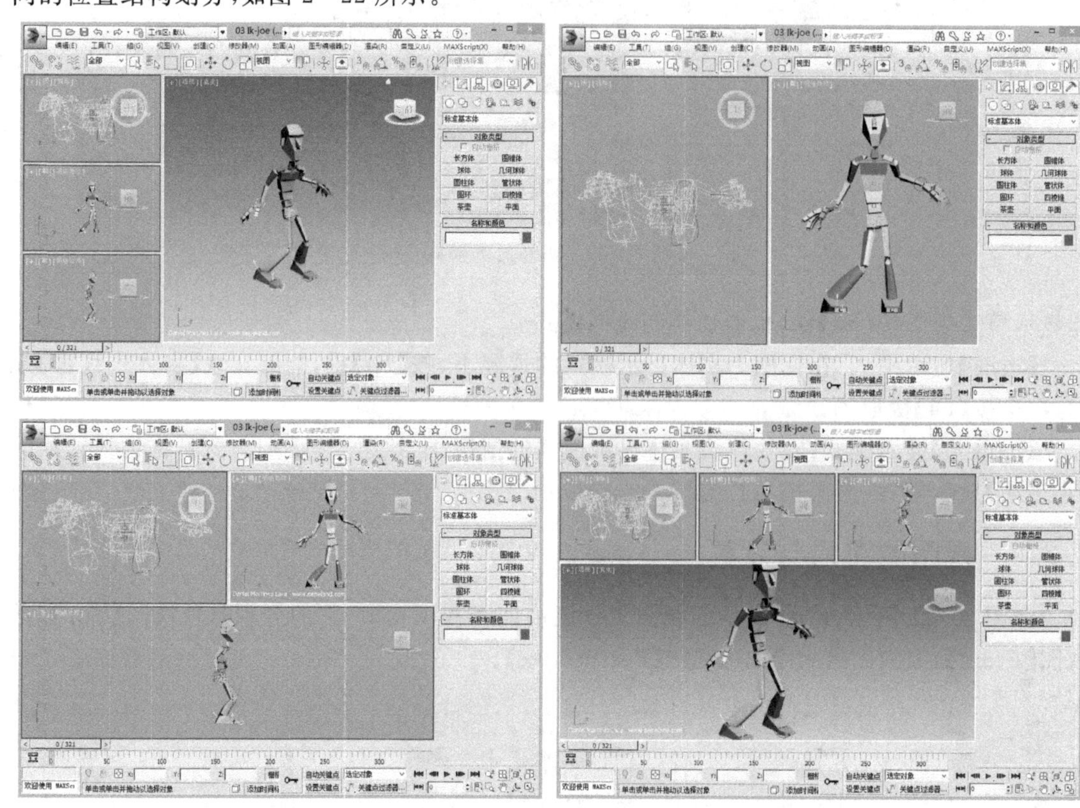

图 2-22 视图的结构划分

视图窗口设置的改变方法：在任何一个视图左上角“+”加号上单击右键，在弹出的菜单中选择【配置视口】命令，然后选择【布局】面板，选择你需要的视图布局模式就可以了，如图 2-23 所示。

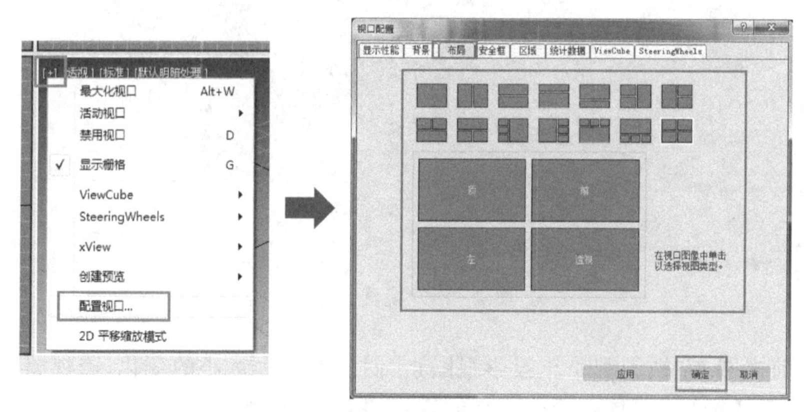

图 2-23 改变视图窗口

另一个简单的方法是在【视图控制区】单击鼠标右键，在弹出的视图设置面板上选择【布局】视图布局选项，如图 2－24 所示。

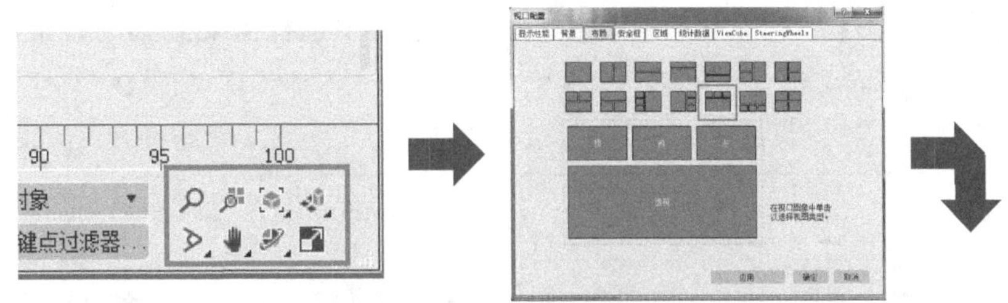

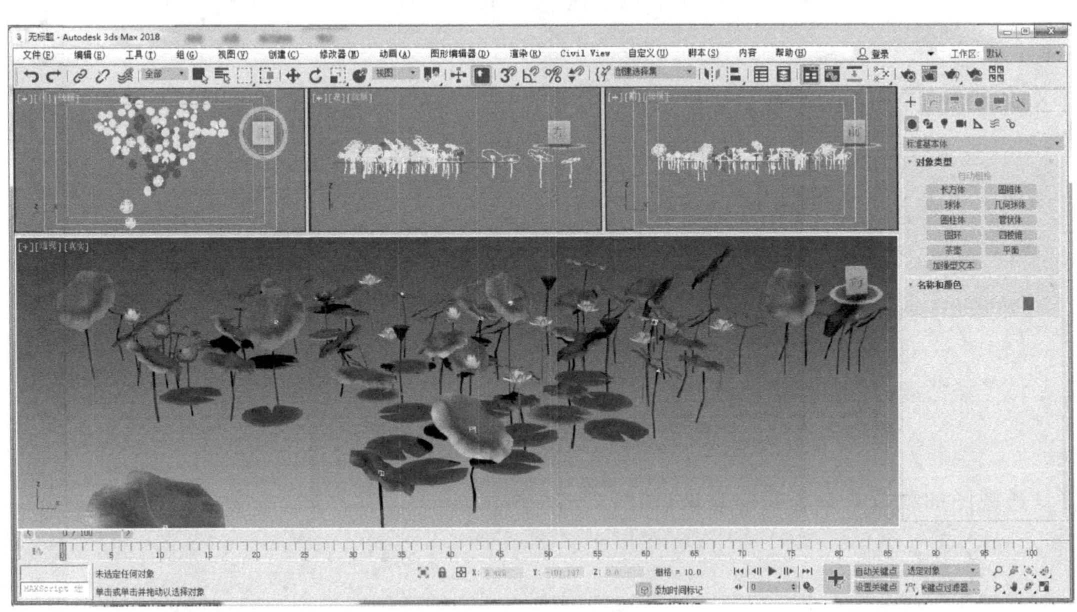

图 2－24　视图布局设置

2.2.4　视图背景

3ds Max 默认的视图背景上是网格辅助线框，它是用来辅助我们建模的，有时如果感觉辅助线框妨碍观察三维形体，可以将辅助线框隐藏，隐藏辅助线框快捷键是【G】键，如图 2－25 所示。

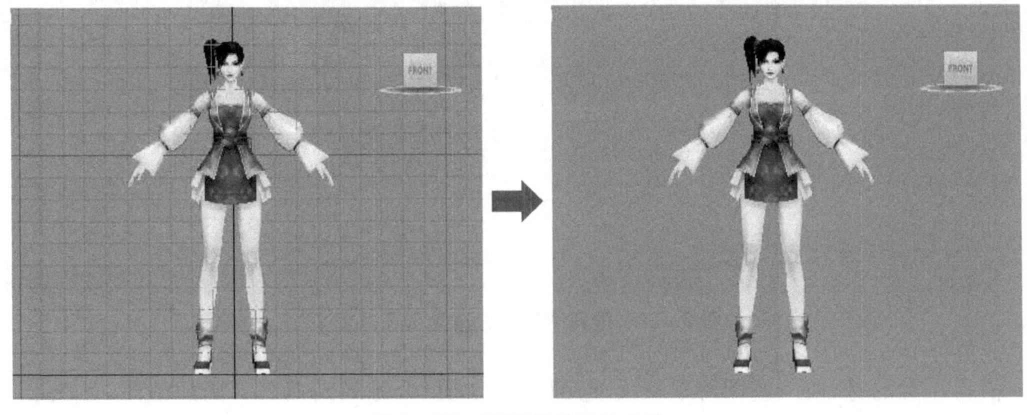

图 2－25　视图背景网格去除

视图背景除了可以隐藏线框外，还可以调入背景参考图，调入背景参考图能使我们更快、更准确地完成三维模型。调入背景参考图的方法：激活某一视图（如前视图），按下视图窗口背景调入快捷键【Alt+B】，弹出视图背景面板，在文件选项中选择需要载入的背景图片文件，单击【确定】按钮完成，如图 2-26 所示。

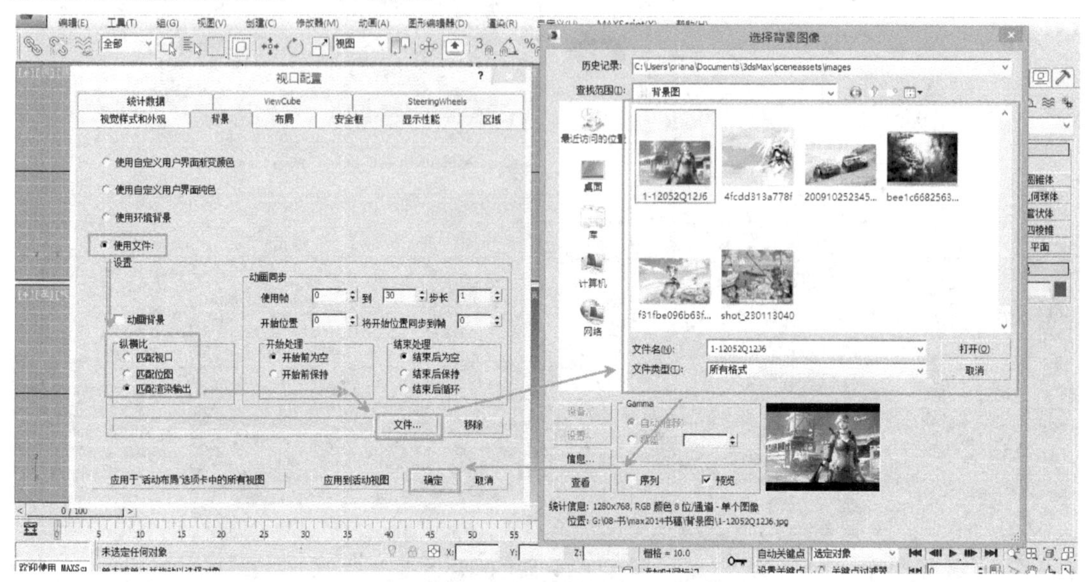

图 2-26 调入背景参考图的步骤

透视图加载背景参考图的效果，如图 2-27 所示。

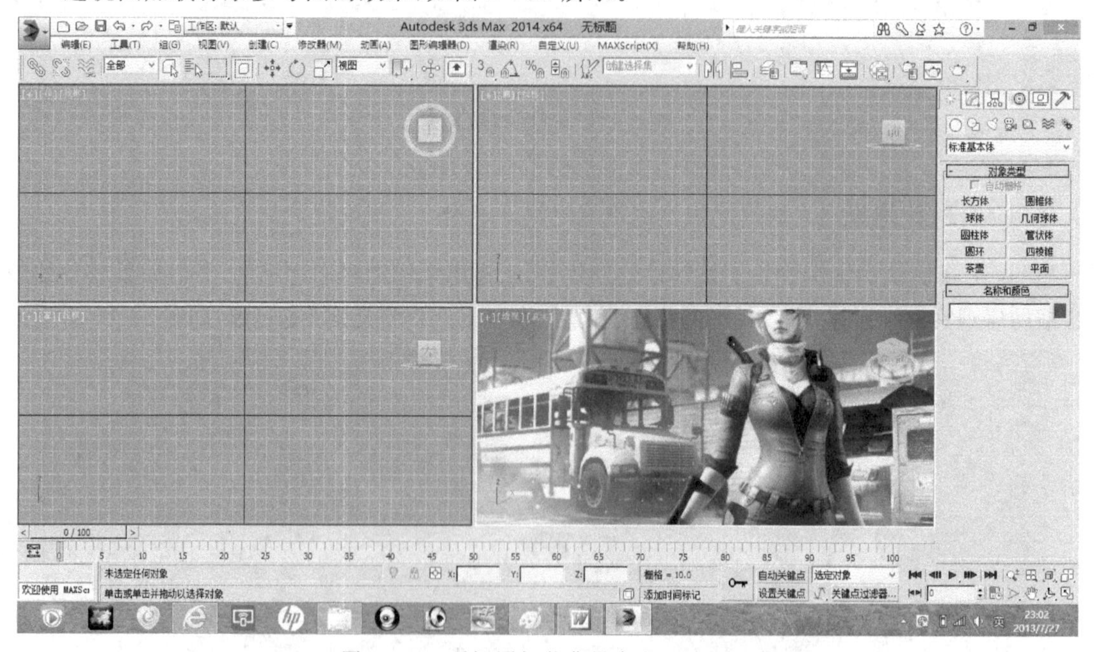

图 2-27 透视图加载背景参考图的效果

值得注意的是，四个视图可以依次使用【Alt+B】组合键载入四张不同的位图，如图 2-28 所示。

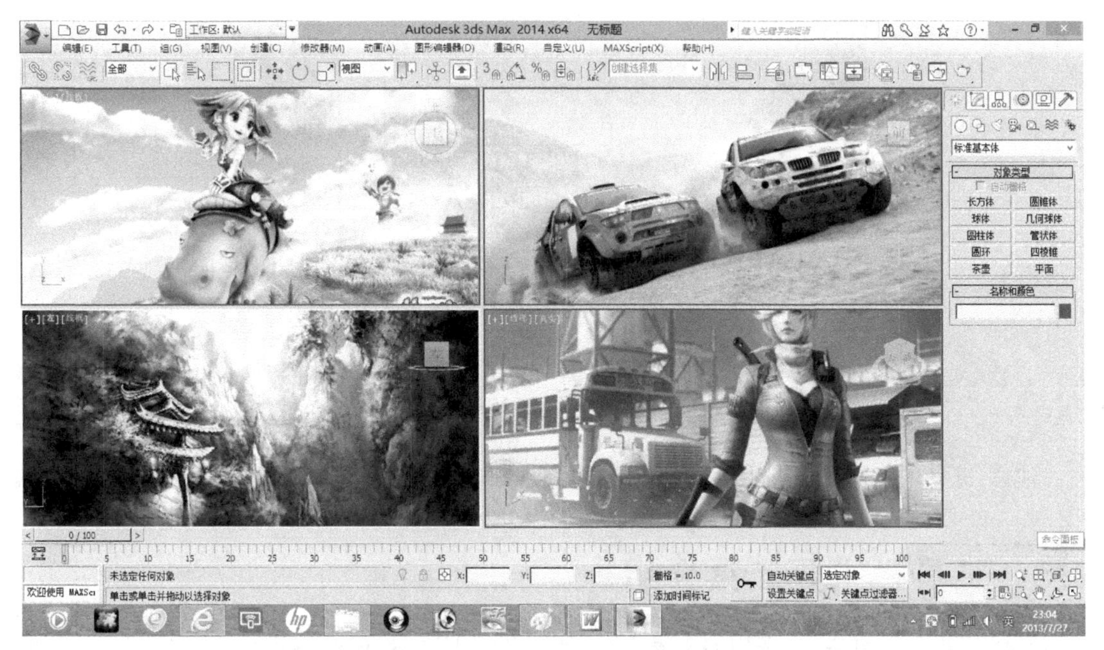

图 2－28　载入四张不同的位图

背景参考图的去除方法：在视图左上角显示模式字体上按右键，在弹出菜单中选择【视口背景】视图背景，选择【纯色】或【渐变色】，默认顶视图、左视图、前视图是纯色，透视图是渐变色，如图 2－29 所示。

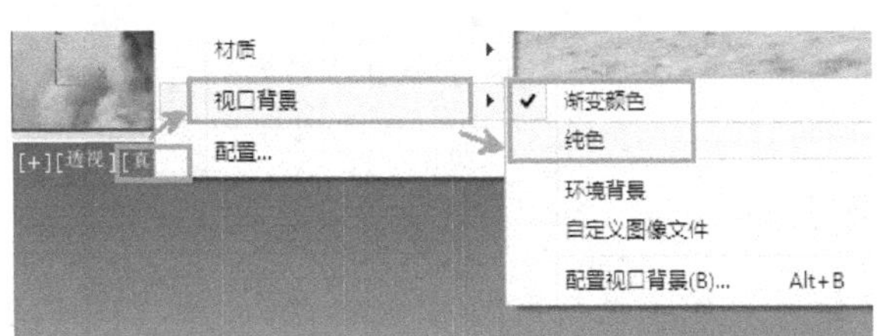

图 2－29　视口背景

2.2.5　物体的隐藏与冻结

在建模的过程中，场景中物体的数量会越来越多，视图的刷新速度越来越慢，为了更快更好地完成场景模型，我们会对已经建造完成的物体用到隐藏或冻结命令。

隐藏或冻结物体的方法：选择需要隐藏或冻结的物体，单击鼠标右键，弹出快捷菜单，在右上角选择相应的命令，如图 2－30 所示。

【全部解冻】　全部冻结的物体恢复正常选择。

【冻结当前选择】　冻结选择的对象。

【按名称取消隐藏】　隐藏物体很多时，可以按名称取消隐藏某一物体。

【全部取消隐藏】　全部取消隐藏所有物体。

【隐藏未选定对象】　隐藏未选定的全部物体。

【隐藏选定的对象】　隐藏选定的对象物体。

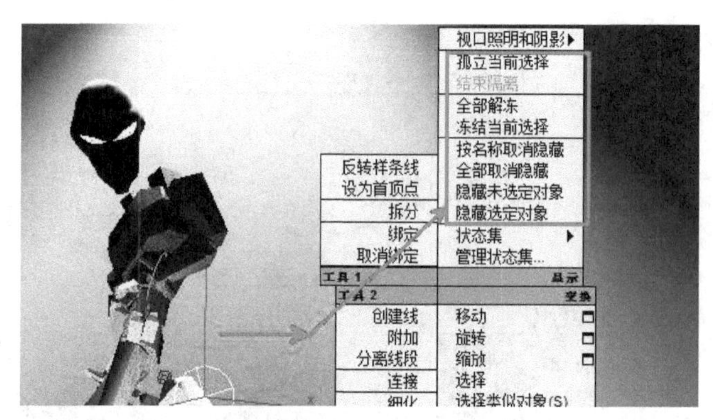

图 2-30　隐藏或冻结物体

注意：冻结的物体在视图上会以灰色显示，在解冻以前我们不能对它进行移动、旋转等操作。

2.3　工具栏主要工具介绍

Max 主工具栏有 Max 常用的主要工具，如图 2-31 所示，在屏幕分辨率为 1280×1024 像素的情况下，能够全部显示出来，如果低于该分辨率，只能显示主工具栏的一部分，我们可以通过将鼠标放置在主工具栏的边缘空白处点击拖动，显示隐藏的工具。

图 2-31　Max 主工具栏

2.3.1　撤销与重做工具

【撤销与重做】工具 能够撤销与重做刚刚执行的命令，如物体位置移动、旋转、参数改变等等，默认情况下撤销与重做的次数为各 20 次。撤销的快捷键是【Ctrl+Z】组合键，重做的快捷键是【Ctrl+Y】组合键。

2.3.2　链接工具

【链接】工具 ，能够将一个物体链接到另一个物体上，链接完成后被链接的物体是子物体，链接到的物体是父物体。子物体进行移动旋转缩放变换操作时，不会影响到父物体，父物体移动旋转缩放的时候，会影响到它的子物体。这就是物体间的父子关系。

如果想 A 物体链接到 B 物体上，具体操作方法：选择 A 物体，选择【链接】工具 ，从 A 物体上按住鼠标左键并移动到 B 物体上，释放鼠标左键，B 物体闪烁一次，链接完成，A 物体是 B 物体的子物体，B 物体变换的时候，A 物体会跟随 B 物体变换。

【解除链接】命令 ，它是针对子物体的修改工具，选择子物体，单击【解除链接】工具，子物体的属性自动去除。

2.3.3　选择与变换工具

【选择与变换】工具是 Max 中使用最多的工具，我们对物体进行修改时都必须先选择物体，它们分别是选择过滤器、选择工具、按名称选择工具、选择框的形状、交叉与窗口、移动、旋转与缩放，如图 2－32 所示。

选择过滤器是一个帮助你在复杂的场景中，过滤掉不想选择的物体，准确选择需要控制物体的工具，如图 2－33 所示。

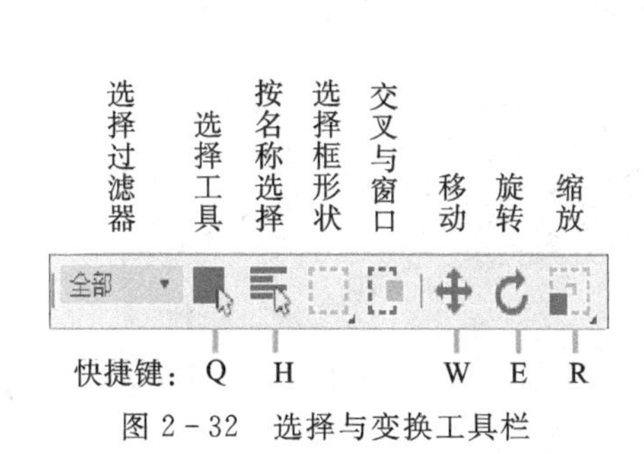

图 2－32　选择与变换工具栏

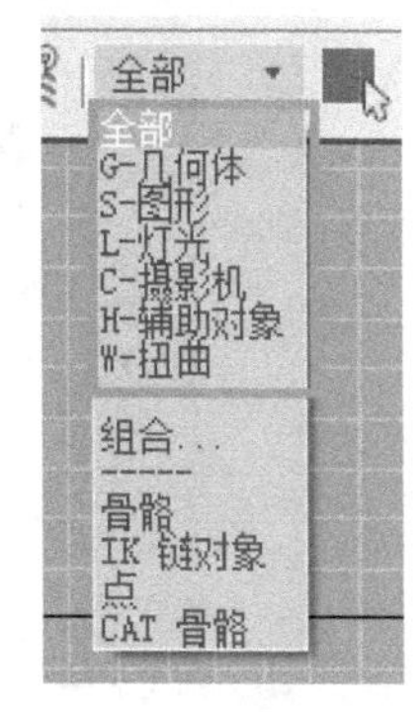

图 2－33　选择过滤器

常用的选择过滤选项介绍如下。

【全部】能够选择所有物体；【G－几何体】只能选择三维形体；【S－图形】只能选择二维形体；【L－灯光】只能选择灯光；【C－摄像机】只能选择摄像机物体；【H－辅助对象】只能选择帮助物体；【W－扭曲】只能选择空间扭曲物体。

注意：在复杂三维场景中，选择过滤器在后期选择修改灯光、摄像机或特定物体时是非常有用的。

【选择工具】　快捷键是【Q】键，只能对物体进行选择，被选中的物体的线框色将显示为白色。

【按名称选择工具】　快捷键是【H】键，在弹出面板上能够准确地按名称选择对象。

【选择框的形状】　选择框的形状除了有方形，还有其他几种，如图 2－34 所示。

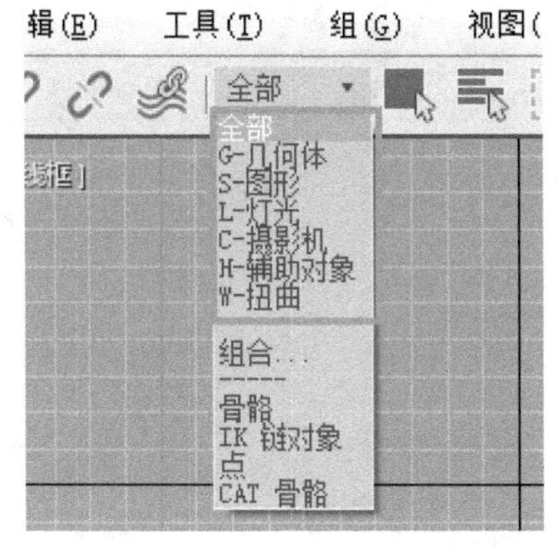

图 2－34　选择框菜单

交叉和窗口模式是两种选择模式，是交叉模式，只要画出的选择线碰到了物体的边界线框就能够选择；交叉模式按下去以后就是窗口模式，选择线框必须全部包括物体才能够选择。

如图 2-35 所示，如果是交叉模式，三个物体都会被选择，但如果是窗口模式，只有圆形的球体一个物体能够被选择。

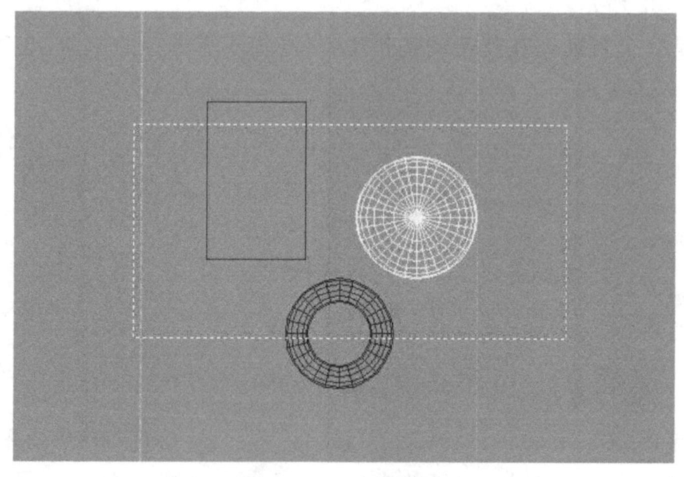

图 2-35　选择模式

【移动旋转缩放工具】　它们都有选择的功能，可以称之为选择并移动、选择并旋转、选择并缩放。它们能对物体进行移动、旋转、缩放变换操作。

2.3.4　角度捕捉工具

在使用旋转变换工具旋转物体的时候，旋转的角度是不太准确的，通常保留小数点后两位；【角度捕捉】工具能使物体旋转到规定的角度上，默认情况下是 5 度，鼠标左键单击角度捕捉工具，再旋转物体，旋转的角度将会以 5 度为单位变化。右键单击角度捕捉工具，能够对捕捉的角度进行设置，如图 2-36 所示。角度捕捉工具的快捷键是【A】键。

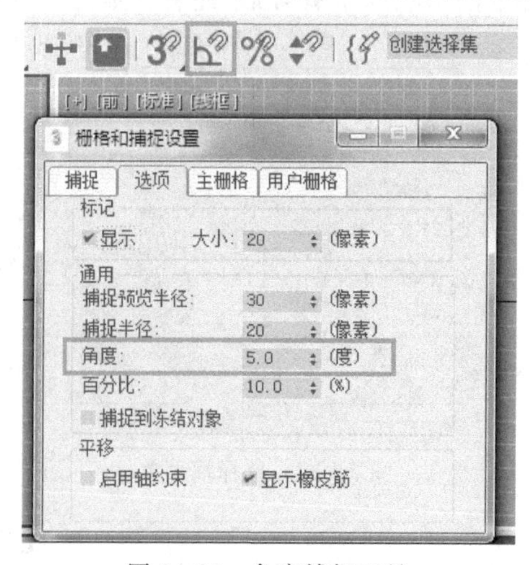

图 2-36　角度捕捉工具

2.3.5 镜像与对齐工具

【镜像复制】工具：选择要镜像的物体，单击【镜像】工具，出现镜像复制面板，如图 2 - 37 所示，选择正确的轴向，Offset 偏移表示复制后物体轴心移动值，选择【复制】单选按钮，单击【确定】按钮完成镜像复制。

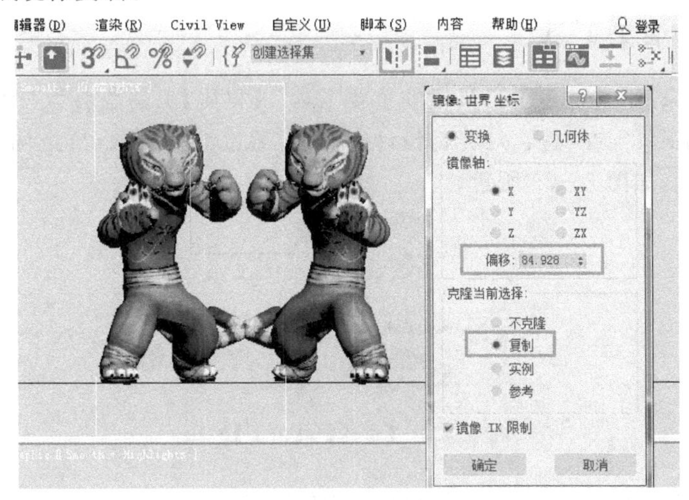

图 2 - 37 镜像复制

【对齐】工具：如果两个物体要对齐，可以使用【对齐】工具。使用方法：选择 A 物体单击【对齐】工具，再单击 B 物体，弹出对齐面板，如图 2 - 38 所示，调整正确的轴向和对齐的位置。

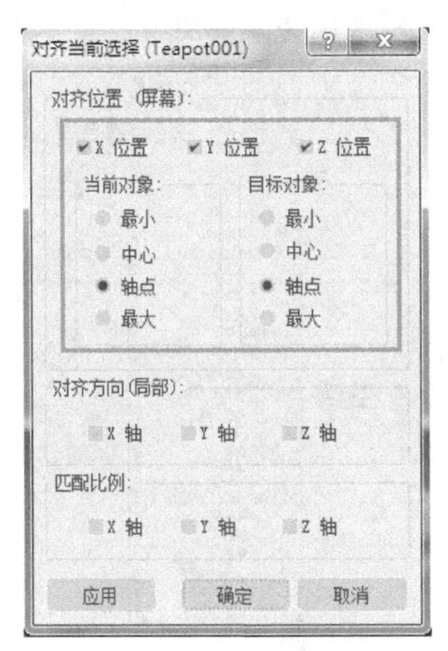

图 2 - 38 对齐工具菜单

对齐工具中重要的参数如下。

【X 位置】【Y 位置】【Z 位置】 对齐的轴向。

【当前对象】 当前选择的物体(物体 A)。

【目标对象】 对齐的目标物体(物体 B)。

【最小】 选择轴向的最小值对齐。

【中心】 选择轴向的中心对齐。

【轴点】 物体轴心点对齐

【最大】 选择轴向的最大值对齐。

2.3.6 材质与渲染工具

【材质】与【渲染】工具也是主工具栏的重要工具。【材质】工具能够为三维模型指定对应的材质贴图;【渲染】工具能在材质、灯光都设计完成后,通过渲染引擎,渲染场景,将三维场景生产二维图像或动画,如图 2-39 所示。

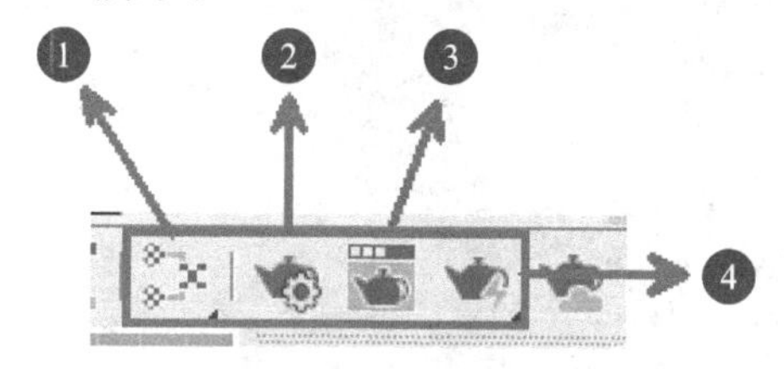

图 2-39 【材质】与【渲染】工具

❶材质编辑器:编辑材质属性命令面板,快捷键【M】。

❷渲染设置窗口:设置渲染的图像大小、渲染方式等等,快捷键【F10】。

❸显示渲染帧窗口:能够显示上一次渲染的图像内容。

❹快速渲染:按上次渲染设置内容进行渲染,快捷键【F9】。

3ds Max 2014 材质编辑器有两种模式:缺省模式与图表模式。3ds Max 2014 以前版本使用的是缺省模式,简洁方便。图表模式优势是能更详细显示材质结构构成,如图 2-40 所示。

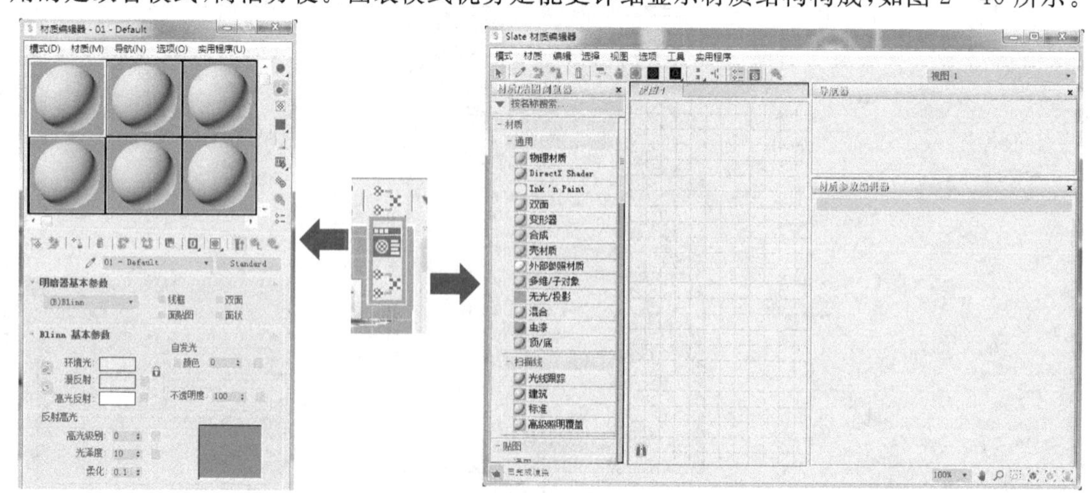

图 2-40 材质编辑器的两种模式

2.3.7 视图控制工具

【视图控制】工具在 Max 界面的右下角,如图 2-41 所示,主要用它来进行视图平移、缩放、旋转观察物体等辅助工作。

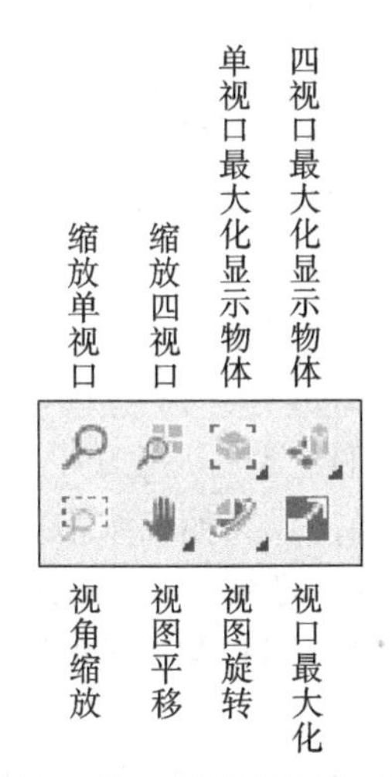

图 2-41　【视图控制】工具

其中有些常用的命令可以通过快捷键来完成，如缩放单视口大小可以通过滚动鼠标中键完成，视图平移可以通过按下鼠标中键移动鼠标完成，视图旋转工具可以通过【Alt＋鼠标中键】移动完成，视图窗口最大化显示可以通过组合键【Alt＋W】完成。

注意：熟练掌握【视图控制】工具，辅助不同的视角观察物体，对掌握三维动画技术是很有作用的。

2.4　菜单栏常用命令介绍

在菜单栏，点击左上角的图标，出现【文件】菜单，左侧是常用文件操作命令，右侧是最近打开的文件列表。文件菜单其中有一些常用命令，如图 2-42 所示。

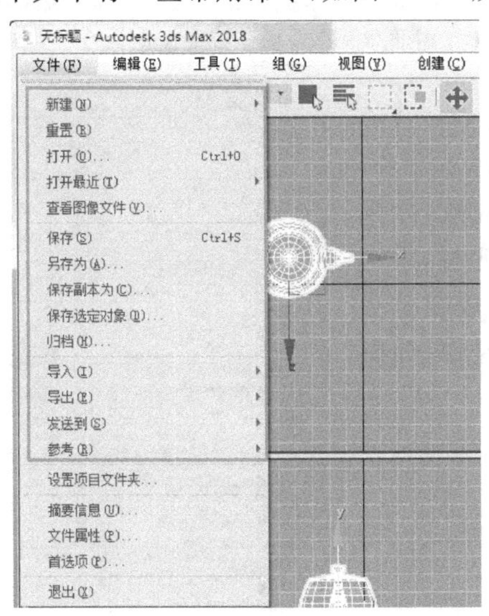

图 2-42　【文件】菜单栏的常用命令

【新建】 新建一个场景，可以将现有场景的动画或层级关系去除；一般用于将现有场景的全部动画删除。

【重置】 彻底新建一个场景，不保留前一场景的任何信息；通常用来开始一个新文件。

【打开】 打开一个保存的 Max 文件。（3ds Max 高版本可以打开低版本文件，但低版本一般不能打开高版本文件。）

【保存】 将当前场景保存为 Max 文件。

【另存为】 将场景另存为 Max 文件。

【导入】 导入其他格式的三维文件。

【导出】 将 Max 中完成的文件导出成其他三维格式。

【发送到】 将 Max 中完成的文件发送到 Maya、Softimage 等三维软件中。

在文件菜单【另存为】中，有一个【归档】打包功能比较重要，它能将模型与材质贴图打包；便于 Max 在其他电脑上打开，防止贴图丢失。

另外，【属性】命令中，【摘要信息】命令用来查看场景中的所有物体统计信息；如物体个数、网格数、灯光数量等等，如图 2-43 所示。

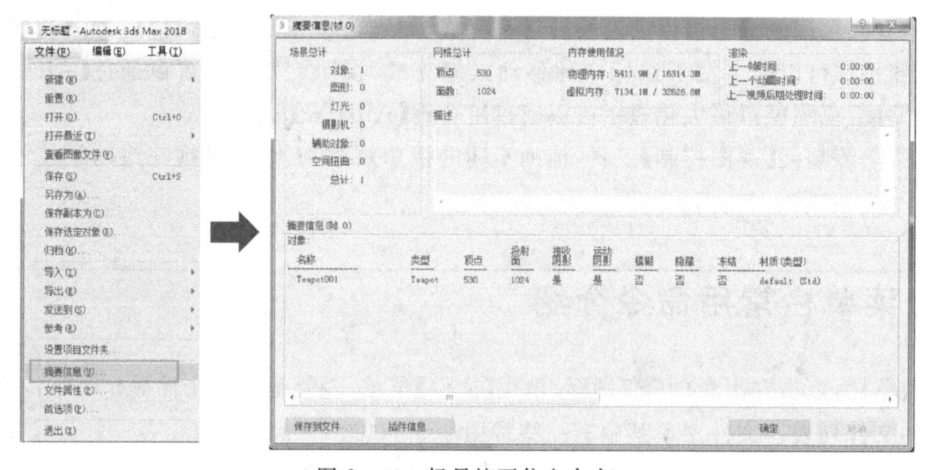

图 2-43 场景摘要信息命令

在【视图】菜单中有一个命令：【显示变换 Gizmo】显示变换坐标系命令，该命令通常情况下要保持勾选，如果不勾选，物体上将没有变换坐标，没有变换坐标系，就不能将鼠标放在坐标系上完成水平和垂直移动操作，如图 2-44 所示。

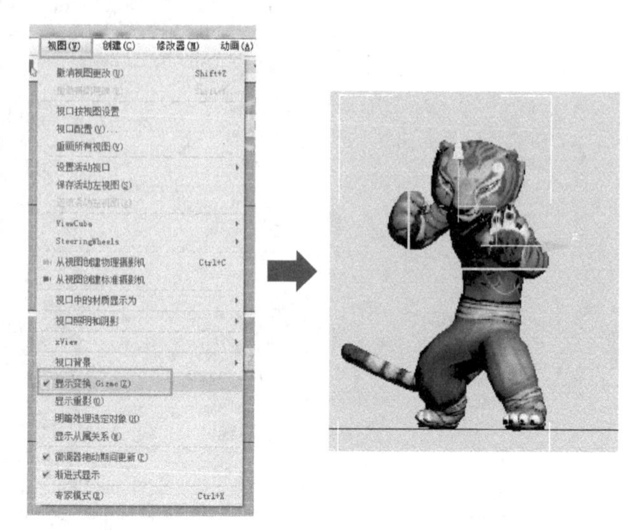

图 2-44 显示变换坐标命令

本章小结

本章主要学习 3ds Max 的视图操作和主要工具的运用，让读者初步掌握 3ds Max 主工具栏、菜单栏的基础命令操作，可以对 Max 的界面风格进行更改或还原，对视图缩放、平移、旋转有良好的整体操作印象，为以后进一步学习三维动画奠定基础。

思考与练习

1. 简述 3ds Max 界面的组成部分，它们有什么主要功能？
2. 在 3ds Max 中，三维几何物体的显示方法有哪些？各有什么特点？
3. 透视图、顶视图、前视图、左视图的位置可以更改吗？它们的切换快捷键是什么？
4. 简述镜像与对齐工具的使用流程。
5. 如何将一个混乱 Max 界面布局进行恢复。

第3章 3ds Max 建模方法与思路

本章重点

(1)了解 3ds Max 建模方法分类。

(2)掌握不同建模方法的主要特征。

(3)熟练运用基本几何体建模完成简单模型。

学习目的

建模是三维世界的基础,理解并运用 3ds Max 的建模方法和思路是熟练运用三维软件必不可少的条件。本章讲述了 3ds Max 建模的思路与主要方法,根据不同的建模方法,选择容易理解和掌握的实例,熟练运用,举一反三,并将这些建模方法和思路灵活运用到更多的模型创建中。

3.1 3ds Max 建模方法综述

三维软件建模的主体思路可以划分为堆砌建模和细分建模两大类。

堆砌建模通常用来建造非曲面物体,如建筑模型、机械或机器零件、机器人等,它的建模流程是将复杂的物体进行拆分,拆分为一些基础的零部件,再用基础的成型命令将这些小零件制作出来,最后将它们堆砌在一起。它要求设计者对模型的大小比例关系、空间位置有很好的把握,如图 3-1 所示。

细分建模也就是编辑多边形建模或编辑网格,建模流程:用基本几何体先完成物体的大形,然后通过编辑多边形或编辑网格工具对模型细节进行细分,这种建模方式和素描的绘制或雕塑的建造过程非常类似,一般我们使用细分建模完成三维人物、卡通角色或者是曲面为主体的物体,如图 3-2 所示,因为整个人物是一个曲面整体,无法用堆砌方法来完成。相对堆砌建模方法来说,细分建模在建模工具的技术、曲面模型的理解方面,都对使用者提出了更高的要求。

细分建模的主要工具包括:编辑网格、编辑多边形、对称、网格平滑等。

堆砌建模的主要工具包括:挤出、车削、倒角、FFD 变形工具等。

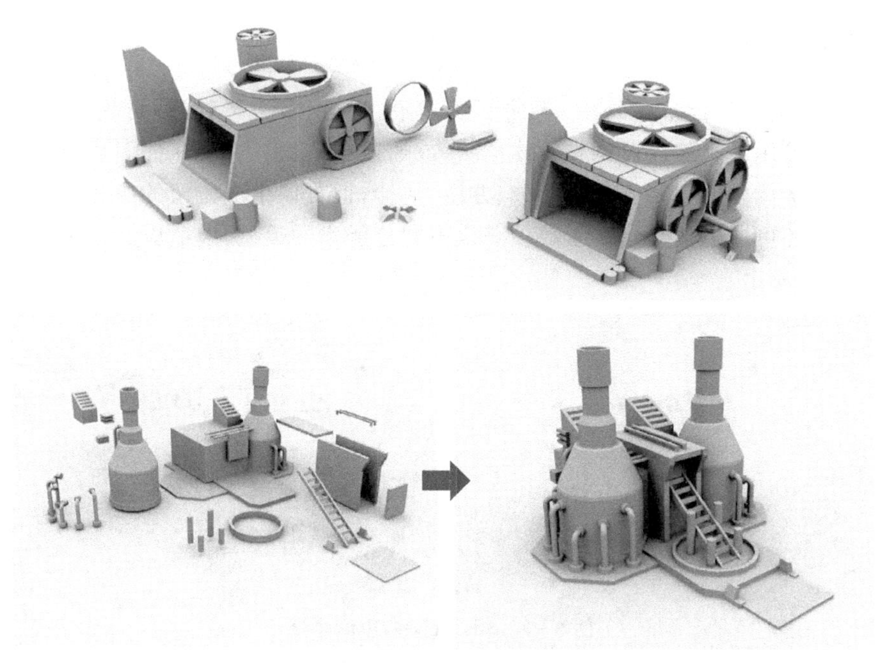

图3-1 堆砌建模效果

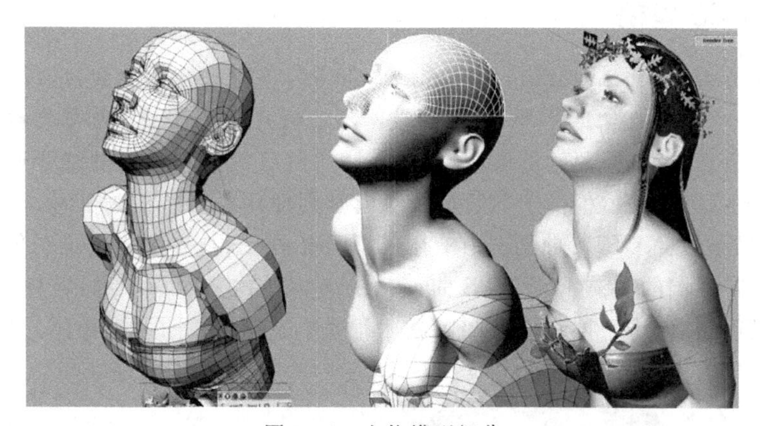

图3-2 人物模型细分

3.2 建模方式分类

3ds Max是目前包含建模方式最多的大型软件，如多边形建模、非均匀有理B样条曲线建模、面片建模等，还有作为插件的变形球(MetaReyes)、笔刷工具(Paint Modifier)等等建模方式。总的来说，使用好一两个就可以胜任常规的建模了。SurfaceTool作为3ds Max最具特色的建模工具曾经风行一时，后来由于多边形(Polygon)建模对于入门者更容易上手，才逐渐失宠。但是对于造型能力较强的专业建模师而言，它仍然保持着迷人的魅力。

3ds Max的建模方法主要有多边形建模(Polygon)、非均匀有理B样条曲线建模(NURBS)和面片建模(Patch)三大类。通常建立一个模型可以分别通过几种方法得到，但有优劣、繁简之分。

3.2.1 多边形建模

多边形建模适于创建形状规则、无曲面的对象。使用多边形建模，可先创建基本的几何体，再根据要求使用编辑修改器调整物体形状，或通过布尔运算、放样、曲面片造型组合物体来构建对象，多边形建模的主要优点是简单、方便、快捷，但难以生成光滑的曲面。对于用多边形创建好的模型，还可通过调整建模参数以获得不同分辨率的模型，以适应虚拟场景实时显示的需要，如图 3-3 所示。

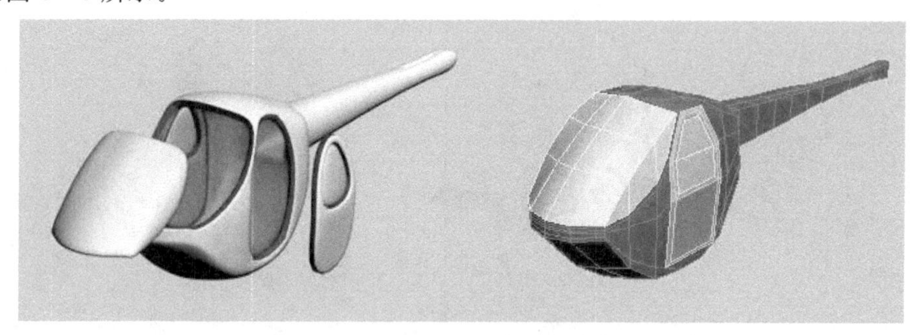

图 3-3 3ds Max 多边形建模

3.2.2 NURBS 建模

NURBS 是 non-uniform rational b-splines(非均匀有理 B 样条曲线)的缩写，它纯粹是计算机图形学的一个数学概念。NURBS 建模技术是最近几年来三维动画最主要的建模方法之一，特别适合于创建光滑的、复杂的模型，而且在应用的广泛性和模型的细节逼真性方面具有其他技术无可比拟的优势。但由于 NURBS 建模必须使用曲面片作为其基本的建模单元，所以它也有以下局限性：NURBS 曲面只有有限的几种拓扑结构，导致它很难制作拓扑结构很复杂的物体，例如带空洞的物体。NURBS 曲面片的基本结构是网格状的，若模型比较复杂，会导致控制点急剧增加而难于控制，NURBS 技术很难构造“带有分枝的”物体，如图 3-4 所示。

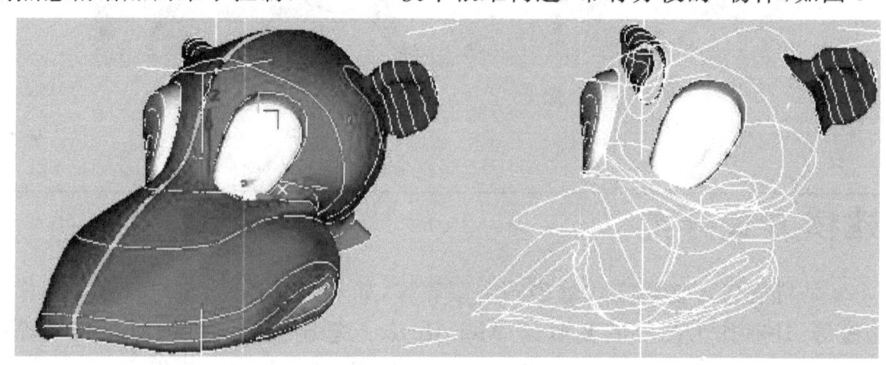

图 3-4 3ds Max NURBS 建模

3.2.3 面片建模

面片是一种独立的模型类型，也是一种建模方法，其原理有些像缝制衣服，用多块面片拼贴制作光滑的平面。在 3ds Max 中有两种面片，一种是四边面片(Quad Patch)，较常用。另一种是三边面片(Tri Patch),它们都是由面片、边及节点组成。面片的节点有贝兹手柄,用以控制面片的整体曲率,通过调整手柄可以改变面片的形状。

刚创建的面片都是平面的,但可以使用“编辑面片”将其修改为任意曲面。

3.3 3ds Max 基础建模

三维软件在程序的设计过程中,一般都会提供一些基础模型物体,包括二维或三维基本几何形体,3ds Max 基础建模就是运用这些基础物体进行建模的方法,主要包括标准基本体建模、扩展几何体建模、二维建模和复制建模,具体使用方法如下所述。

3.3.1 标准基本体建模

在命令面板上,创建三维形体的第一项就是【标准基本体】,【标准基本体】由下列十个物体组成,如图 3-5 所示。

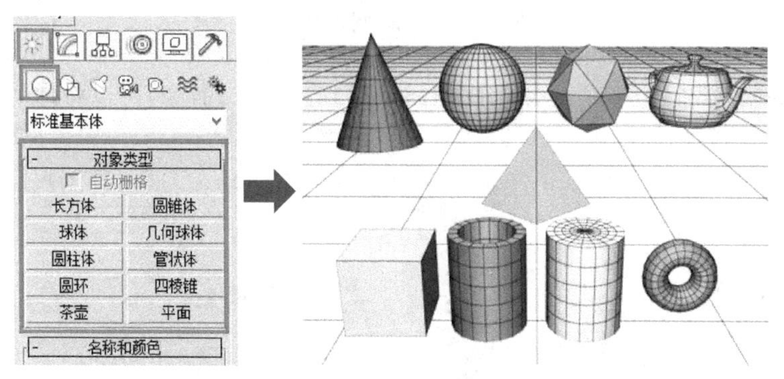

图 3-5 标准基本体

【长方体】 可以是立方体,也可以是长方体,是建筑模型中最常用的一种形体。主要参数有【长度】【宽度】【高度】【长度分段】【宽度分段】【高度分段】;分段段数是为了能够弯曲物体或添加模型细节,如果物体没有造型需求就不应该增加段数,段数的多少是以满足物体造型需要为标准的,一般曲面多的物体段数多,平面多的物体段数少,如图 3-6 所示。

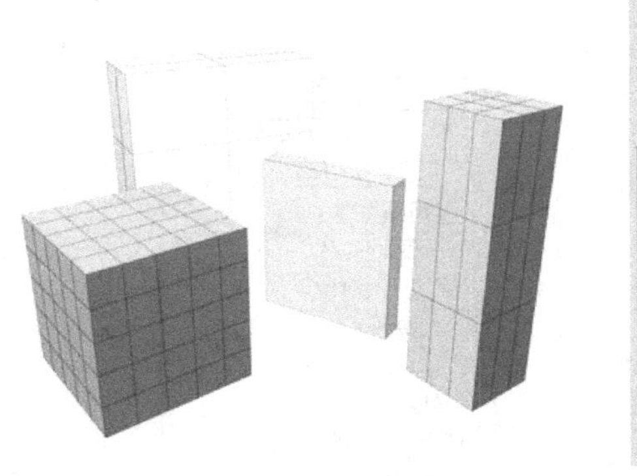

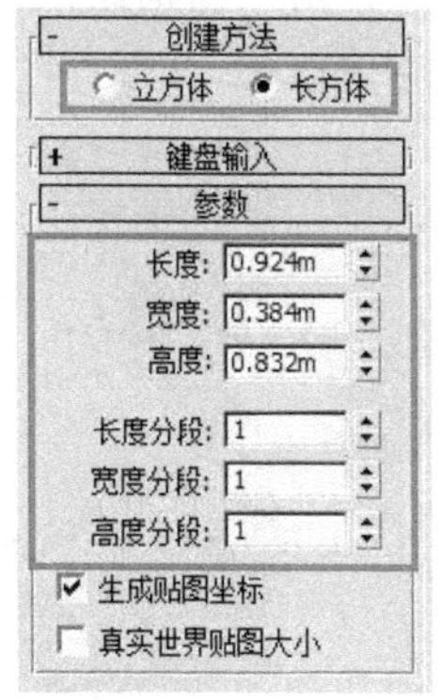

图 3-6 长方体

【圆锥体】 主要参数有【半径 1】圆锥底部半径大小、【半径 2】圆锥顶部半径大小、【高度】

【高度段数】圆锥高度上的分段数量、【端面分段】圆锥顶面与底面的段数、【边数】圆锥边数(边数越多越光滑,最小值为 3 时,圆锥体形状类似三棱锥)、【平滑】侧面是否自动光滑、【启用切片】切片开关、【切片起始位置】【切片结束位置】,使用切片功能,可以快速将圆锥体由中心点旋转切开,如图 3-7 所示。

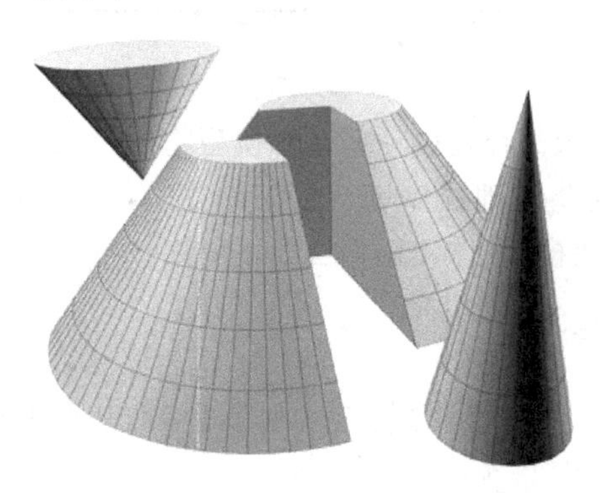

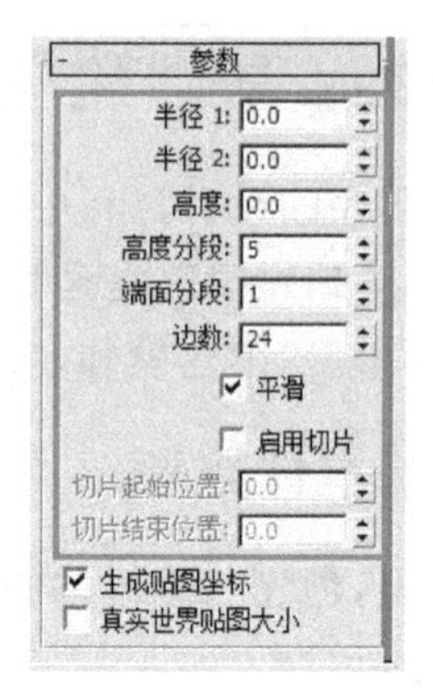

图 3-7 圆锥体

【球】 球形,参数除了半径与分段数外,新增的有【半球】命令,可以将球切为半球状,如图 3-8 所示。

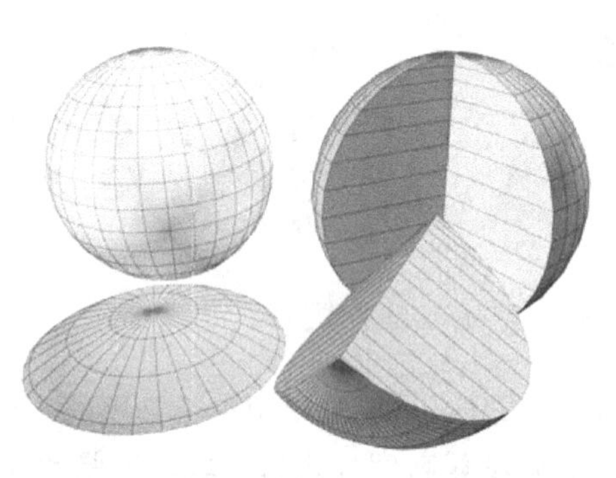

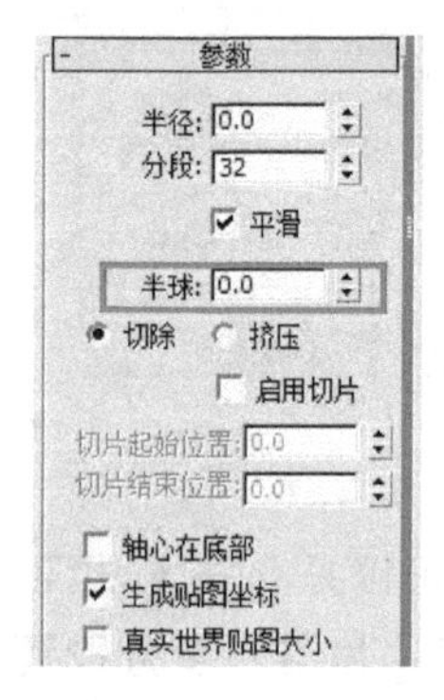

图 3-8 球

【几何球体】 是由三角面组成的球体,常可用于完成建筑玻璃三角框架,上海东方明珠建筑结构就有几何球体造型,如图 3-9 所示。

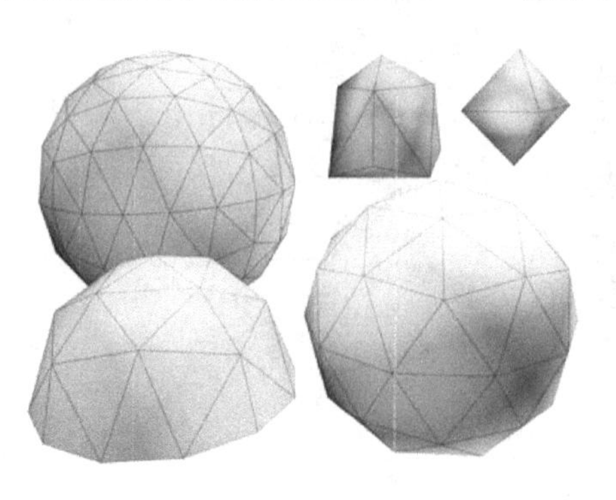

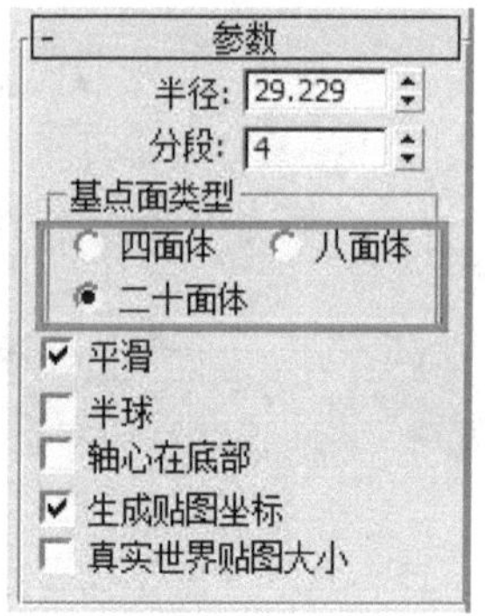

图 3-9 几何球体

【圆柱】 圆柱造型变化很多，半径小高度大就是木棍，半径大高度小就是圆桌，参数和圆锥参数大致相同，如图3-10所示。

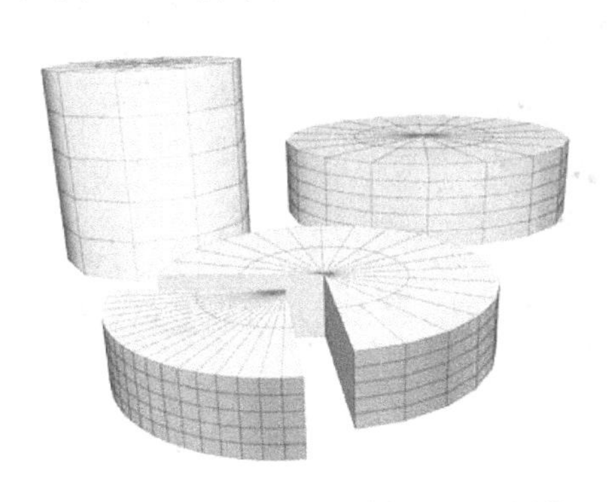
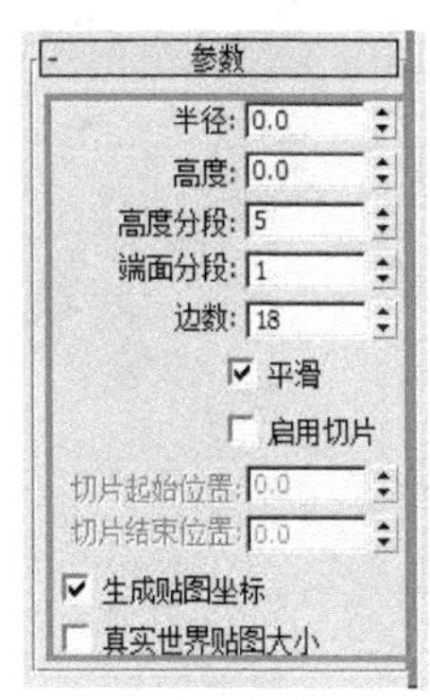

图3-10 圆柱

【管状体】与【圆环】 参数与前面几个物体大体相同，更改参数后能够得到更多造型，如图3-11所示。

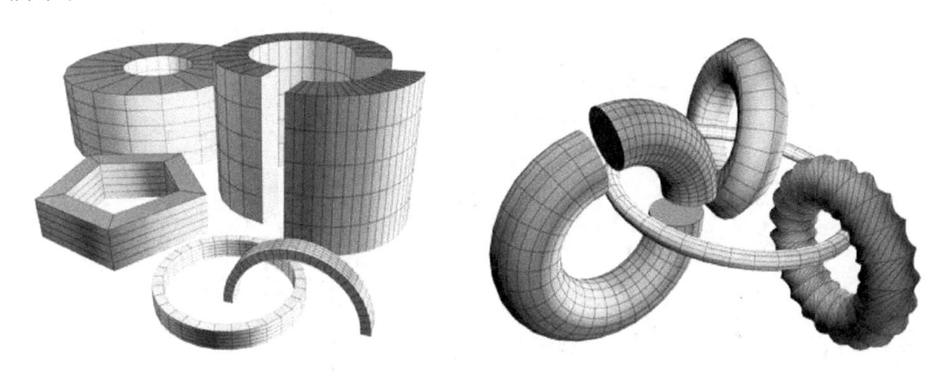

图3-11 管状体与圆环

【四棱锥】 就像金字塔，其与【平面】物体如图3-12所示。

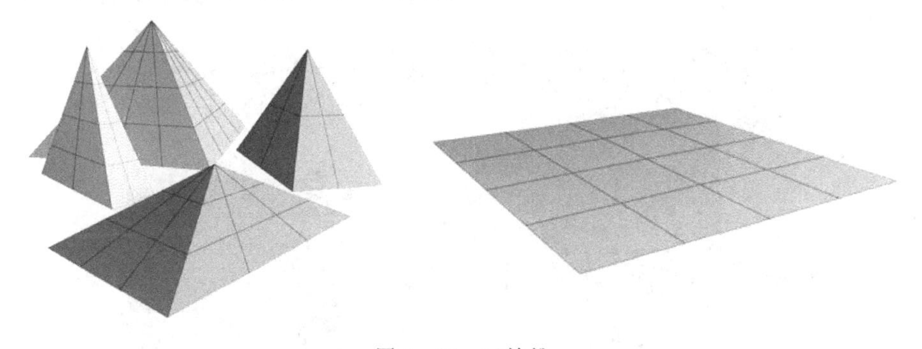

图3-12 四棱锥

【茶壶】 可以通过修改参数只保留茶壶的某个部分，【壶体】【壶把】【壶嘴】【壶盖】，如图3-13所示。

图 3-13　茶壶

3.3.2　扩展几何体建模

在创建三维形体命令面板上，单击标准基本体栏目名称，可以出现下拉菜单，选择【扩展基本体】，扩展基本体是对基本几何体建模的补充，如图 3-14 所示。

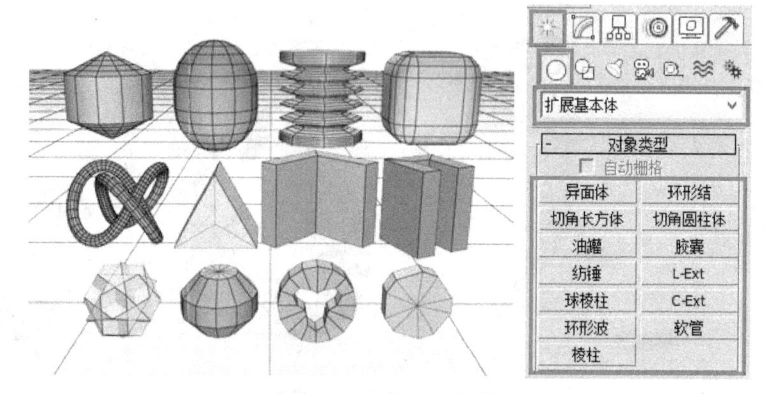

图 3-14　扩展基本体

扩展基本体一共有十三种，如图 3-15 所示，它们形状比较奇怪，其中我们常用的有【异面

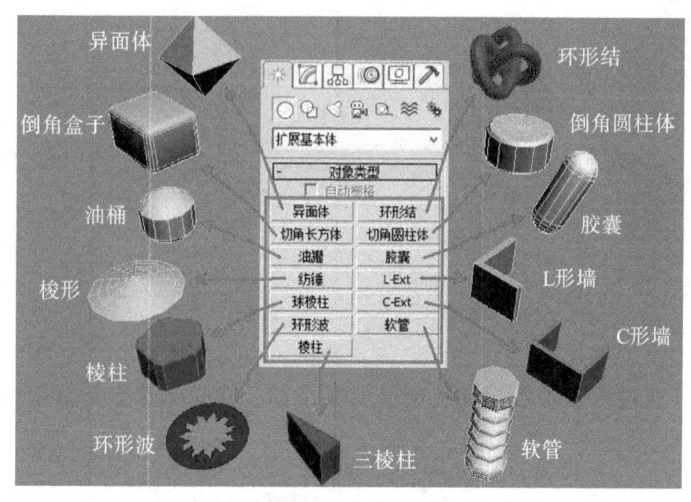

图 3-15　【扩展基本体】面板对应形状

体】【切角长方体】【切角圆柱体】。

3.3.3　二维建模

在命令面板创建栏目下，选择二维形体，可以创建出线、圆形等十二种二维图形，如图 3－16 所示。

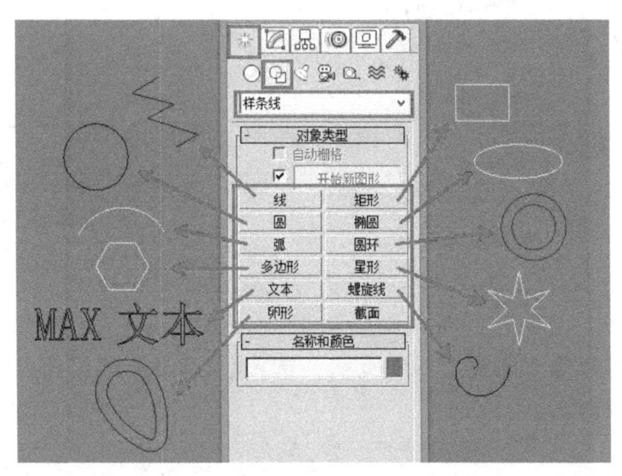

图 3－16　样条线

其中，【截面】是指到三维物体上截取二维图形，常用参数有【创建图形】，截面操作流程：创建三维物体，创建截面二维物体，移动截面物体到三维物体上，找到需要截取的曲线位置，选择截面物体后进入修改面板，单击【创建图形】按钮，图形创建完成，如图 3－17 所示。

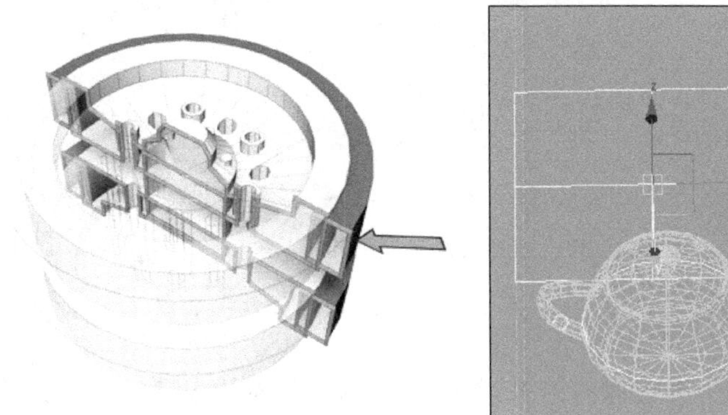

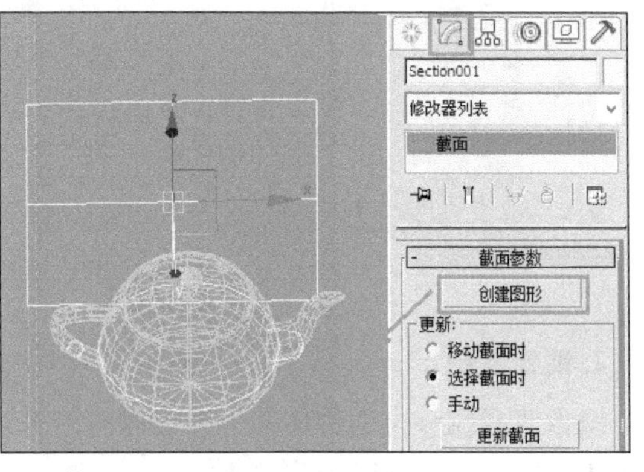

图 3－17　截面

3.3.4　复制建模

复制是计算机图形设计中一个强有力的工具，通过简单的复制操作，能够达到快速建立相同或相似物体的效果。Max 的复制方法有很多，它们分别有自身的特点，下面对复制建模分别介绍。

1. 变换复制

变换复制是三维建模中使用频率最多的一种复制方法，它的操作流程十分简单，在选择物体后，按住【Shift】键，使用移动、旋转、缩放三种变换工具中任何一种对物体进行变换，就能得到变换复制的结果，如图 3－18 所示。

图 3－18　变换复制

变换复制弹出的选项框，如图 3－19 所示。选中【复制】单选按钮，在【副本数】中填写复制的数量，单击【确定】按钮即可。

图 3－19　变换复制选项框

2. 镜像复制

镜像复制能够得到物体某个轴镜像的结果，如果需要两个茶壶的壶嘴对着壶嘴，就可以使用镜像复制，效果如图 3－20 所示。

图 3－20　镜像复制

镜像复制的使用方法：选择需要复制的物体，使用主工具栏的【镜像复制】命令，在弹出的镜像复制选项框中，设置镜像的轴和偏移数值，单击【确定】按钮镜像复制完成，如图 3－21 所示。

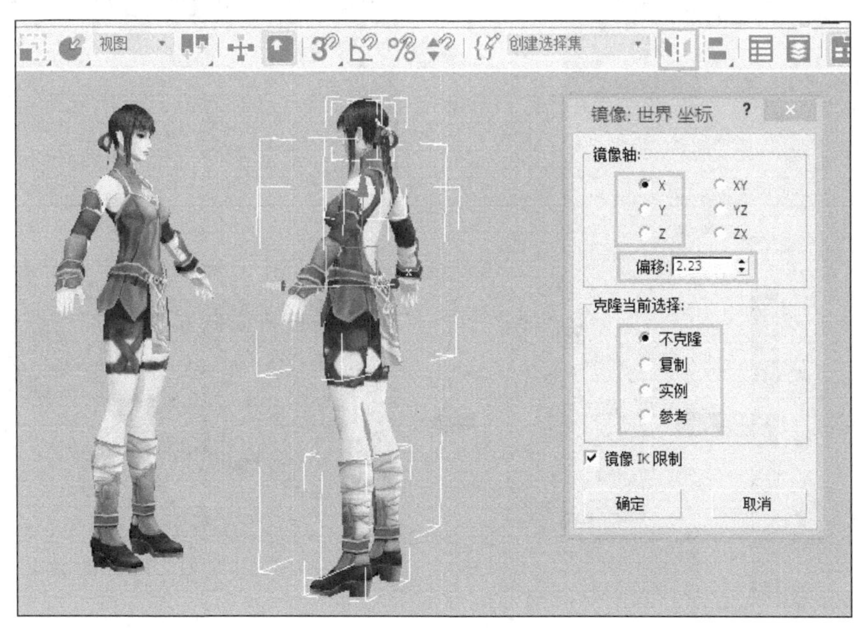

图 3－21　镜像复制选项框

镜像主要参数：

【镜像轴】　镜像进行的轴向，常用有 X、Y、Z 轴镜像。

【偏移】　镜像完成后物体的位置偏移数值。

【克隆当前选择】选项组　【不克隆】仅镜像物体，不复制；【复制】【实例】关联复制（复制出的物体与原物体修改参数关联，修改其中一个，另一个自动修改）；【参考】参考复制（复制出的物体是原物的参考物体，原物体修改时参考物体也会修改，但参考物体修改时，原物体不会修改）。

3. 快照复制

快照复制主要是针对运动物体进行的，它能够将物体的运动过程用快照的方法记录下来，如图 3－22 所示。

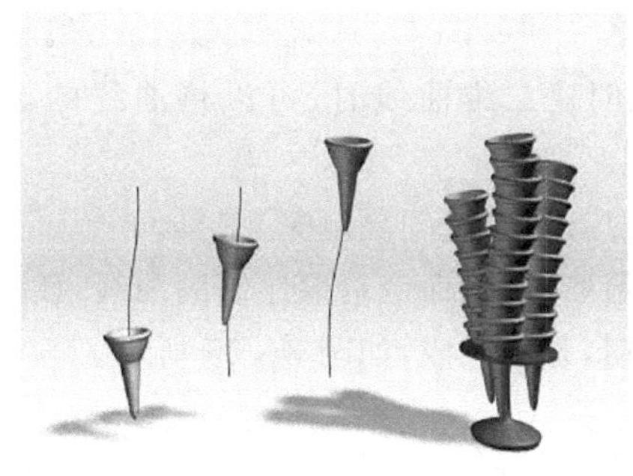

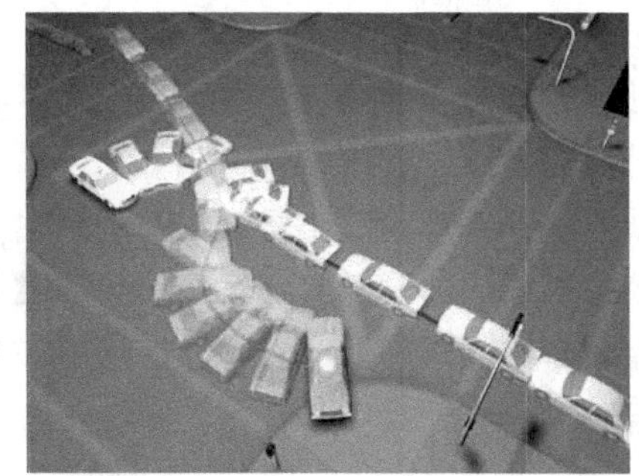

图 3－22　快照复制

快照复制的工作流程，如图 3－23 所示。

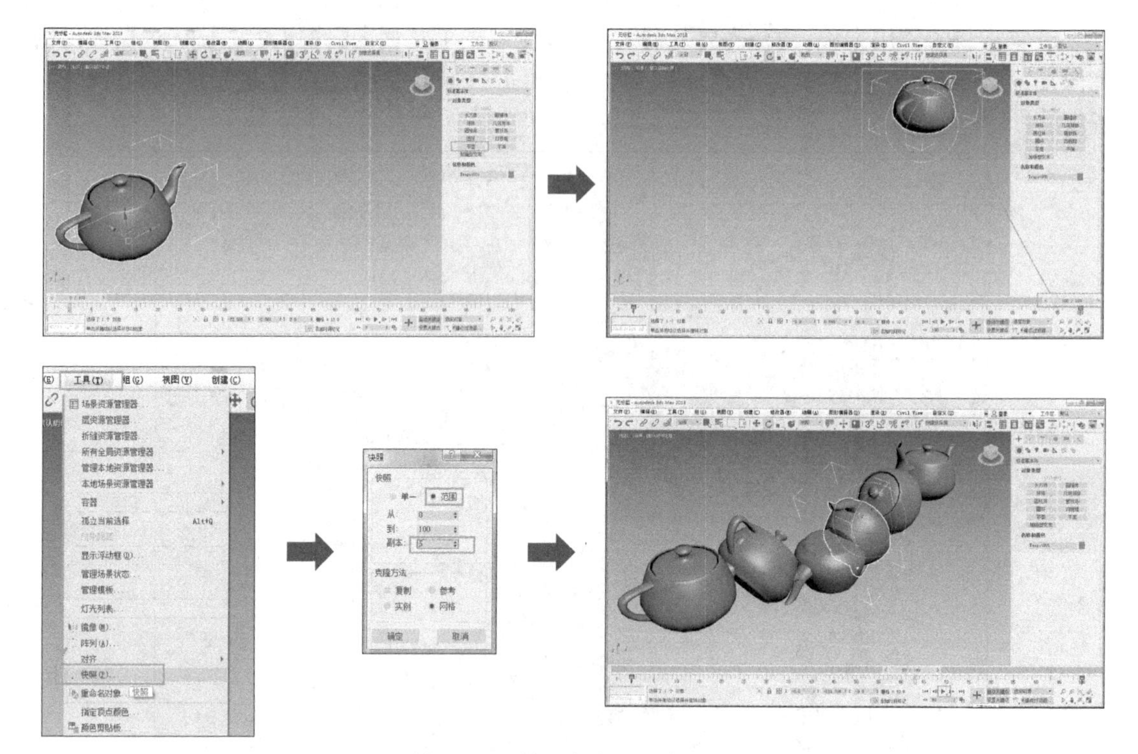

图 3-23 快照复制的工作流程

第一步 最大化透视图，在左下角创建茶壶物体，打开自动关键帧动画开关，移动时间滑块到 100 帧，向 X 轴方向移动茶壶物体的位置，完成后再使用旋转工具向前旋转 360°，使物体从 0 到 100 帧产生向前移动并旋转的动画。

第二步 选择茶壶，使用【工具】菜单下的【快照】工具。

第三步 设置快照的范围和数量，单击【确定】按钮，快照复制完成，可以播放动画查看茶壶飞跃时的快照效果。

4. 间隔复制

间隔复制工具能让物体自动保持一定的距离(间隔)进行复制，常用于表现等距离排列放置的物体，如珍珠项链、路灯等。

间隔复制工作流程，如图 3-24 所示。

第一步 创建二维曲线和一个茶壶物体，创建二维曲线时，可以将曲线的类型设置为 smooth 平滑。

第二步 选择茶壶，在【工具】菜单中选择【对齐】中的【间隔复制】工具。

第三步 在弹出的间隔复制命令中，使用【拾取路径】命令拾取绘制的曲线，设置复制物体【计数】数量，可勾选【跟随】属性，单击【应用】按钮，复制完成，如图 3-25 所示。

5. 阵列复制

阵列复制是 Max 早期版本中的复制工具，复制控制的参数较多，下面通过 DNA 的分子链来了解阵列复制的使用方法。

DNA 阵列的制作流程，如图 3-26 所示。

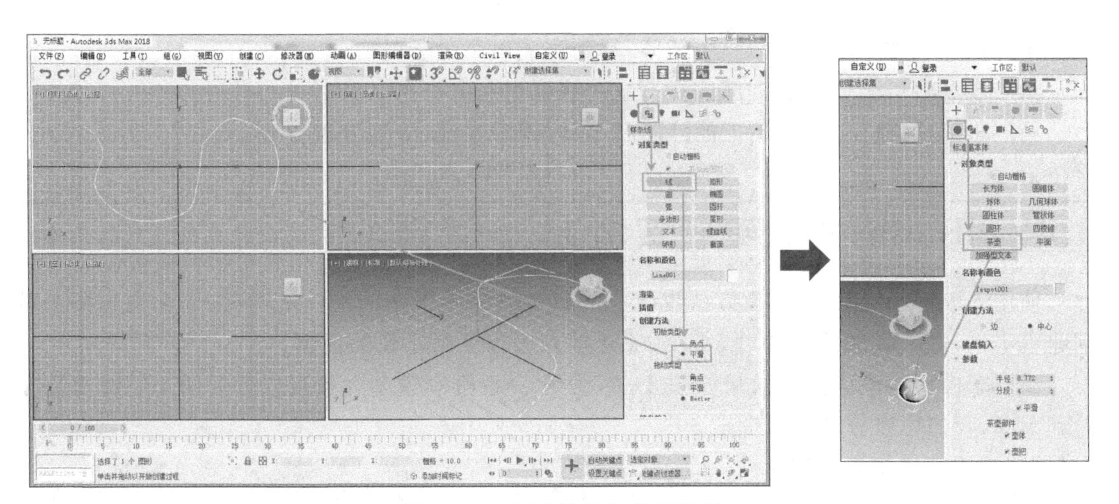

图 3 - 24 创建路径与茶壶模型

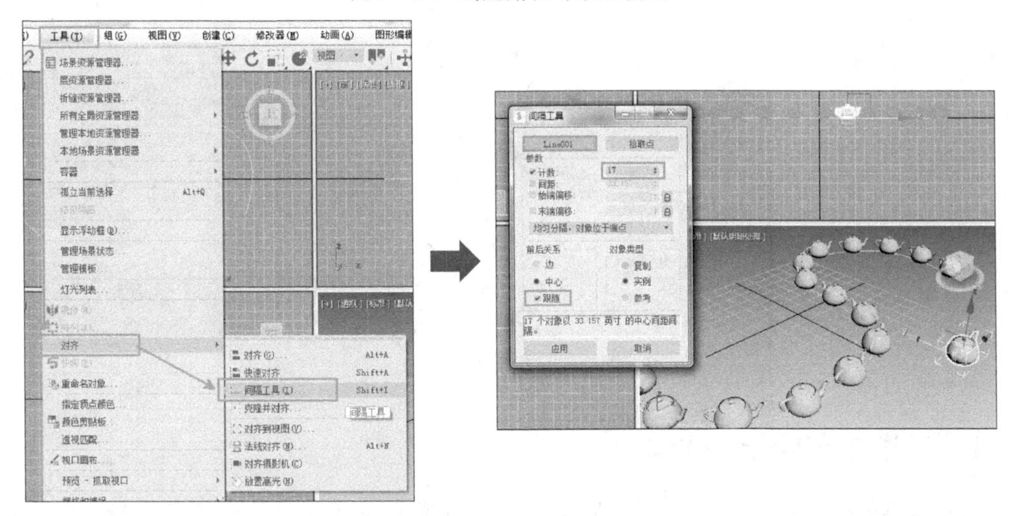

图 3 - 25 间隔复制的工作流程

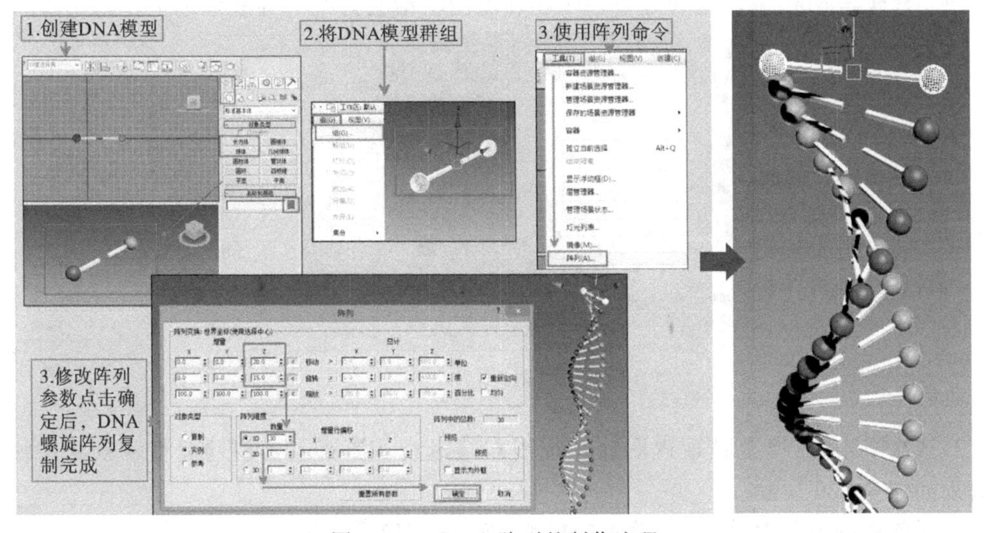

图 3 - 26 DNA 阵列的制作流程

第一步　创建一个盒子和一个球体，复制完成单个分子链。

第二步　将单个分子链全部选择，并进行【群组】。

第三步　使用【工具】菜单下的【阵列】工具，调节参数，阵列复制完成。

3.4　3ds Max 基础建模实例 1——手推车

使用 3ds Max 的基础建模方法也能完成日常生活中很多的物体的建模，下面通过两个基础建模实例，进一步加强读者对 3ds Max 建模方法和复制建模的理解。

手推车模型的最终完成效果如图 3－27 所示。手推车模型大致可以分为两个组成部分车轮和车身，我们可以分开将其完成。

图 3－27　手推车模型

3.4.1　手推车车轮模型的创建

(1)进入 Max 软件，在命令面板上将线框色改为黄色，将【分配随机颜色】勾选去掉，如图 3－28 所示，这样 Max 就不会每建立一个物体就随机给它分配一种线框色了。

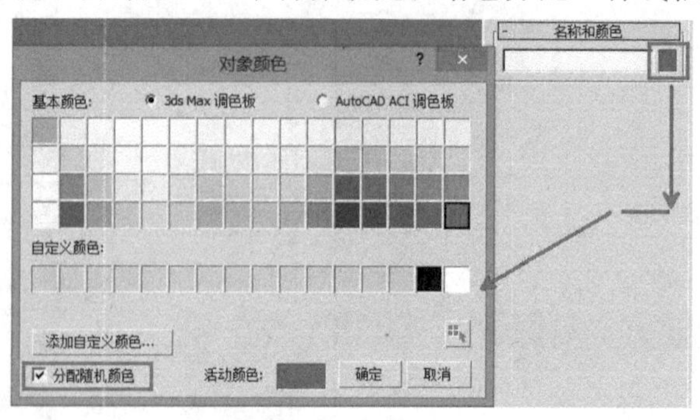

图 3－28

(2)依次点击【前视图】【顶视图】【左视图】和【透视图】，按键盘【G】键将背景辅助线框隐藏，效果如图 3－29 所示。

(3)在前视图上创建管状体，激活透视图，按下键盘【F4】键(实体加线框显示)，将它的高度分段数由 5 改为 1，这样模型的面数更少，得到了优化，如图 3－30 所示。

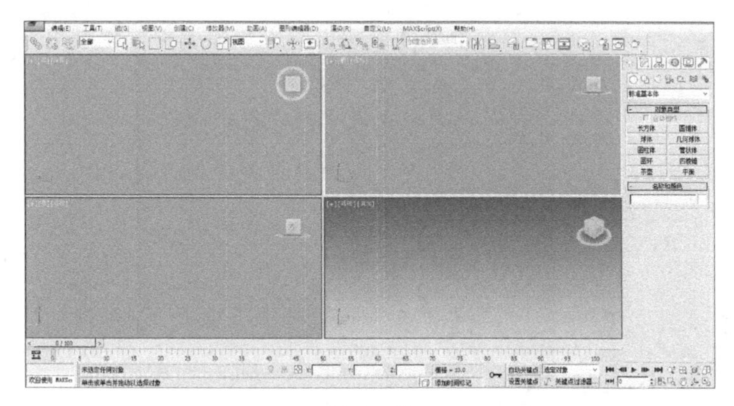

图 3-29

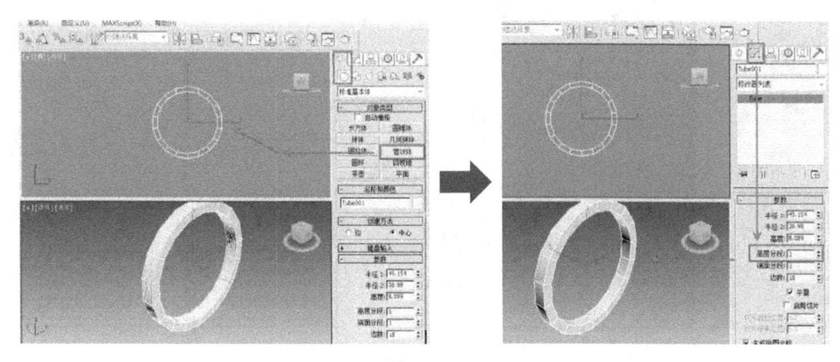

图 3-30

(4)在管状体的中间创建圆柱体,同样将它的高度段数改为1段,如图3-31所示。

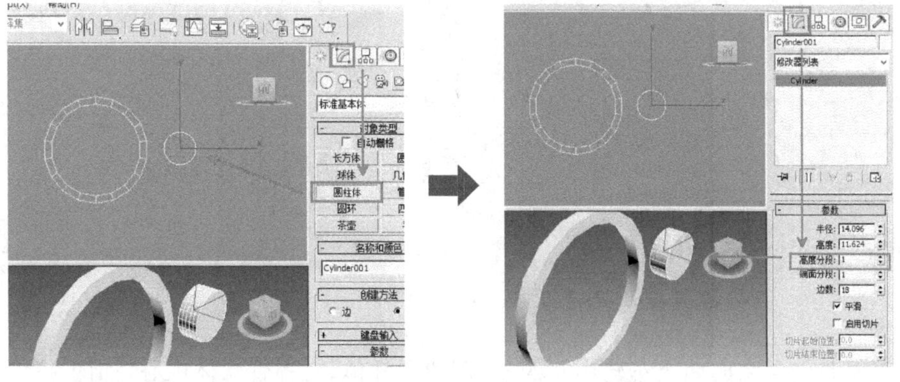

图 3-31

(5)选择圆柱体,使用主工具栏的【对齐】工具,点击圆环物体,弹出对齐工具面板,在对齐工具面板中,勾选XYZ轴【中心】到【中心】对齐,如图3-32所示。这时圆柱物体对齐到圆环物体上。

(6)在前视图上创建长方体,用长方体来模拟手推车的辐条,使用【对齐】工具将长方体与管状体中心对齐,如图3-33所示。

(7)打开【角度捕捉】工具,旋转复制长方体,每隔15度复制一个,共复制11个,复制完成后,手推车的车轮完成,如图3-34所示。

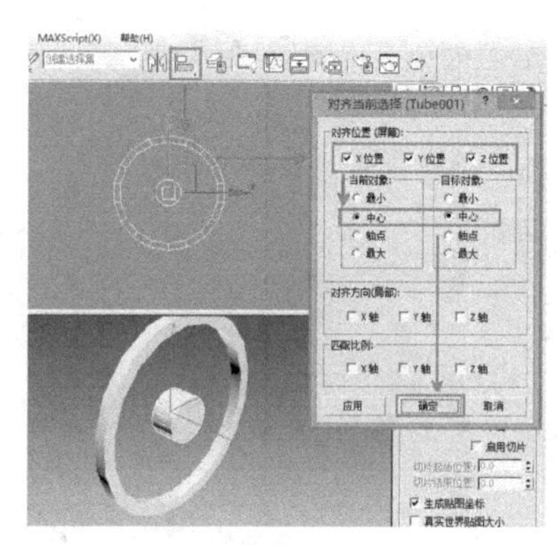

图 3 - 32

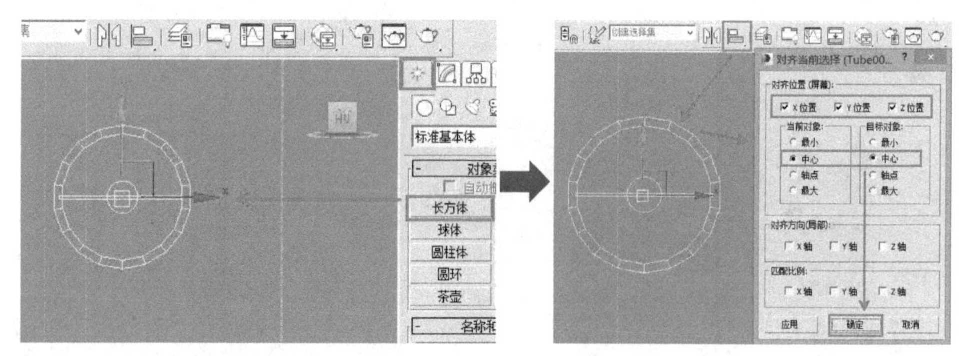

图 3 - 33

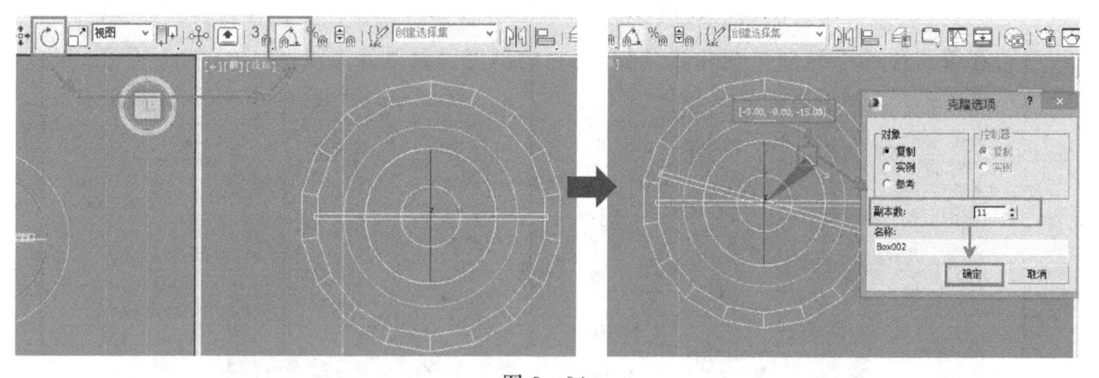

图 3 - 34

(8)下面我们来完成两个车轮中间的轴,创建圆柱体,对齐管状体中心,如图 3 - 35 所示。

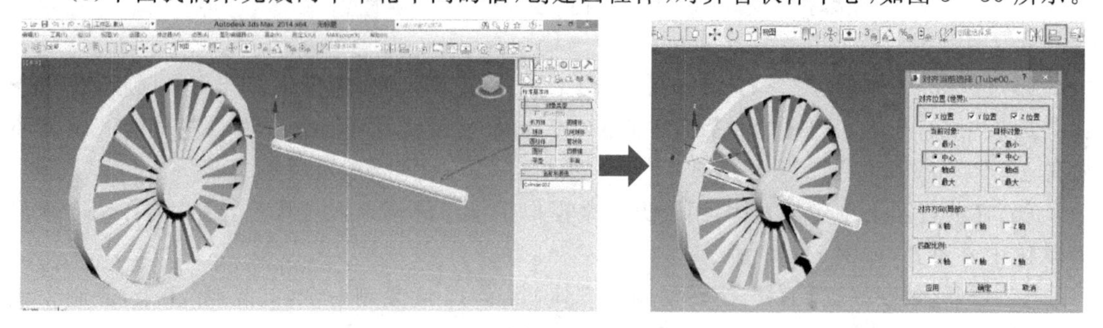

图 3 - 35

(9)在修改面板,调整圆柱的半径和长度,沿 Y 轴移动到合适位置,如图 3－36 所示。

图 3－36

(10)使用窗口选择模式,在【顶视图】框选车轮物体,按【Shift】键,将车轮沿 Y 轴向上移动复制,手推车车轮完成,如图 3－37 所示。

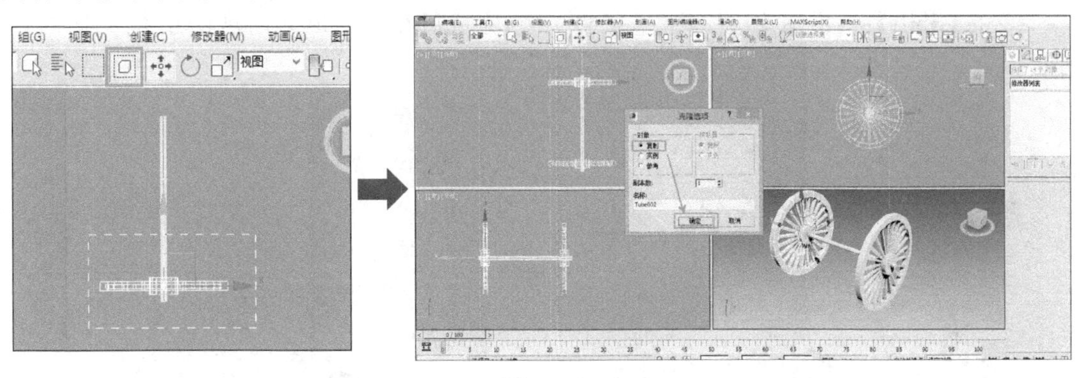

图 3－37

3.4.2 车身模型制作

(1)在【顶视图】,创建【长方体】物体,移动装配到车轮上,如图 3－38 所示。

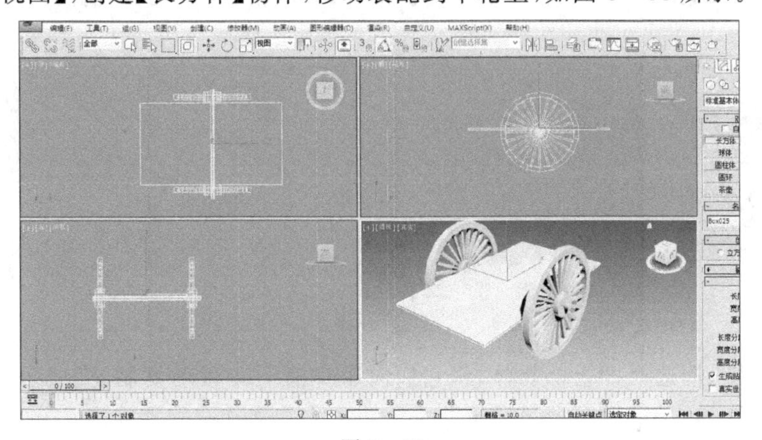

图 3－38

(2)在【前视图】,创建【长方体】物体作为栏杆,进入修改面板调整大小后放入适当位置,如图 3-39 所示。

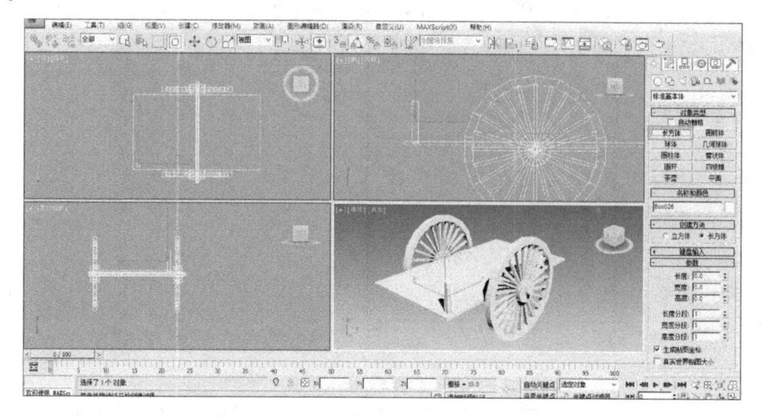

图 3-39

(3)按【Shift】键,沿 X 轴将其水平复制 4 个,完成后在它的顶部创建长方体,如图3-40所示。

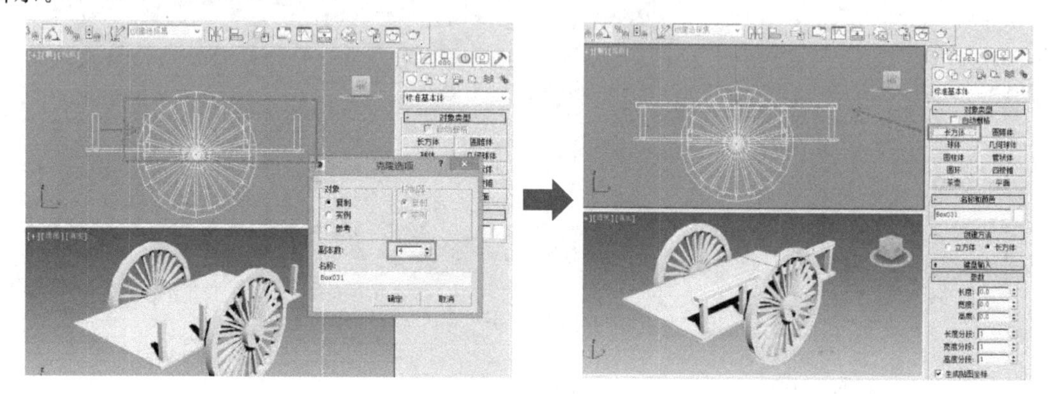

图 3-40

(4)在【左视图】上,框选栏杆物体,配合键盘【Shift】键,锁定 X 轴向左偏移复制,如图3-41所示。

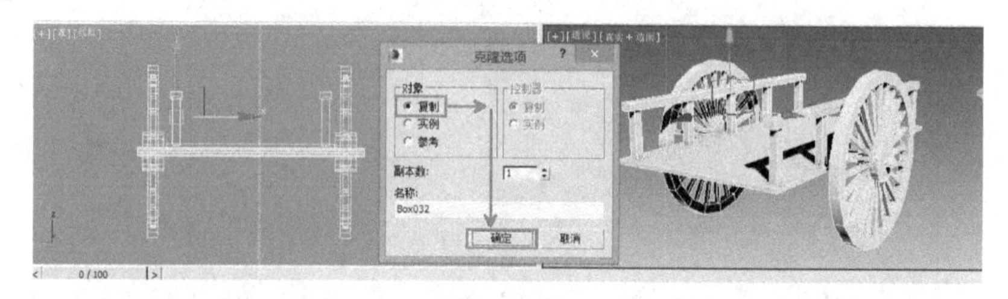

图 3-41

(5)在前视图,框选栏杆上部物体,将它们向车身前下方移动复制,完成手推车手柄模型,如图 3-42 所示。

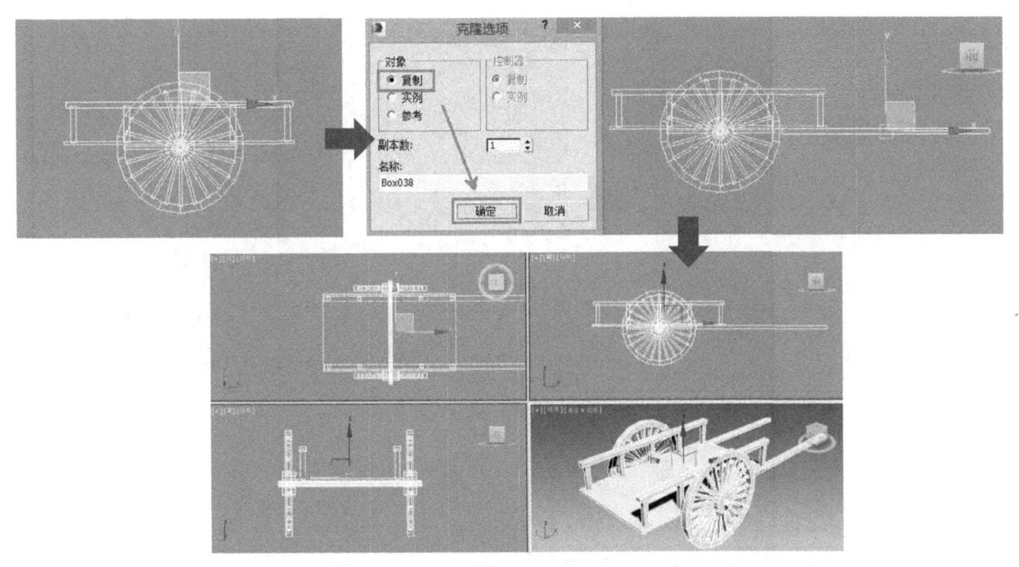

图 3 - 42

3.4.3　渲染手推车模型

(1)创建较大的地面 Box 长方体物体,将其颜色改为淡蓝色,如图 3 - 43 所示。

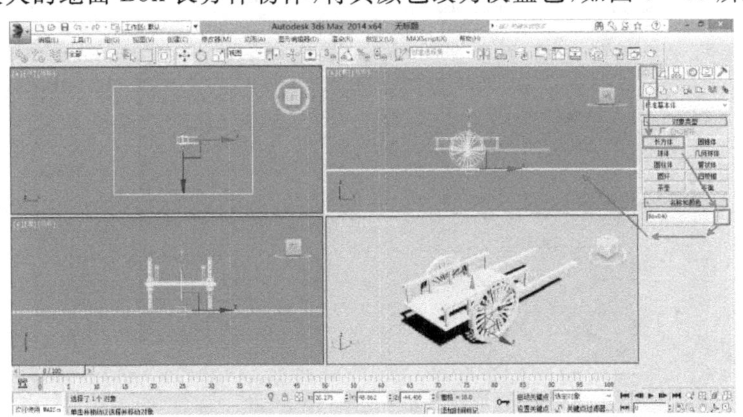

图 3 - 43

(2)创建灯光面板,在【Standard】标准灯光中,选择【Skylight】天光命令,在场景任意位置点击创建天光物体,如图 3 - 44 所示。

(3)点击主工具栏的渲染设置工具,将【高级照明】中【光线跟踪】勾选,将【渲染器】渲染选项中抗锯齿过滤器类型改为【Catmull-Rom】准蒙特卡罗类型,如图 3 - 45 所示。

(4)点击渲染命令下方的【Render】渲染命令,对场景进行渲染,完成后可选择渲染画面左上角的保存命令对渲染的图片进行保存,如图 3 - 46 所示。

(5)对完成的模型进行复制,使用【长方体】完成地面的砖块物体后,点击主工具栏中【快速渲染】命令再次对场景进行渲染,如图 3 - 47 所示。

手推车模型知识要点归纳:

(1)改变物体的线框色,复制物体。

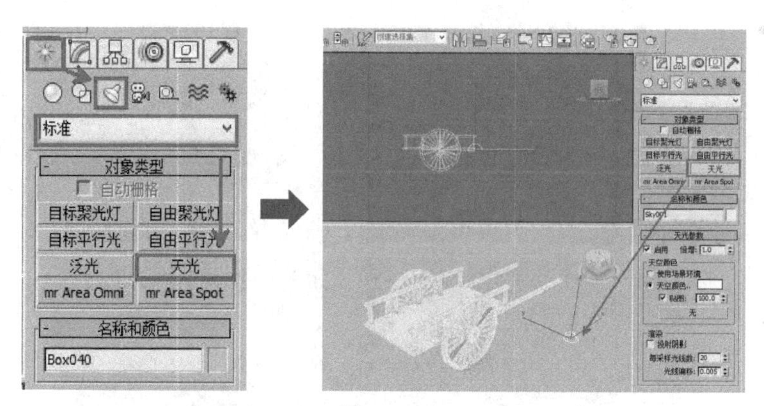

图 3 - 44

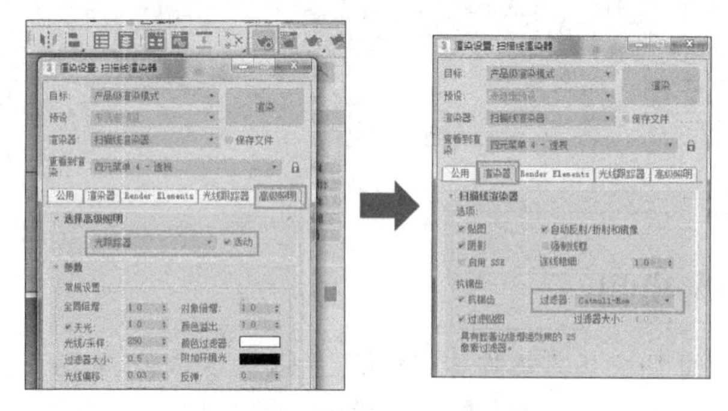

图 3 - 45

图 3 - 46

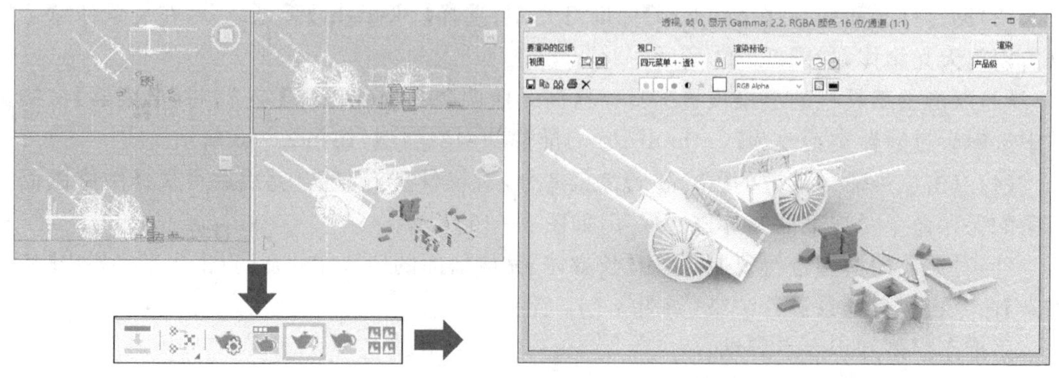

图 3 - 47

(2)创建模型时,合理控制物体的面数,优化模型。

(3)对齐工具和角度捕捉工具的使用。

3.5　3ds Max 基础建模实例 2——钟表

本节我们通过基本几何体建模完成钟表模型的制作,如图 3-48 所示,重点要求大家理解对齐工具和改变物体轴心后旋转复制建模的整体思路与方法。

图 3-48　钟表模型

钟表建模过程中,需要解决的问题有三个:

(1)改变刻度方块的轴心,将刻度方块物体的轴心放置在圆盘物体中心上,这样旋转复制刻度物体时,就能实现围绕圆盘物体进行。

(2)设置角度捕捉的度数,分钟两个相邻的刻度应该是 6 度,而 Max 默认的角度捕捉度数是 5 度。

(3)完成表盘上的时间文字模型。

3.5.1　改变物体轴心

创建表盘圆盘物体和刻度长方体,使用【对齐】工具将长方体对齐到圆盘的 XYZ 轴的【中心】,如图 3-49 所示。

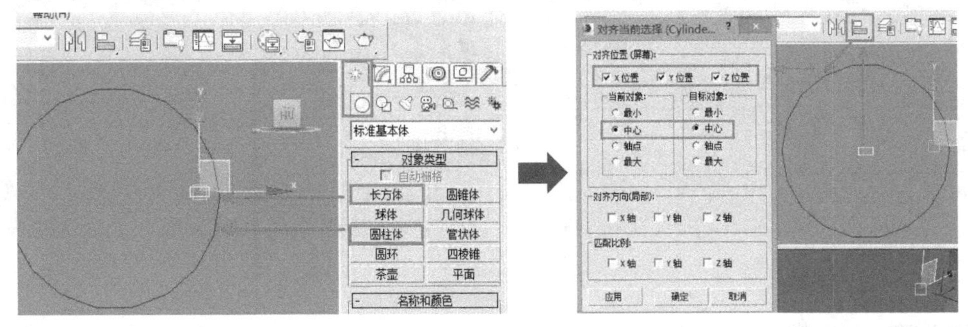

图 3-49

进入【层级】命令面板，选择【仅影响对象】命令，在【前视图】上锁定 X 轴向右平移物体到表盘边缘，关闭【仅影响对象】命令，使用【旋转】工具，打开【角度捕捉】命令，就可以以圆盘物体中心为轴心旋转复制刻度物体了，注意间隔 90 度复制，复制 3 个，共 4 个大时间刻度，如图 3－50所示。

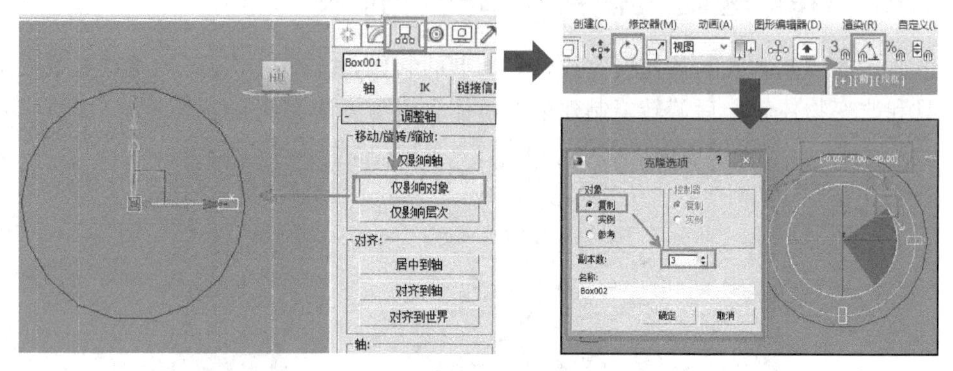

图 3－50

创建长方体作为小时的刻度，使用对齐工具将它对齐到表盘中心，如图 3－51 所示。

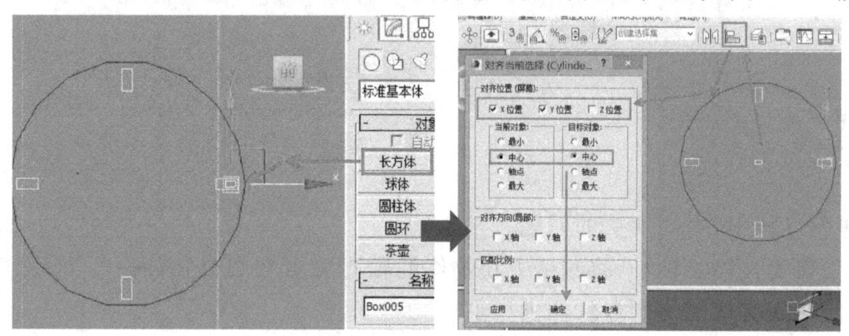

图 3－51

进入【层级】命令面板，选择【仅影响对象】命令，在【前视图】上锁定 X 轴向右平移物体到表盘边缘，关闭【仅影响对象】命令，使用【旋转】工具，打开【角度捕捉】命令，按间隔 30 度复制物体，共复制 11 个，加上原有的 1 个，正好是 12 个小时刻度，如图 3－52 所示。

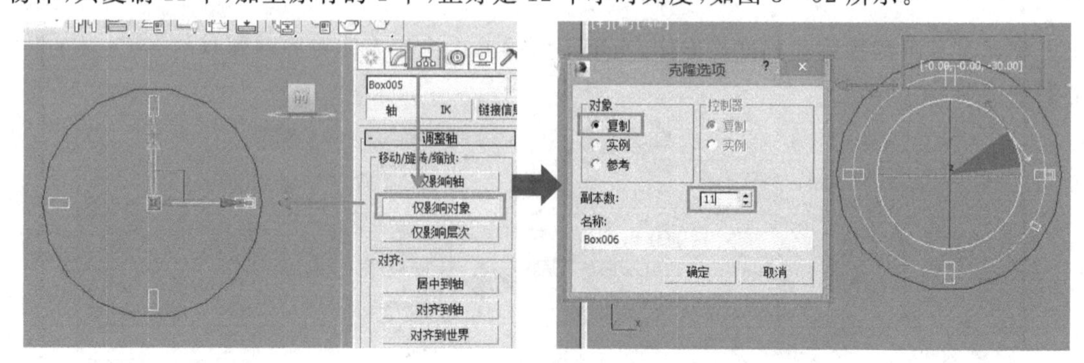

图 3－52

表盘基本刻度模型完成，如图 3－53 所示。

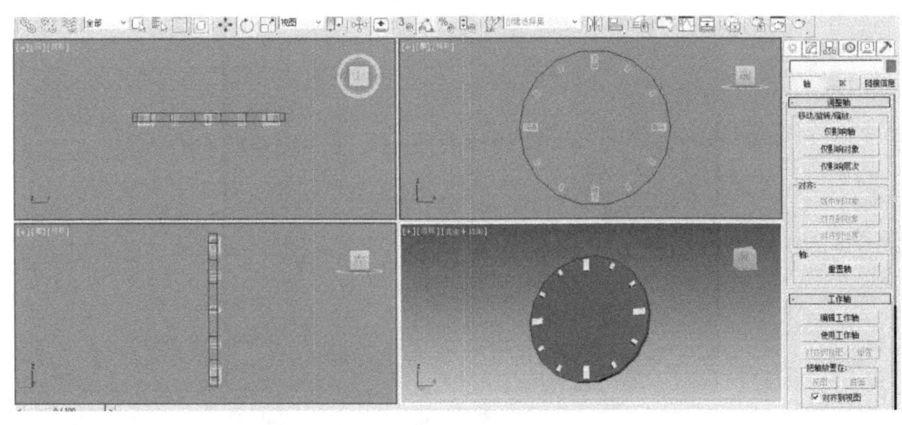

图 3－53

接下来我们需要制作表盘的秒钟刻度，秒钟刻度共有 60 个，按照 360 度圆盘旋转散开，每个刻度间隔是 6 度。

3.5.2 设置角度捕捉度数

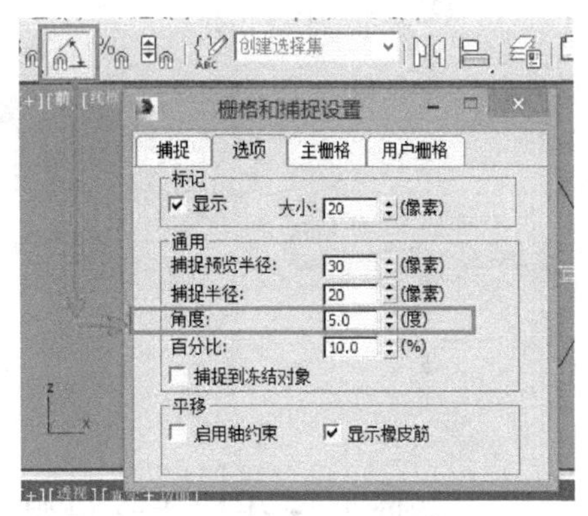

图 3－54

3.5.1 节提到过：右键点击角度捕捉工具，在弹出的设置面板中，将【角度】捕捉的数值改为所需要捕捉的角度，默认值为 5.0 度，在制作模型时可根据要求修改角度捕捉的刻度数值，如图 3－54 所示。

创建球体作为秒钟刻度物体，由于默认球体段数过多，我们可以进入修改面板减少球体的段数，优化球体模型，使用同样的方法将球体对齐到表盘中心，如图 3－55 所示。

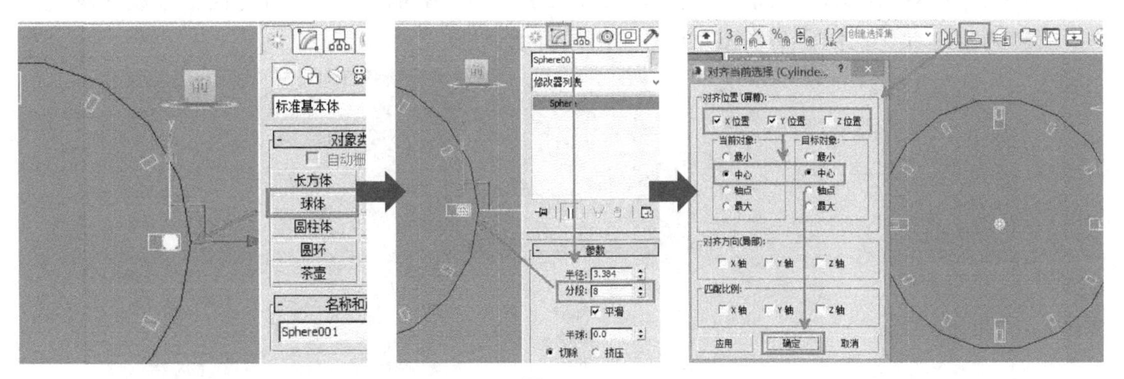

图 3－55

在层级面板使用同样的方法将物体移动出来，轴心保留在圆盘中心，右击主工具栏角度捕捉命令，设置角度捕捉为 6 度，如图 3－56 所示。

旋转 6 度复制圆球物体，在复制参数中可选择【关联】复制，共复制 59 个，这样我们只需要修改一个球体大小，其他 59 个球体都会跟着改变大小，如图 3－57 所示。

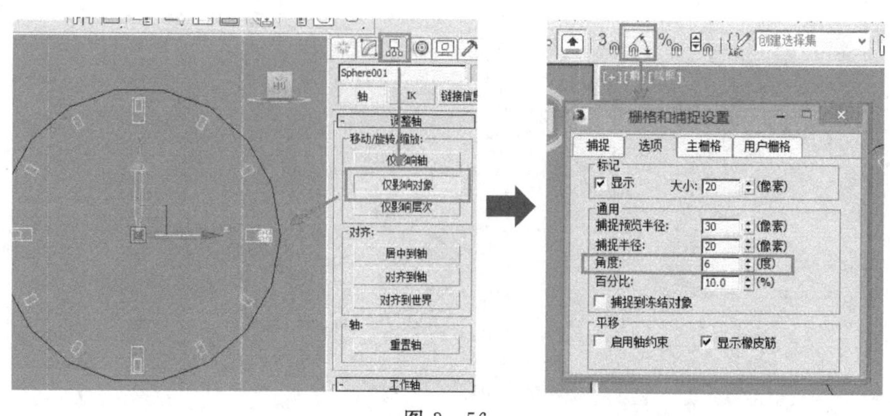

图 3－56

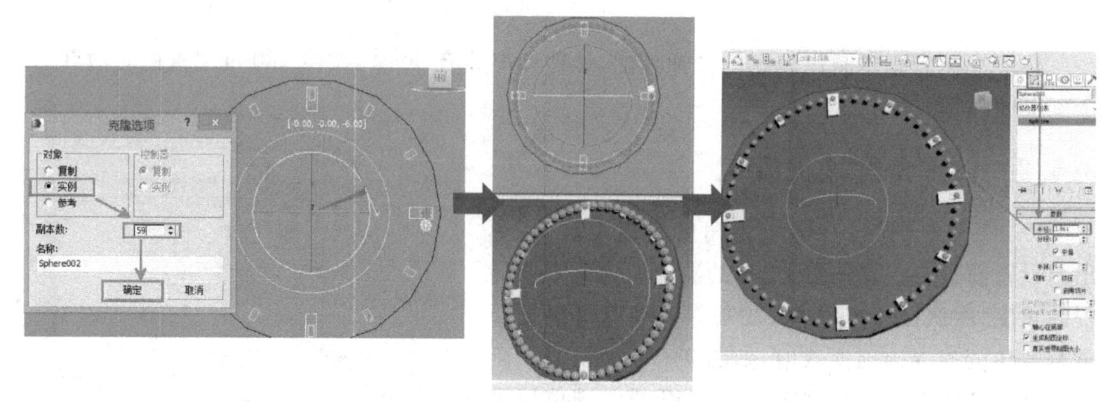

图 3－57

3.5.3 表盘上指针与文字模型

使用长方体物体制作时间指针，注意区分大小长短，用同样的方法将它们轴心放在圆盘中心，旋转调整时针、分针、秒针位置，如图 3－58 所示。

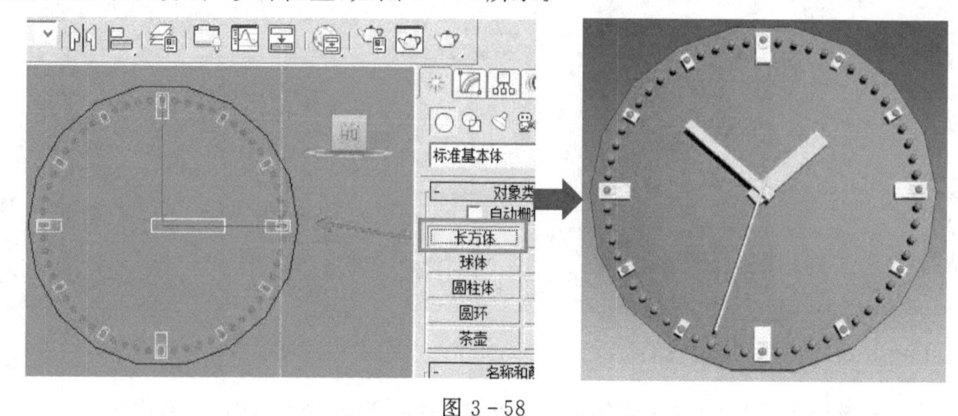

图 3－58

在命令面板创建二维形体中，使用【文本】命令，在【前视图】上创建文本，进入修改命令面板，将文字字体改为【Arial Black】字体，文字内容输入需要的内容（中文文字也可以），适当调节文字的【大小】和位置，如图 3－59 所示。

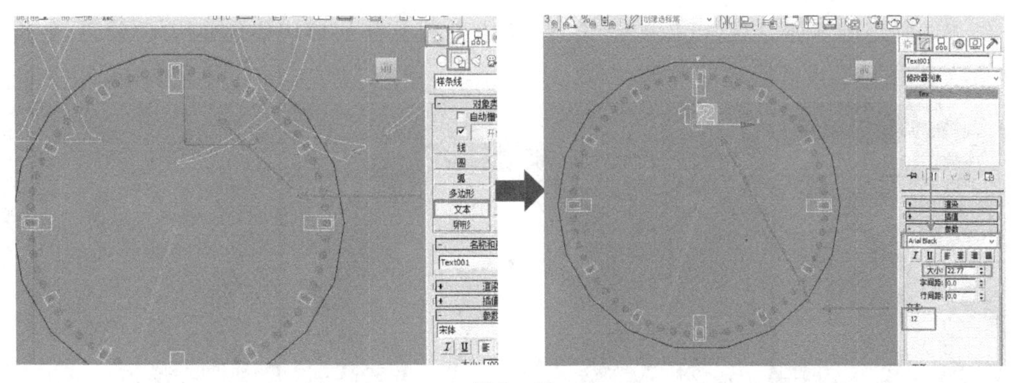

图 3-59

勾选【渲染】参数中的【在渲染中启用】和【在视图中启用】对视图有效命令，修改【厚度】粗细值为适当粗细，表盘文字完成。这种方法是将二维物体变为实体进行渲染的常用方法，如图 3-60 所示。

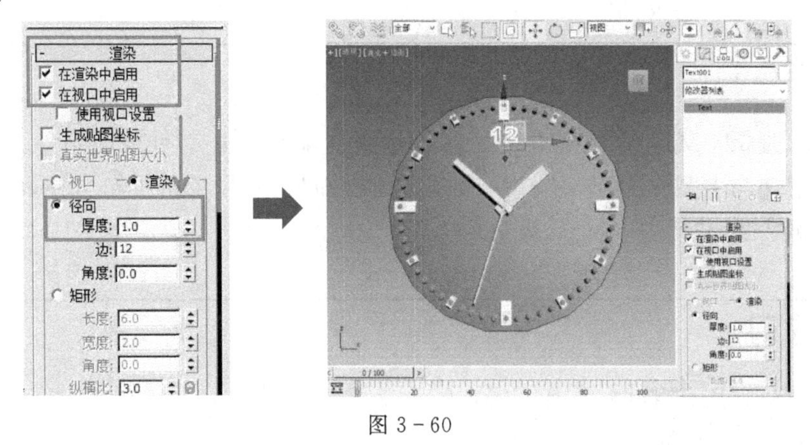

图 3-60

移动复制时间数值，进入修改面板修改为 3 点、6 点、9 点，钟表模型完成，如图 3-61 所示。

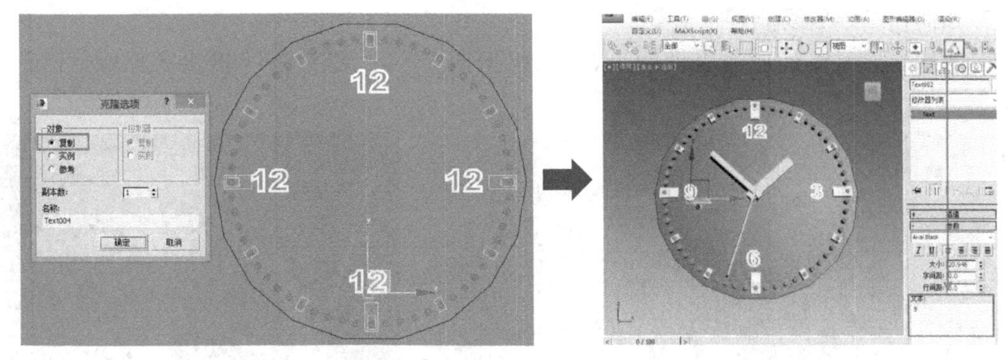

图 3-61

钟表模型制作主要学习物体轴心位置调整、对齐工具和角度捕捉设置的操作方法，这些命令是以后制作其他模型的常用工具。

钟表动画基础掌握以后，可以自己设计，完成各种各样的钟表类型的动画效果，如图 3 - 62 所示为学生自己设计完成的钟表动画。

图 3 - 62 学生自己设计完成的钟表动画

本章小结

理解并掌握 3ds Max 的建模方法是熟练运用三维软件必不可少的条件。本章讲述了 Max 建模的思路与主要方法，学习了 Max 基础建模知识，完成了手推车与钟表模型的制作，需要大家理解掌握，并能举一反三、灵活运用。

思考与练习

1. Max 建模方法有哪些？有什么特点？

2. 如何设置角度捕捉？

3. 如何改变物体轴心点的位置？

4. 完成手推车与钟表模型？

5. 如何让二维曲线能够被渲染？

6. 熟练掌握手推车与钟表模型后，可以根据图 3 - 63、图 3 - 64 提供的原画，完成三维模型。

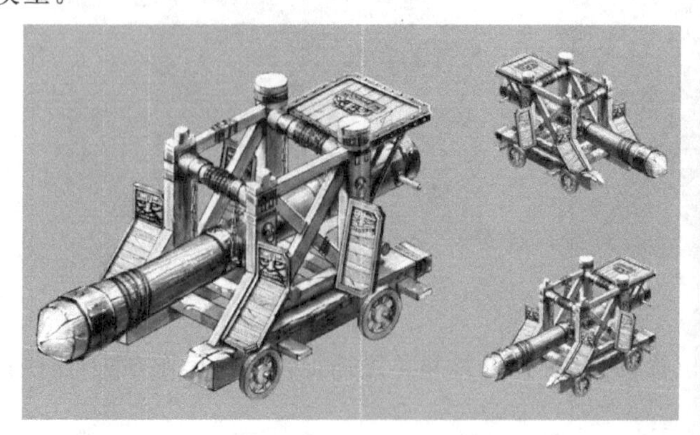

图 3 - 63 三维模型

图 3－64　三维模型

3ds Max 初级建模——修改建模

第 4 章

本章重点

(1)了解修改二维几何体和修改三维几何体工具。

(2)运用修改建模方法完成简单模型的制作。

学习目的

通过了解常用的修改建模工具,包括二维几何体和三维几何体,能够灵活运用完成一些简单模型的制作,并掌握修改建模的整体思路。

4.1 修改建模综述

三维软件在程序的设计过程中,一般都会提供一些基础模型物体,包括二维或三维基本几何形体。但是,这些基本物体无法满足模型世界千变万化的要求,所以修改建模孕育而生。其实质是在基本几何形体的基础上进行修改,让它产生更多的不规则形体。

下面首先介绍修改命令面板下面五个常用工具,如图 4-1 所示。

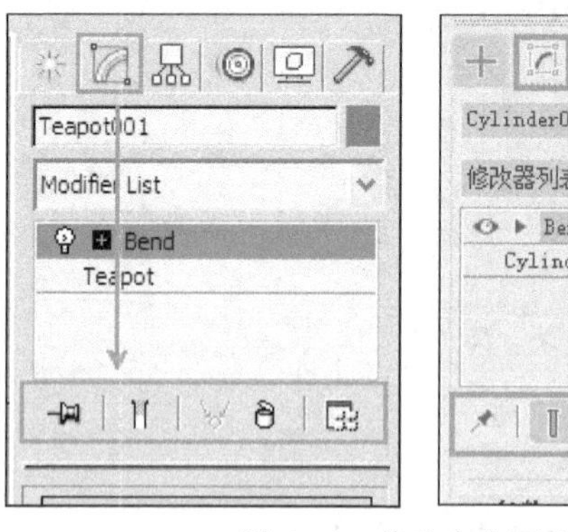

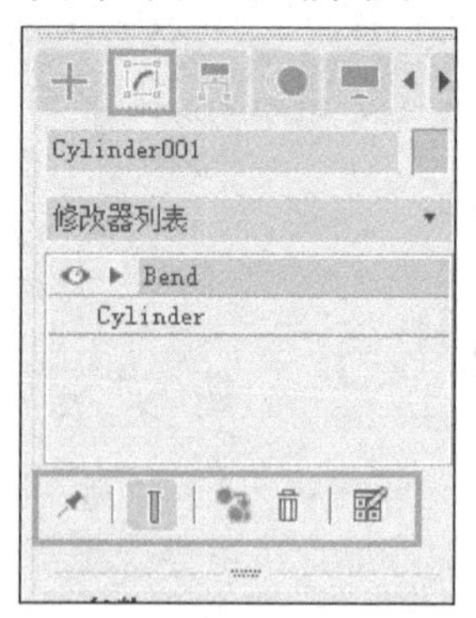

图 4-1　修改命令面板

锁定堆栈工具:按下后,修改面板下方参数是按下时的物体参数,不会根据场景选择物体的变化而刷新。

显示最终结果工具:不管添加多少修改器,也无论你进入哪个修改器层级,按下显示最终结果后,视图中物体都会显示修改堆栈的最终结果。

使唯一命令：选择复制时，使用关联或参考的物体后，才能使用的命令，可以将选择物体的关联或参考解除。

删除修改器工具：将选择的修改器删除。

显示修改器图标工具：编辑和显示常用的修改器图标，修改器图标内容数量可自定义。

4.2　修改二维几何体

4.2.1　编辑样条线修改器

3ds Max 默认样条线的种类很少，编辑样条线修改器可以在原有样条线的基础上，通过修改得到任何形状的二维曲线，为创建三维模型做好基础。

编辑样条线学习的最终要求：通过本节学习后，能够编辑出任何形状的二维曲线。

【编辑样条线】修改器的进入方式有两种。

第一种可以在选择二维曲线物体的情况下，进入修改命令列表，找到【编辑样条线】命令，如图 4－2 所示。所有二维物体中，只有【直线】可以不用添加编辑样条线，因为它在修改面板没有长宽、半径之类的修改参数。

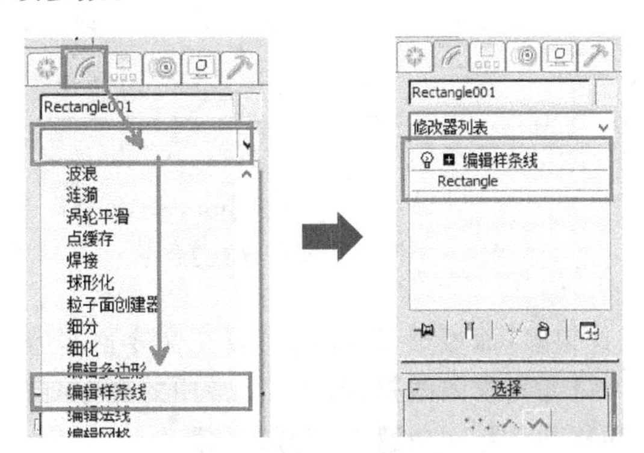

图 4－2　【编辑样条线】命令

第二种是在选择二维曲线物体的情况下，直接在物体上单击右键，在弹出的快捷菜单中选择【转换为可编辑样条线】命令，如图 4－3 所示。

注意：两种进入方式只有第一种可以保留原始物体的创建参数信息，第二种方式会把二维物体的参数塌陷到【编辑样条线】命令中。【编辑样条线】和【可编辑样条线】在命令功能上是完全相同的，只是二维物体转换进入命令的方法不同而已。

【可编辑样条线】有三个子物体级别，分别是【顶点】【线段】【样条线】级别。修改二维物体的时候可以进入子物体级别进行细微修改。进入【顶点】【线段】【样条线】子物体级别有三种方法。

（1）快捷键进入：选择【可编辑样条线】命令后，键盘数字键 1、2、3 分别对应顶点、边、样条线子物体级别，再按一次快捷键能够退出子物体级别。

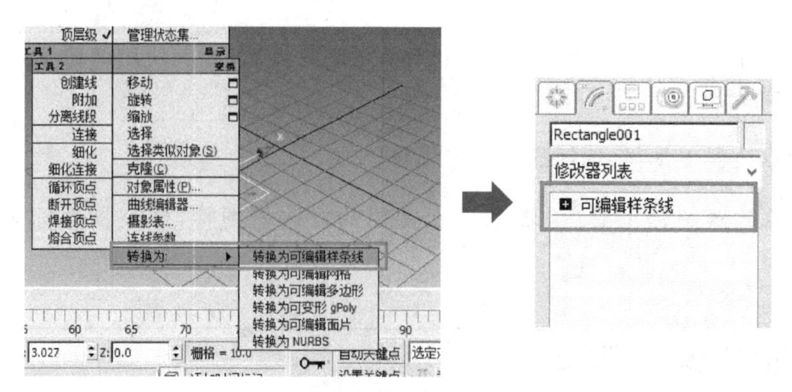

图 4-3 【转换为可编辑样条线】命令

(2)点开【可编辑样条线】修改器前端加号,然后选择【顶点】【线段】【样条线】级别,如图 4-4 所示。

(3)点击【顶点】【线段】【样条线】命令,可以进入相应级别,再次点击退出,如图 4-4 所示。

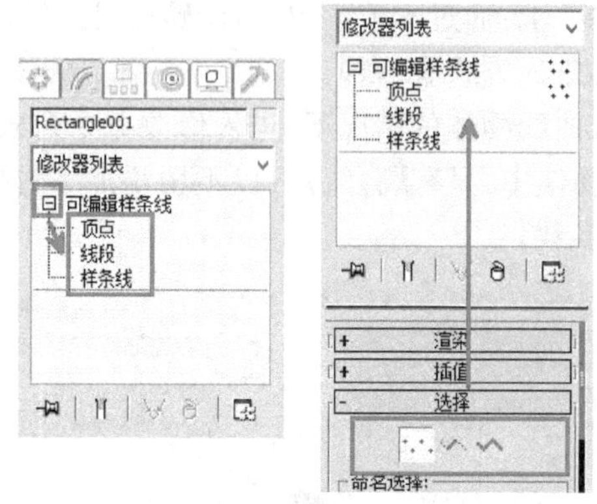

图 4-4 【可编辑样条线】命令

编辑样条线修改器工具很多,面板很长,我们可以在命令面板空白位置点击上下拖拽,滑动查看更多的修改信息。在【编辑样条线】修改器中,常用的命令有【附加】【附加多个】【分离】【优化】【插入】【焊接】【断开】【圆角】【切角】【轮廓】【布尔】。

【附加】 将两个二维物体附加为一个二维物体。与【群组】命令不同,【附加】命令是将物体的坐标等初始属性结合为一个物体。

【附加多个】 如果需要结合很多的二维物体,可以使用【附加多个】命令,点击后跳出附加多个物体名称窗口,能够一次性选择很多个物体,附加为一个物体。

【分离】 在样条线子物体级别,选择需要分离的样条线,使用【分离】命令将选择的样条线分离为一个单独的二维曲线物体。该命令功能正好与附加相反。

【优化】 在两个顶点之间插入新的顶点。在画好二维直线后,发现有位置缺少顶点,可以使用该命令优化增加顶点。需要在顶点子物体级别使用,子物体级别不对时显示灰色。

【插入】 与优化顶点命令功能基本相同,能在两个顶点间插入增加顶点,所不同的是可修改新增的顶点位置。需要在顶点子物体级别使用,子物体级别不对时显示灰色。

【焊接】 将两个分开的顶点焊接为一个顶点。如果一条蜿蜒直线的两端没有闭合,可以将两端顶点移动重合到一起,在顶点级别选择两个重合的顶点,点击【焊接】命令,可以将两个顶点焊接为一个顶点，实现线段闭合。需要在顶点子物体级别使用，子物体级别不对时显示灰色。

【断开】 与【焊接】命令相反，【断开】命令可将一个顶点断开为两个顶点，常用于将封闭线段断开。需要在顶点子物体级别使用，子物体级别不对时显示灰色。

【圆角】 在顶点子物体级别，使用【圆角】命令选中顶点，拖动鼠标，能将单个顶点变为圆角形状。

【切角】 在顶点子物体级别，使用【切角】命令选中顶点，拖动鼠标，能将单个顶点变为切角形状，如图 4-5 所示。

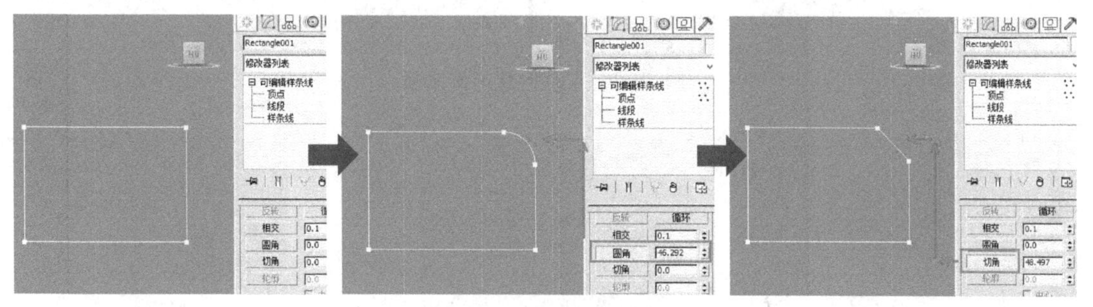

图 4-5 圆角和切角命令

【轮廓】 在样条线级别，将一条向内或向外进行轮廓复制，形成双线，如图 4-6 所示。

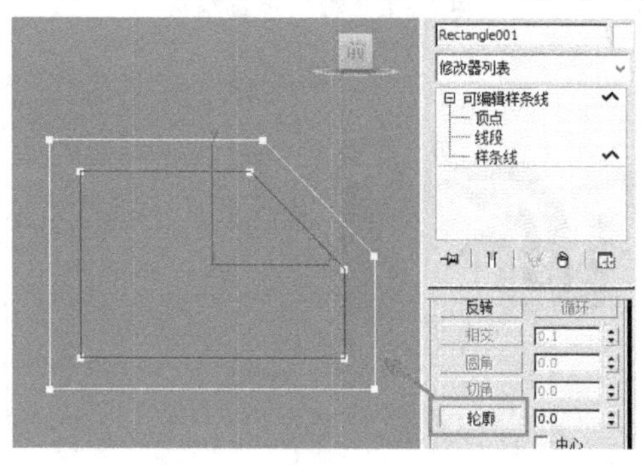

图 4-6 轮廓命令形成双线

【布尔】 在一个物体中，如果有两条封闭的样条线子物体相交，我们可以对它们进行相加、相减、相交布尔运算。布尔运算操作流程：样条线子物体级别，选择一条相交样条线，选择布尔运算方式（相加、相减、相交 ），选择【布尔】工具，点击另外一条样条线，布尔运算完成，如图 4-7 所示。

布尔运算相加、相减、相交的结果，如图 4-8 所示。

下面通过两个实例来学习编辑样条线 Edit Spline 的使用方法。

实例 1 完成早期中国中央电视台标志

（1）查看需要制作标志的图片像素信息。选择并将鼠标停留在标志图片上方（或在图片上右键，选择属性中的详细信息），Windows 系统将显示图片的分辨率（长宽）信息，如图 4-9 所示。该图片的宽度为 485 像素，高度为 509 像素，用图片的长宽信息来制作模型参考背景图，可以保证制作标志的正确比例。

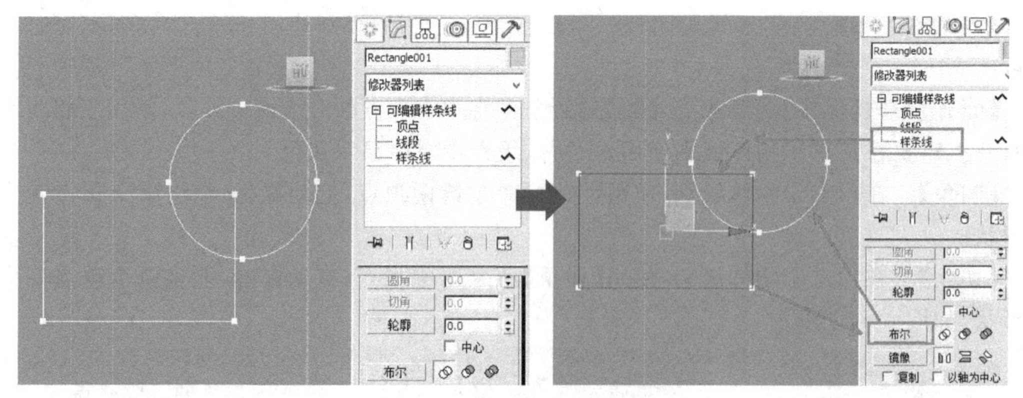

图 4-7　布尔运算工作流程

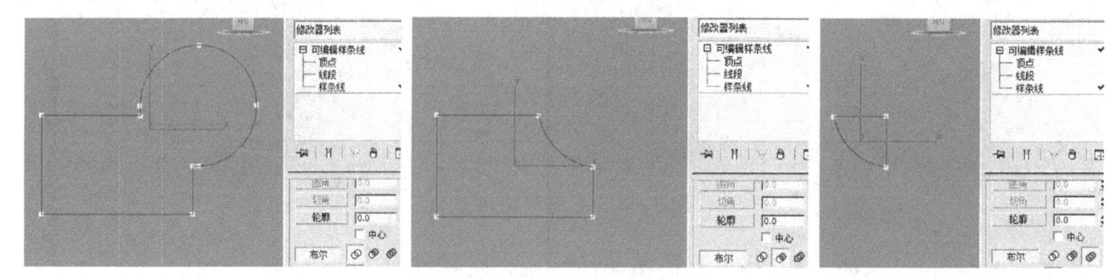

图 4-8　布尔运算结果

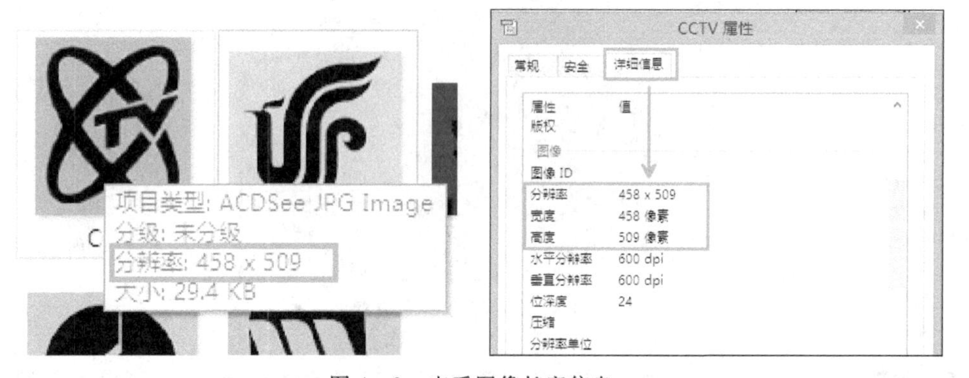

图 4-9　查看图像长宽信息

(2)运行 3ds Max 2018，分别激活四个视图窗口，按键盘【G】键，将背景线框隐藏；点击命令面板，【标准基本体】中的【平面】命令，在前视图中点击鼠标左键拖拽创建平面物体，如图 4-10 所示。

(3)进入修改面板，将平面物体的长度改为 509，宽度改为 458 单位(如果原始图片像素太大，我们可以同时将长宽缩小到 10%，如 50.9 和 45.8)。点击 Max 界面右下方的【所有视图最大化显示物体】命令，让平面物体全部显示出来，如图 4-11 所示。

(4)选择主工具栏的【材质编辑器】命令，打开材质编辑器面板，选择平面物体，激活第一个材质球，点击【将材质指定給选定对象】命令，将材质赋予平面物体，如图 4-12 所示。

(5)点击漫反射后方的贴图按钮，在弹出的贴图选项中双击选择位图，将中央电视台图片指定给位图，如图 4-13 所示。

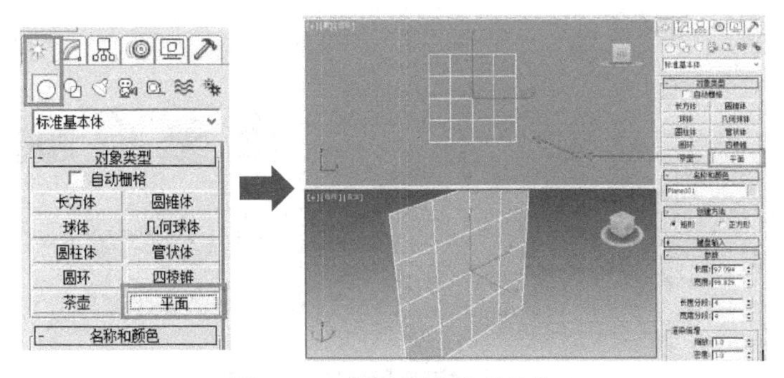

图 4-10 创建平面参考物体

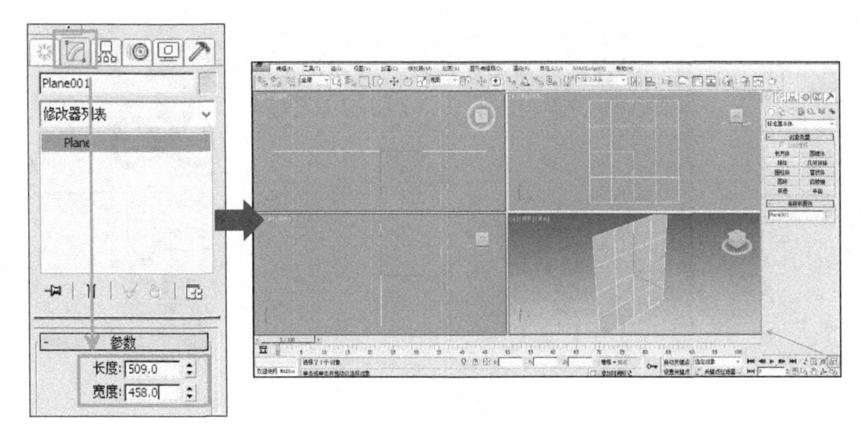

图 4-11 调整平面物体长宽大小比例

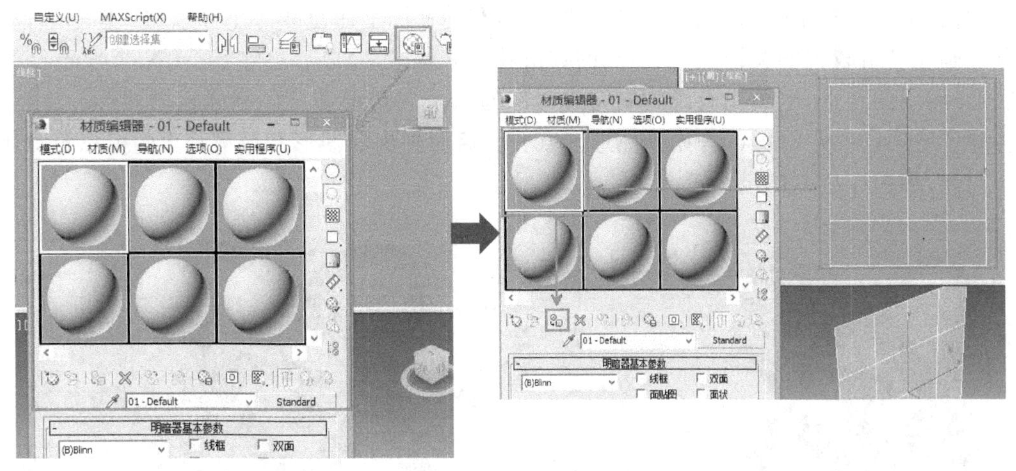

图 4-12 将材质赋予物体

(6)点击材质编辑器中的显示贴图命令,透视图中贴图显示正确,激活前视图,按【F3】键,将前视图由线框显示改为实体显示模式,关闭材质编辑器,为场景加载参考背景图完成,如图 4-14 所示。

注意:由于 3ds Max 2018 版本透视图新增 2D 平移缩放模式,取消了使【Alt+B】组合键加载背景参考图中的 Lock Zoom/Pan 锁定缩放和平移功能,所以我们需要用给平面物体上贴

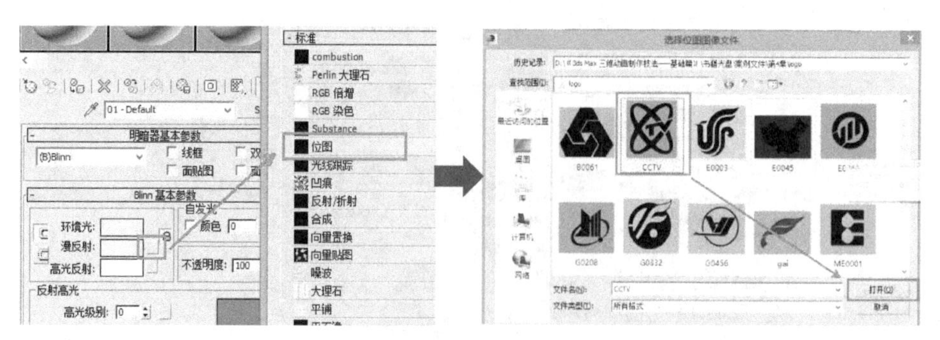

图 4 - 13　在漫反射通道中指定贴图

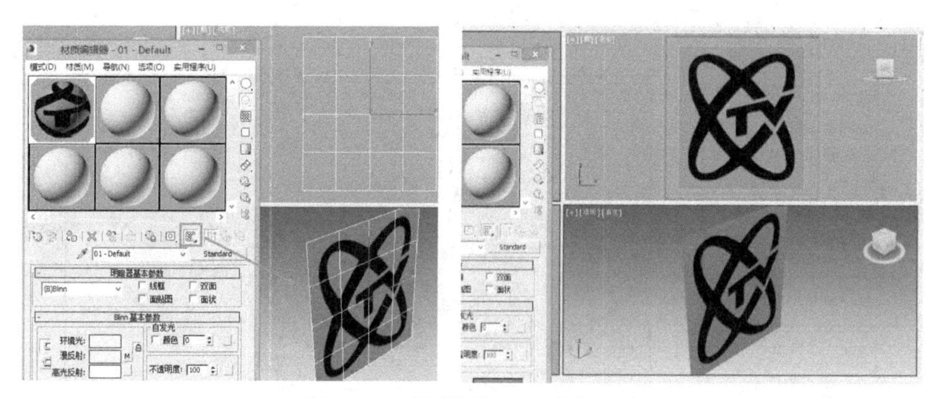

图 4 - 14　将前视图改为实体显示

上参考图片的方法加载正确比例的参考图。

(7)在命令面板上,选择创建二维直线命令,在前视图上用直线画出标志的大体轮廓,尽量将顶点画在转折较大的关键点上,顶点的数量越精简越好,完成后去除 Start New Shape(开始新图形)后面的勾选,继续用直线绘制完成内部的两个三角形和 TV 字样标志图形。注意:因为去除了 Start New Shape(开始新图形)的勾选,后面画出的图形和最早画出的标志轮廓还是一个物体,如图 4 - 15 所示。

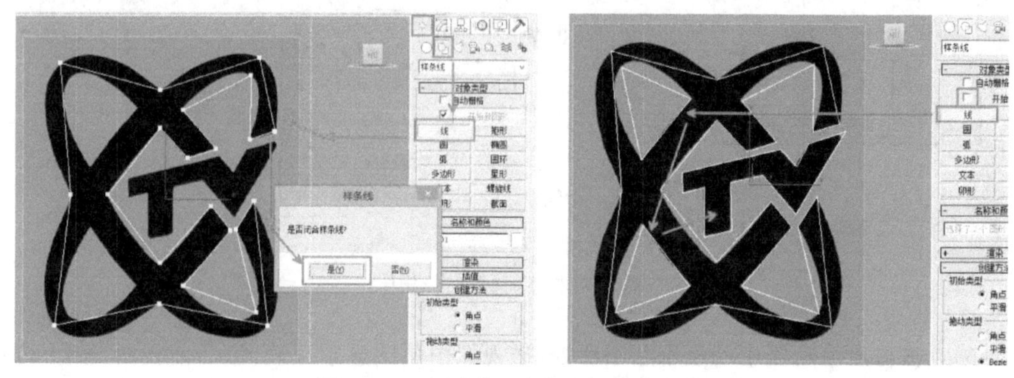

图 4 - 15　用直线画出标志的基本轮廓

完成后进入修改面板,对画出的形状进行修改,进入顶点修改级别,按数字键 1 或按下顶点图标,在前视图选择所有的顶点并单击右键,在弹出的菜单中选择【Besizer 角点】选项,对顶点的属性进行调整,如图 4 - 16 所示。

图 4-16 改变顶点属性

(8)使用主工具栏中【选择并移动】命令移动顶点两侧的绿色手柄，对顶点的曲率进行调整，使其与背景标志参考图相同，标志中间“TV”的“V”拐角，可用顶点级别【圆角】命令完成，如图 4-17 所示。

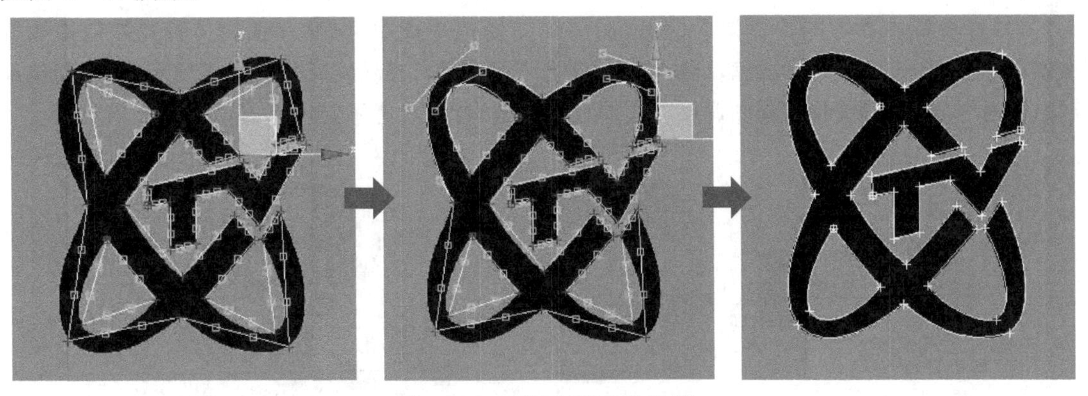

图 4-17 顶点调整操作步骤

注意：这里能够看出，前期画直线的时候，使用的直线越精简，调整就越快捷。

(9)外形调整完成后，在修改面板的修改堆栈中找到【挤出】命令，调整挤出的【数量】参数，将其挤压成三维形体，如图 4-18 所示。

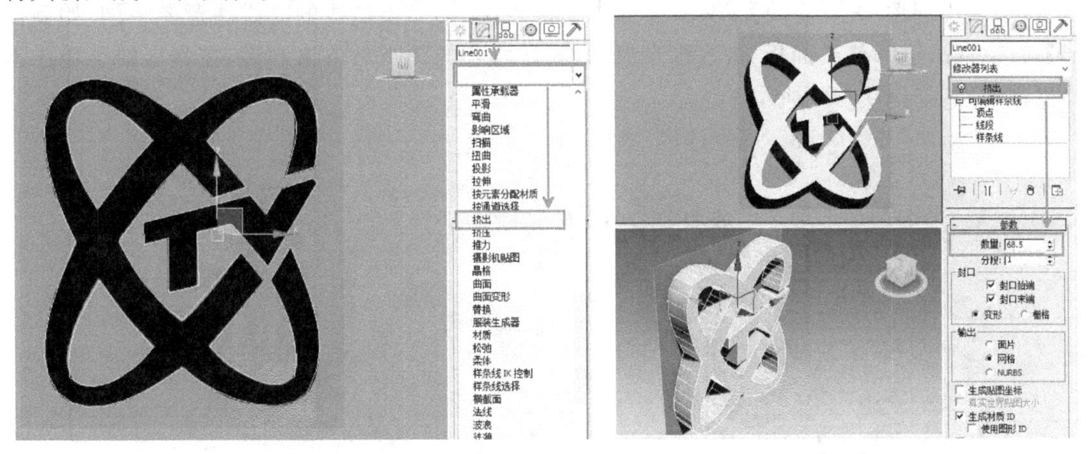

图 4-18 完成三维图形操作步骤

(10)选择标志后面的平面参考物体,按【DEL】键,将其删除,调整透视图视角,电视台标志制作完成,如图 4-19 所示。

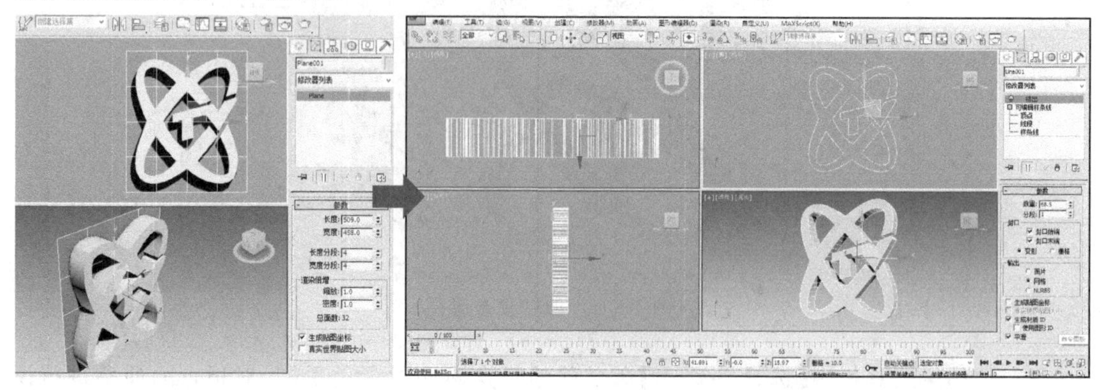

图 4-19 标志制作完成

实例 2 完成凤凰航空标志

(1)查看标志参考图长宽像素信息,在前视图创建平面物体,将平面物体长宽数值修改为凤凰标志长宽数值,打开材质编辑器,将材质赋予平面物体,在漫反射贴图通道贴入位图,勾选显示贴图命令,按【F3】键将前视图调整为实体显示模式,背景参考图制作完成,如图 4-20 所示。

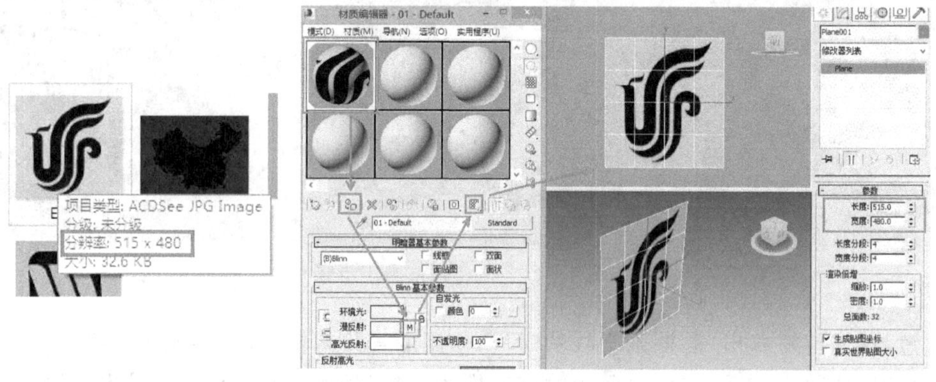

图 4-20 制作标志参考物体并贴图

(2)使用创建二维【直线】工具画出标志关键点,画第二段曲线的时候注意要将【开始新图形】勾选去除,进入修改面板,进入顶点级别,选择所有的顶点后单击右键,在弹出的菜单中选择贝兹角点,如图 4-21 所示。

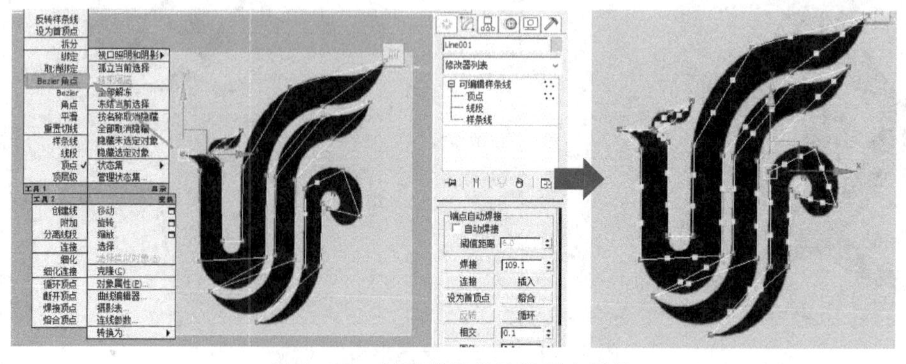

图 4-21 创建直线并转换顶点属性

(3)调整贝兹角点的手柄,使曲率与标志形体相同,如图 4-22 所示。

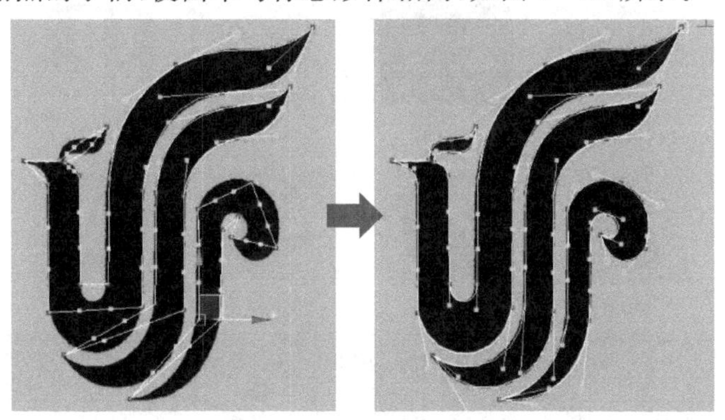

图 4-22　调整顶点手柄

(4)顶点曲线调整完成后,在修改器列表中选择【挤出】命令对二维图形进行挤出,给一定的挤出数值(控制标志挤出的厚度),删除参考物体,调整透视图视角,凤凰标志就完成了,如图 4-23 所示。

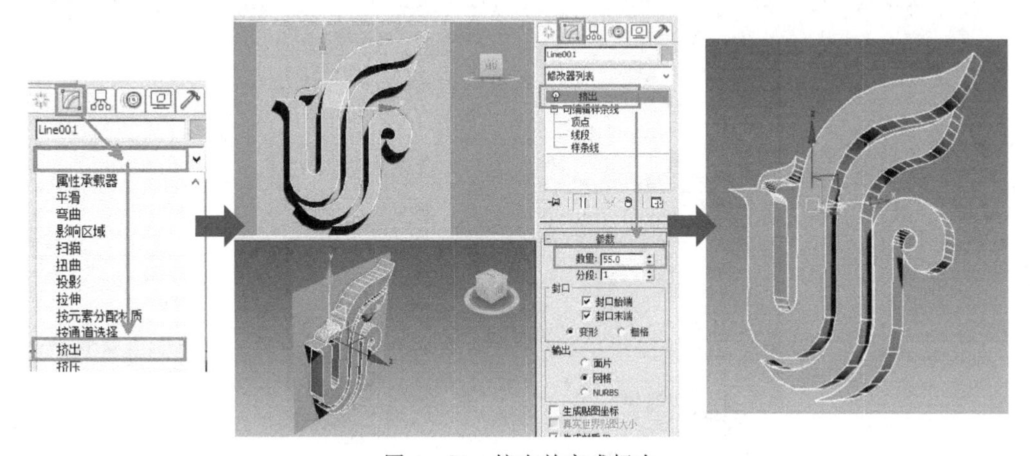

图 4-23　挤出并完成标志

通过前面标志实例的学习,就能使用编辑样条线修改器画出工作中需要的任何形状的二维图形,如图 4-24 所示。

4.2.2　挤出成型

所有二维物体在造型制作完成后,它还没有成为真正的三维物体,在默认的情况下,是不能被渲染的,所以就要求将二维图形先转化为三维物体,二维图形向三维物体转化的工具有【挤出】【车削】【倒角】等,其中最重要就是挤出成型。

挤出成型的操作方法比较简单,其操作流程:首先创建好需要挤出的二维图形,然后选择二维图形,进入修改面板的修改器列表,选择【挤出】命令,调整【挤出】的数值,挤出操作完成。

【挤出】的常用参数有【数量】,控制挤出数量;【分段】,挤出高度上的网格分段数,如图 4-25 所示。

图 4-24 部分标志案例

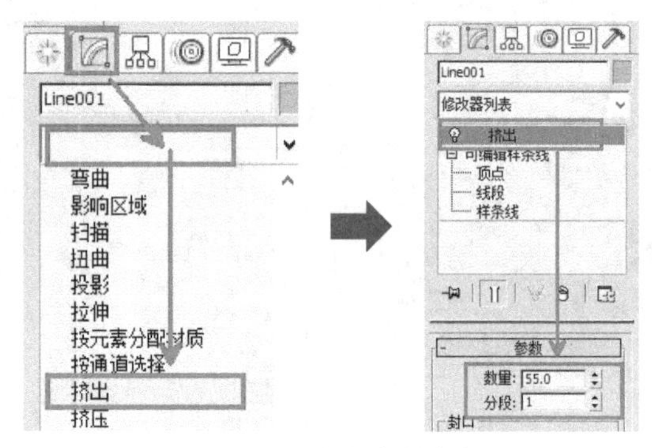

图 4-25 挤出命令参数

4.2.3 车削成型

【车削】也是一种将二维图形转变为三维物体的重要工具，它主要针对有固定旋转轴的三维物体，如酒杯、酒瓶、碗、花瓶等。

车削的操作流程：首先使用二维曲线工具完成物体的旋转横截面，然后使用修改面板的修改器列表的【车削】修改工具，调整正确的旋转轴，车削成型完成。

下面，通过车削完成酒杯模型实例，学习车削的工作流程。

(1)构思需要完成的酒杯的截面形状，可以找一些酒杯的侧面轮廓图作为参考，如图4-26所示。

(2)在前视图创建【直线】，直线封闭时，弹出是否封闭直线窗口，单击【是】按钮将其封闭；进入修改面板，在【顶点】子物体级别，选择酒杯侧面顶点(注意不要选择旋转轴上的两个顶点)，右键弹出菜单中将顶点属性改为【平滑】顶点类型，如图 4-27 所示。

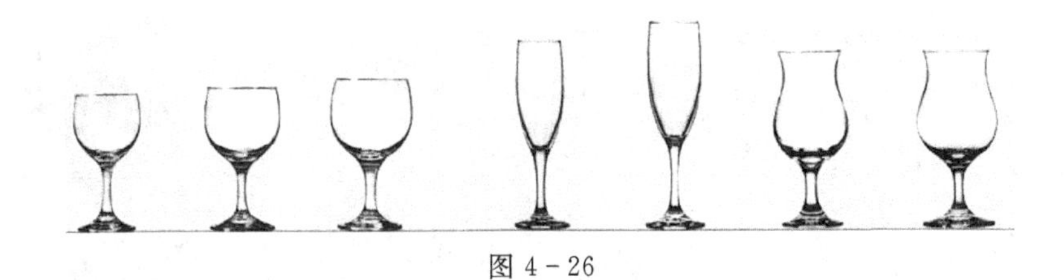

图 4-26

图 4-27

(3)可适当调整顶点位置,将酒杯横截面保持最好状态,截面图形完成;进入修改命令面板,添加【车削】修改器,默认沿物体中心自动旋转,如图 4-28 所示。

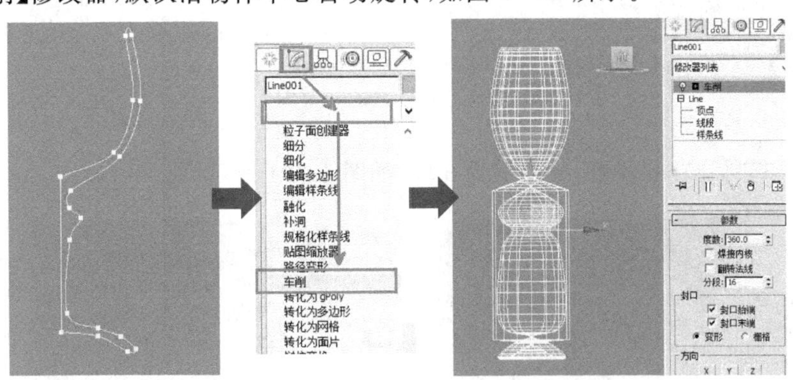

图 4-28

(4)将【车削】【对齐】的位置改为【最小值】,酒杯完成;在透视图观察酒杯模型时,发现酒杯口不是很光滑,如图 4-29 所示。

(5)调整车削的【分段】,酒杯模型创建完成,如图 4-30 所示。段数多少与车削的光滑度成正比,但段数越多,使用的网格面数也越多,应该根据模型需要合理使用。

下面我们学习一下【车削】中几个重要参数。

【度数】 车削旋转成型的旋转度数,默认值为 360 度,也可改为其他度数,改小后车削结果将形成车削缺口。

【焊接内核】 将车削轴上下端点的重合顶点自动焊接,防止因顶点重合形成的车削黑斑,一般需要勾选。

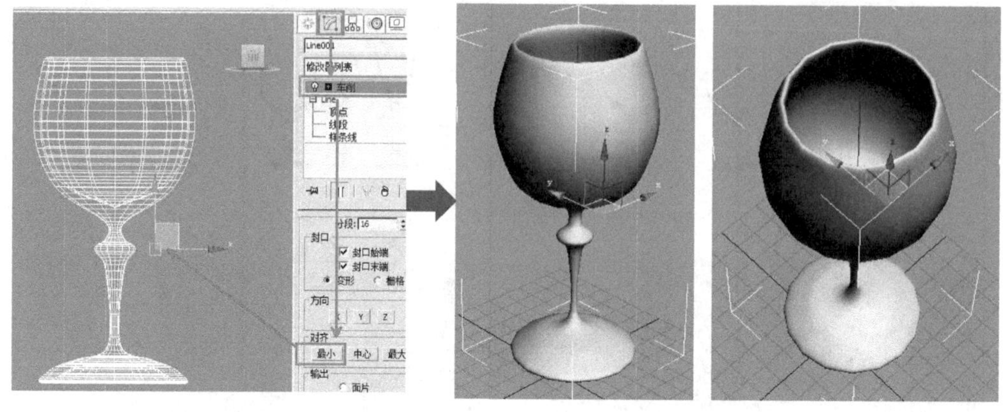

图 4 - 29

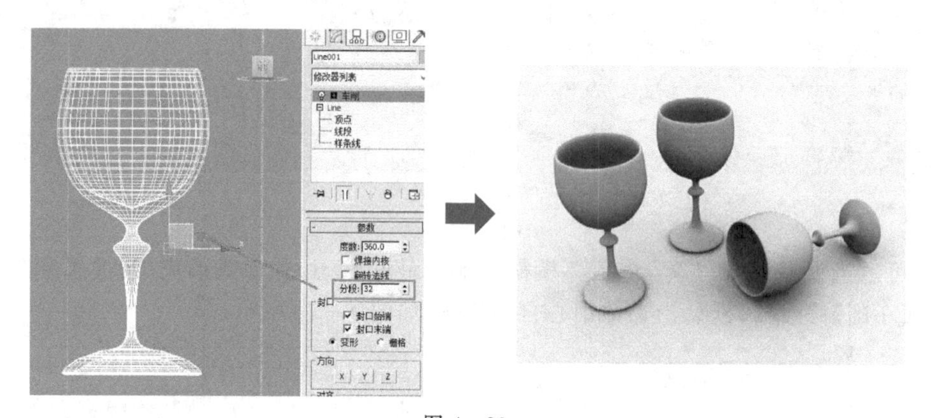

图 4 - 30

【分段】　车削旋转的段数，最小值为 3 段，如图 4 - 31 所示。

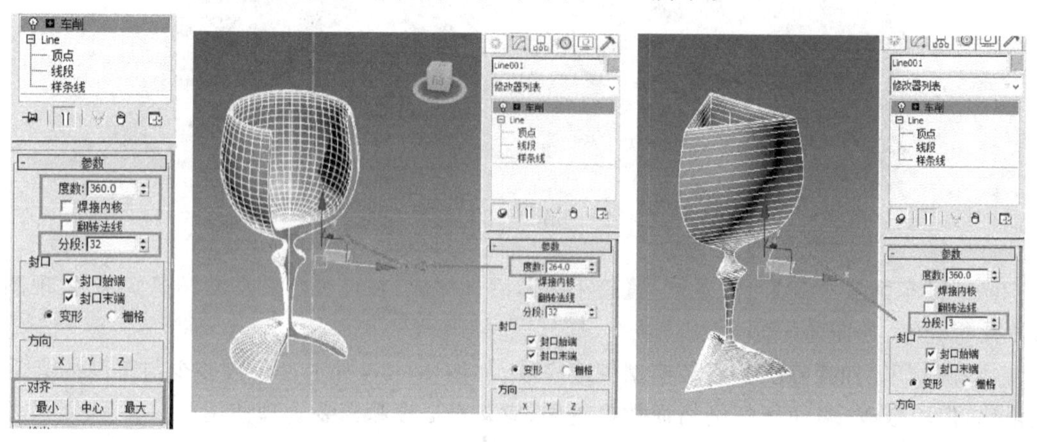

图 4 - 31

【轴】Axis 子物体　车削的轴子物体可以在进入轴子物体后移动更改，当轴离开物体横截面时，将会产生车削空洞的效果，如图 4 - 32 所示。

注意：在车削成型的过程中，车削轴所在的位置对车削的结果是至关重要的，车削轴在不同位置得到的车削结果将完全不同。

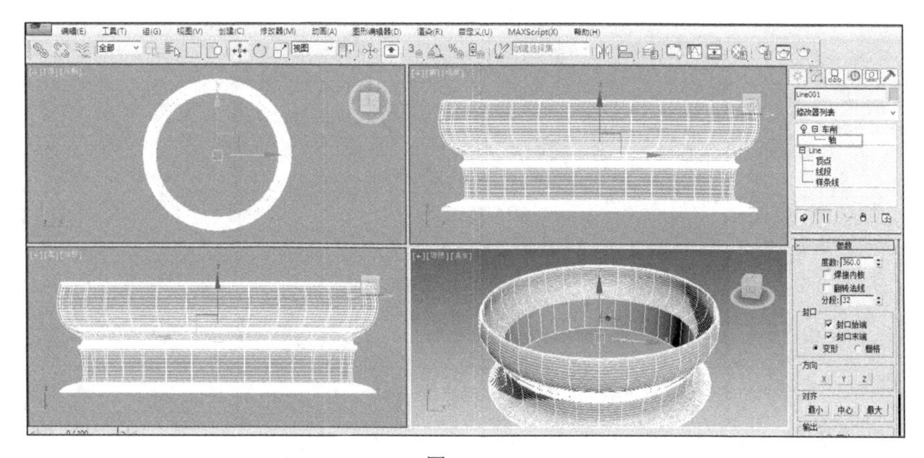

图 4 - 32

真实世界中很多物体可以使用车削命令完成，如图 4 - 33 所示。

图 4 - 33 可用车削完成的不同模型

4.2.4 文字与标志的倒角

在制作三维立体文字或标志时，使用挤出成型工具只能得到垂直的边角，而实际工作中有时需要带有倒角的三维形体，这样模型表现才更具有细节，倒角和轮廓倒角修改工具就是用来完成控制倒角形态的。

使用【挤出】工具后，文字或标志的拐角是 90 度直角的，如图 4 - 34 所示。

下面学习一下【倒角】的操作流程：将【挤出】命令删除（【倒角】【挤出】和【车削】都是二维物体向三维修改成型的工具，使用任何一个后，其他的将无法使用），在修改器列表中添加【倒角】修改器，调整【倒角】中的【倒角参数】数值，如图 4 - 35 所示。

倒角操作完成，效果如图 4 - 36 所示。倒角参数的大小可能根据你创建二维物体的大小有所不同。

通过这个实例我们分析一下【倒角值】的含义，如图 4 - 37 所示。

【起始轮廓】 倒角开始时，二维物体形状大小变化值，默认值 0 为大小不变，正值为变大，负值变小。

【级别 1】 倒角的第一层，倒角最多为 3 层。

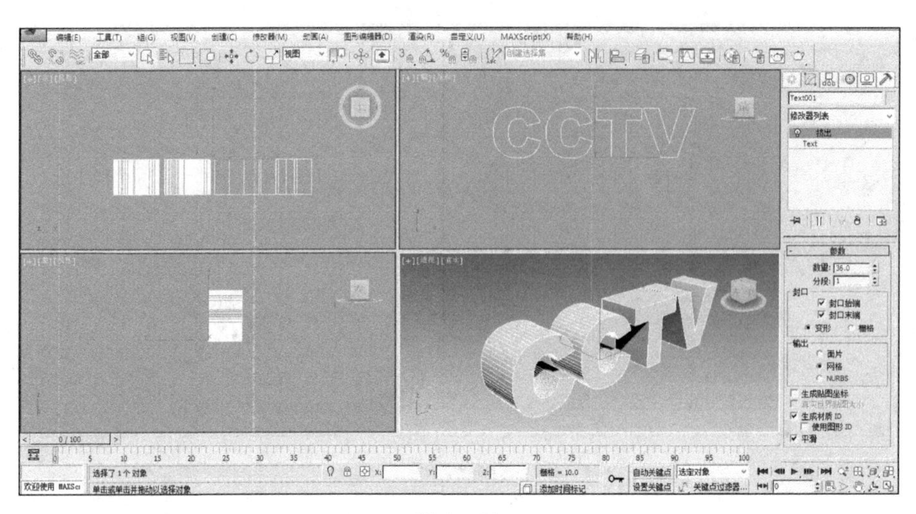

图 4 - 34

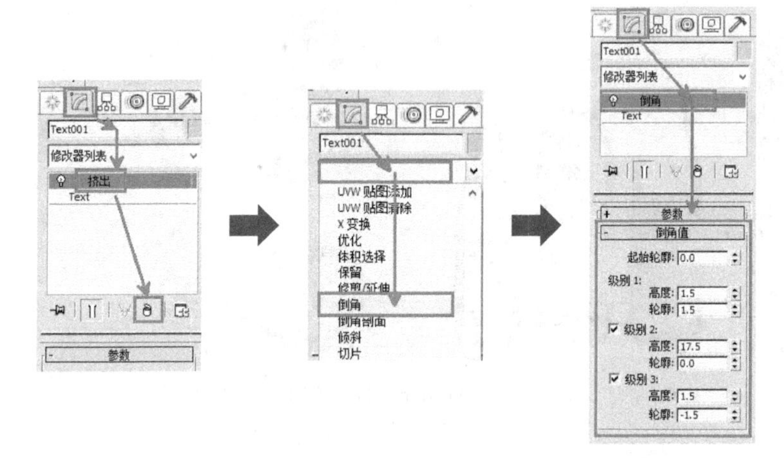

图 4 - 35

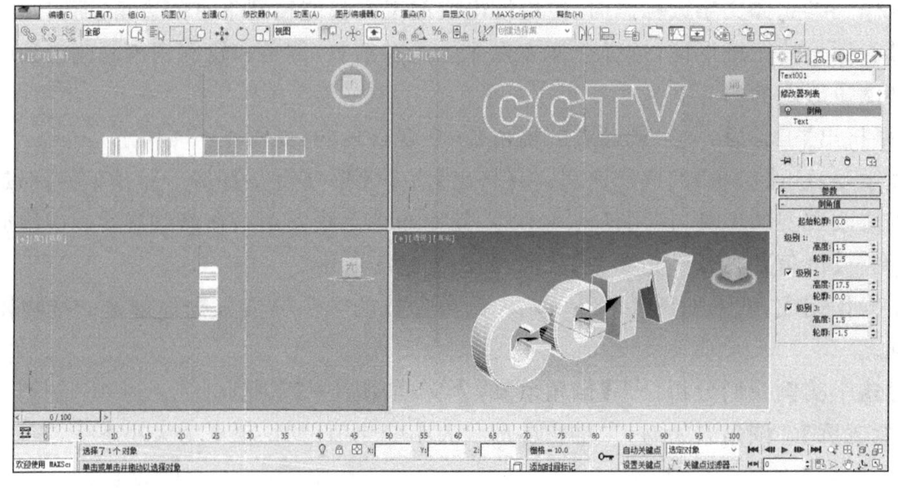

图 4 - 36

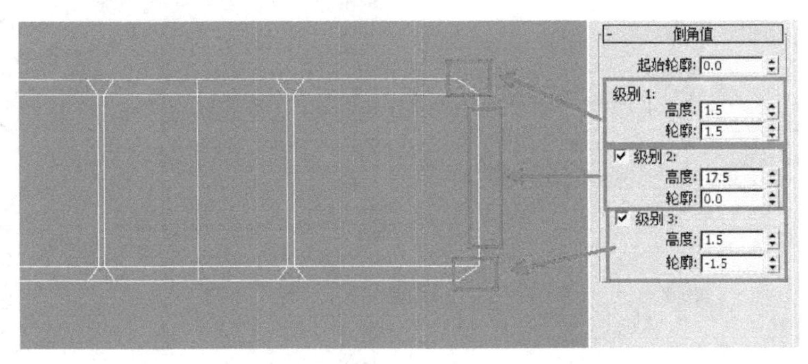

图 4 - 37

【高度】　挤出的高度。

【轮廓】　挤出后图形放大还是缩小。

总结:倒角其实是由 3 次挤出构成,只不过是每次挤出后都可以将图形放大或缩小,达到形成物体边角产生斜面的目的。

4.2.5　倒角剖面

【倒角】工具的参数比较简单,只能形成单面倒角或双面倒角,而且倒角的面都是直的,不能得到曲面的倒角形态。

【倒角剖面】能够弥补倒角工具的不足,它能够得到任何形态的倒角剖面。其操作流程:首先创建需要倒角的标志或文字图形,然后创建倒角剖面二维图形,如图 4 - 38 所示。

图 4 - 38　绘制标志图形和倒角剖面图形

选择文字或标志图形,在修改器列表中选择【倒角剖面】修改工具,使用【拾取剖面】工具挑选绘制的二维剖面图形,轮廓倒角成型就完成了,如图 4 - 39 所示。

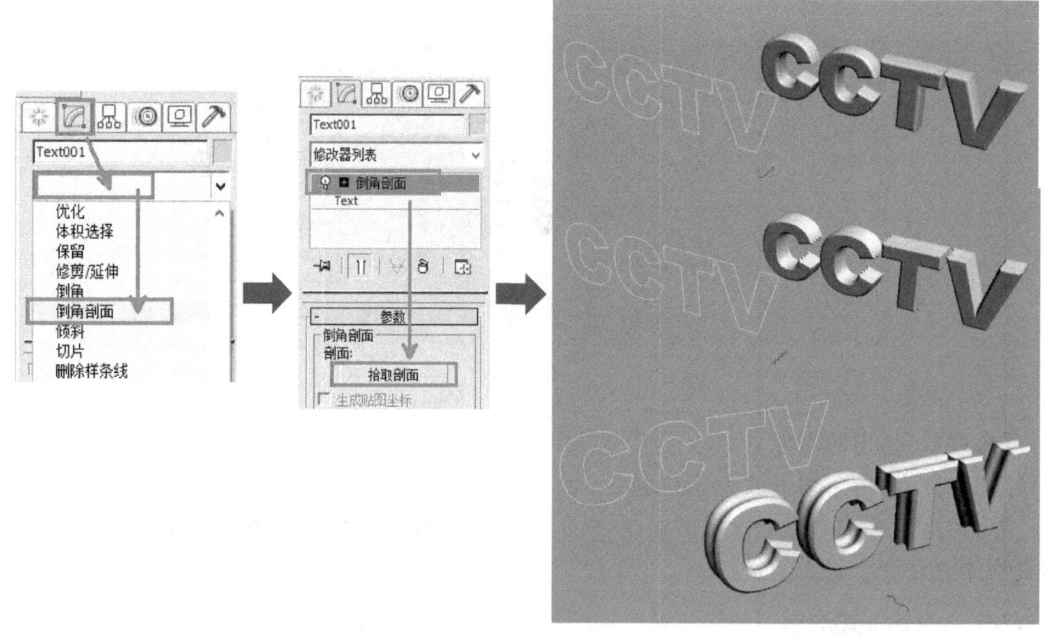

图 4－39 选择不同的倒角剖面图形可以得到不同的倒角形态

4.3 修改三维几何体

4.3.1 弯 曲

【弯曲】是常用的三维物体修改工具，它能够将三维物体沿不同的轴弯曲，被弯曲的物体在弯曲轴向上要有相应的段数。

物体在默认情况下段数为 1，选择【弯曲】修改器，设置【角度】（弯曲角度）为 56 度，发现物体只是倾斜了，没有发生弯曲，如图 4－40 所示。

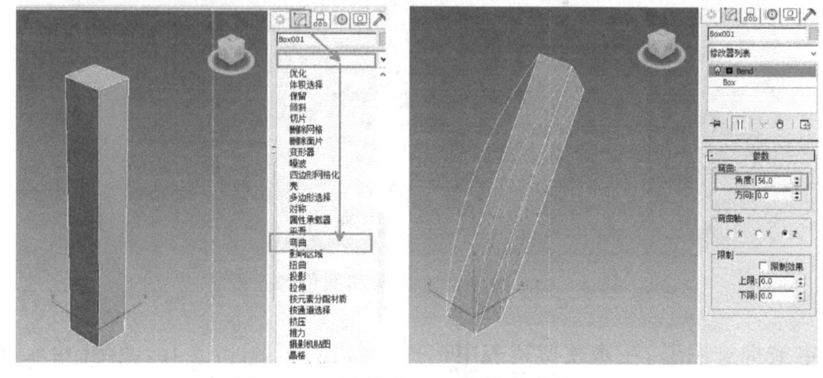

图 4－40 段数为 1 的物体弯曲结果

当物体在高度方向的段数改为 9 时，我们发现物体发生了弯曲，如图 4－41 所示。

在【弯曲】命令中，将【角度】参数改为 180.0 时，物体的弯曲也就更大，如图 4－42 所示。

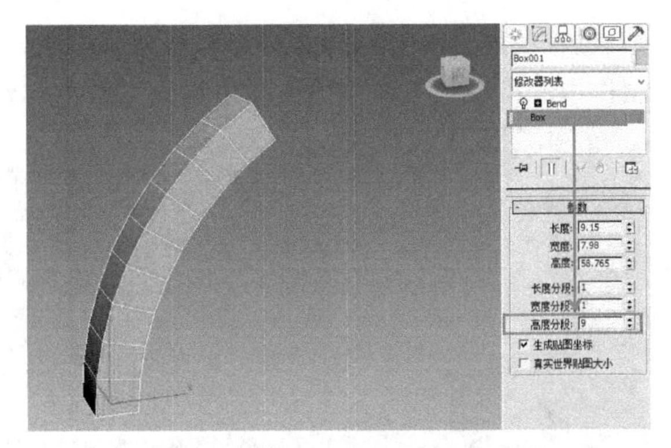

图4-41 高度方向段数为9的效果

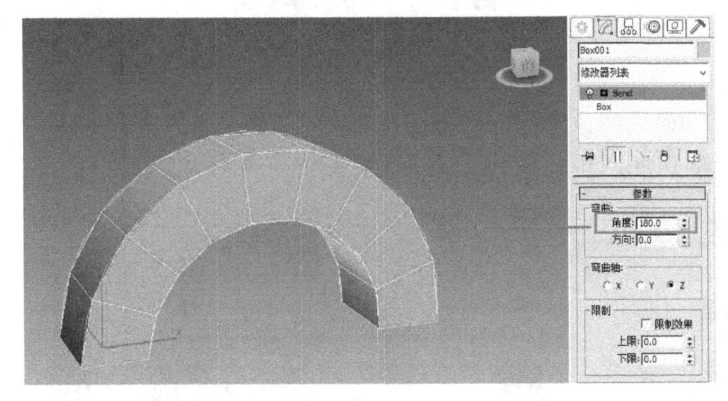

图4-42 【角度】为180.0的效果

弯曲的常用参数解释，如图4-43所示。

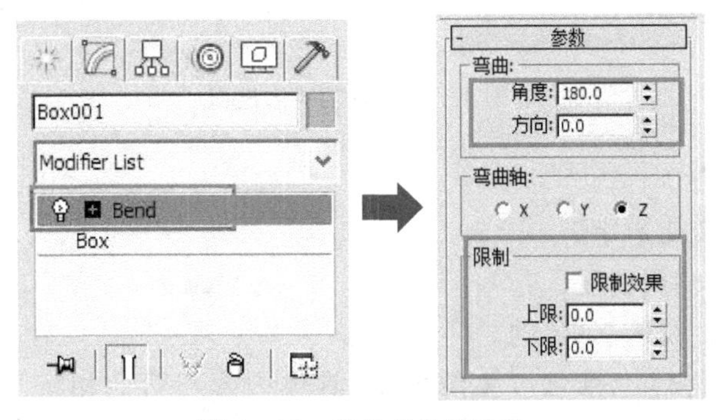

图4-43 弯曲的常用参数

【角度】 控制弯曲度数。

【方向】 弯曲的朝向，可360度变化。

【弯曲轴】 沿XYZ哪个轴弯曲。

【限制】 限制弯曲在物体上产生的位置。

【限制效果】 限制开启开关。

【上限】 控制弯曲坐标正方向限制位置。

【下限】 控制弯曲坐标负方向限制位置。

动画实例：翻跟头的管子。

通过弯曲关键帧动画、位移动画、旋转动画，曲线编辑器动画的联合使用，完成一个翻跟头的管子动画效果。实例制作内容可参考教材中国大学幕课第 4 章内容，如图 4 - 44 所示。

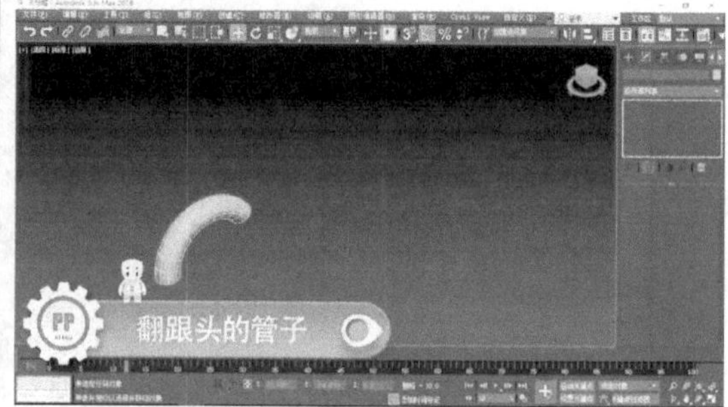

图 4 - 44　中国大学幕课

4.3.2　锥　化

【锥化】是将三维物体向锥形转化工具，如图 4 - 45 所示。

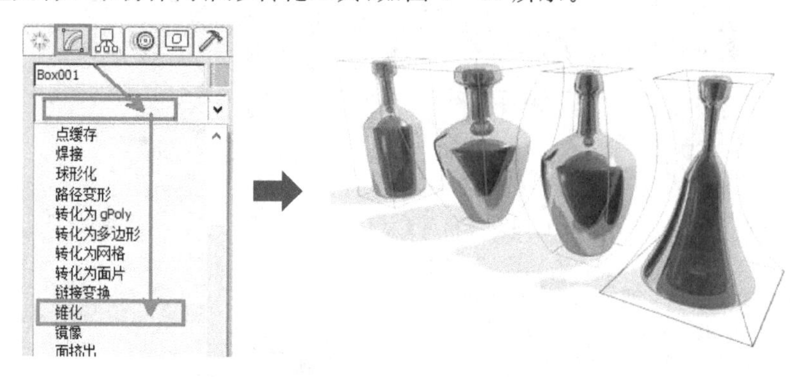

图 4 - 45　酒瓶锥化过程

锥化的常用参数有

【数量】　锥化的变化数字。

【曲度】　锥化时，侧面曲度。

【主轴】　锥化产生时的 XYZ 轴。

【限制】　限制在物体上锥化产生的位置，具体内容与弯曲相同，如图 4 - 46 所示。

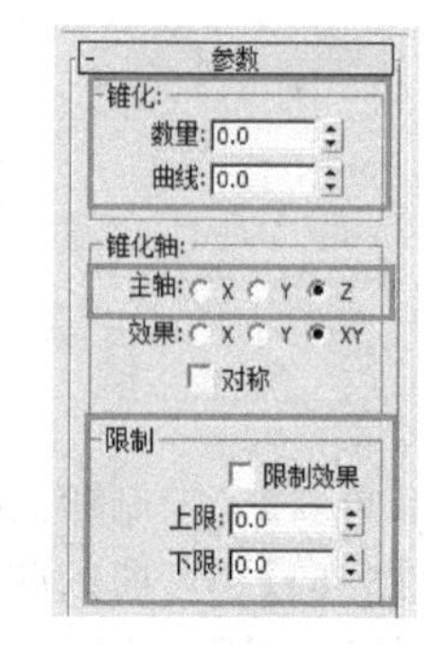

图 4 - 46　【限制】参数

锥化轴向和限制修改后，酒瓶变形的效果，如图 4 - 47 所示。

动画实例：管子过球。

通过锥化动画、弯曲动画、位移动画、参数动画的联合使用，完成一个球体穿过软管后，变成一个茶壶动画效果。实例制作内容可参考教材中国大学幕课第 4 章内容，如图 4 - 48 所示。

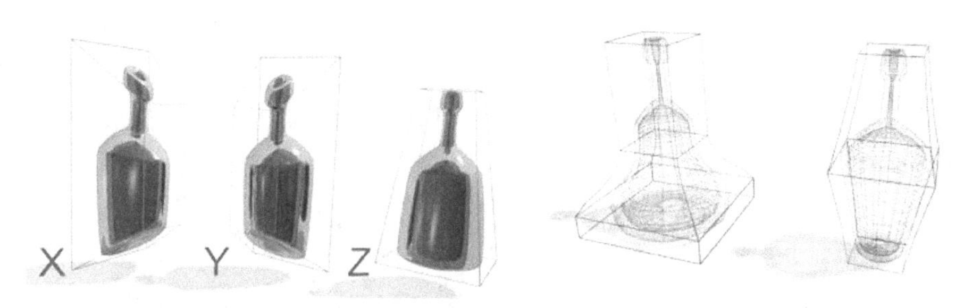

图 4-47　锥化轴向和限制修改后的效果

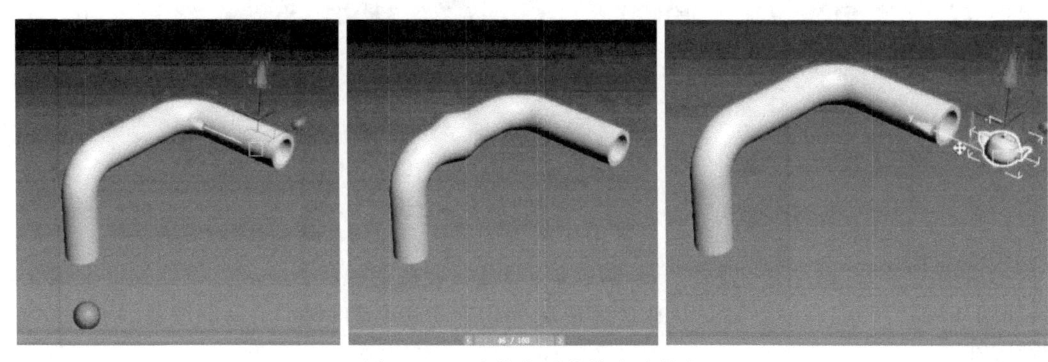

图 4-48　球体穿过软管变成茶壶

4.3.3　扭　曲

扭曲能够像拧毛巾一样扭曲物体，前提是物体也必须有相应的段数，如图 4-49 所示。

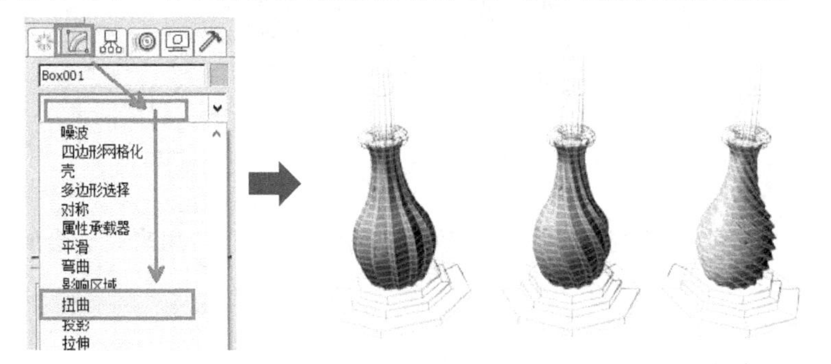

图 4-49　扭曲

扭曲主要参数有

【角度】　扭曲的角度。

【偏移】　使扭曲范围上下偏移中心。

【扭曲轴】　可沿 XYZ 三个轴向扭曲物体。

【限制】　限制扭曲的位置，功能与弯曲相同，如图 4-50 所示。

图 4-50　【限制】参数

4.3.4 球形化

【球形化】是将有段数的物体转变为球形的工具,并可以按照参数百分比从 0～100 来确定球形化的程度,如图 4-51 所示。

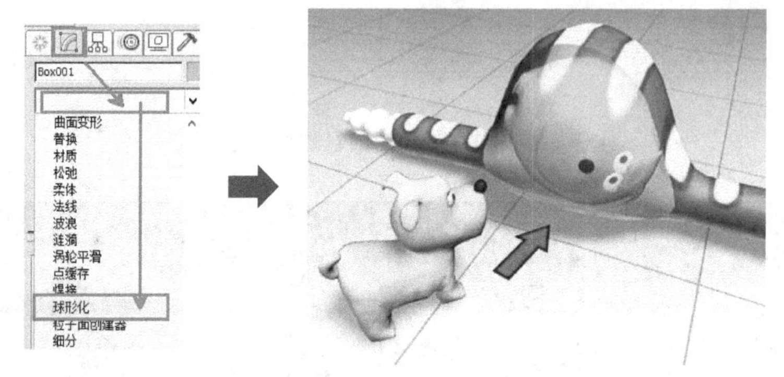

图 4-51 球形化

给茶壶物体添加【球形化】命令后,调整球形化【百分比】参数为 100 时,茶壶物体变成了球形,如图 4-52 所示。注意:球形化修改器需要使用在有段数的物体上,没有段数,物体也就不能球形化。

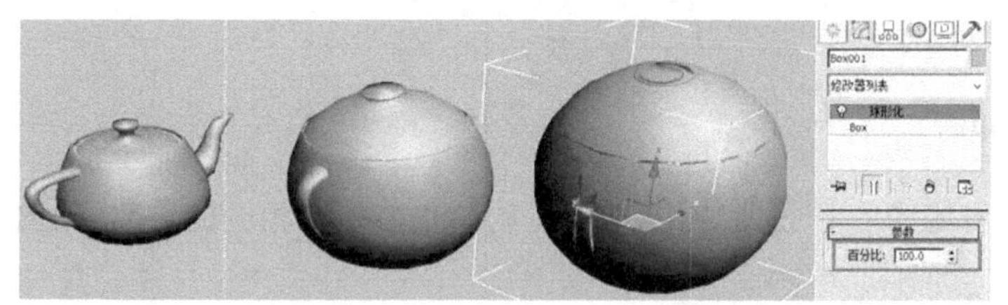

图 4-52 茶壶球形化过程

4.3.5 晶 格

【晶格】也叫结构线框,它能将物体的段数转化为实体模式,常用来完成金属框架,如图 4-53 所示。

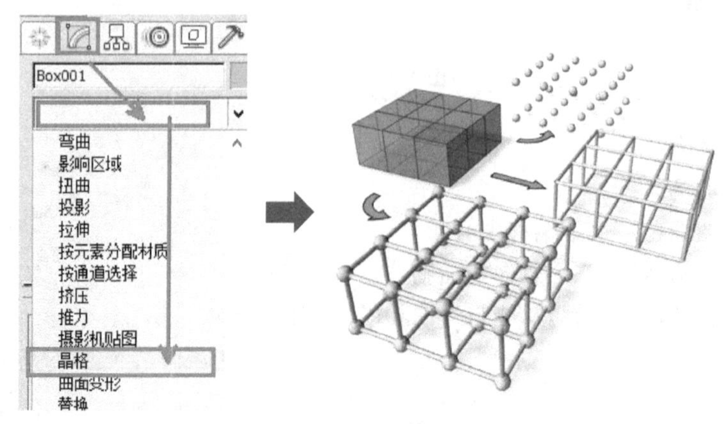

图 4-53 金属框架

结构线框主要参数如下。

【仅来自顶点的节点】 将物体顶点转换为实体。

【仅来自边的支柱】 将物体边转换为实体。

【二者】 顶点与边都转换为实体。

【支柱】边实体 控制边实体的【半径】【分段】【边数】圆周边数(越多边转换的圆柱体越光滑)、【材质ID】材质身份号(配合多维子物体材质类型使用,区分材质身份)。

【节点】点实体 有3种不同的点实体类型,其他参数与边实体功能相同,如图4-54所示。

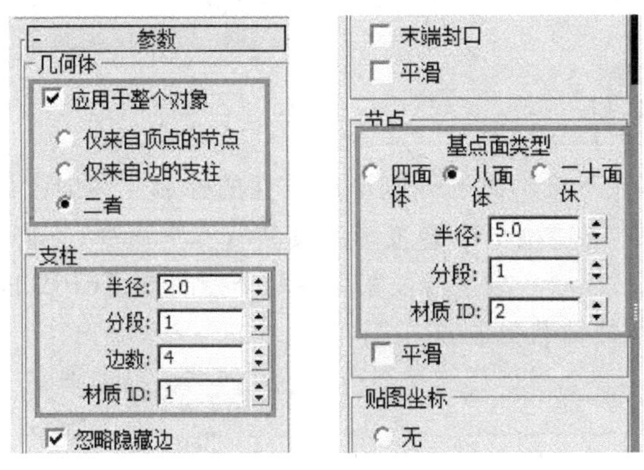

图4-54 结构线框参数

4.3.6 切 片

【切片】能够将三维物体的某些部位切除,使用流程为创建三维物体,添加【切片】修改器,打开【切片平面】子物体级别,将切片向下移动到物体中部,勾选【移除顶部】选项,茶壶上端物体被移除,如图4-55所示,常用来完成建筑生长动画。

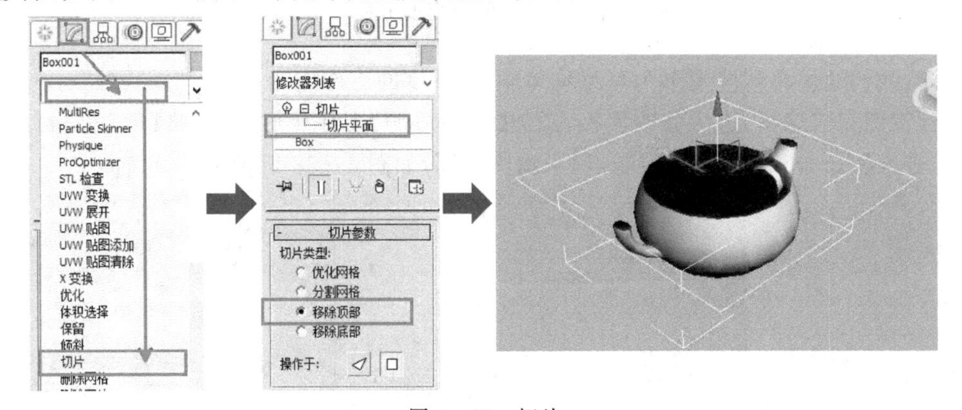

图4-55 切片

切片参数如下。

【优化网格】 增加了网格的分段数。

【分割网格】 将网格分为不同元素。

【移除顶部】 移除切割平面上部的物体网格。

【移除底部】 移除切割平面下部的物体网格,如图 4-56 所示。

图 4-56 切片参数

4.3.7 FFD 变形工具

FFD 变形工具能够在三维物体的外侧形成柔性的控制点,如图 4-57 所示,通过移动这些控制点来改变三维物体的造型。FFD 变形工具共有五个命令,它们不同之处是变形控制点的数量与分布,例如【FFD2×2×2】是指长宽高各两个控制点、【FFD(box)】是指长方体状的控制点、【FFD(cyl)】是指圆柱体状控制点。

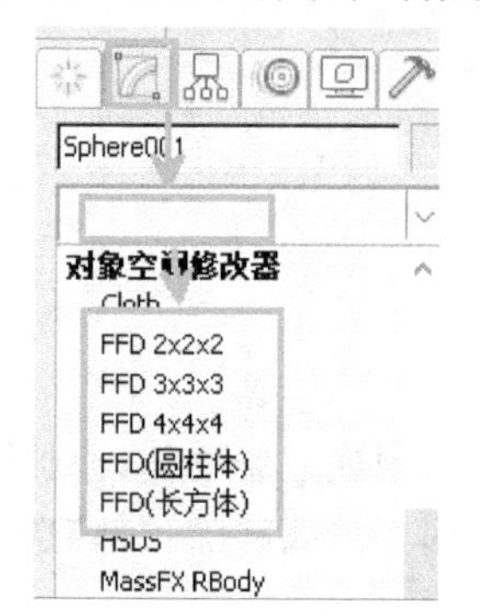

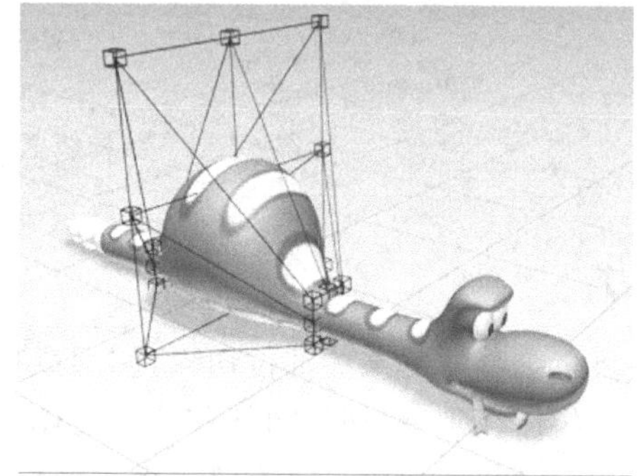

图 4-57 FFD 变形工具

下面,我们通过将球体变形为苹果物体学习 FFD 的工作流程。

在顶视图完成球体,进入修改面板,添加【FFD(cyl)】圆柱变形工具,将【FFD(cyl)】前端加号点开,进入【Control Points】(控制点)子物体级别,如图 4-58 所示。

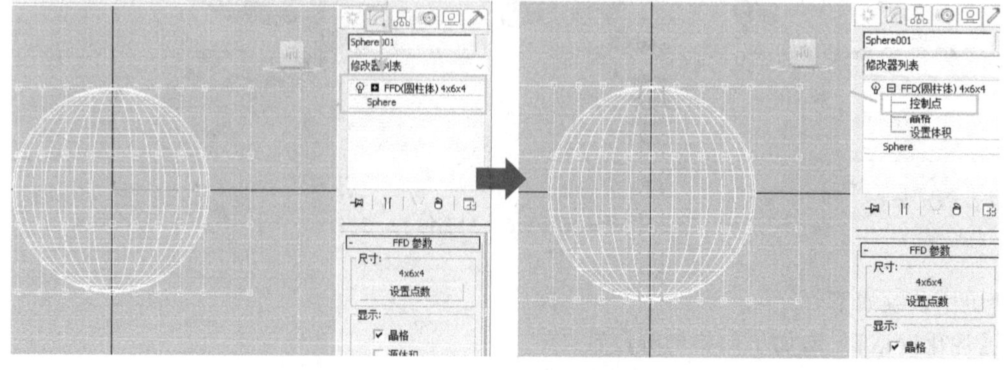

图 4-58 【Control Points】子物体级别

在前视图中，框选球体正中间垂直顶点，使用【Scale】缩放工具将正中间顶点向中心缩放变形，苹果上下凹陷形状完成，如图 4 - 59 所示。

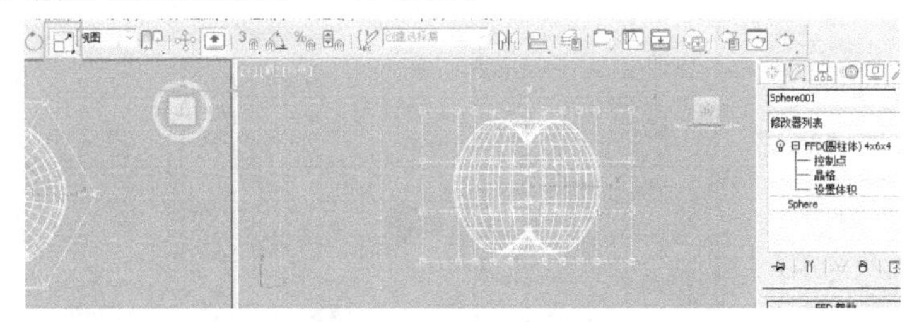

图 4 - 59　苹果凹陷形状

在透视图观察物体，发现上下过于均匀，添加【Taper】(锥化)修改工具将其锥化，苹果模型完成，如图 4 - 60 所示。

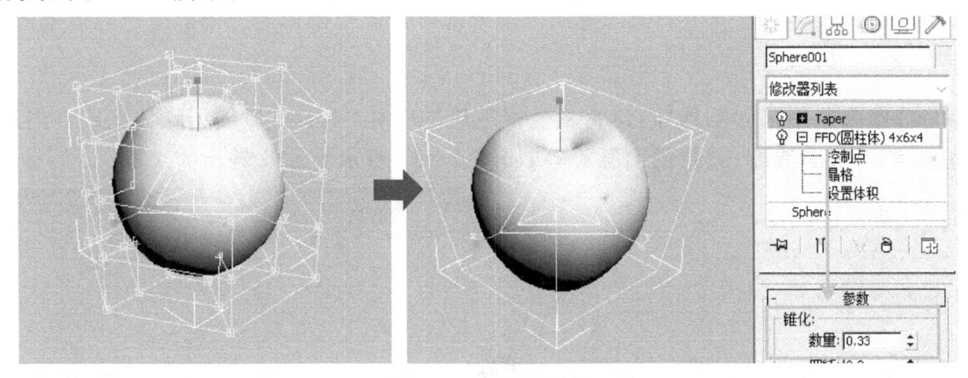

图 4 - 60　锥化效果

4.3.8　融　化

【融化】用来模拟自然界中某种介质的融化效果，如塑料、冰等，如图 4 - 61 所示。蛋糕随着融化参数变化逐渐融化。

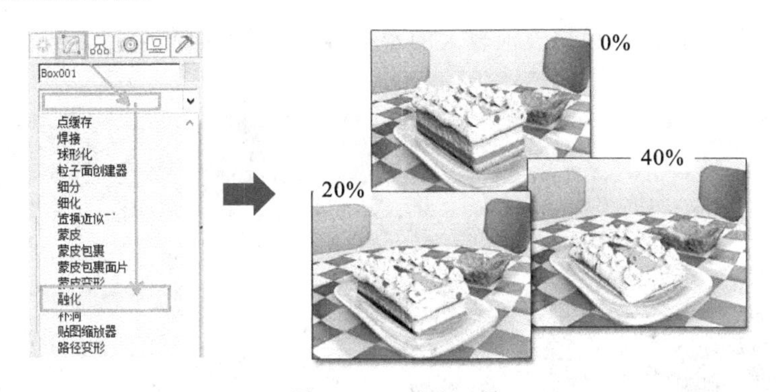

图 4 - 61　融化工具

【融化】的主要参数如下。

【数量】融化数值　控制融化的百分比，越大融化现象越严重。

【扩散】　融化时，向外的扩散程度。

【冰】【玻璃】【冻胶】【塑料】　模拟不同物理状态的物体。

【融化轴】　控制物体向 XYZ 哪一个轴进行融化。

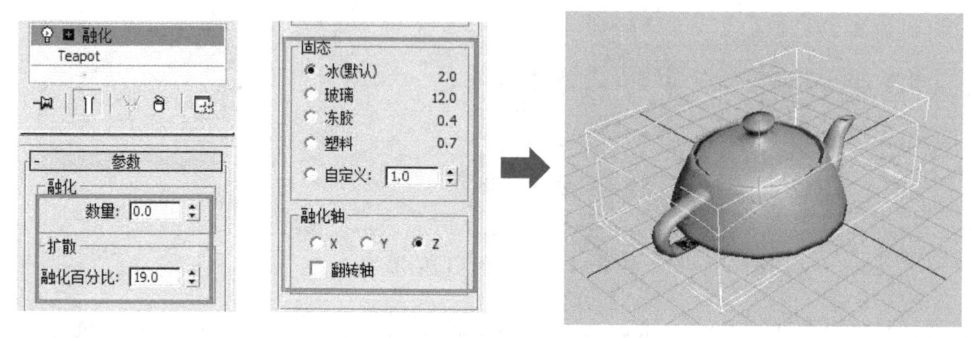

图 4－62　茶壶的溶化

4.3.9　噪　波

【噪波】修改器用来影响形体，让它发生很随机的变化，一般可以使用噪波完成自然产生的随机物体，例如水面波纹、起伏的山脉等等，如图 4－63 所示为波纹较小的水面。

图 4－63　波纹较小的水面效果

当噪波强度增大时，能够模拟波浪较大的水面，【噪波】也能产生较为随机的动画效果，如图 4－64 所示。

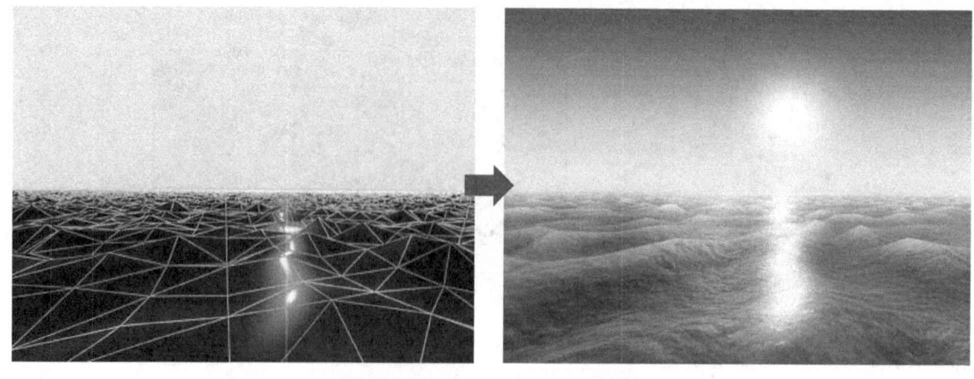

图 4－64　随机波纹动画效果

使用噪波和FFD变形工具可以快速将一个球体修改成一块陨石，操作如下：

(1)在顶视图中创建球体，添加噪波修改器，调整噪波XYZ方向的比例缩放值和强度值，球体受到噪波影响变形，如图4-65所示。

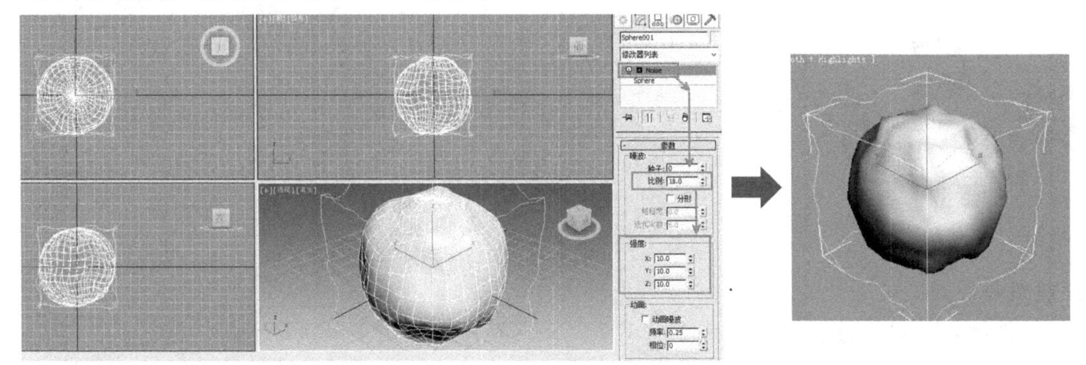

图4-65

(2)添加FFD2×2×2变形修改器，进入控制点级别，调整控制点，陨石模型完成，如图4-66所示。

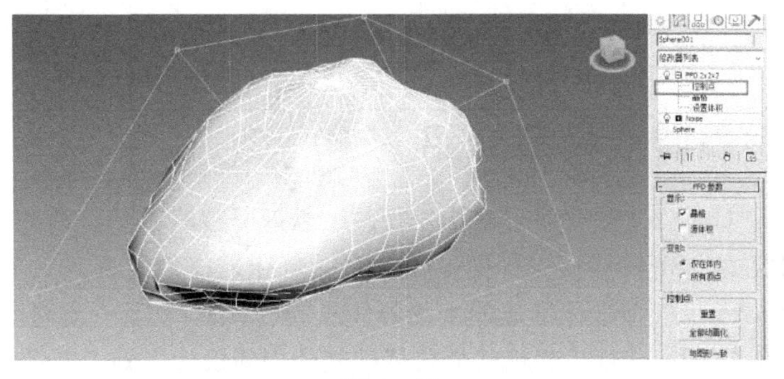

图4-66

本章小结

本章学习了修改二维形体与修改三维形体的常用知识，要求大家能够熟练完成任何形状的二维图形。本章介绍的【车削】【挤出】【倒角】二维物体成型工具也是常用的建模手段。要掌握三维物体修改器的理解与运用，这样就能更好地拓展建模思路。

思考与练习

1. 简述3ds Max修改建模的整体思路。
2. 编辑样条线中，顶点有哪四种属性？它们各自有什么特点？
3. 简述双面倒角的操作流程。
4. 常用的三维修改工具有哪些？举例说明它们的使用方法。
5. 完成翻跟头的管子、管子过球三维动画效果，熟悉3ds Max参数动画、修改器动画、曲线编辑器动画的控制方法。

第5章 修改建模实例——星际争霸游戏模型

本章重点

(1)理解建模思路。

(2)运用修改建模方法完成星际争霸游戏模型的制作。

学习目的

通过星际争霸游戏模型的实际操作、演练,理解上一章所讲的修改建模工具的用法,并且掌握正确的建模思路。

5.1 星际争霸游戏模型介绍

星际争霸(Star Craft)是暴雪娱乐制作发行的一款即时战略游戏。游戏描述了26世纪初期,位于银河系中心的三个种族在克普鲁星际空间中争夺霸权的故事。三个种族分别是地球人的后裔人族(Terran)、一种进化迅速的生物群体虫族(Zerg),以及一支高度文明并具有心灵力量的远古种族神族(Protoss)。游戏三个独特种族的创新设计得到了好评,如图5-1所示。

图5-1 星际争霸海报(引自《星际争霸》游戏)

星际争霸游戏场景模型设计优秀、难度适中,对游戏模型的制作方法进行分析讲解,能进一步熟悉基本几何建模、修改建模的方法,如图5-2所示。

图 5-2 星际争霸游戏建筑

5.2 建模思路分析

建模是三维动画制作流程中一切场景和动画的基础。对星际争霸游戏的制作,如果没有模型,就像拍电影没有演员和道具一样。所以,建模在整个三维动画制作中具有非常重要的作用。3ds Max具有强大的建模功能,而且具有多种建模工具与方法,不同的建模方法适应于不同的模型结构特点、不同的贴图类型和动画要求。所以,在开始建模之前,首先要对最终的模型效果进行分析与研究,给出一个清晰的建模思路,以便后期的动画或场景能够顺利地进行,避免返工。

建模总体思路:首先分析物体的结构和动势,然后选择恰当的建模方法,最后确定各部分网格的拓扑结构。

确定建模思路的原则。

1. 简单化原则

这是一种从整体到局部的建模思路,是将一个复杂的物体想象为最简单的几何物体,然后逐渐地深入细节的雕刻。类似于雕塑的塑造过程,先打大形,再逐步细化。

2. 分解结构原则

这是一种从局部到整体的建模思路,是将一个复杂的物体按照其结构特点分解成几个不同的部分,分别采用最有效的建模方法,然后把它们拼合起来,再进行整体细化。类似于积木的堆积过程。

3. 最少面原则

无论是复杂的还是简单的模型,都要尽量使用最少的面来表现最好的效果。一方面可以避免占用大量的计算机资源,减少渲染时间;另一方面也可以降低后期贴图与动画的复杂度。但一定要根据不同的结构、材质和动画需求,确定不同的面数,既不能多也不能少。

5.3 星际人族气矿模型

下面,按照以上的建模思路,使用修改建模工具,演示星际人族气矿模型的建模过程。星际人族气矿模型的最终效果如图 5-3 所示。

图 5-3 星际人族气矿模型(引自《星际争霸》游戏)

首先,对整个模型图片进行分析。如果采用简单化的原则,从整体到局部进行建模,必然增加建模的复杂度,整体外形也不好把握;如果运用分解结构原则,将整个模型分解成几个部分,分别采用不同的建模方法,最后将它们像堆积木一样堆积起来,这种建模思路大大降低了建模的难度,同时提高了建模的效率。因此,分析之后,我们选择了分解结构的建模思路,具体制作步骤如下。

(1)将模型分解成五大部分并归类,分别编号为 1、2、3,如图 5-4 所示。

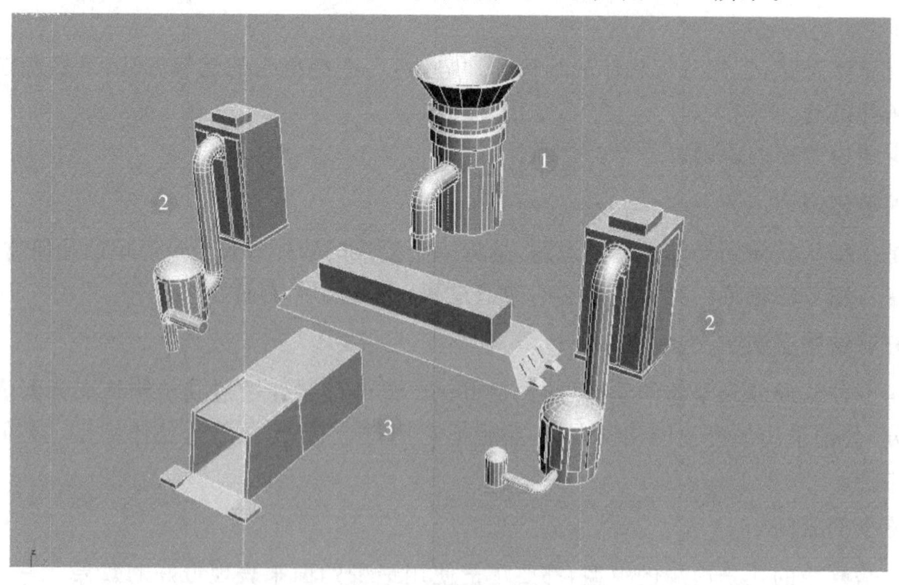

图 5-4 模型分解图

(2)分别对各部分选用不同的修改建模工具进行建模。

第 1 部分首先进行拆分,然后分别制作最小单元,如图 5-5 所示。

主体部分为旋转体,我们选用车削成型工具 Lather 修改器。具体步骤:首先利用自由画线工具绘制出物体的半个剖面,然后使用车削成型工具旋转完成。创建这个物体的难点是二维剖面的绘制,需要一定的绘画基本功。

主体内部和外部的装饰条使用对齐工具和角度捕捉工具进行旋转复制而得。

管道的制作,使用二维曲线可渲染属性修改器。具体步骤:首先利用自由画线工具 Line 绘制出一条 90 度的二维曲线,然后在修改面板中勾选二维曲线可渲染属性,并调整线的粗细度到合适尺寸,选择线上拐弯处的点进行倒角。

最后,将完成的各个部分按照图纸所示进行组合,即得到图 5-5 左边的模型。

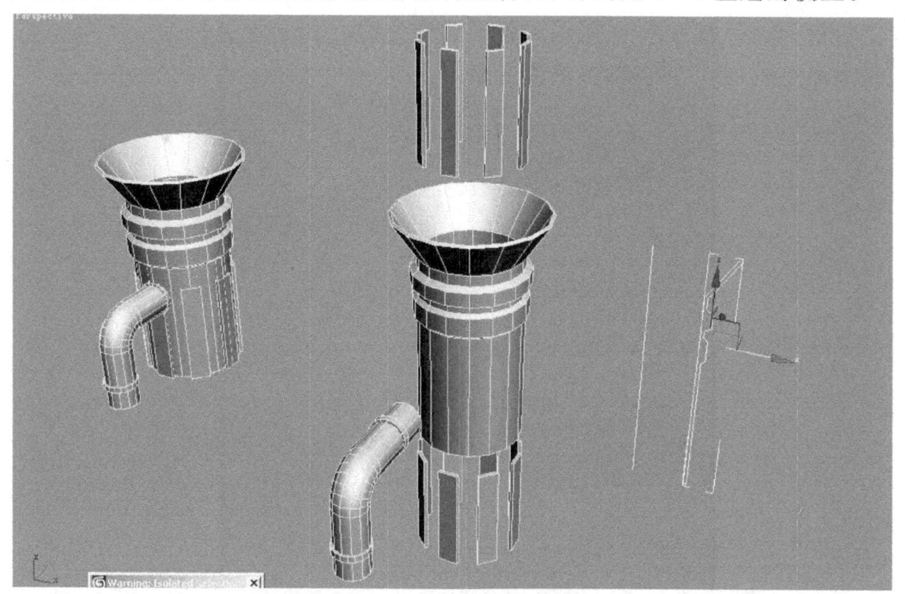

图 5-5　第 1 部分模型分解图

第 2 部分分解后如图 5-6 所示,其中管道与装饰条的制作与第 1 部分相同,我们主要介绍主体部分和油罐的制作过程。

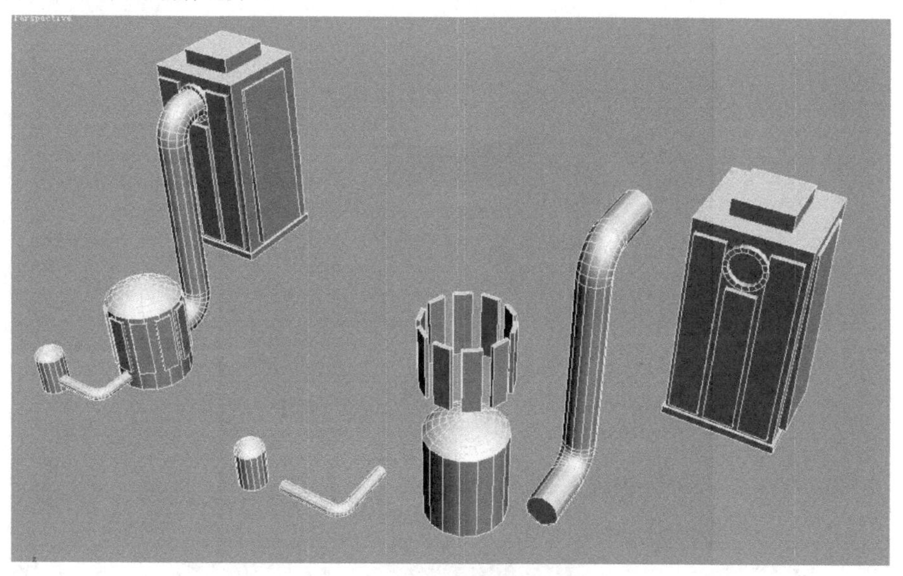

图 5-6　第 2 部分模型分解图

主体部分是由一个 Box 复制、修改,并按照图中位置堆积而成,侧面有一些斜度的 Box 使用 FFD 2×2×2 变形工具，通过变换它的子对象控制点来改变 Box 的外形，使它具有一定斜度，这部分的制作比较简单。

油罐属于旋转体，我们首先使用创建二维图形工具画出物体的半个剖面，然后选择车削成型工具修改器进行旋转。

最后，将各完成部分按照图中所示位置进行组合，如图 5－6 所示。

第 3 部分拆分之后如图 5－7 所示。各个部分分别由 Box 使用 FFD 2×2×2 变形工具和挤出成型修改器完成，最后将各部分堆积起来。

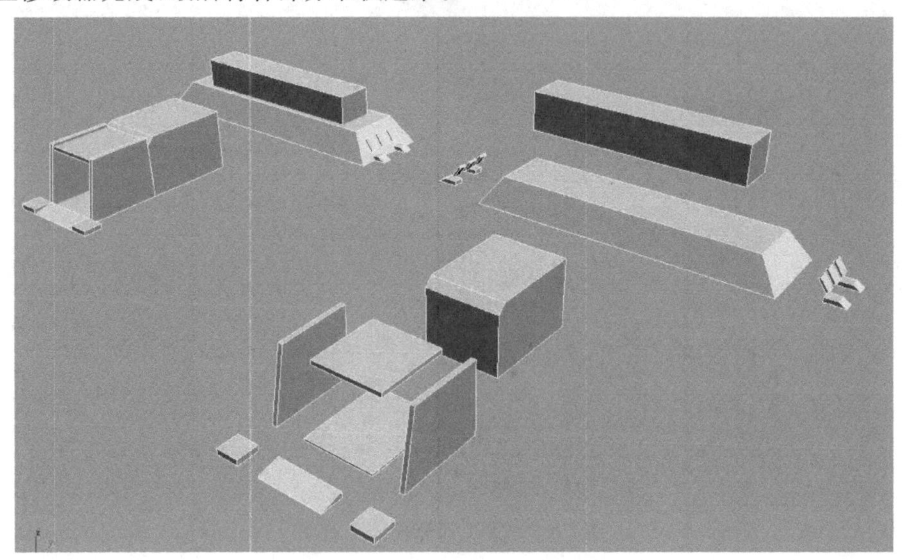

图 5－7　第 3 部分模型分解图

(3)将做好的 1、2、3 部分根据图片上的相对位置进行堆积，即得到图 5－8 所示的最终模型效果。

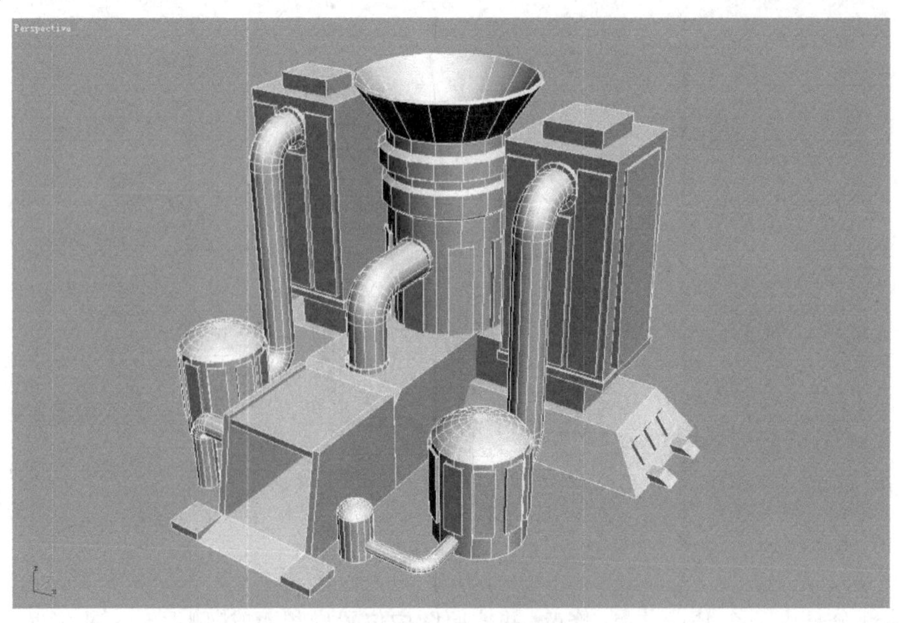

图 5－8　完成模型

星际人族气矿模型的建模过程中，总共使用了五种修改器，分别为

①车削工具；

②二维曲线可渲染属性；

③对齐工具、角度捕捉工具；

④改变物体轴心工具；

⑤FFD 2×2×2 变形工具。

（具体操作过程可参阅教学视频）

5.4　星际人族房屋模型

下面通过上节所讲述的将复杂模型分解，分别建模，然后堆砌的方法来完成星际争霸游戏中人族房屋模型的制作，如图 5－9 所示。

图 5－9　人族房屋模型(引自《星际争霸》游戏)

人族房屋模型的结构分解图如图 5－10 所示。

图 5－10　人族房屋结构分解图

首先，从模型的整体入手，也就是模型中什么地方最大就从什么地方开始，从整体到局部，这样能更准确地把握场景角色的外观造型。

使用【矩形】工具在前视图创建一个矩形，点击右键将其转换为可编辑的样条线，进入修改面板，在样条线子物体级别，选择样条线矩形物体，使用【轮廓】命令在样条线上拖拽形成双线矩形，如图 5－11 所示。

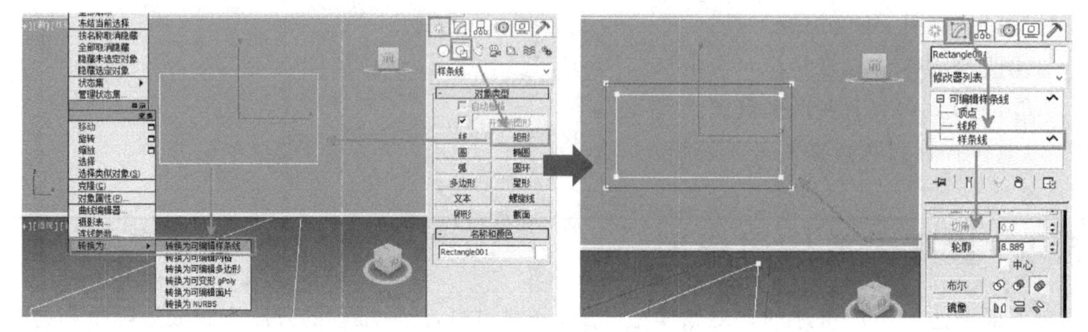

图 5－11

使用【挤出】修改器，挤出适当长度；使用【FFD 2×2×2】命令，进入控制点子物体级别，选择前端的控制点，向后方拖拽，使之倾斜，房屋主体完成，如图 5－12 所示。

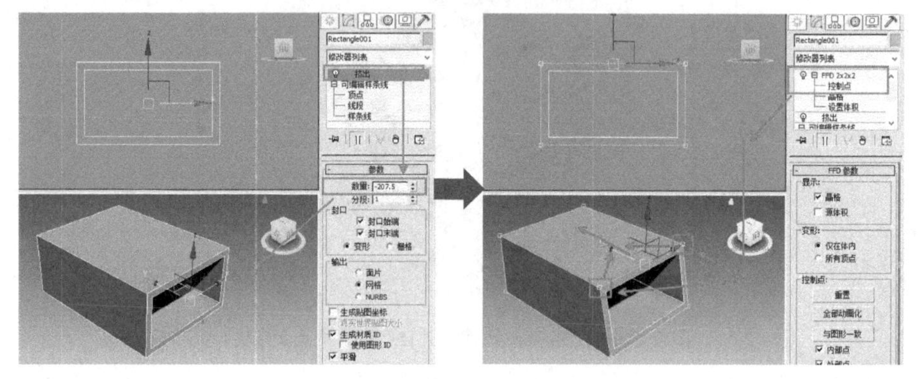

图 5－12

在左视图上使用画线工具，完成左侧造型，对其进行【挤出】，调整相应的厚度，使用移动工具把它放置到正确的位置，修改物体颜色，如图 5－13 所示。

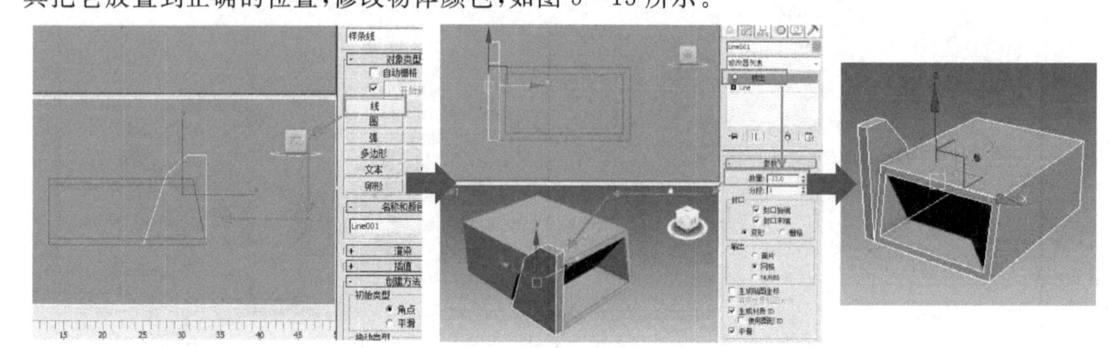

图 5－13

在顶视图上通过画线工具画出相应造型，挤出并移动到正确位置，这样，人族房屋模型的大体轮廓就制作完成了，如图 5－14 所示。

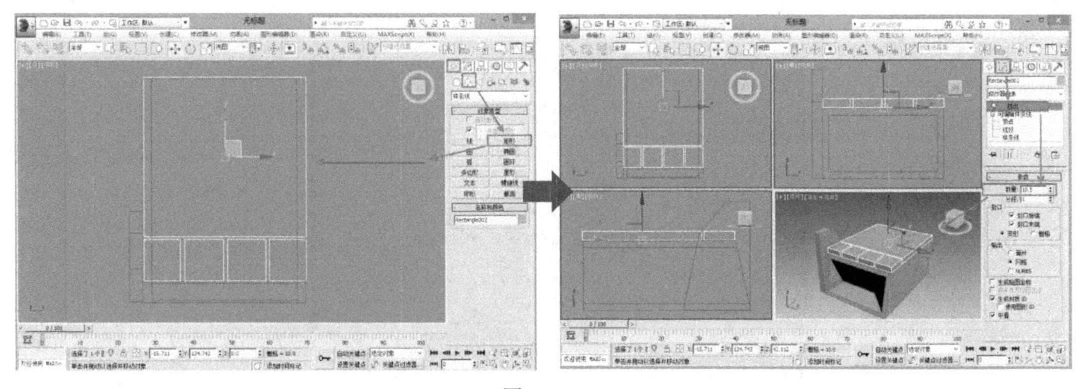

图 5-14

注意：模型大体轮廓完成后，应该从不同的角度对其进行观察和修改，因为它是整个模型的框架，它的大小比例是否准确对后期模型的制作是非常重要的。

下面完成模型的顶部造型，顶部造型中最大的部分是一个圆环形造型，在前视图上画出物体的横截面，使用【车削】命令对其进行车削，注意调整正确的车削轴，如图 5-15 所示。

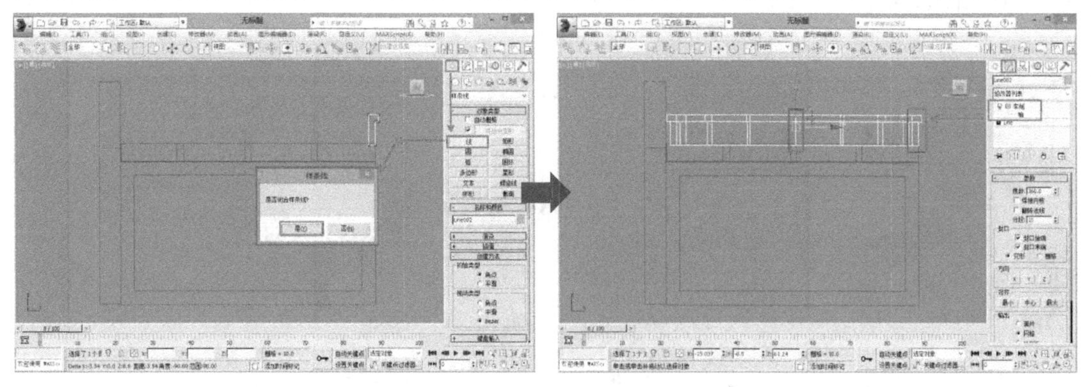

图 5-15

大圆环造型完成，将其移动到正确位置，在圆环中间创建圆柱体，使用对齐工具使其与圆环中心对齐（对齐命令的快捷键是【Alt＋A】组合键），如图 5-16 所示。

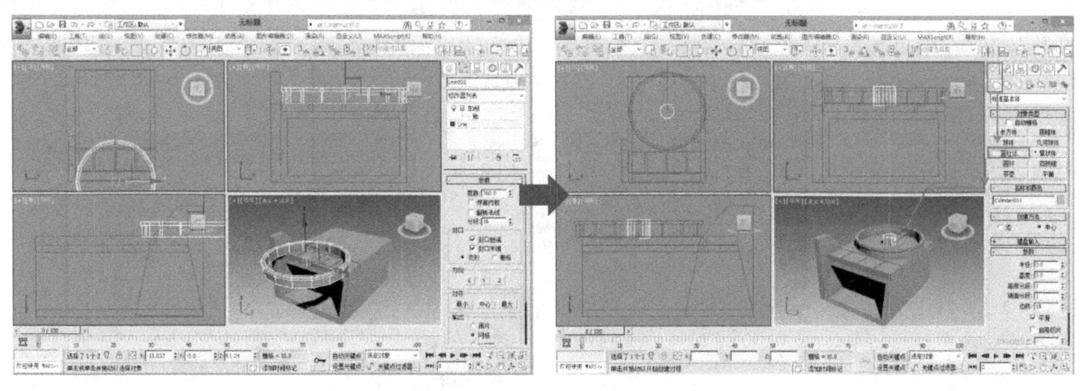

图 5-16

在顶视图上创建圆环中的扇叶造型，添加【挤出】修改器，修改挤出的高度，移动到正确位置，如图 5－17 所示。

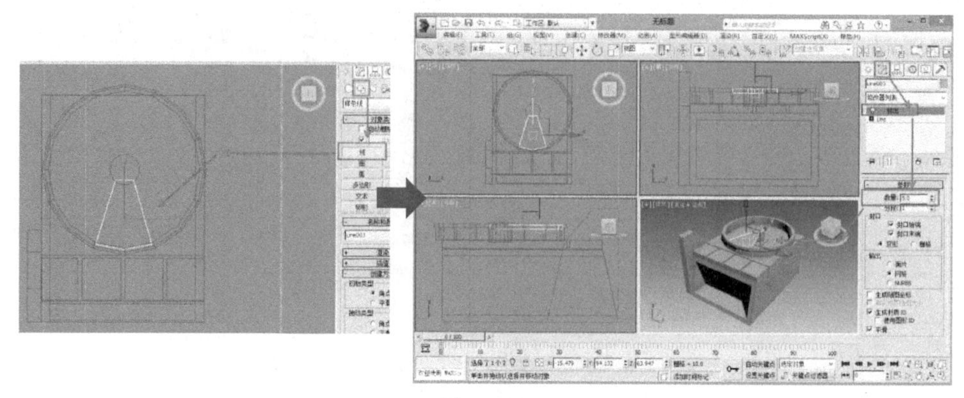

图 5－17

选择扇叶物体，进入【层次】命令面板，激活【仅影响轴】命令，将扇叶造型的轴心点和圆柱体的中心对齐。退出【仅影响轴】命令，使用旋转命令以 90 度旋转复制三个，顶部造型完成，如图 5－18 所示。

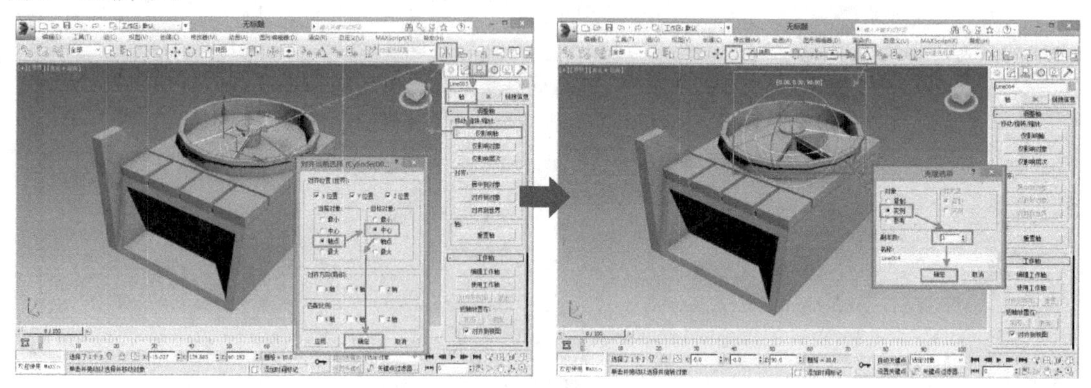

图 5－18

关闭角度捕捉工具，使用局部坐标系物体自身顶点工具，选择 4 个扇叶物体，将其适当向下旋转，符合原图设计要求，选择游戏建筑顶部整体扇叶造型，使用菜单【组】命令将其群组，如图 5－19 所示。

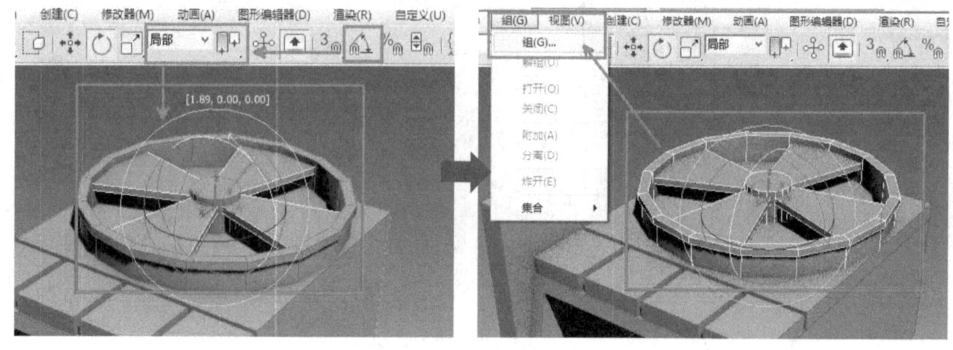

图 5－19

将顶部扇叶造型复制一个，旋转 90 度，使用缩放工具进行缩放，放置在人族房屋的侧面，注意使用缩放工具调整合适的比例，如图 5-20 所示。

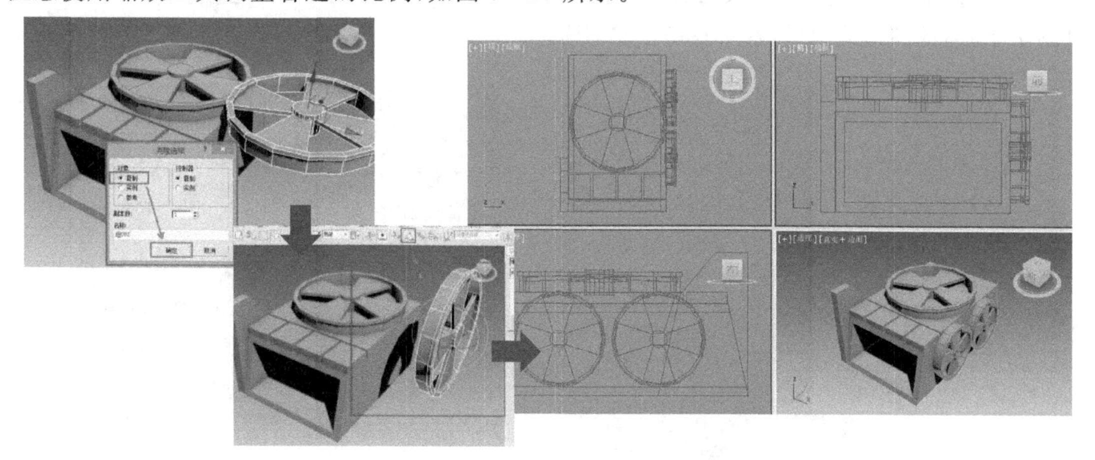

图 5-20

使用基本几何体中的长方体、圆柱体和二维曲线挤出成型工具，单独完成人族房屋的局部造型，并将它以适当的大小比例关系堆砌在一起，完成人族房屋的基本造型，如图 5-21 所示。

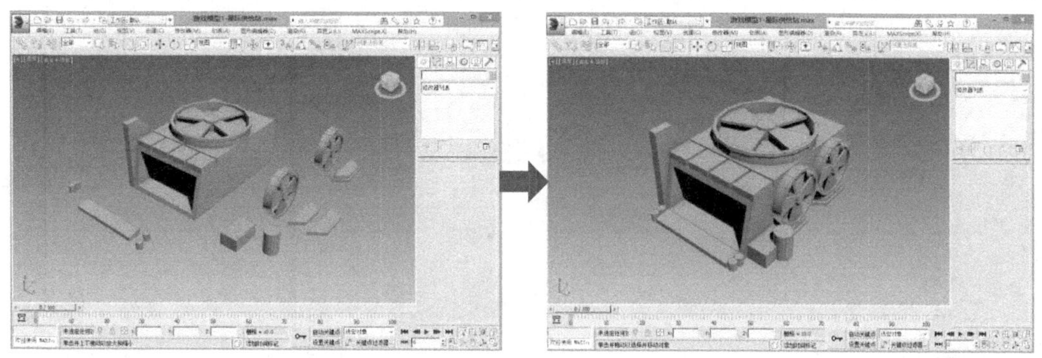

图 5-21

在前视图使用二维直线工具画出人族房屋后部剖面造型，对其进行车削，并调整车削成型的轴，完成后部大体造型，如图 5-22 所示。

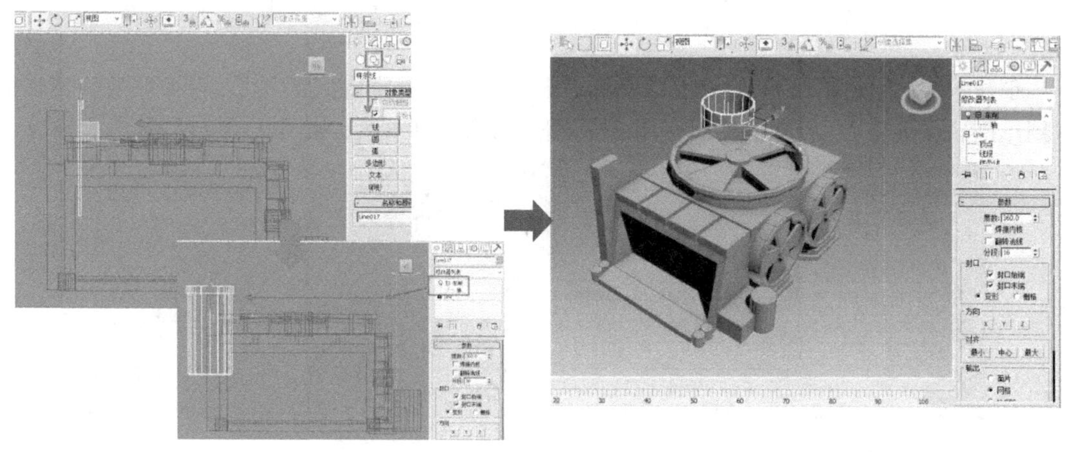

图 5-22

使用【管状体】造型和长方体命令创建细部造型，使用【FFD 2×2×2】命令将其修改为梯形，在层级面板中使用【仅影响轴】命令，将轴心对齐到管状体中心，打开角度捕捉，间隔30度复制7个，后部圆形装置完成，如图5-23所示。

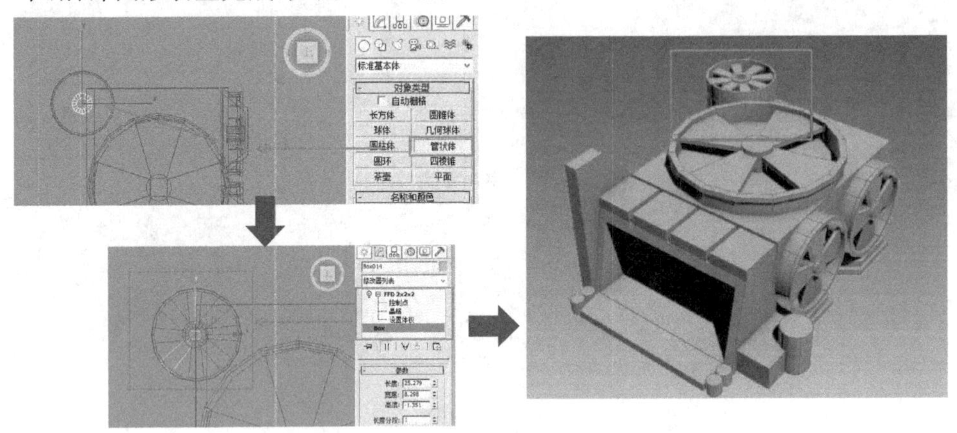

图5-23

在前视图上画出人族房屋建筑右侧物体的旋转剖面，对剖面进行【圆角】修改，调整曲线形状，曲线完成后进行车削，注意调整车削的旋转轴，如图5-24所示。

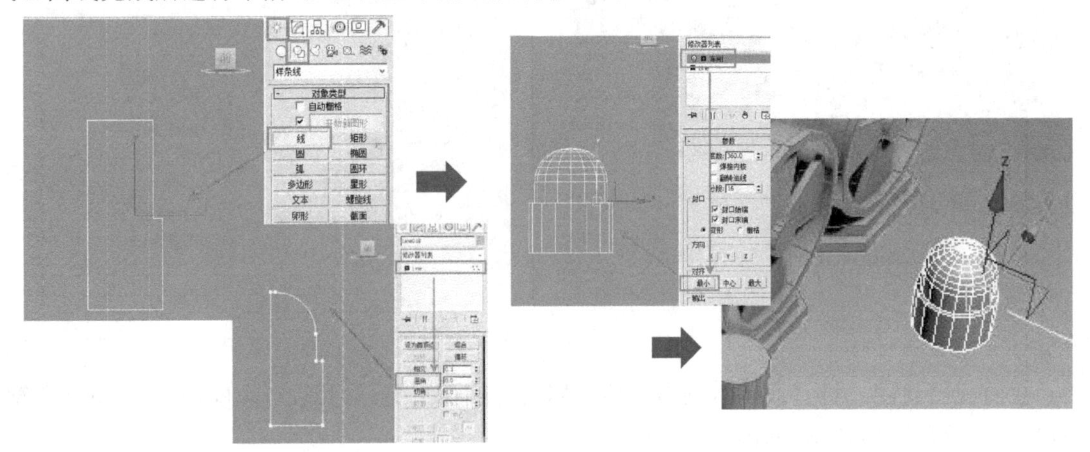

图5-24

创建长方体，使用FFD 2×2×2命令，调整控制点位置完成底部梯形，将梯形的旋转轴放置到车削物体的中心，角度捕捉后复制3个，完成右侧造型模型，如图5-25所示。

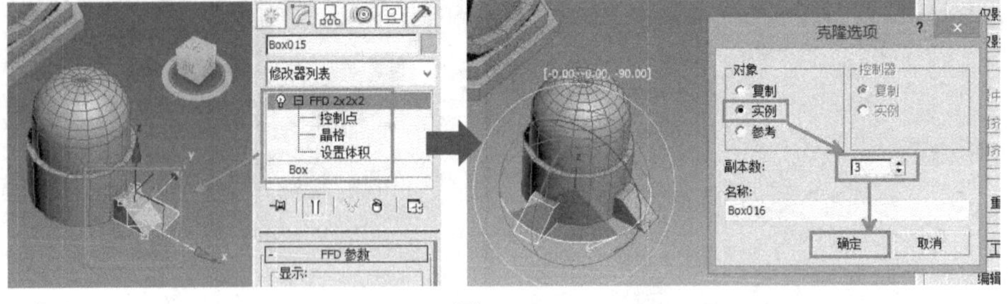

图5-25

接下来我们制作房屋顶部的管道物体，通常可以先画出二维曲线，调整好形态后，设置二维曲线可渲染属性。在顶视图画出管线平面曲线，激活透视图，在顶点子物体级别将一侧端点向下移动，形成三维空间线段，如图 5-26 所示。

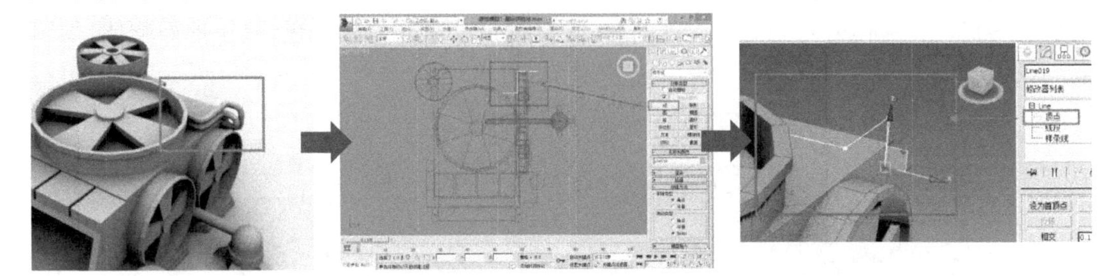

图 5-26

选择全部顶点，单击右键将顶点属性更改为【Bezier 角点】，使用移动工具移动顶点手臂(注意锁定 ZX 轴为正确移动的坐标轴向)，曲线修改完成后，勾选曲线的【在渲染中启用】和【在视口中启用】命令，修改实体线条的【厚度】参数，如图 5-27 所示。

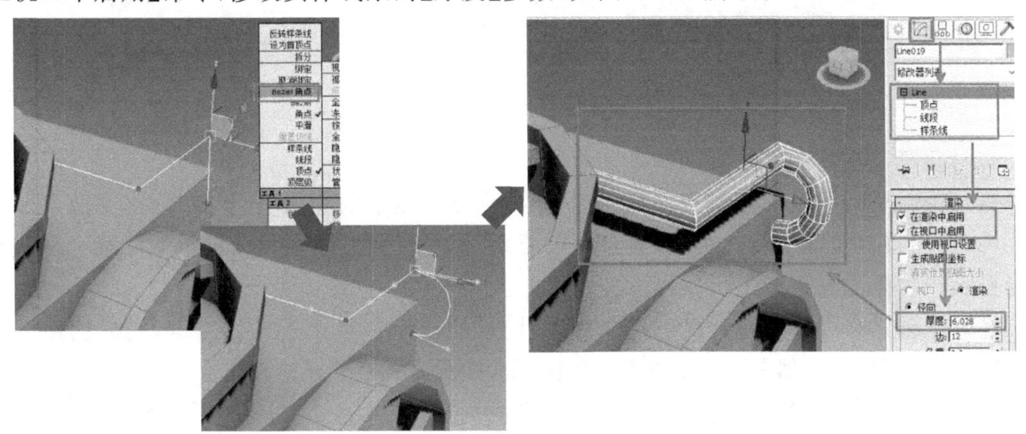

图 5-27

进入顶点级别，使用圆角命令进行倒圆角操作，完成后向下复制出第二根管道，进入顶点子物体级别调整管道形状，人族房屋模型完成，如图 5-28 所示。

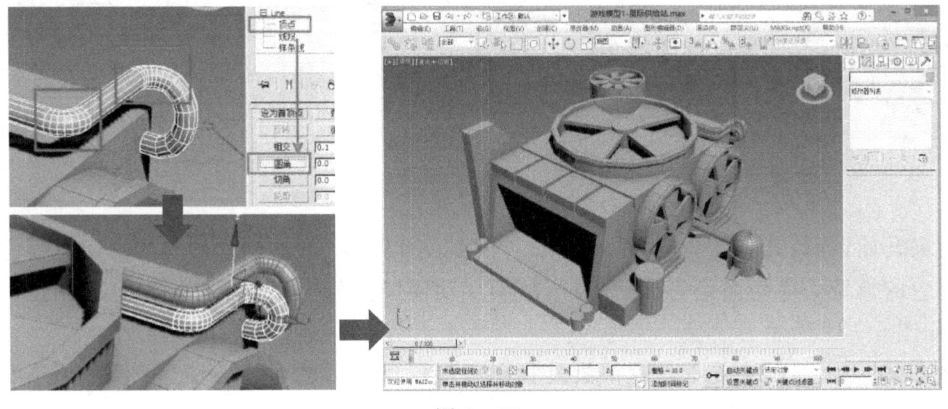

图 5-28

下面我们学习游戏素模渲染方法。

人族房屋模型完成后，使用标准几何体的长方体工具为其创建一个较大的地面。

按下【M】键，打开材质编辑器，将任意一个材质球赋予房屋模型物体，将房屋材质漫反射颜色调整为灰色，选择另外一个材质球，将其漫反射颜色调整为浅灰色，赋予地面物体，如图5-29所示。

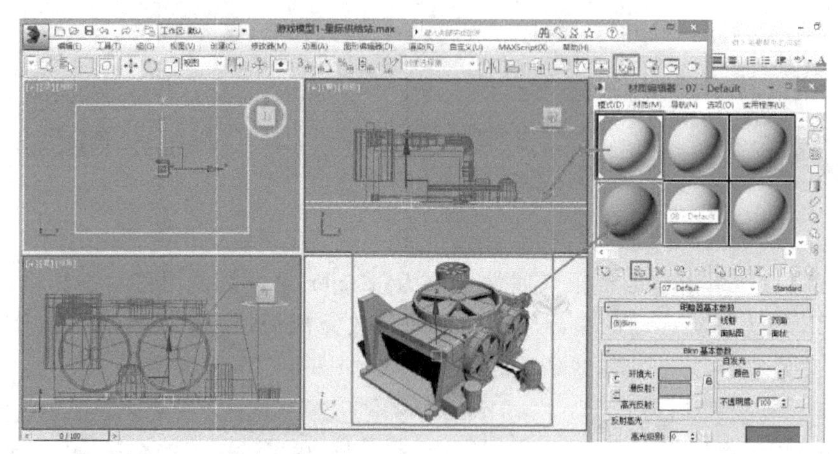

图5-29

将材质赋予物体的方法有两种：

(1)直接拖拽：用鼠标左键点住材质球，拖拽到需要赋予的物体上，释放鼠标，完成。

(2)使用将材质赋予物体的工具：选择需要赋予材质的物体，在材质面板激活某个材质球，将材质赋予物体工具。

在灯光创建命令面板选择【天光】命令，在场景的任何位置单击鼠标左键，完成创建天光。打开【渲染】→【光跟踪器】命令，单击【渲染】按钮，如图5-30所示。

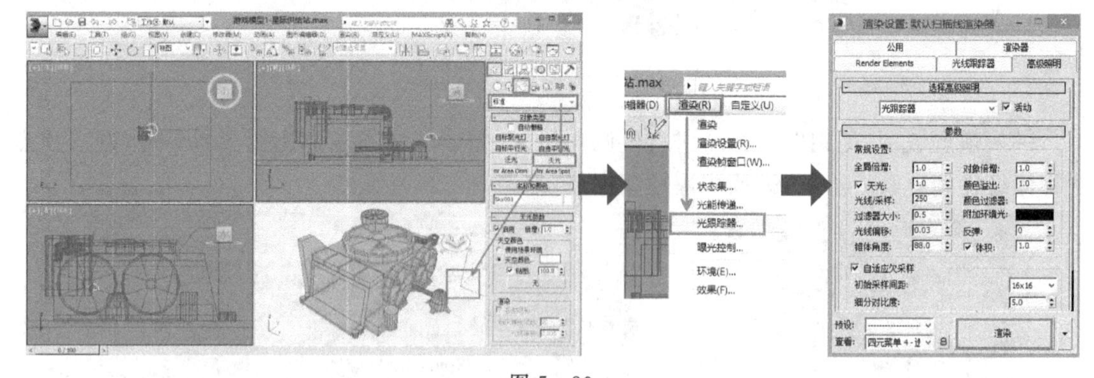

图5-30

渲染开始，等待几分钟，模型渲染完成。根据设计需要，可以更改材质球漫反射颜色，渲染其他颜色的模型。模型渲染完成后，点击渲染浮动窗口【存盘】命令，可以将渲染出的图片进行保存，如图5-31所示。

注意：使用天光配合光能传递渲染是我们表现模型细节的主要方法，虽然速度并不快，但它能表现更多、更好的细节。

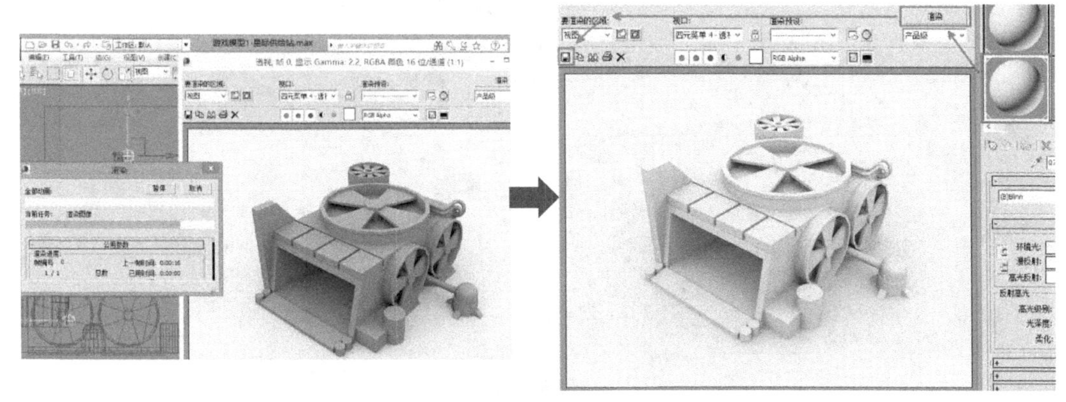

图 5 - 31

5.5　星际飞机制造厂模型

星际飞机制造厂模型如图 5 - 32 所示，主要由制造厂主体建筑和下部 6 个支撑部件构成。

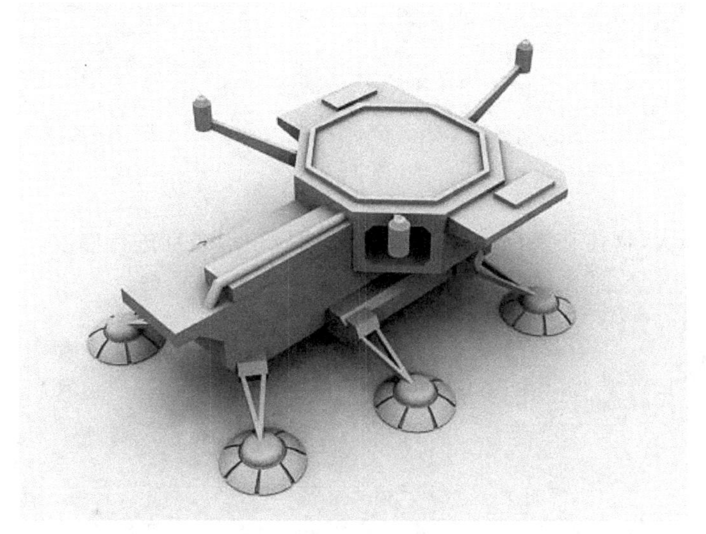

图 5 - 32　星际飞机制造厂模型（引自《星际争霸》游戏）

我们先从飞机场的主体建筑开始。在主体建筑中，最大的是中间的停机坪。

首先在顶视图创建二维几何体中的【多边形】，并将多边形的【边数】设置为 8 段，如图 5 - 33 所示。

在工具栏的【角度捕捉】按钮上单击鼠标右键，弹出角度捕捉设置面板，将角度捕捉的锁定值调整为 22.5，这样角度捕捉就会以 22.5 度为单元递增。打开角度捕捉，使用旋转工具旋转八边形，使其水平边与视图窗口的水平边平行，这样做的优点是能够让以后完成的物体比较方便放置和对齐，如图 5 - 34 所示。

将八边形挤出，在前视图上画出飞机厂主体的二维曲线，挤出并放置到正确的位置，调整物体间的大小比例关系，大形的准确对后面的操作是非常重要的，如图 5 - 35 所示。3ds Max

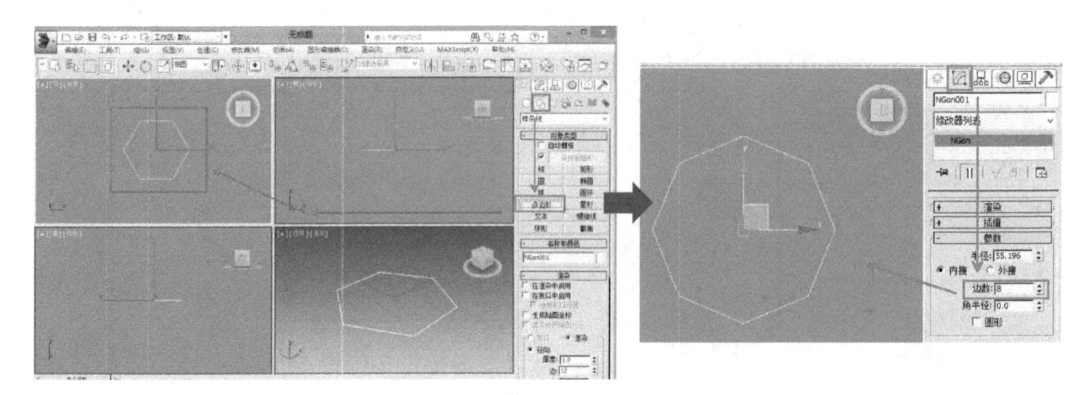

图 5－33

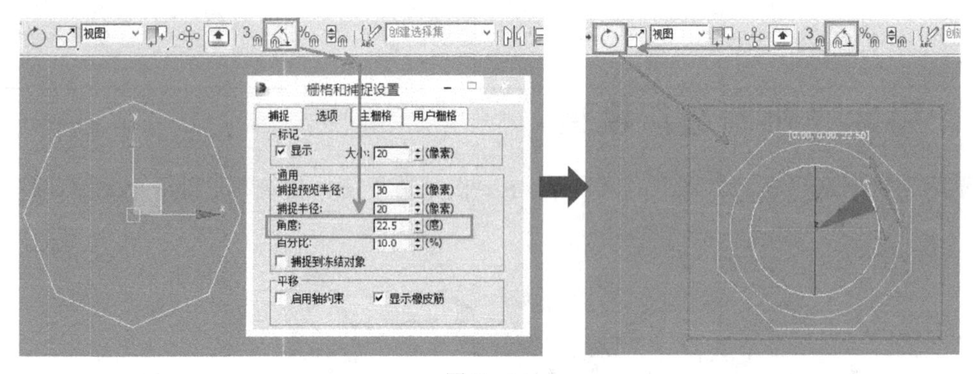

图 5－34

修改器堆栈功能强大，物体在挤出后，也可以进入线段顶点级别进行修改。

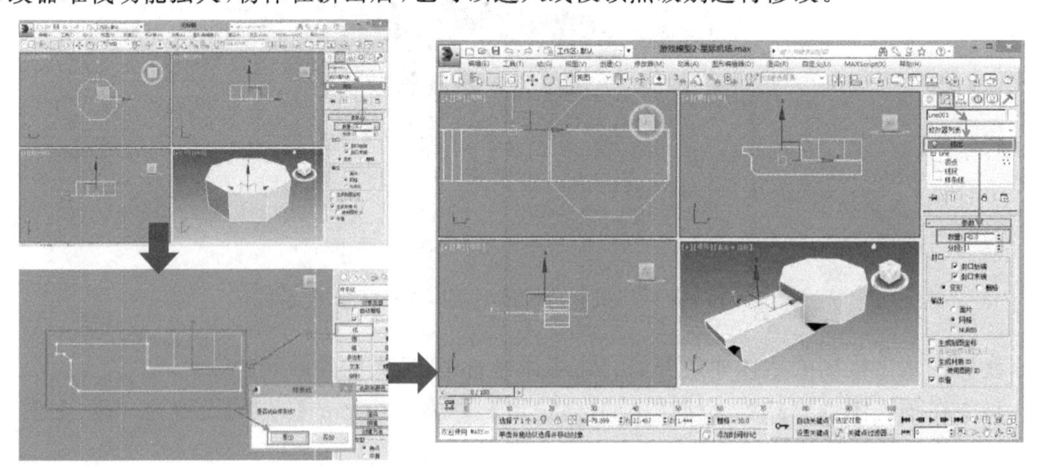

图 5－35

在左视图上画出矩形，单击右键将其转换为可编辑的样条线，在编辑样条线的顶点级别，使用优化命令加入两个顶点，添加顶点向下移动，选择全部顶点，使用右键中的命令将顶底属性改为【角点】，如图 5－36 所示。

添加【挤出】修改工具，调整挤出的数量，飞机厂主体建筑的大体轮廓就完成了，如图 5－37 所示。

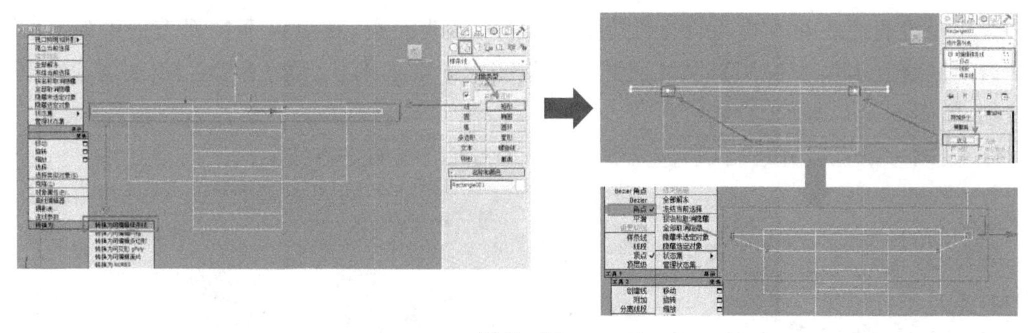

图 5-36

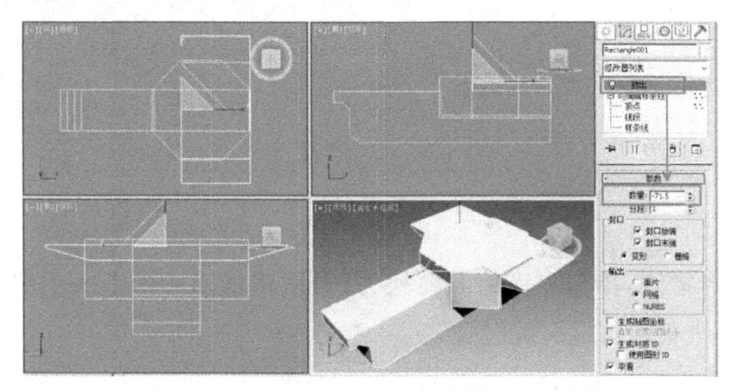

图 5-37

在停机坪的顶部创建管状体，进入修改面板将管状体的高度段数设置为 1，边数为 8，去除【平滑】勾选，如图 5-38 所示。

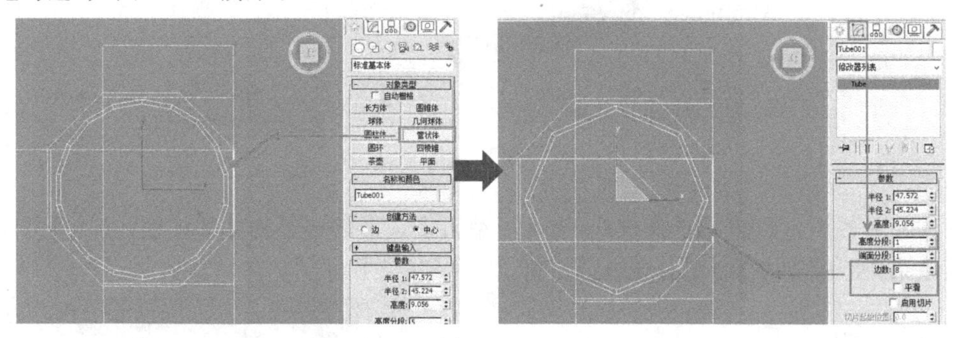

图 5-38

将管状体旋转 22.5 度，使用创建立方体工具创建主体物上的细节，如图 5-39 所示。

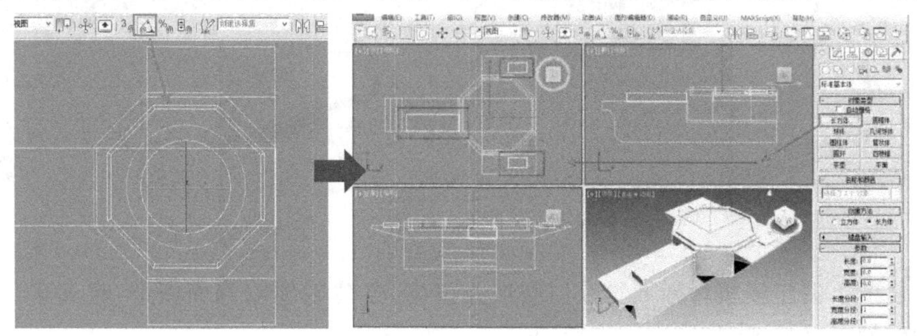

图 5-39

使用二维直线工具在前视图上绘制直线，进入修改面板，在渲染下拉列表框中勾选【在视口中启用】和【在渲染中启用】，刚才所画的线就变成了管子形状，调节【厚度】粗细值，控制管子的粗细，如图 5 - 40 所示。

注意：画一条直线并进行渲染，是我们制作管子、电线的好方法。

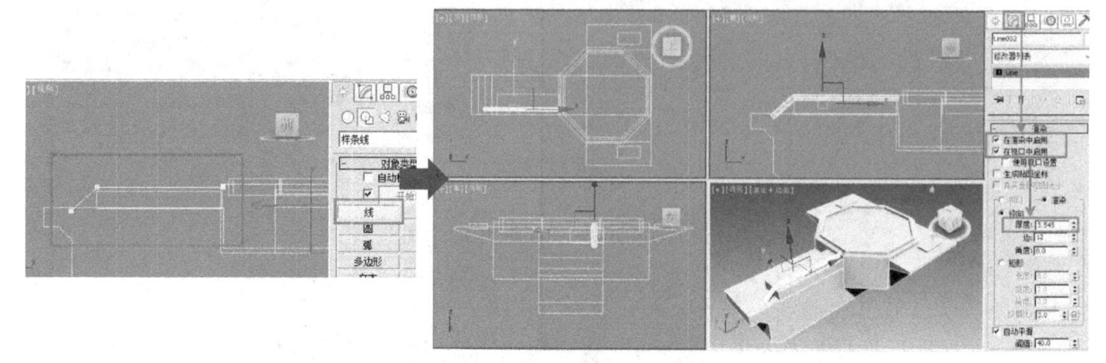

图 5 - 40

选择停机坪附属物体，单击右键将其转换为【可编辑的多边形】，我们要将它的两个直角变成斜角，如图 5 - 41 所示。

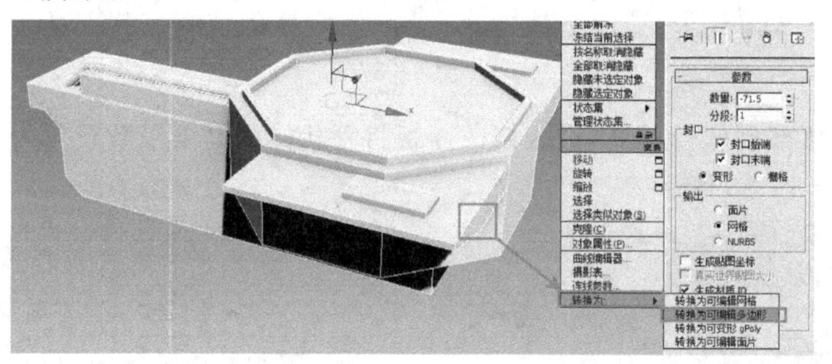

图 5 - 41

在主工具栏激活【窗口】选择模式，进入可编辑多边形的边子物体的级别，选择需要变成斜边的两条边，使用【切角】命令对齐进行切角，如图 5 - 42 所示。

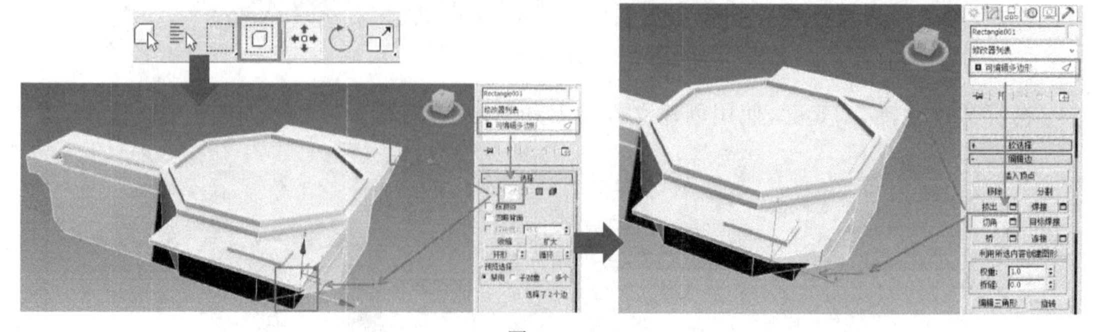

图 5 - 42

在前视图上创建停机坪附属物几何图形并挤出，创建附属物剖面图形，将其车削，车削时注意调整轴的正确位置，如图 5 - 43 所示。

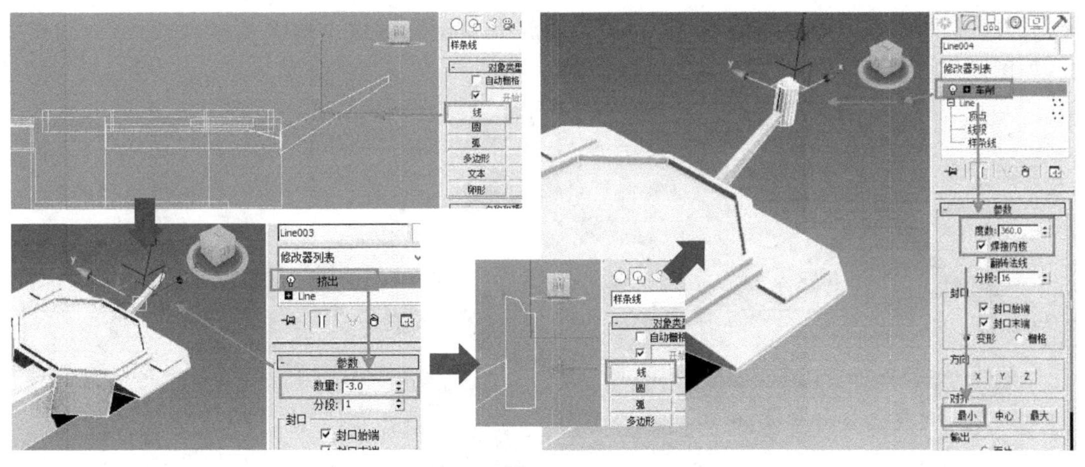

图 5-43

选择两个附属物体，使用菜单命令将其群组，如图 5-44 所示。

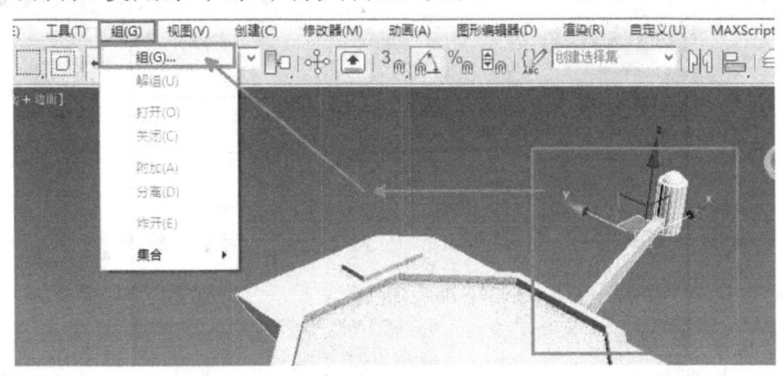

图 5-44

进入【层次】命令面板，单击【仅影响轴】命令，使用对齐工具将附属物体的轴对齐到停机坪的中心，然后旋转复制，停机坪附属物体创建完成，如图 5-45 所示。

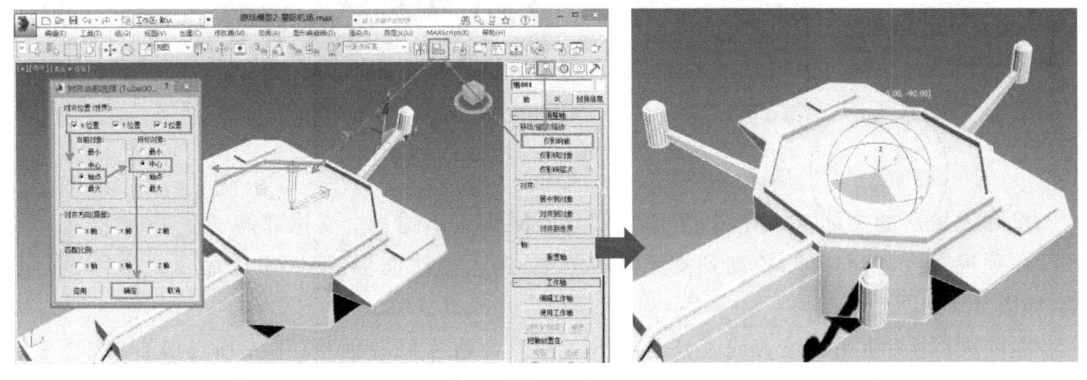

图 5-45

下面看一下停机坪侧面空洞是如何完成的。

选择停机坪主体物体，单击鼠标右键将其转换为可编辑的多边形，在多边形子物体级别，选择需要开孔的表面多边形，使用【插入】命令进行插入，再使用【挤出】命令向内进行挤出。选择物体底部平面，使用【倒角】命令，进行挤出后放大和挤出后缩小两次操作，底部结构制作完成，如图 5-46 所示。

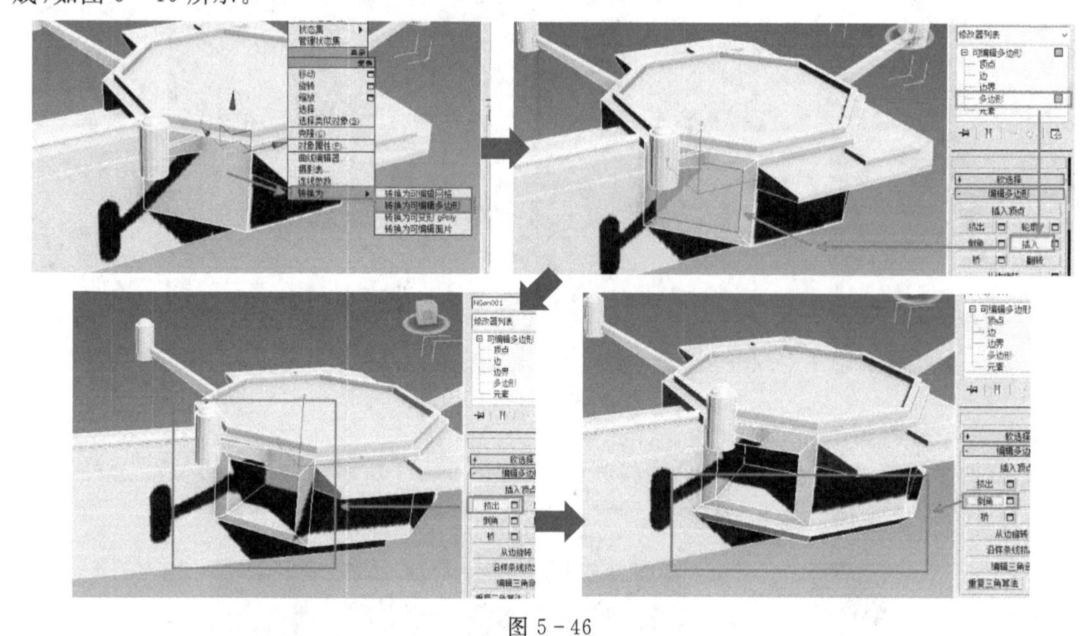

图 5-46

在边的子物体级别，选择需要倒角的四条边，使用【切角】工具对边进行切角，停机坪的倒角空洞就完成了，如图 5-47 所示。

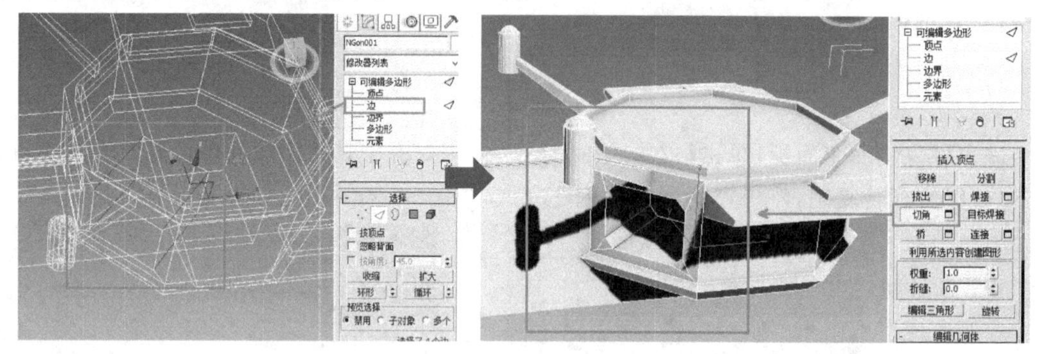

图 5-47

星际飞机厂的主体基本完成，下面我们开始制作主体的 6 个支撑部件。

在顶视图上创建球体，移动到支撑件的位置，进入修改面板，使用半球命令对球体进行切割，如图 5-48 所示。

在前视图上，使用二维直线工具绘制出三角形。进入修改面板，进入顶点级别，选择三个顶点单击右键，在弹出的顶点菜单中选择【Bezier 角点】选项，使用移动工具移动【Bezier 角点】的手柄，调节曲线的曲率，如图 5-49 所示。

完成后对曲线进行车削，注意调整车削的轴，最后将车削完成的物体与半球对齐，如图 5-50 所示。

由于我们要完成的支撑部件细节由 7 个部分组合而成，这就要求我们车削旋转的角度不

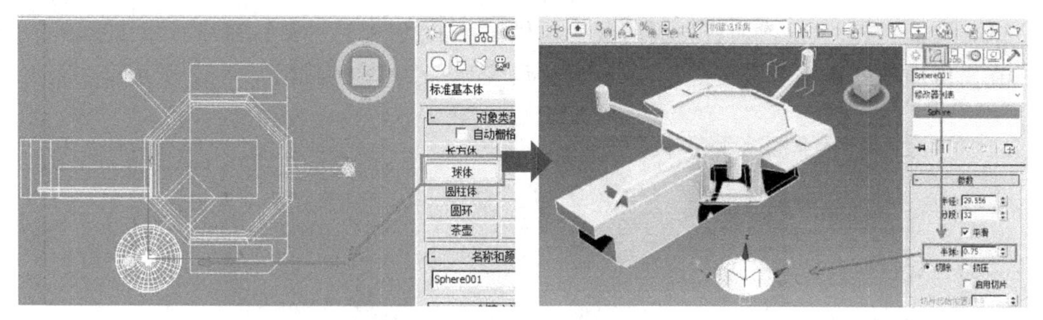

图 5-48

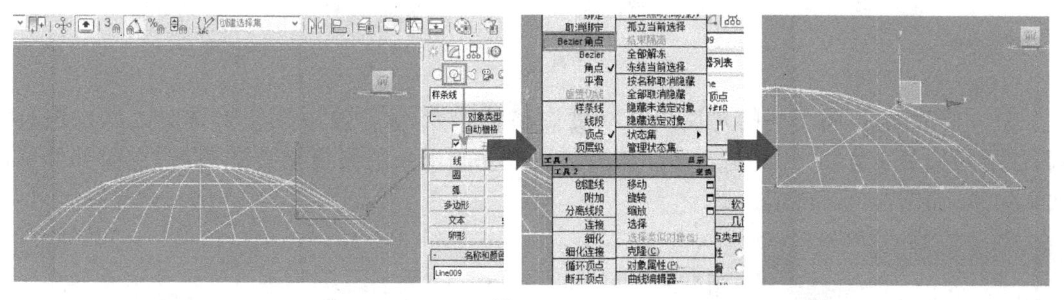

图 5-49

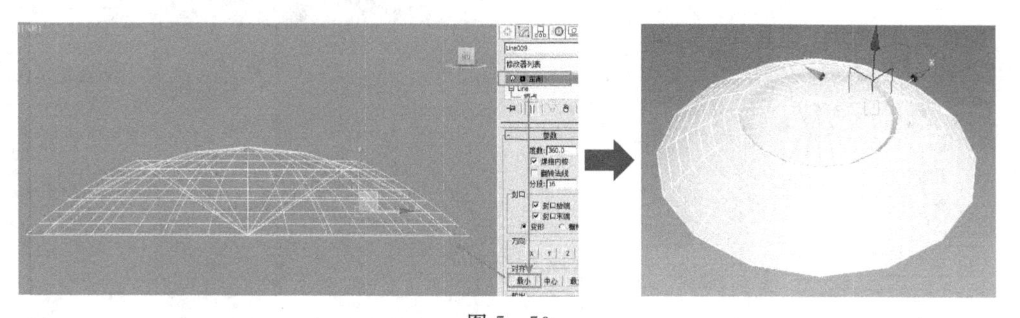

图 5-50

能是 360 度。360 除以 7 约等于 51.428 度，这就说明每一个细节角度相差 51.428 度，如图 5-51 所示。

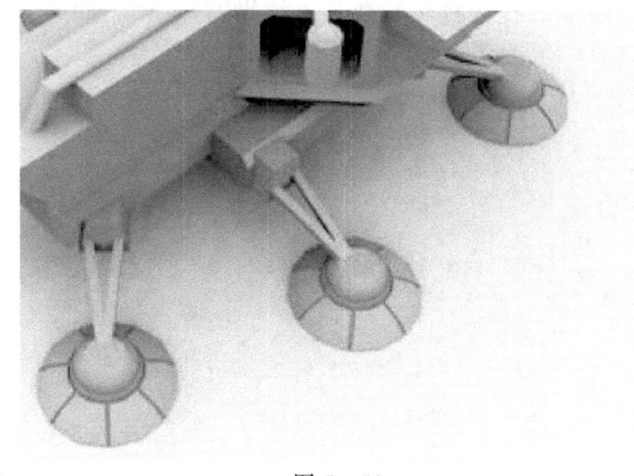

图 5-51

选择辅助物，进入层次面板，选择【仅影响轴】，单击【居中到对象】，完成对附属物轴心的修改。在角度捕捉工具上单击右键，将角度捕捉设置为 51.428 度，如图 5-52 所示。

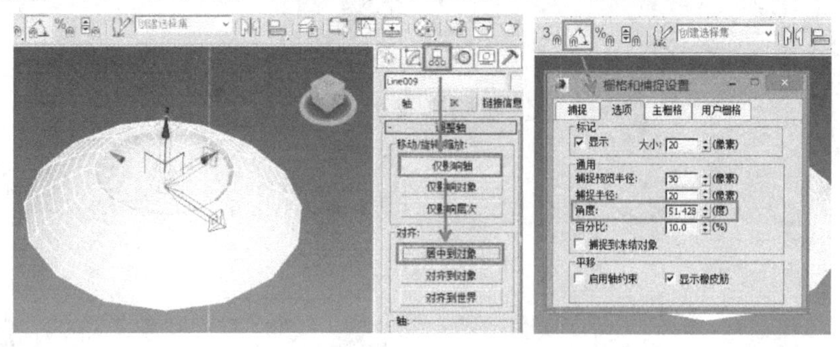

图 5-52

进入修改面板，将车削的角度由 360 度调整为 39.5 度。使用旋转工具对附属物进行复制，注意勾选关联复制，共复制 6 个。修改某一个复制出来的附属物旋转角度，支撑部件主体基本完成，如图 5-53 所示。

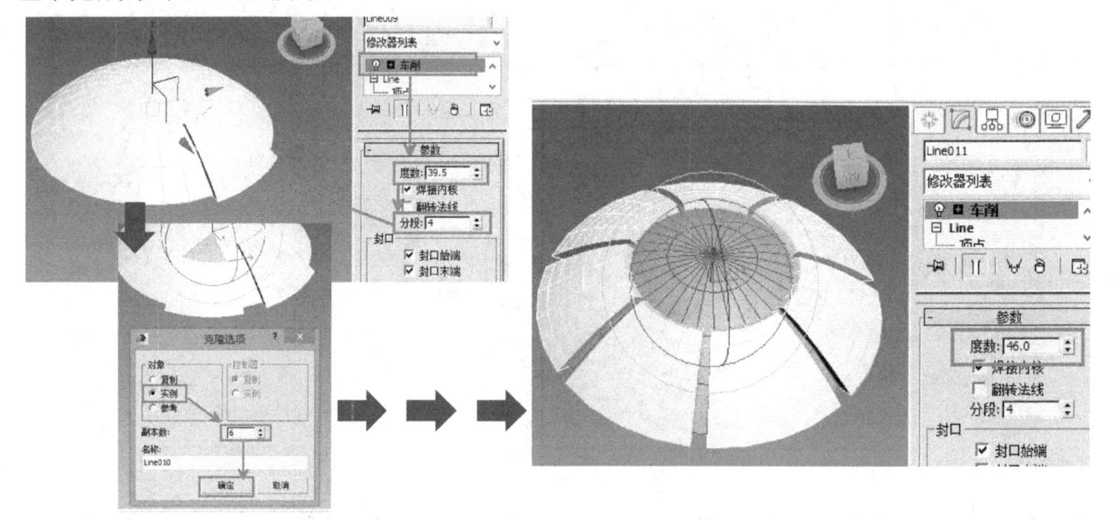

图 5-53

在左视图上创建矩形，单击右键将其转换为可编辑的样条线，如图 5-54 所示。

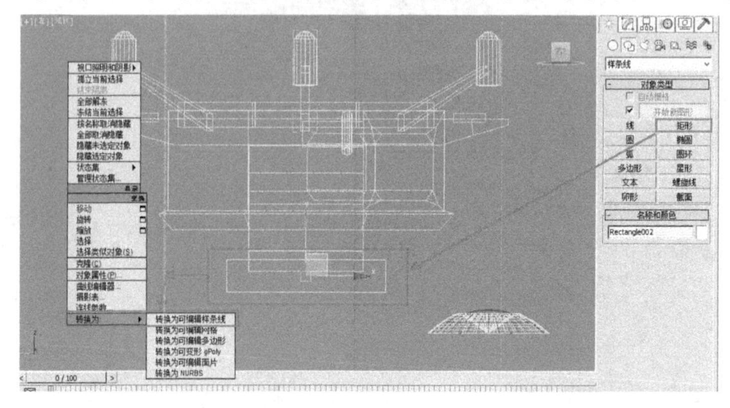

图 5-54

在编辑样条线的顶点级别，选择两个顶点，对其进行切角操作，如图 5－55 所示。

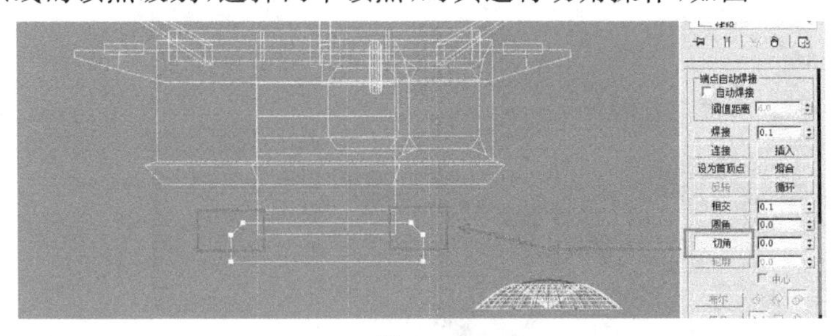

图 5－55

修改完成后使用【挤出】命令将模型挤出，如图 5－56 所示。

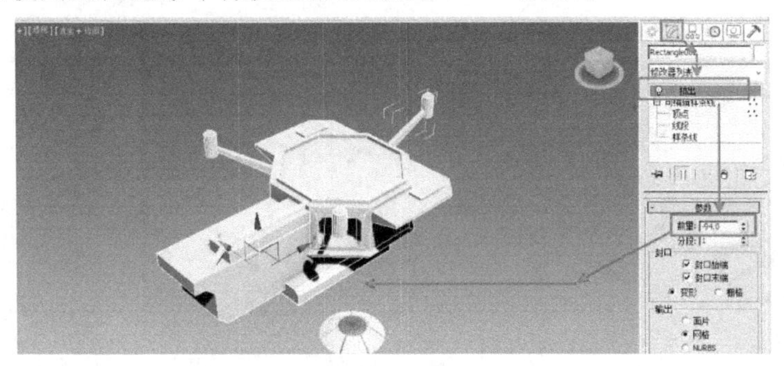

图 5－56

使用【车削】【挤出】工具完成细节，将它们按正确的比例堆砌在一起，飞机厂的支撑部件完成，如图 5－57 所示。

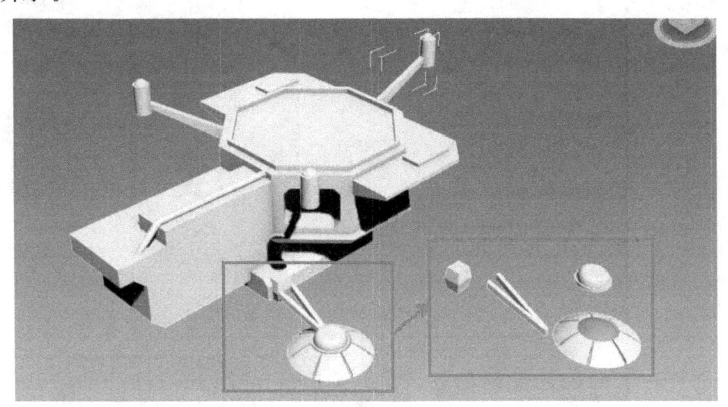

图 5－57

选择飞机厂支撑部件，将其进行群组，如图 5－58 所示。

对群组后的支撑部件进行旋转复制，完成一侧后，选择右侧 3 个支撑部件，对其进行镜像复制，并移动到正确的位置上，如图 5－59 所示。

创建长方体物体为装置中心部分增加细节，如图 5－60 所示。

查看参考图，发现机场主体装置前端有整体缩小和向内凹陷的细节，下面我们来将它完成。选择主体物体，进入修改面板，将挤出的分段数改为 5 段，如图 5－61 所示。

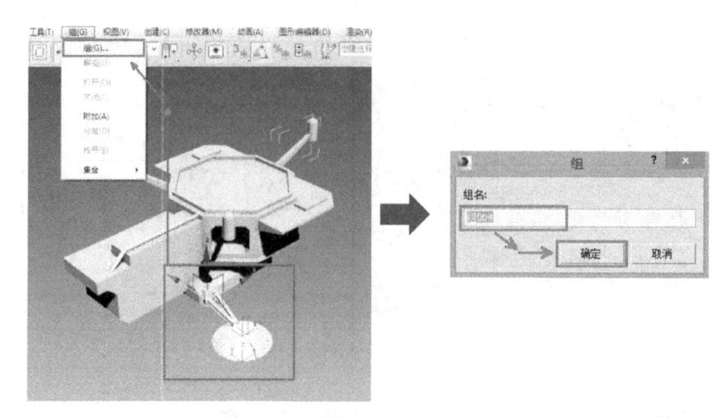

图 5－58

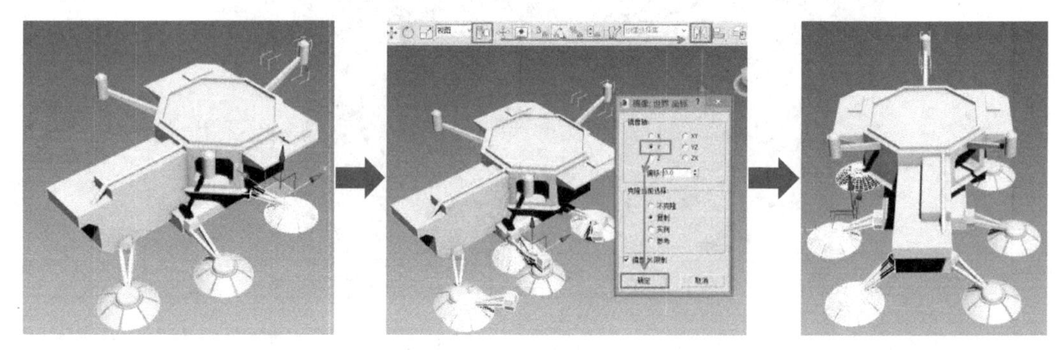

图 5－59

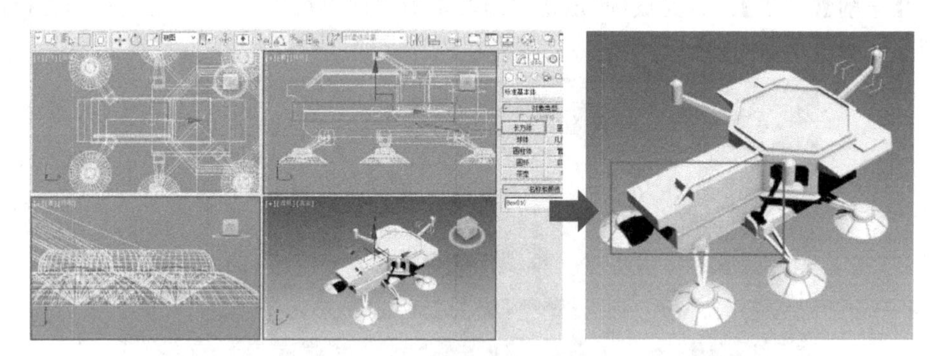

图 5－60

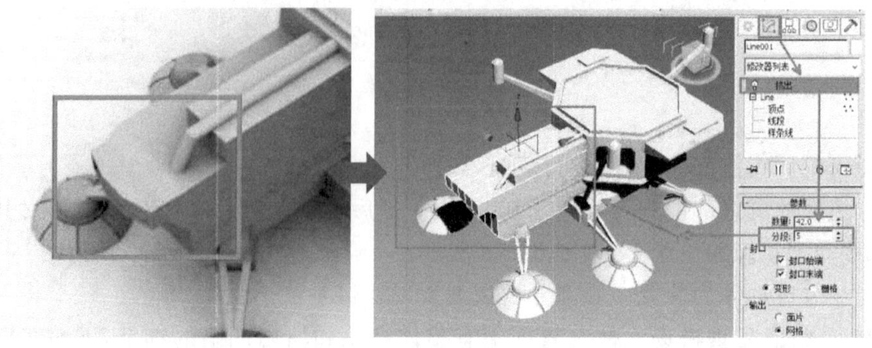

图 5－61

单击右键将其转换为可编辑多边形，使用【Alt＋Q】组合键孤立旋转的物体，在边子物体级别选择顶部边，使用【连接】工具将其连接，如图 5－62 所示。

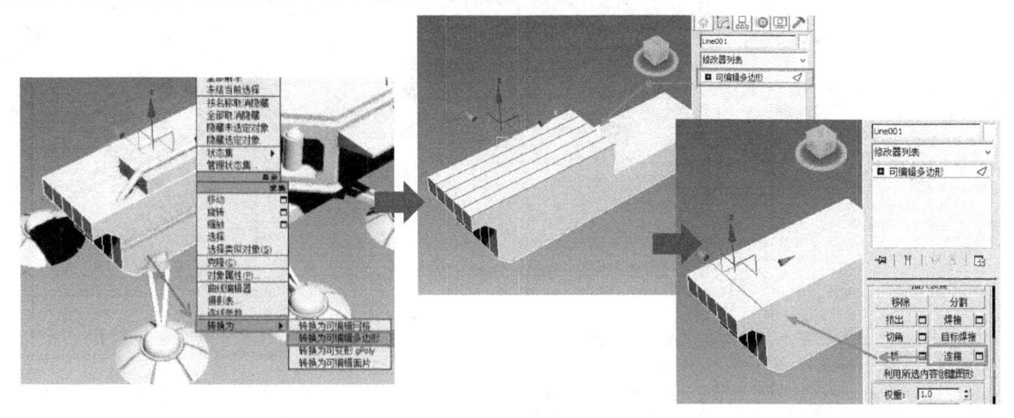

图 5－62

再次选择前端的边，使用连接工具连接，如图 5－63 所示。

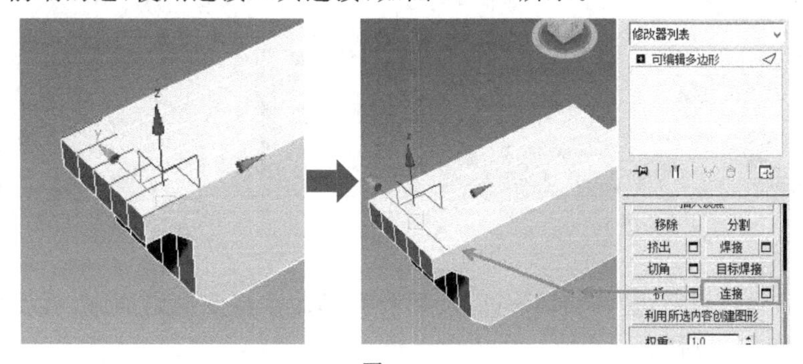

图 5－63

单击右键选择【剪切】工具，从上面顶点剪切到下面拐点，在物体两侧分别剪切两次，如图 5－64 所示。【连接】和【剪切】工具都是用来分割多边形的，不同之处是【连接】分割平均，一般用来等分物体；【剪切】操作灵活，一般用来细分角色模型。

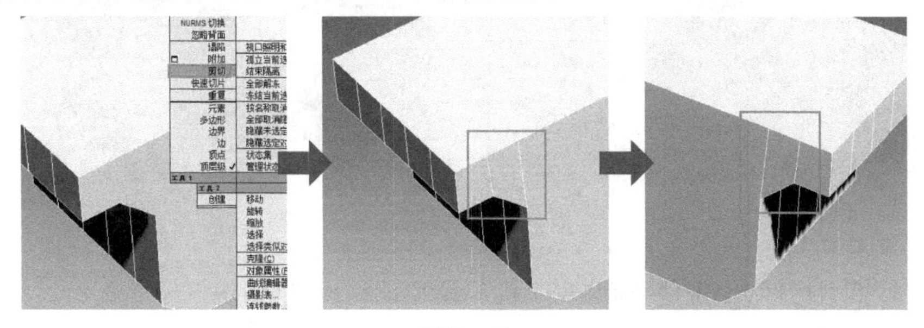

图 5－64

选择上面分割线，适当移动调整位置。进入多边形子物体级别，选择前面所有的面，使用缩放工具，将其缩小，如图 5－65 所示。

进入顶视图，在顶点子物体级别，分别框选前端顶点，将其水平移动，形成圆弧造型，如图 5－66 所示。

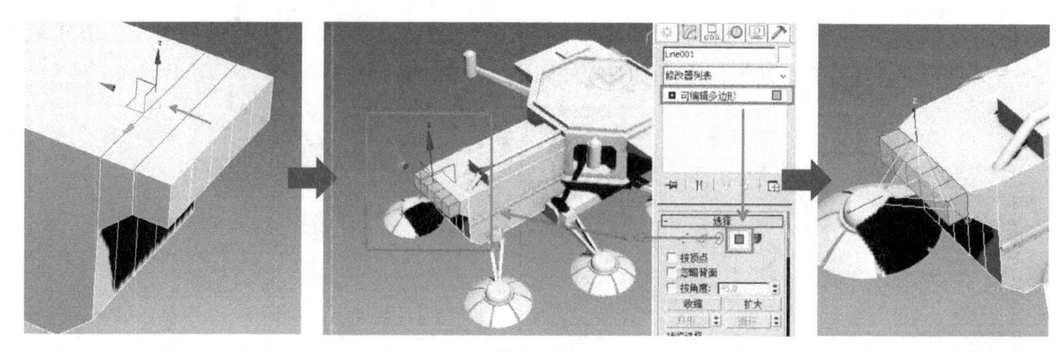

图 5 - 65

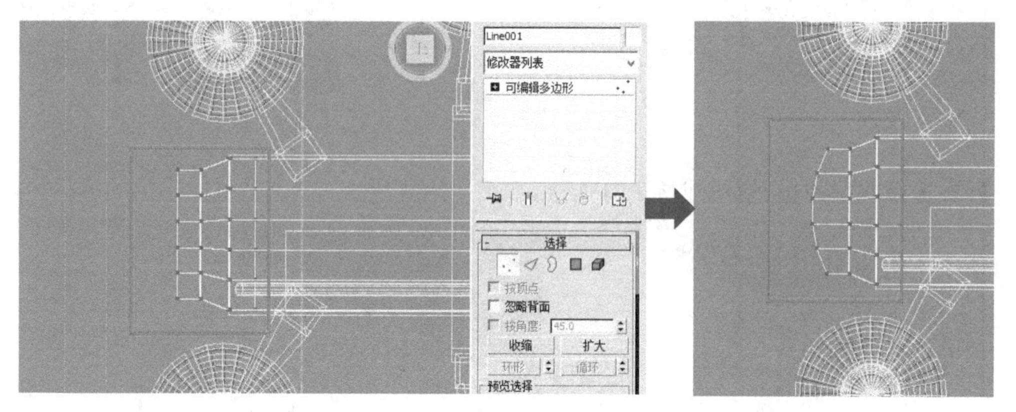

图 5 - 66

在多边形子物体级别，选择前端表面，使用【插入】命令将其向内插入，再使用【挤出】命令向内挤出，如图 5 - 67 所示。

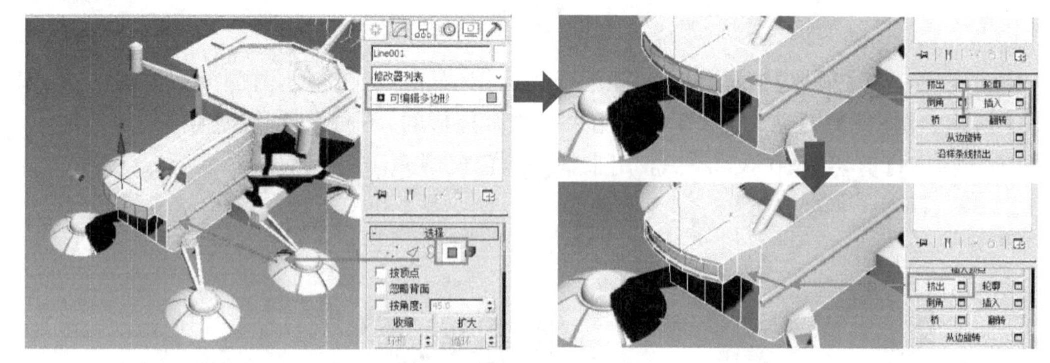

图 5 - 67

适当调整模型比例、位置，星际游戏飞机厂模型就完成了，如图 5 - 68 所示。

下面我们对模型赋予材质和进行渲染。

首先，创建一个较大的长方体物体，把它作为整个环境的地面，如图 5 - 69 所示。

按【M】键打开材质编辑器，选择任意一个材质球，将其赋予地面物体，材质赋予物体的方法在上节中已经详细讲到，将地面材质漫反射颜色调整为浅灰色，如图 5 - 70 所示。

选择另一材质球，将漫反射颜色调整为灰色，赋予飞机厂所有物体，如图 5 - 71 所示。

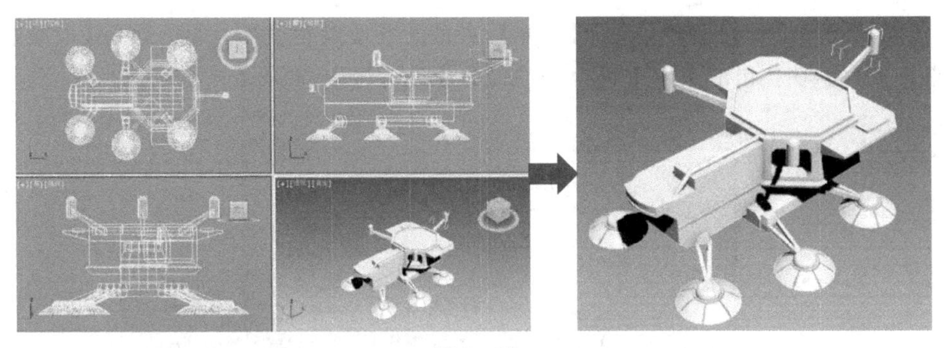

图 5－68

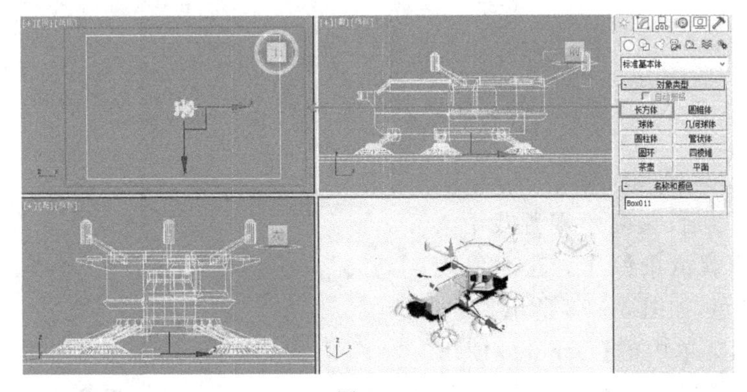

图 5－69

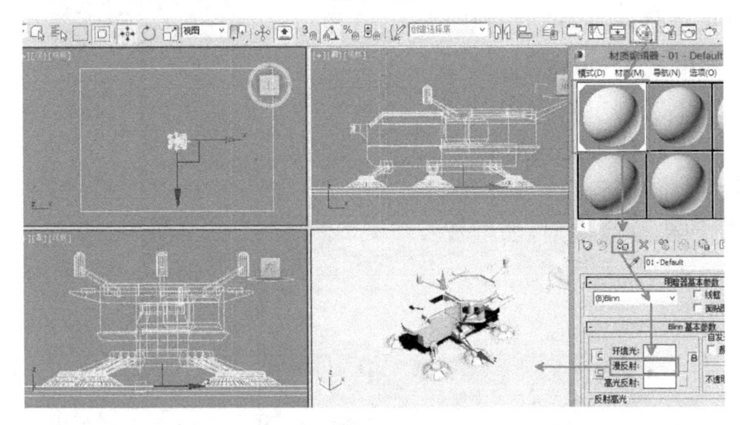

图 5－70

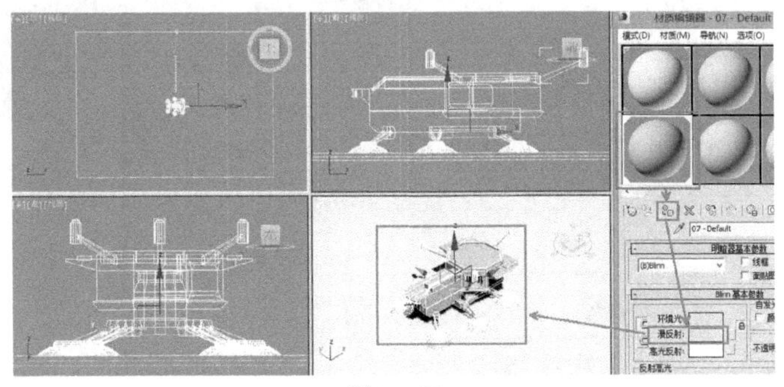

图 5－71

在场景的任何位置创建灯光中的【天光】，它是没有位置角度要求的。使用【渲染】菜单的【光线追踪】命令，在弹出的菜单中选择【渲染】命令进行渲染，如图 5－72 所示。

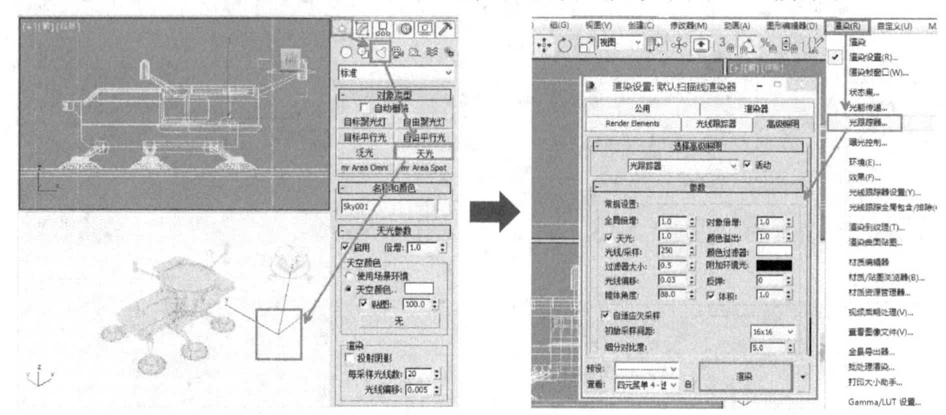

图 5－72

等待几分钟以后，星际争霸游戏中人族飞机厂的模型就渲染好了。这时发现渲染图片呈现灰色，如图 5－73 所示。

图 5－73

点击【渲染】菜单中的【Gamma/LUT 设置】命令，去除【启用 Gamma/LUT 校正】勾选，再次渲染场景，这时模型对比度较好，渲染完成，如图 5－74 所示。

从人族机场这个实例可以看出，不管多复杂的模型，只要能够将它进行拆分，分别建模，最后将它们堆砌在一起，我们就能快速、有效地创建游戏模型，如图 5－75 所示。

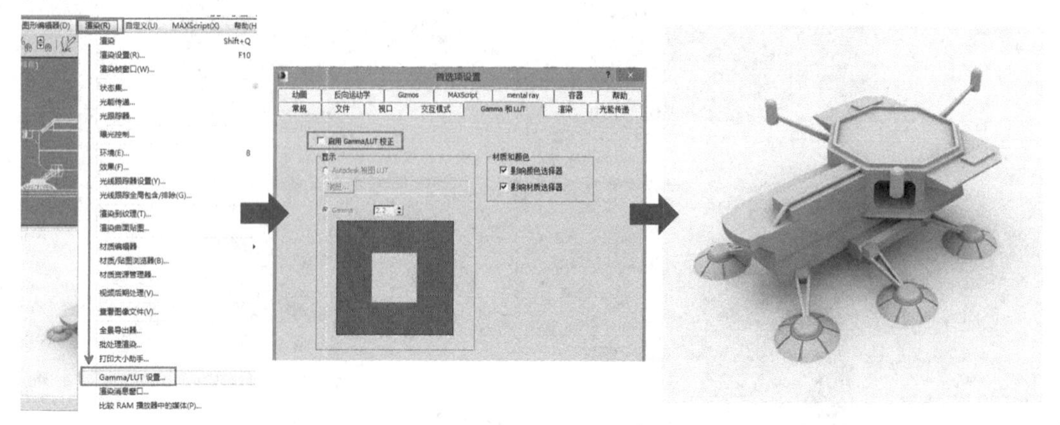

图 5－74

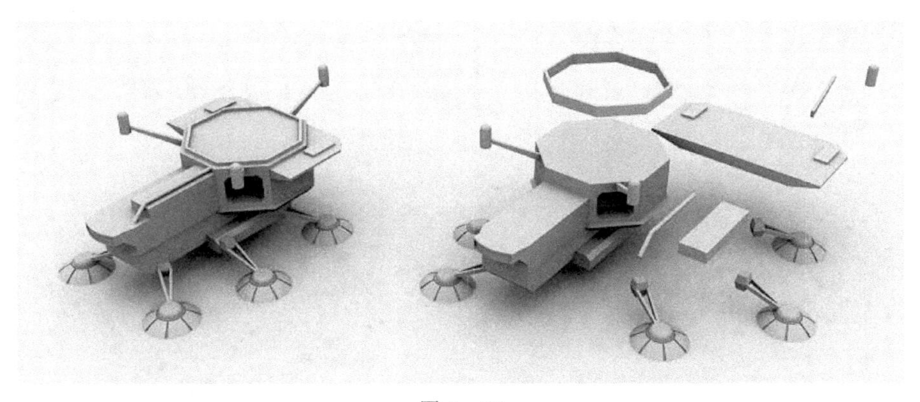

图 5-75

本章小结

三维软件中默认的几何形体并不多,而我们现实生活中的物体形态却千变万化,只有很好地掌握修改建模的思路、方法,我们才能快速、准确地完成形态各异的动画模型。

下面提供一些通过修改建模完成物体的参考图和一些游戏场景的原画,供大家练习前面讲到的方法,如图 5-76 至图 5-80 所示。

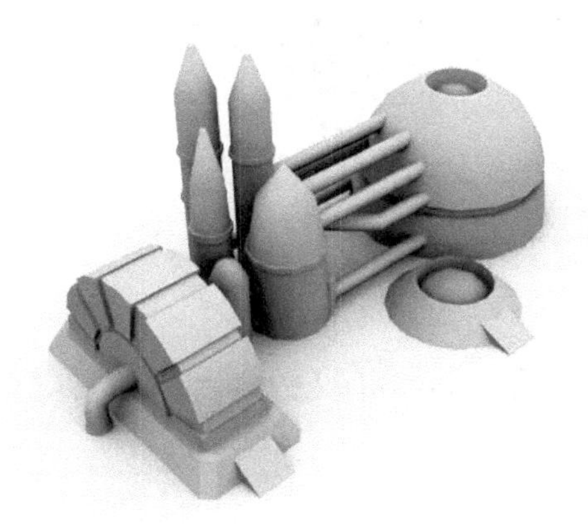

图 5-76 引自《星际争霸》游戏

图 5-77 引自《星际争霸》游戏

图 5－78 引自《星际争霸》游戏

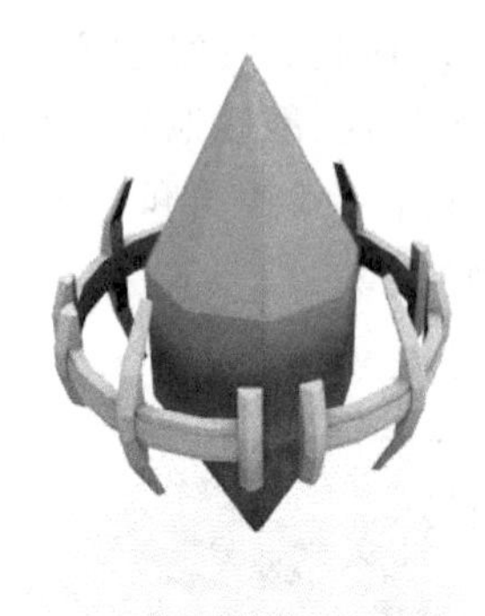

图 5－79 引自《星际争霸》游戏

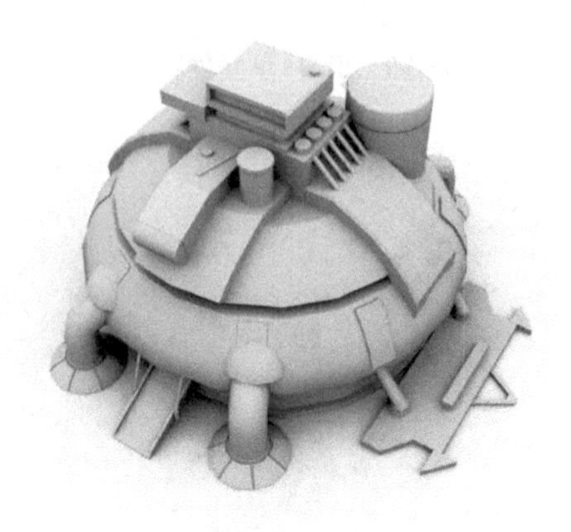

图 5－80 引自《星际争霸》游戏

经典游戏《红色警戒》中的原画，如图 5－81、图 5－82 和图 5－83 所示。运用前面讲述的堆砌修改建模的方法可以快速、准确地做出各种游戏场景模型。

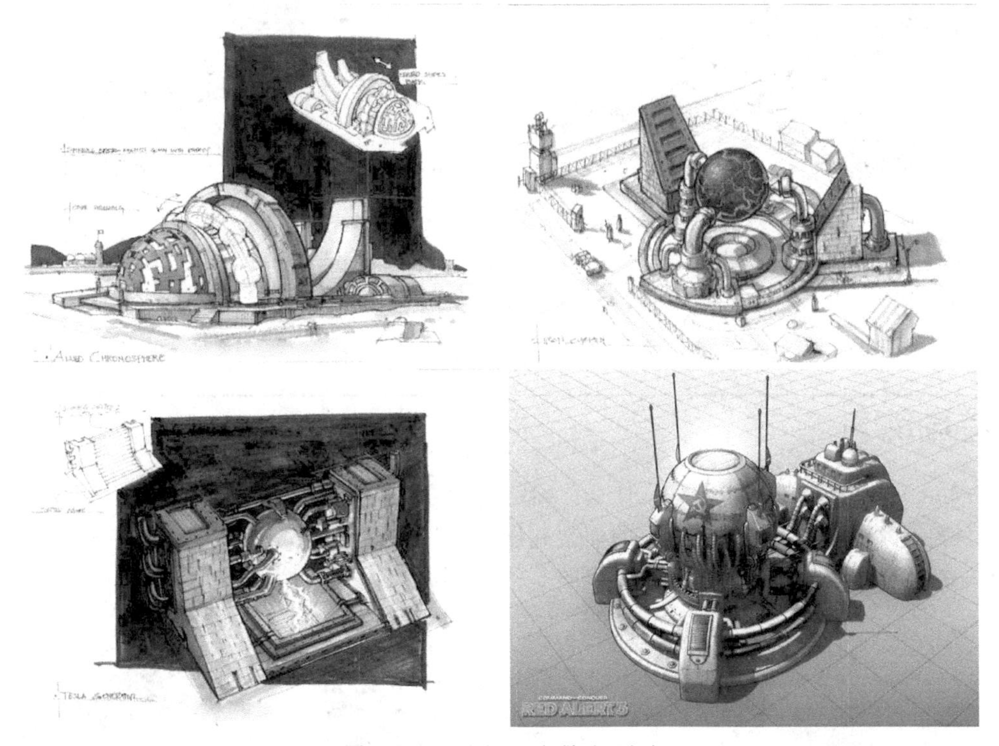

图 5－81　引自《红色警戒》游戏

图 5－82　引自《红色警戒》游戏

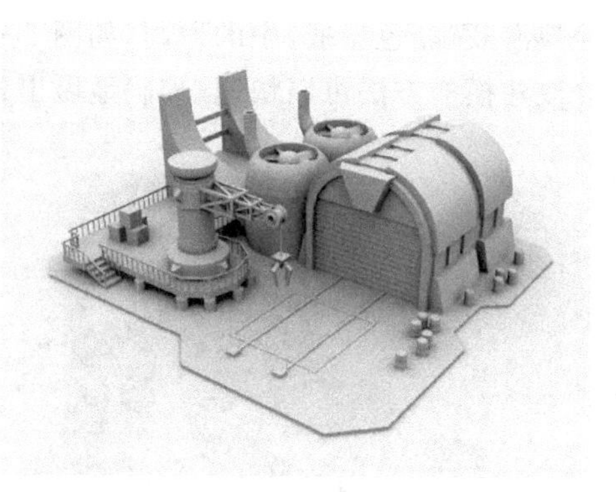

图 5-83　引自《红色警戒》游戏

思考与练习

1. 3ds Max 的建模总体思路是什么？确定建模思路所遵循的原则是什么？

2.《红色警戒》游戏建筑参考图的模型制作方法与人族房屋、飞机场模型基本相同，大家可以根据参考图，完成下面的游戏模型，如图 5-84、图 5-85 所示。

图 5-84　引自《红色警戒》游戏

图 5-85　引自《红色警戒》游戏

3. 请发挥想象力，举一反三，使用《星际争霸》人族房屋、飞机场模型制作方法，分别对星际人族气矿、房屋、机场模型进行再创作，锻炼模型重建创新能力。学生完成的人族房屋、机场、气矿模型的创作作品如图 5-86 所示。

图 5-86　《星际争霸》模型创作作品

3ds Max 中级建模——复合几何体建模

第 6 章

本章重点

(1)理解复合几何体建模思路。

(2)运用放样建模方法完成常见模型的制作。

(3)布尔运算的使用方法。

学习目的

复合几何体建模是对 Max 基本几何体建模、扩展几何体建模、二维建模的扩展和补充,通过复合几何体建模知识的学习,了解并掌握复合几何体建模的方法,丰富和增强在实际工作中的建模思路。

6.1 复合几何体建模综述

复合对象又称复合几何体建模,在命令面板的创建三维物体下拉列表框中。创建三维物体下拉列表框中各项从上到下依次是【标准基本体】【扩展基本体】【复合对象】等,如图 6-1 所示。

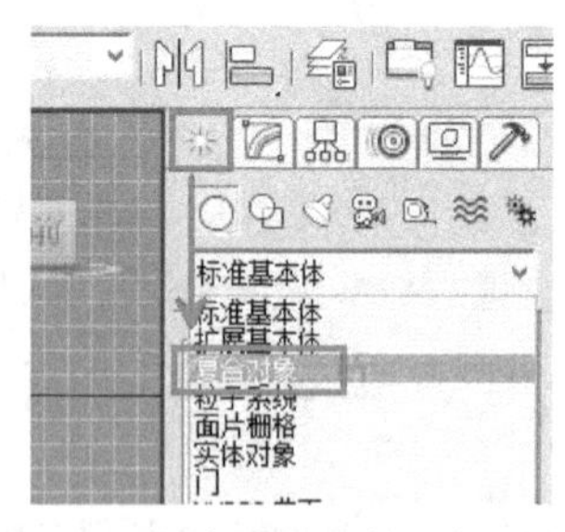

图 6-1 创建三维物体下拉列表框

复合对象建模的含义:两个或两个以上几何形体复合在一起,形成新的模型。因此,复合对象建模有一个前提,必须有两个或两个以上的物体参加,根据复合建模命令不同,参加复合建模运算的物体属性也不完全相同,主要有二维物体和三维物体。

复合几何体建模主要有下列命令,如图 6-2 所示,最常用的是放样建模、布尔运算、增强布尔和增强切割,其中增强布尔和增强切割是 3ds Max 8.0 以后版本的新增命令。复合对象中有些命令只能针对三维或二维物体有效,所以在没有选择相应的复合对象时,这些命令处于灰色状态。

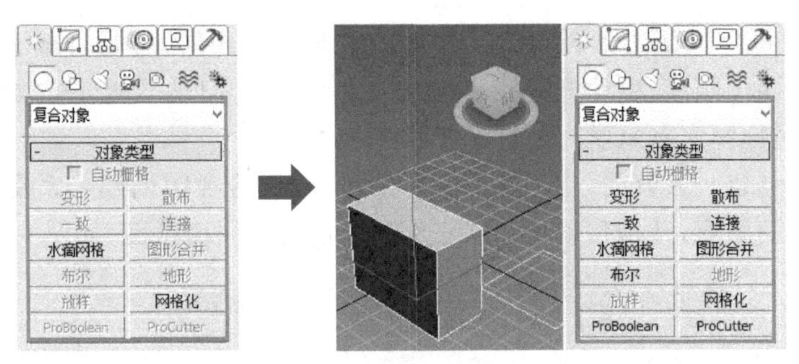

图6-2 复合几何体建模命令

6.2 放样建模

6.2.1 放样建模要素分析

放样建模起源于古代的造船技术，以龙骨为路径，在不同的截面处放入木板，从而形成船体模型。这种技术被应用于三维建模领域，就是放样建模，如图6-3所示。

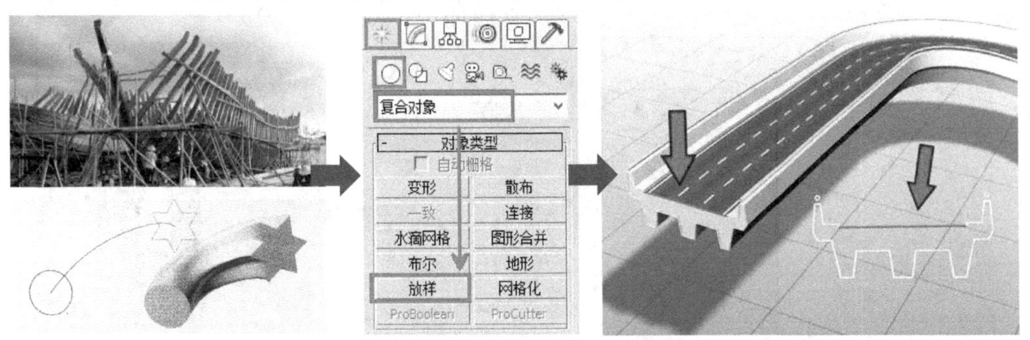

图6-3 放样建模原理示意图

放样建模由两个部分构成：路径和截面图形，如图6-4所示。

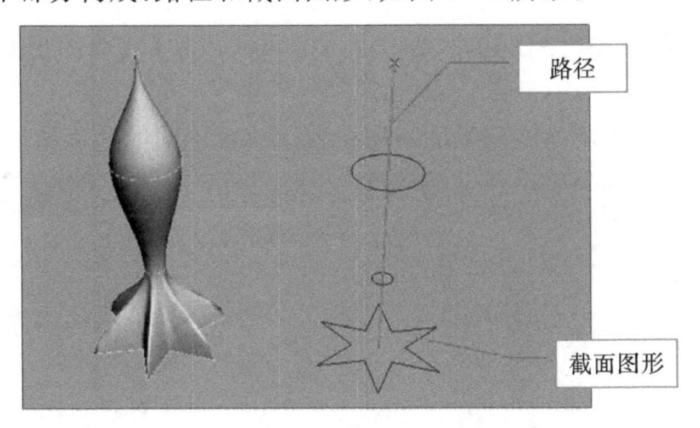

图6-4 放样路径和截面图形

路径：放样中的路径是唯一的，一个放样对象只能有一条路径。

截面图形：放样中的截面图形是没有限制的，一个放样对象可以有很多不同形状的截面图形，但截面图形中每个截面图形样条线子物体的数量要求相同。例如，截面图形一是一个圆形，截面图形二是两个圆形，由于样条线子物体数量不同，它们是不能进行放样计算的。

下面我们通过炮弹实例来学习放样的工作流程。

(1)在前视图创建一条直线，作为我们放样的路径；在透视图创建一个星形和大中小三个圆，作为放样的截面图形，分别代表炮弹从底部到顶部的不同横截面，如图 6-5 所示。

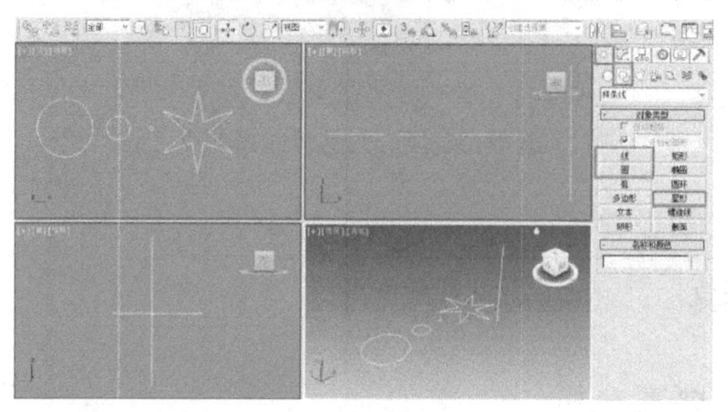

图 6-5

(2)选择放样的路径，激活【放样】命令，在弹出的面板中选择【获取图形】命令，先点取创建好的星形截面图形，其就被放置到了路径的开始位置，如图 6-6 所示。

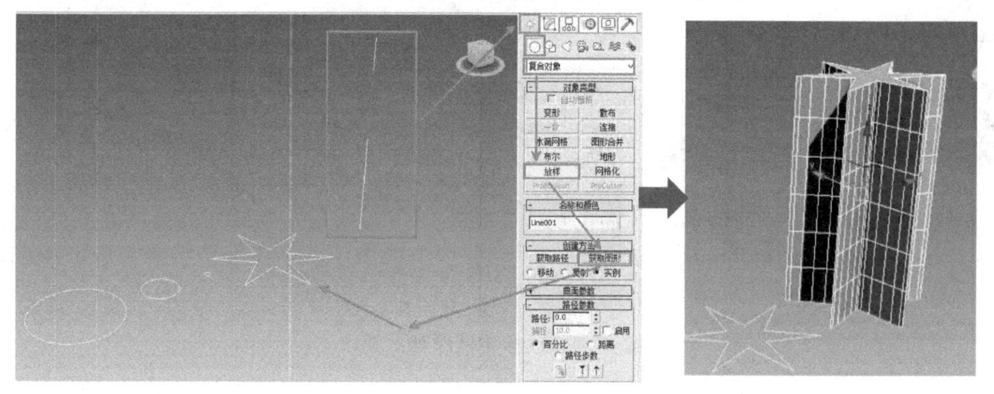

图 6-6

(3)进入修改面板，调整【路径】的百分比到 20，再次点取【获取图形】命令，点击中等大小的圆形，如图 6-7 所示。

注意：放样建模的核心就是在路径的不同位置上放置不同的截面图形。

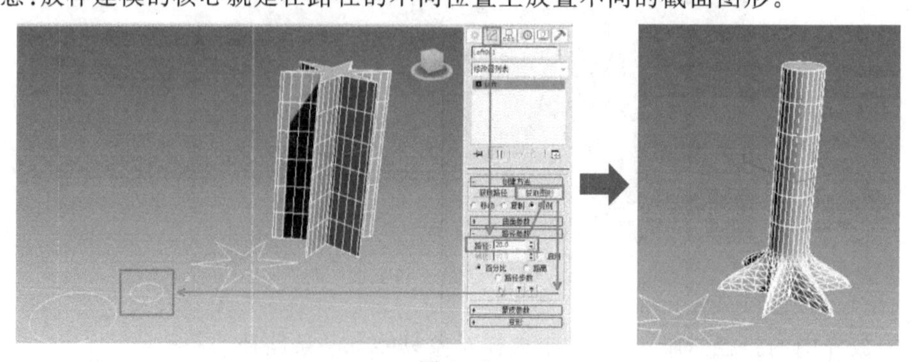

图 6-7

(4)改变路径百分比为 65,使用【获取图形】点选炮弹的最大截面图形,再将路径百分比改为 100,使用【获取图形】命令选择最小的截面图形,炮弹模型完成。对炮弹高度和横截面的修改,都可以进入放样路径和图形子物体中进行,如图 6-8 所示。

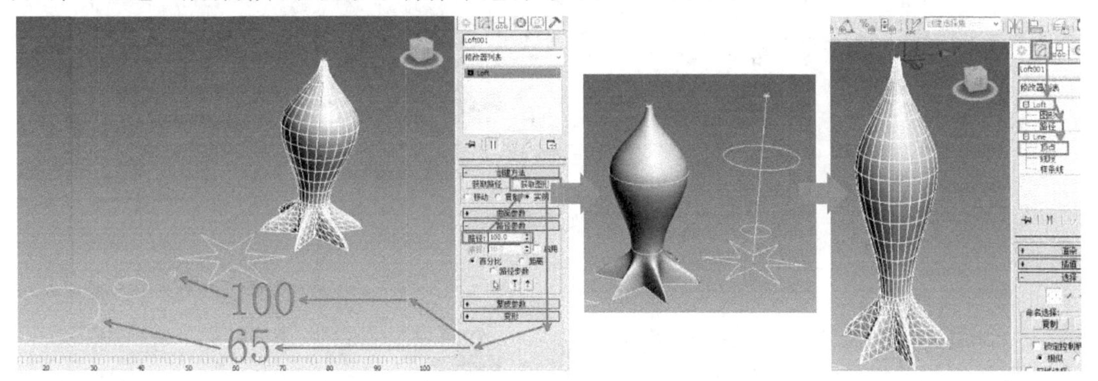

图 6-8

注意:这个炮弹模型是我们用以前的修改建模方法不太容易完成的,每种建模方式都有自己的优点,只有理解它们的工作原理,熟悉操作方法,才能够灵活运用。

6.2.2 放样制作罗马柱

下面,我们来完成罗马柱制作实例,如图 6-9 所示。

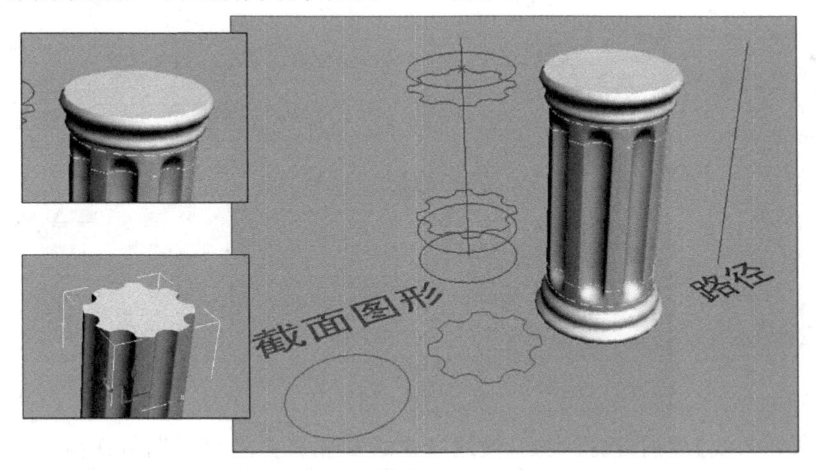

图 6-9

1. 完成罗马柱横截面二维图形

(1)罗马柱界面图形由圆形和齿轮形组成。在顶视图,完成二维圆形,按【Shift】键复制圆形,如图 6-10 所示。创建一个小圆,使用【对齐】命令将其对齐到复制的大圆中心。

(2)进入层级面板,单击【仅影响对象】按钮,将小圆物体平移到大圆右侧,关闭【仅影响对象】命令,打开角度捕捉工具,使用旋转工具配合【Shift】键旋转 45 度复制 7 个小圆物体,如图 6-11 所示。

(3)选择大圆,单击右键选择"转换为"将其转换为可编辑的样条线,使用编辑样条线中的【附加】命令依次点击其他小圆附加成一个物体,如图 6-12 所示。

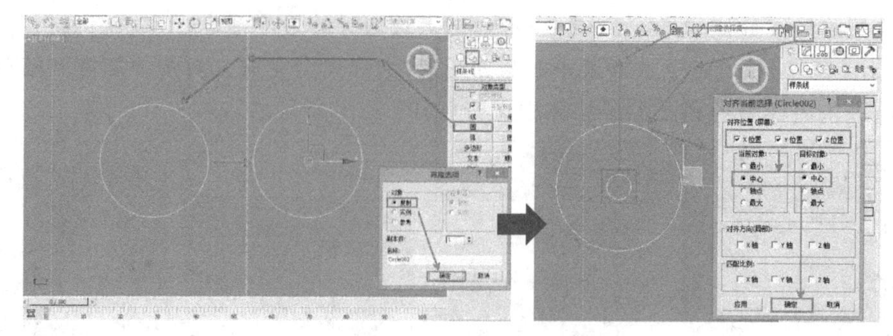

图 6-10

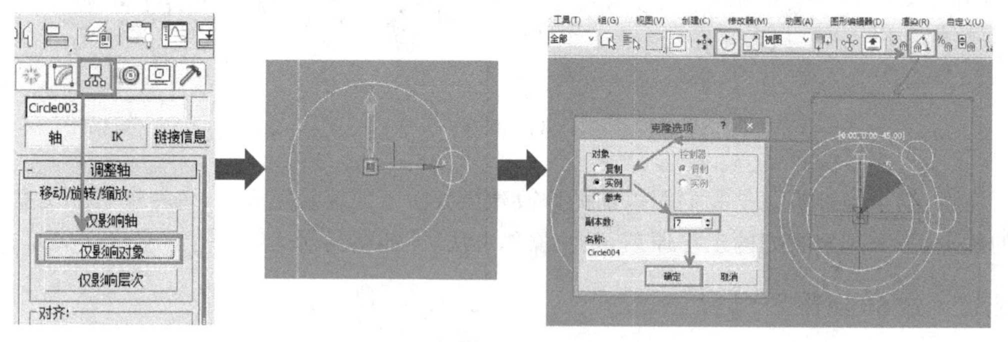

图 6-11

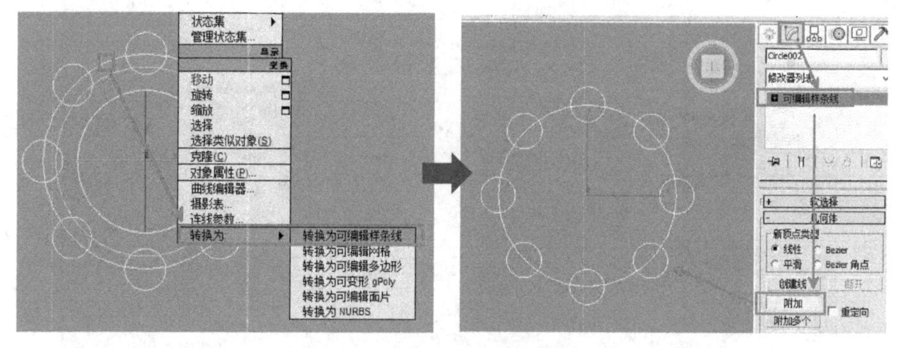

图 6-12

(4)进入【样条线】级别,选择大圆,使用布尔运算相减命令将小圆依次减去,形成锯齿状,如图 6-13 所示。

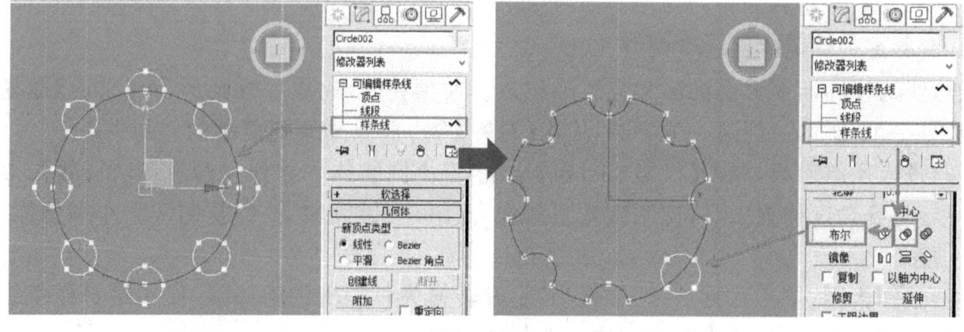

图 6-13

(5)进入顶点子物体级别，选择齿轮边缘的所有顶点，使用【圆角】命令将其倒圆角，如图 6-14 所示。

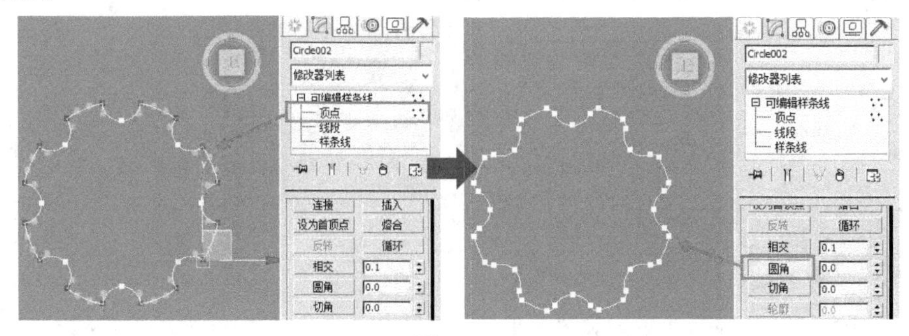

图 6-14

(6)选择 X 轴正方向顶点，使用【设为首顶点】命令将其设为首顶点(截面图形首顶点位置相同能够防止放样扭曲)，罗马柱截面图形完成，如图 6-15 所示。

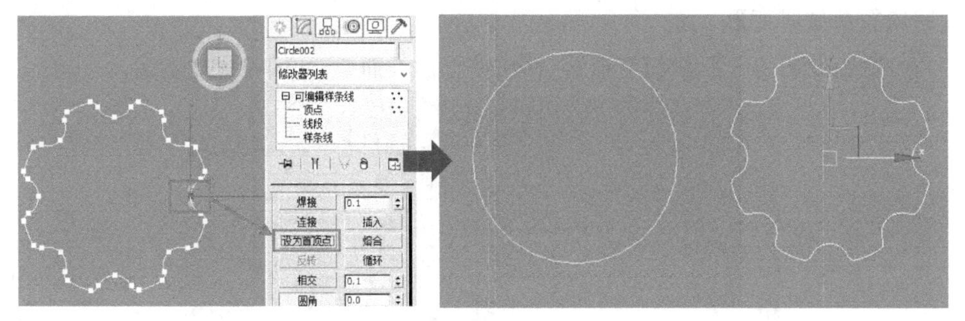

图 6-15

2. 罗马柱放样操作

(1)创建一条由下向上的直线，由下向上可让直线起始点在下方，物体放样时【路径】百分比 0 的位置就是起始点，如图 6-16 所示。

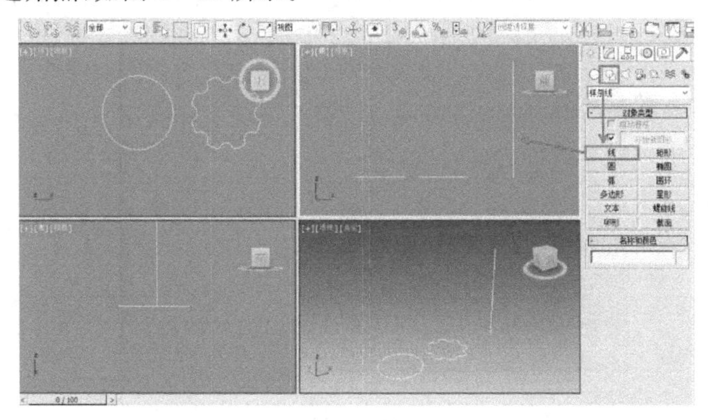

图 6-16

(2)选择直线物体，进入复合对象建模面板进行放样，单击【获取图形】按钮获取圆形截面，调整【路径】百分比为 10，再次获取圆形截面图形，调整【路径】百分比为 18 和 82，分别获取齿轮形，调整【路径】百分比为 90，获取圆形，罗马柱放样基本形状完成，如图 6－17 所示。截面图形位置微调可进入修改面板子物体级别修改。

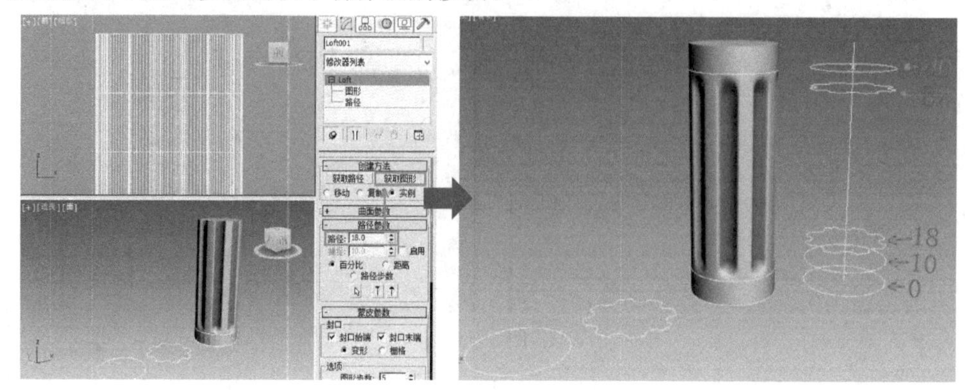

图 6－17

3. 完成柱头柱脚变形

（1）在修改面板，进入【缩放】变形器，弹出变形曲线面板，如图 6－18 所示。

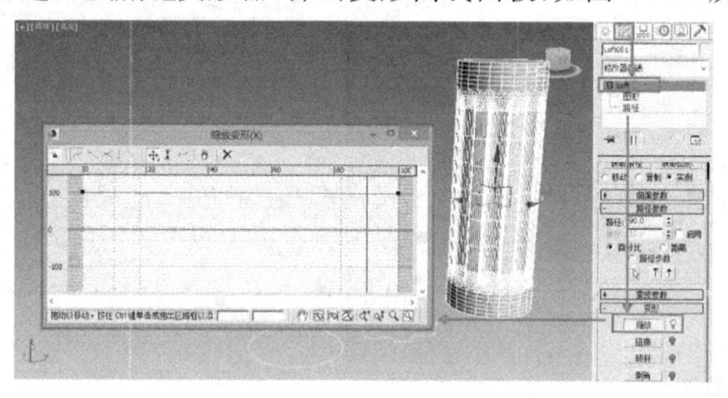

图 6－18

（2）在变形曲线两端各添加两个变形控制点，选择添加的控制点后，单击右键将其转换为【Bezier－角点】，如图 6－19 所示。

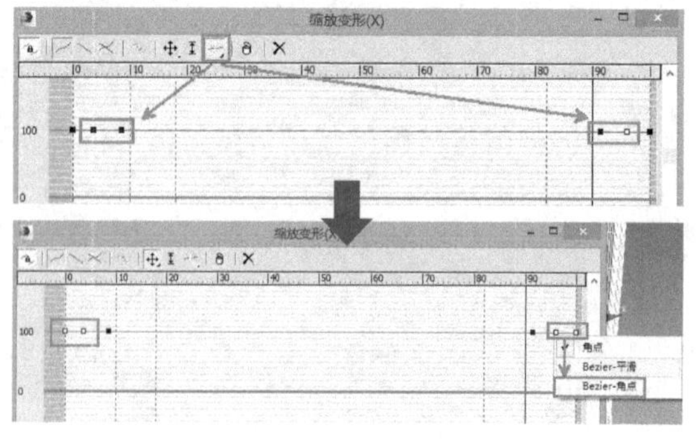

图 6－19

（3）移动 Bezier 曲线的控制手柄，调整好变形弧度，罗马柱模型完成，如图 6－20 所示。

如图 6－21 所示为罗马柱实体与放样结构示意图，大家可参考制作，缩放曲线的增加与修改能变化出更多的缩放结果。

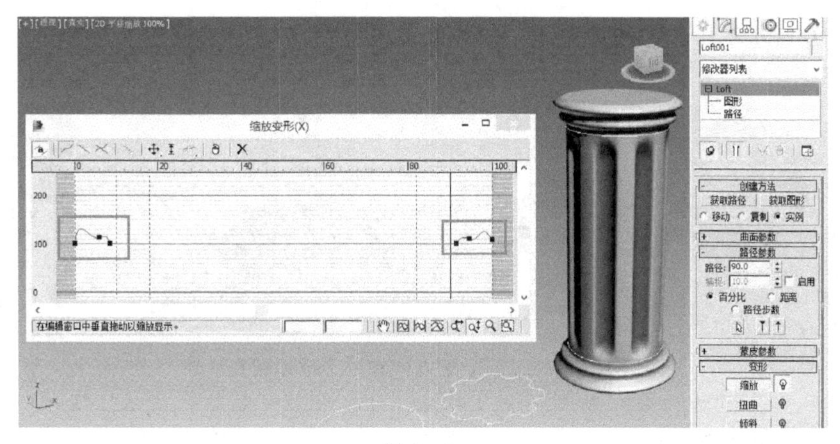

图 6 - 20

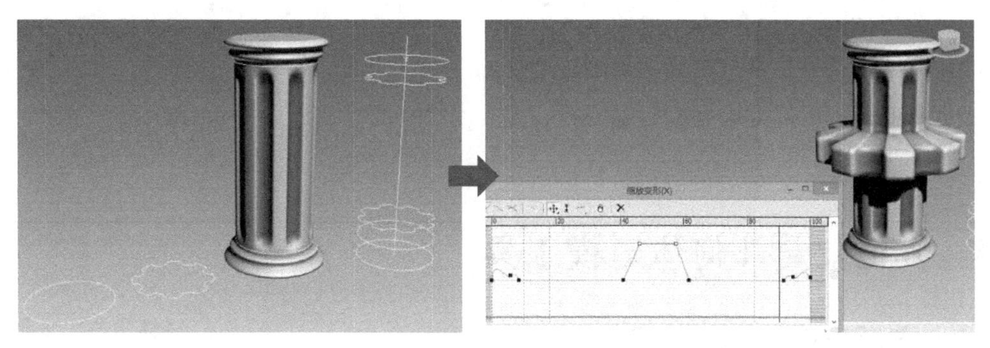

图 6 - 21

6.3　布尔运算

布尔运算是一种数学算法，它针对两个相交的三维几何形体进行计算，能够得到两个三维几何形体相加、相减、相交的结果，如图 6 - 22 所示。

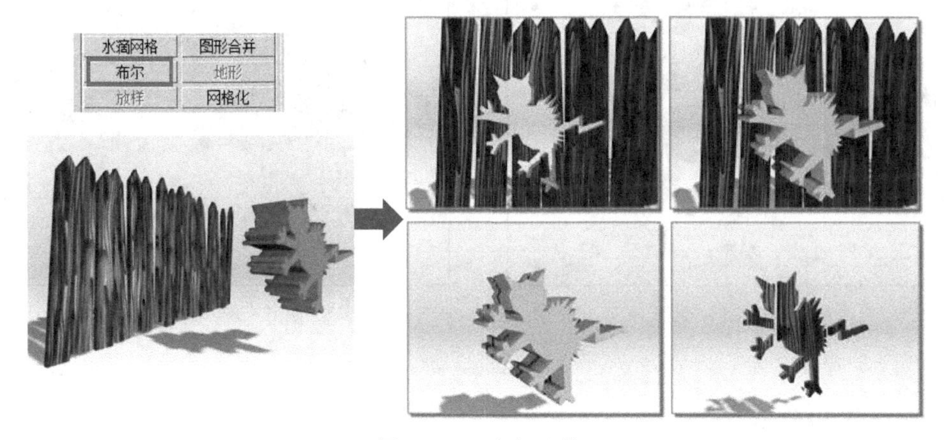

图 6 - 22　布尔运算

比如一个立方体和一个球体相交，通过布尔运算能得到至少三种不同结果，如图 6－23 所示。

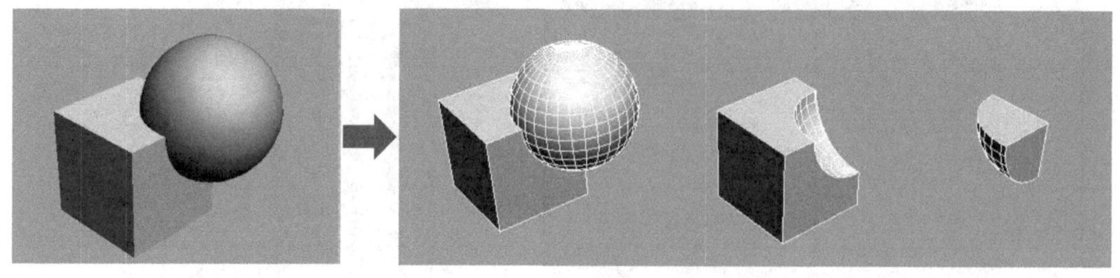

图 6－23　一个立方体和一个球体相交

布尔运算的工作流程：

①创建模型，保证模型有相交的部分；

②选择 A 物体，进入复合几何体命令面板；

③选择布尔命令，点击【挑选 B 物体】按钮；

④选择相加、相减或相交运算模式；

⑤拾取 B 物体，布尔运算完成。

6.4　其他复合几何体建模工具

6.4.1　变形与散布

变形工具主要针对点、边、面数相同的物体，通常用来制作表情变形动画，它的工作原理是，创建相同点、边、面数的表情变形模型，让其在不同表情之间变化，如图 6－24 所示。

散布工具是指将物体 A 按一定要求散布到物体 B 的表面，通常用来模拟树林、草丛、卡通角色的头发等，如图 6－25 所示。

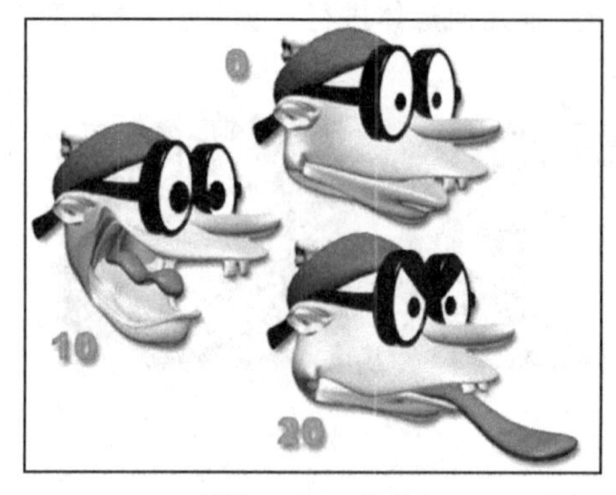

图 6－24　变形

图 6－25　散布

6.4.2　一致与连接

一致工具通过将某个对象的顶点投影至另一个对象的表面，可以用来模拟山坡上蜿蜒的公路，如图 6－26 所示。

连接工具能将两个有面开口的三维物体自动连接，通常用来快速实现模型无缝对接，如图6-27所示。

图6-26　一致

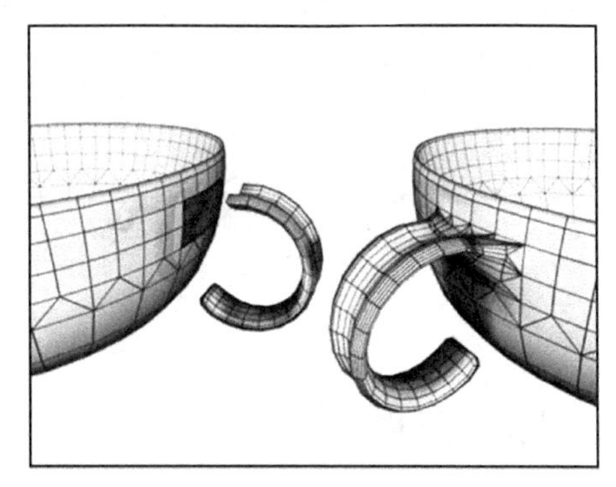

图6-27　连接

6.4.3　水滴网格

水滴网格工具通常可以配合三维模型或粒子使用，能快速实现模型分子之间融合的现象，如图6-28所示。

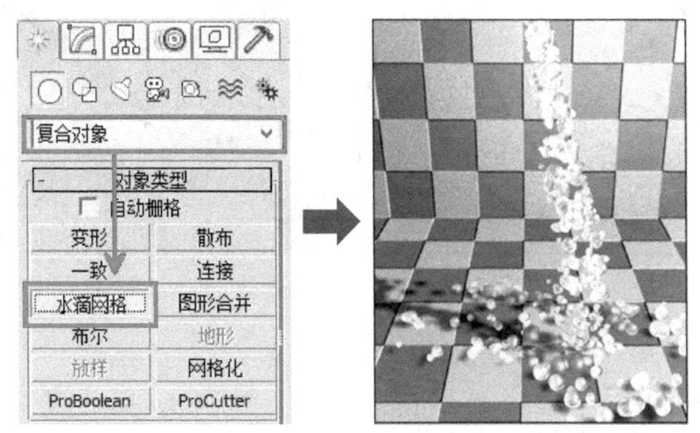

图6-28　水滴网格

使用水滴网格能快速创建出一块巧克力饼干模型，具体操作流程如下。

创建一个平面物体，再创建一个水滴网格物体，如图6-29所示。

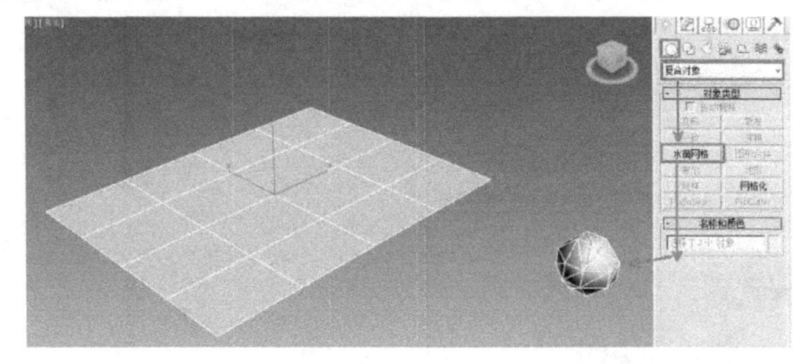

图6-29

选择水滴网格物体，进入修改器面板，单击【拾取】按钮拾取平面物体，适当调整参数，模型完成，如图6-30所示。

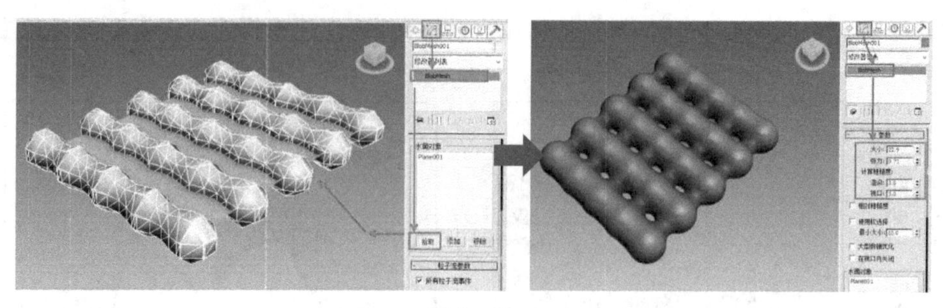

图 6－30

6.4.4　图形合并

图形合并命令是将一个二维图形合并到一个三维形体上，它能够加快三维模型表面细分的速度，如图 6－31 所示。

图 6－31　图形合并

6.4.5　地形与网格化

地形工具用于画出地形地面的等高线，再将这些等高线进行连接，通常可完成复杂地形表面，如图 6－32 所示。

网格化工具通常配合粒子系统使用，将粒子系统生成的粒子物体转换为网格，如图 6－33 所示。

图 6－32　地形工具

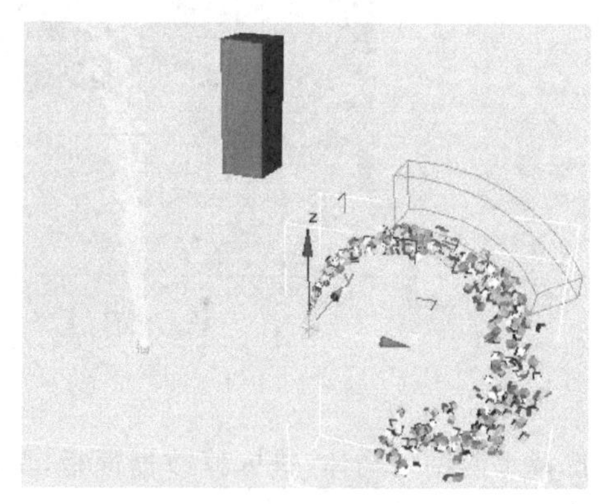

图 6－33　网格化工具

6.5 复合几何体新增工具

6.5.1 ProBoolean

ProBoolean(超级布尔)是一种类似于布尔操作的建模方法,但其功能更为强大,ProBoolean 将大量功能添加到传统的 3ds Max 布尔对象中,如每次使用不同的布尔运算,立刻组合多个对象。ProBoolean 还可以自动将布尔结果细分为四边形面,这样,在使用 MeshSmooth 网格平滑修改器时,能够形成光滑的圆角边,这在不使用 ProBoolean 时是很难实现的。因此 ProBoolean 建模方法比较适合于创建对精确度或细节处理要求较高的模型,例如工业造型等,如图 6-34 所示。

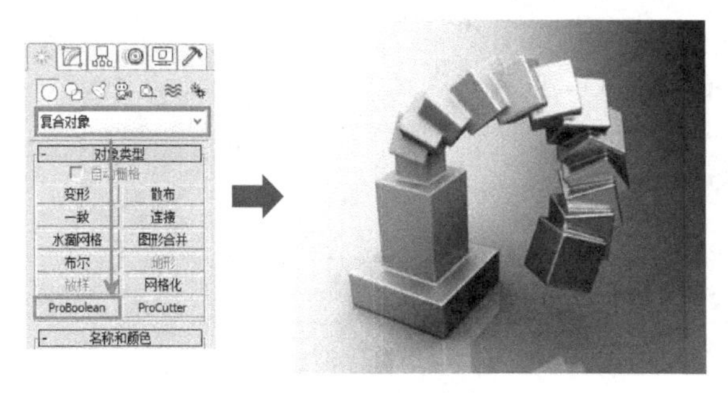

图 6-34 超级布尔

下面通过某个工业产品零件模型的制作方法学习 ProBoolean 的工作流程。

(1)创建长方体和编辑样条线挤出成型的双孔长方体,如图 6-35 所示。

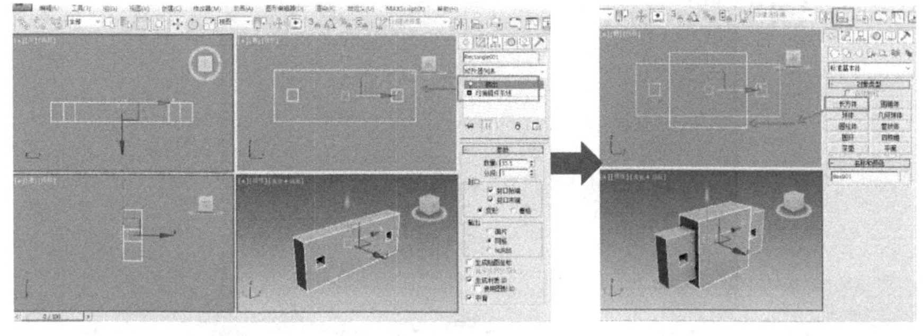

图 6-35

(2)选择中间的长方体,使用 ProBoolean 超级布尔的【并集】结合命令,选择【开始拾取】命令,点击双孔物体,将两个物体结合,如图 6-36 所示。

(3)进入超级布尔的【高级选项】中,勾选【设为四边形】复选框,可适当改变【四边形大小】数字以控制细分,如图 6-37 所示。

(4)在修改面板添加【网格平滑】命令,将【迭代次数】改为 2 次,如图 6-38 所示。

(5)在修改面板添加【切片】命令,进入切片子物体级别,将【切片平面】移动到物体 Y 轴中心,勾选【移除顶部】单选按钮;添加【壳】命令,为物体添加厚度,工业产品零件模型完成,如图 6-39 所示。

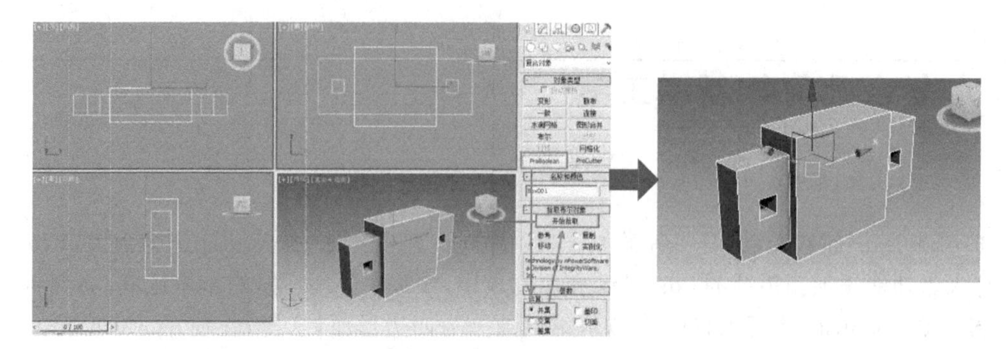

图 6－36

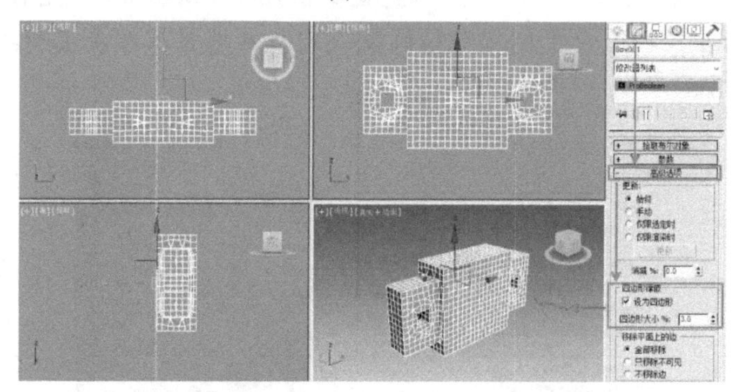

图 6－37

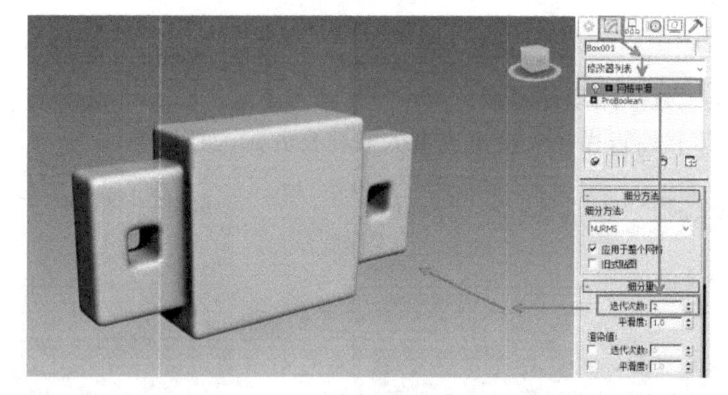

图 6－38

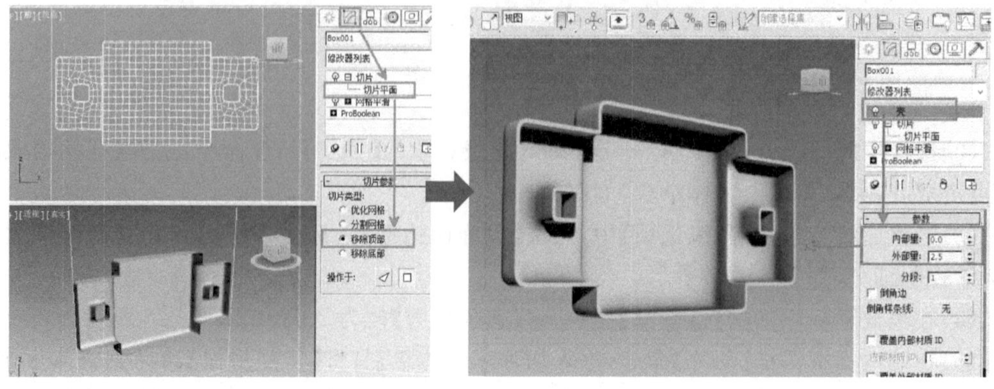

图 6－39

6.5.2 ProCutter

ProCutter(超级切割)工具能用于执行特殊的布尔运算，其主要功能是分裂或细分体积。ProCutter运算的结果尤其适合在动态模拟中使用，在动态模拟中，对象炸开，或由于外力或另一个对象的碰撞破碎，如图6-40所示。

图6-40 超级切割

下面我们使用ProCutter完成对球体的无缝切割，为后期动画做模型准备，如图6-41所示。

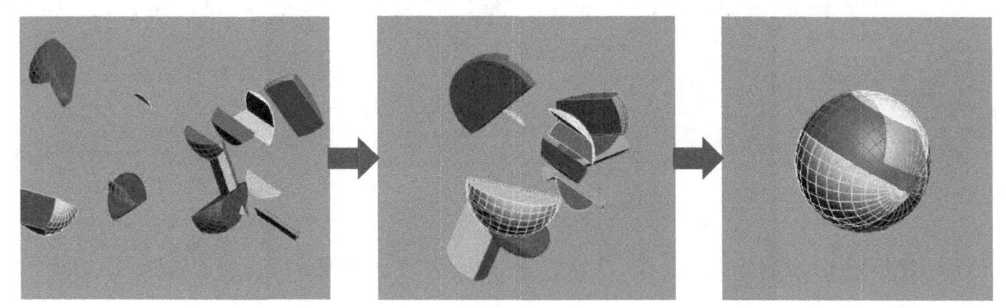

图6-41

(1)创建要切割的球体，完成在【前视图】中创建6根用来切割物体的直线，如图6-42所示。

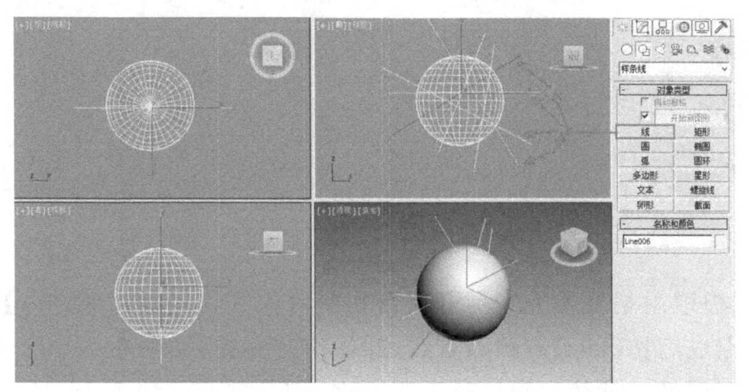

图6-42

(2)选择全部直线，添加【挤出】命令使它们被挤出(分别添加挤出修改器和一起添加挤出效果相同)，将挤出后的物体移动，使其完全跨越球体，如图6-43所示。

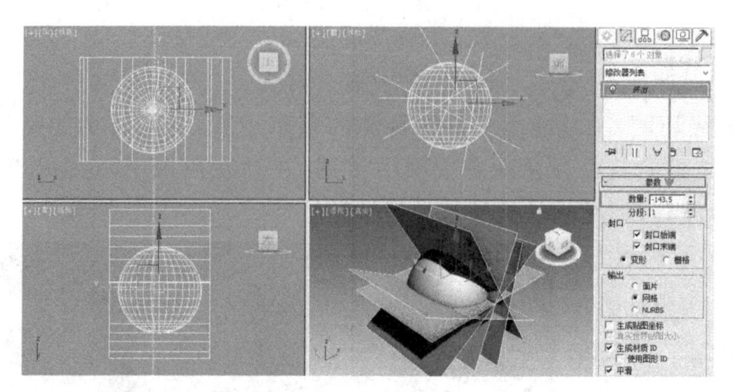

图 6-43

(3)选择任意一个挤出的直线物体,添加【ProCutter】命令,使用【拾取原料对象】选择球体,如图 6-44 所示。

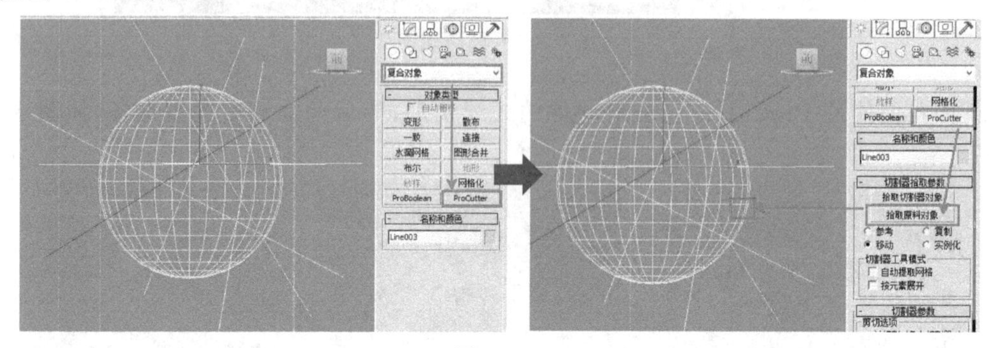

图 6-44

(4)使用【拾取切割器对象】命令,依次选择其他的直线物体,球体被切割得越来越小,如图 6-45 所示。

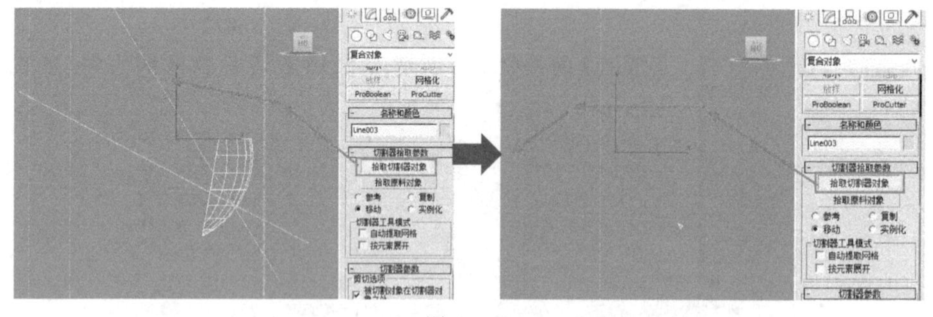

图 6-45

(5)勾选【自动提取网格】【按元素展开】【被切割对象在切割器对象之内】复选框,将自动合并切割直线,切割完成后按【Del】键删除直线,球体切割完成,如图 6-46 所示。

切割完成后,可以发现球体被很好地分割成多个实体碎片,如图 6-47 所示。

超级切割可以用来切割已完成的实体模型,将其按需要分解,配合动画工具,模拟变形金刚中机械物体变形的动画效果,如图 6-48 所示。

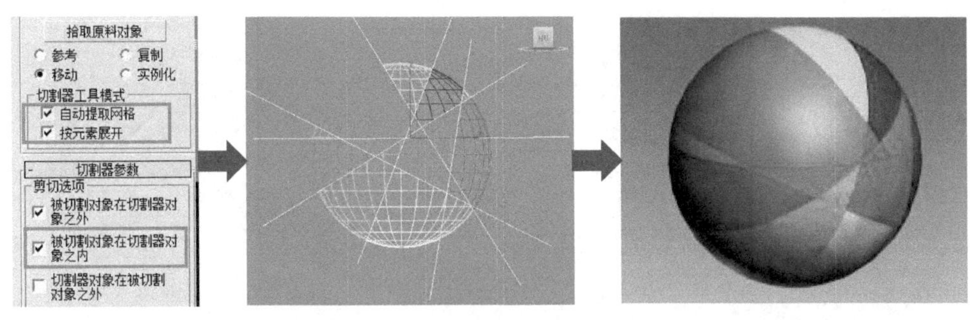

图 6－46

图 6－47

图 6－48 机械物体

本章小结

本章主要介绍几何体建模的常用工具与操作流程，重点讲解了放样、ProBoolean、ProCutter 等工具的使用方法，要求大家熟练掌握书中实例，并将复合几何体建模的思路与方法应用到创建其他三维模型中。

思考与练习

1. 简述 3ds Max 复合几何体建模的整体思路。

2. 在放样建模中，路径和截面图形有什么特点？使用放样工具，完成公路模型，如图 6－49 所示。

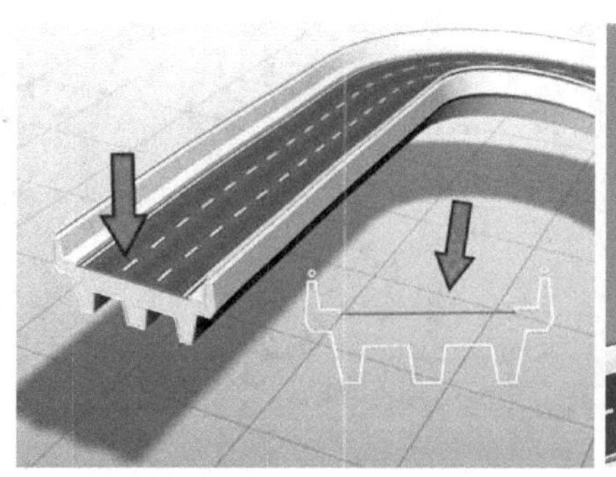

图 6-49 公路模型

3. 使用学习过的建模方法完成模型，如图 6-50 所示。

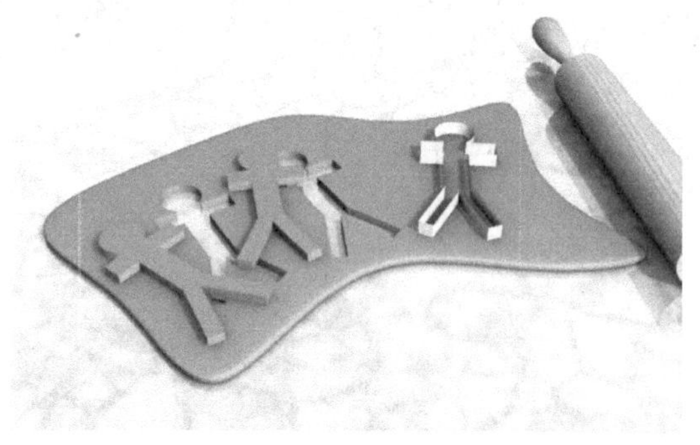

图 6-50 练习建模

3ds Max 中级建模实例——天启坦克与火车机车

第7章

本章重点

(1)进一步理解3ds Max初中级建模思路。

(2)运用多种建模方法,完成比较复杂的游戏道具模型。

学习目的

通过中级建模实例,综合运用前面学习过的基本几何体建模、扩展几何体建模、二维建模、修改建模和复合几何体建模知识,融会贯通,逐步形成一套适应自身发展的建模思路。

7.1 红警天启坦克模型制作

对于三维物体的设计工作,建模是开始制作的第一步,下面就以红警天启坦克为例,来演示一下中级建模的步骤和过程。

首先,选择一个合适的参考图片,通过对这些参考图或设定图的分析,得到一个高效合理的模型创建方案。图7-1是天启坦克的原画参考图。

图7-1

完成后的装甲坦克模型如图7-2所示。

对于这种造型相对复杂的模型,我们可以把它拆分成装甲坦克旋转炮塔、坦克机体、履带部分这三个部分分开制作,如图7-3所示。

图 7－2

图 7－3

7.1.1 创建装甲坦克主体模型

如图 7－3 所示，坦克机体位于整个坦克的中间位置，旋转炮塔和履带部分都是附着在整个大的机体上面的，因此我们第一步先制作机体部分，确定好大的比例关系，从而确定之后要制作的各个零件位置。

(1)完成机体的大体造型，在三视图上建立一个长方体，调整长宽高，使其比例基本合适。进入修改面板，修改长方体的段数，按【F4】键显示线框加实体模型，如图 7－4 所示。

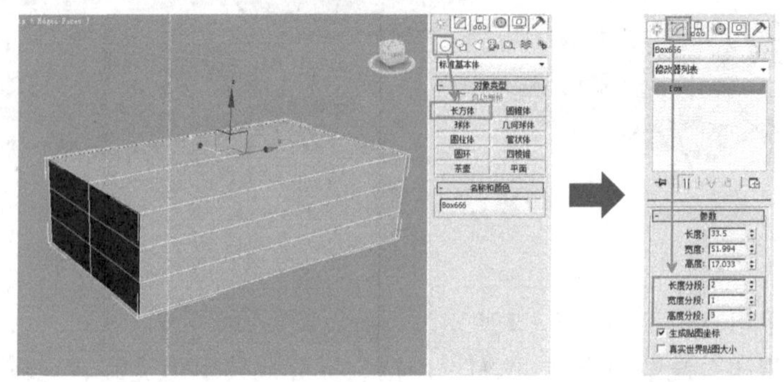

图 7－4

(2)在物体上单击鼠标右键，选择相应命令将物体转变成可编辑多边形，通过在各个视图中对点的不断调整，使它的造型逐渐接近于参考图，如图 7-5 所示。

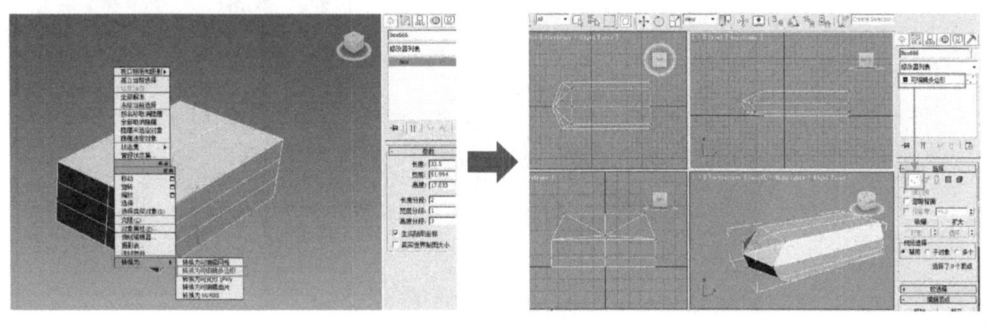

图 7-5

(3)机体的大体模型完成之后，开始制作旋转炮塔部分，只有先确定好各个主要部分的比例和位置，才能保证之后制作小细节时的比例和位置。

在顶视图中，创建二维直线，画出物体的大概形状。然后进入修改命令面板，在修改器列表中为二维曲线添加挤出修改器，在前视图修改数量数值，如图 7-6 所示。

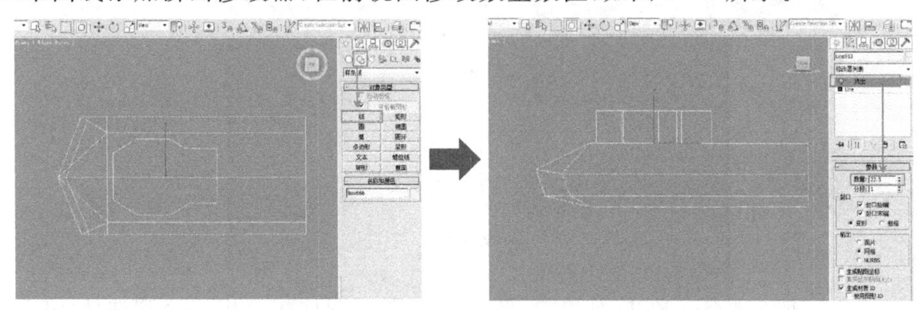

图 7-6

(4)在物体上单击鼠标右键，选择相应命令将物体转变成可编辑多边形，通过在各个视图中对点的不断调整，使它的造型逐渐接近于参考图，如图 7-7 所示。

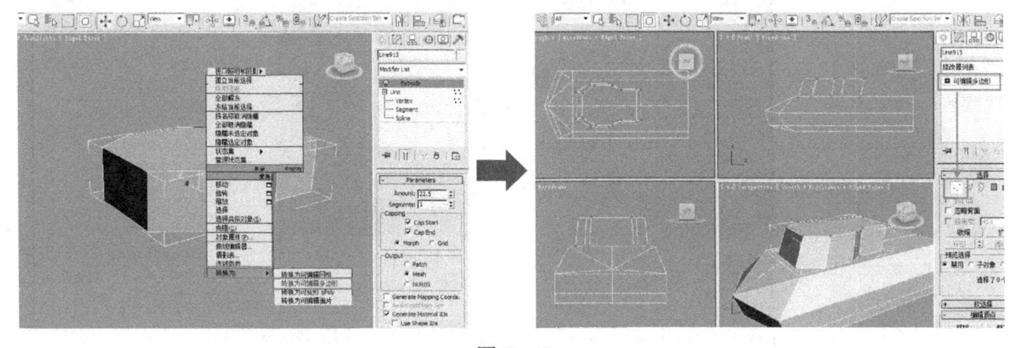

图 7-7

7.1.2 创建装甲坦克的旋转炮塔部分模型

(1)通过上面的制作步骤，模型的大体比例关系基本确定，接下来就是对各个零件部分的制作。下面，我们先进行重要大型零件——炮筒的制作，如图 7-8 所示。

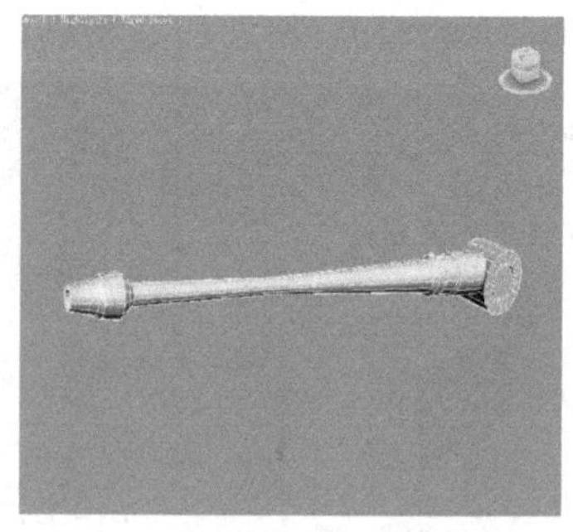

图 7-8

(2)先来完成炮筒和旋转炮塔的连接部分，它是由一个空心圆柱和一个实心圆柱组成的。在前视图中，使用三维图形管状体拉出空心圆柱，再使用三维图形圆柱体拉出圆柱体，两个物体宽度相同，然后切换到左视图中，将做好的部分放在合适的位置，如图 7-9 所示。

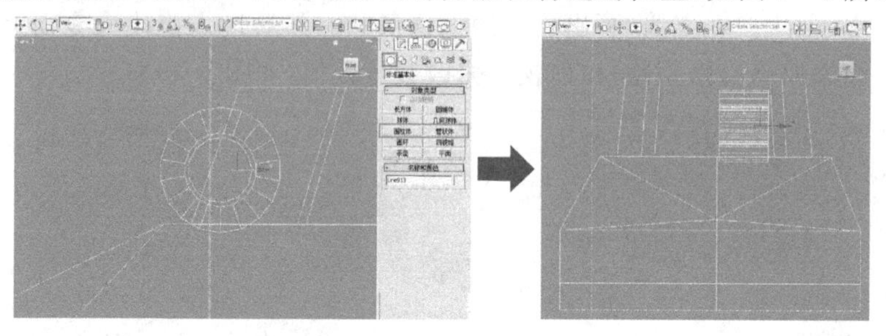

图 7-9

(3)接下来是炮筒部分。在左视图中，使用三维图形圆柱体画出一个圆柱体，在三视图中，鼠标右击物体，选择相应命令转换为可编辑多边形，如图 7-10 所示。

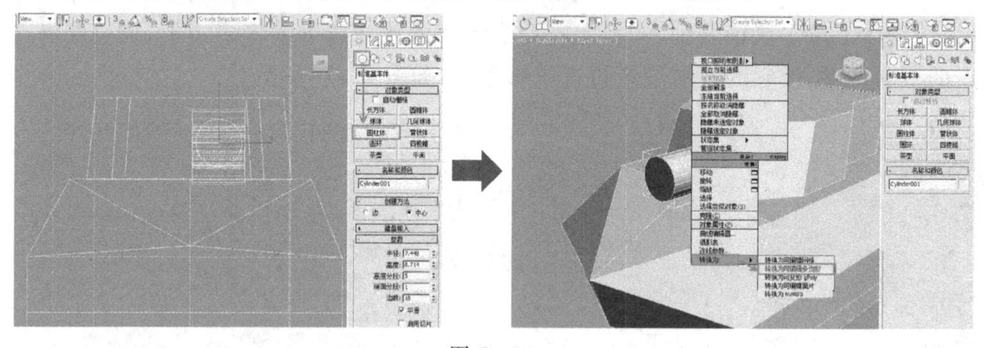

图 7-10

(4)进入修改命令面板，选择面级别，使用倒角挤出命令，根据参考图，对选择的面进行拉长和缩放，先制作出大概形状。然后进入点级别，在前视图中，对点进行位置移动和缩放调整，逐步接近参考图效果，如图 7-11 所示。

(5)这个时候，到三视图中进行渲染会发现，用倒角挤出的炮筒表面并不平滑。因此，继续进入面级别，分别选择各组面，对其设置光滑组，光滑程度可以通过自动平滑修改。注意，对于不同部分的面，要分开放在不同编号的光滑组。选择做好炮筒，按住【Shift】键复制到另一边，炮筒完成，如图 7-12 所示。

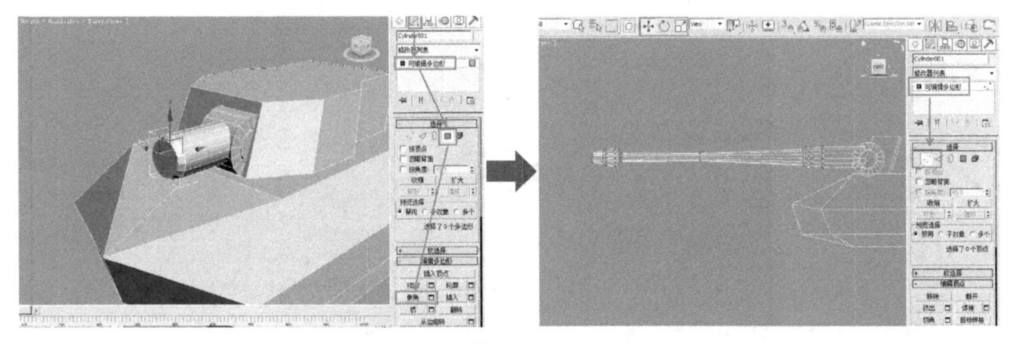

图 7-11

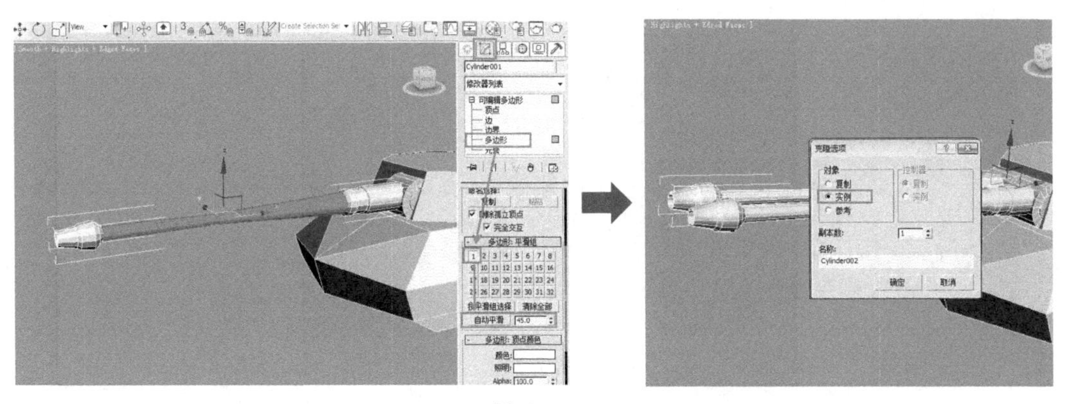

图 7-12

(6)下面我们开始对旋转炮塔的进仓口部分进行制作,如图 7-13 所示。

图 7-13

(7)将炮筒隐藏,进入左视图,使用线编辑二维曲线,画出入仓口的剖面形状,添加车削修改器,如图 7-14 所示。

(8)进入前视图,使用线编辑二维曲线,画出入仓口盖子的剖面形状,加入车削修改器,如图 7-15 所示。

(9)在前视图中,将入仓口盖子旋转到合适角度,使用线编辑二维曲线,画出连接入仓口和盖子的部分,加入挤出修改器,修改数量的数值。旋转炮塔的进仓口部分完成,如图 7-16 所示。

(10)接下来我们开始对旋转炮塔侧面的小炮筒进行制作,先观察一下,它是由一个六边形的底座将七个小型炮筒固定在一起的,如图 7-17 所示。

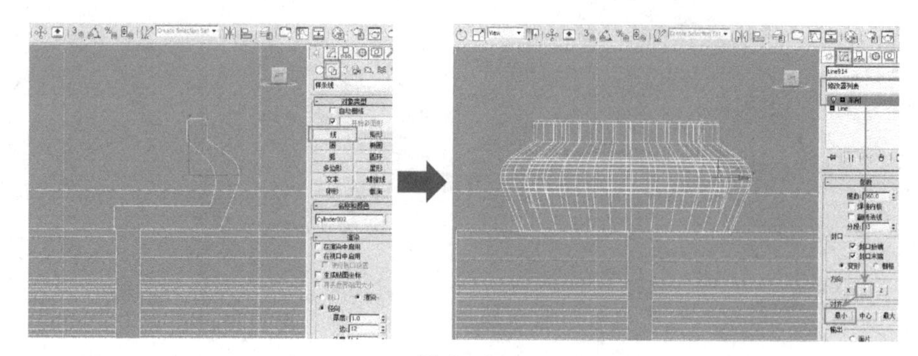

图 7 - 14

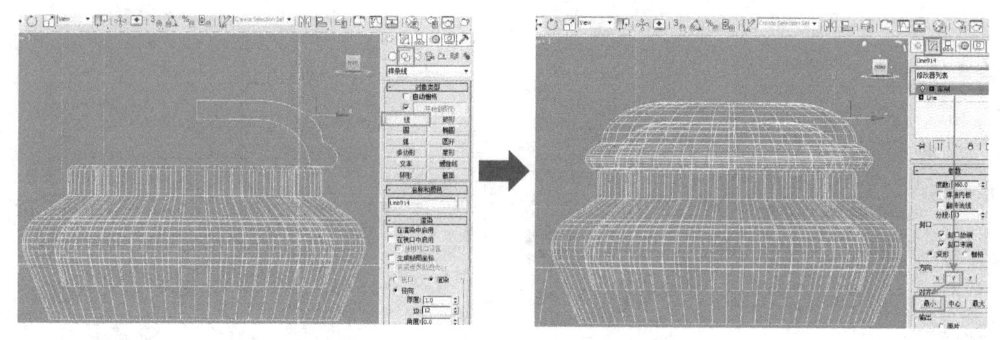

图 7 - 15

图 7 - 16

图 7 - 17

(11)将制作完成的其他部分隐藏,在左视图中,绘制二维曲线多边形,修改边数为 6,加入挤出修改器,修改数量的数值,得到六边形底座,如图 7 - 18 所示。

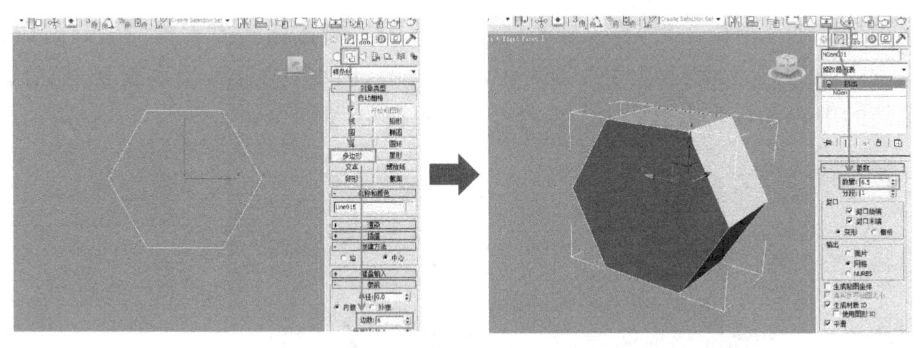

图 7-18

(12)在左视图中,用三维图形圆柱体画出一个圆柱体,切换到透视图中,修改数量的数值,调整到合适长度,在物体上鼠标右击,选择相应命令将其转换为可编辑多边形,如图 7-19 所示。

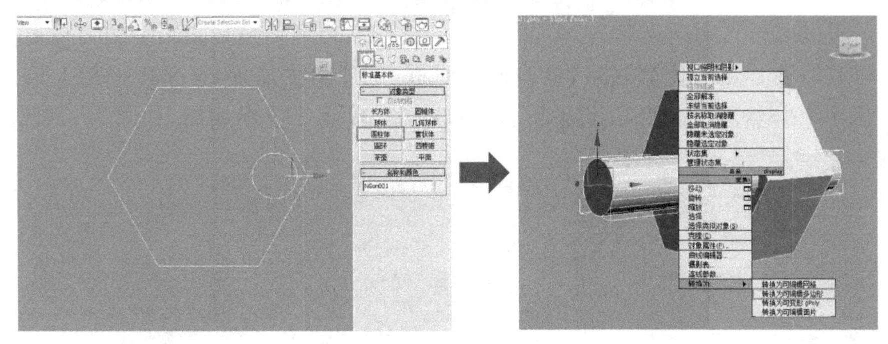

图 7-19

(13)进入修改命令面板,选择面级别,选择要修改的面,使用倒角挤出命令,根据参考图,对选择的面进行拉长和缩放,先制作出大概形状。

然后进入点级别,在前视图中,对点进行位置移动和缩放调整,逐步接近参考图效果,这一步的制作方法与之前讲过的步骤(4)制作炮筒的方法类似。制作完成之后,进入三维物体中的扩展几何体,在左视图中,使用三维图形油罐,制作出炮筒的发射器部分,然后再到透视图中调整好长度和半径,以及比例位置,如图 7-20 所示。

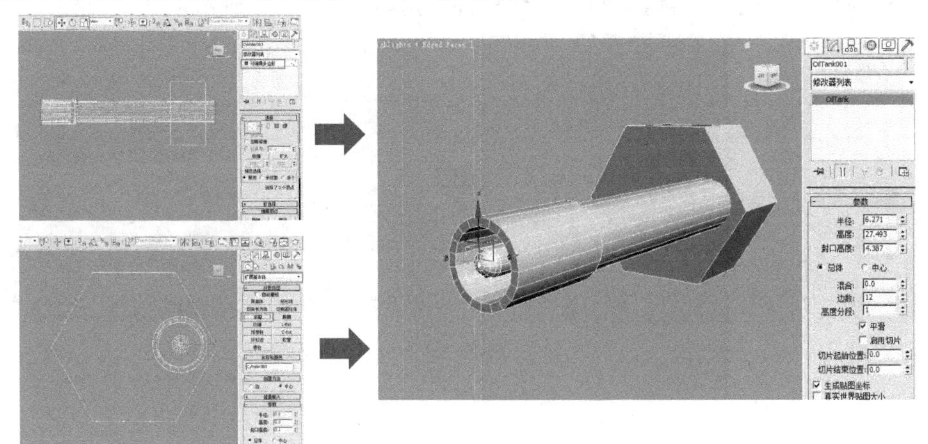

图 7-20

(14)做好一个小炮筒之后，进入修改面板，单击【附加】按钮将发射器与炮筒附加在一起。仔细观察发现，6个小炮筒是以六边形为中心环绕的，因此，先进入层次面板，选择【仅影响轴】，将炮筒的中心点与六边形的中心点对齐，如图7-21所示。

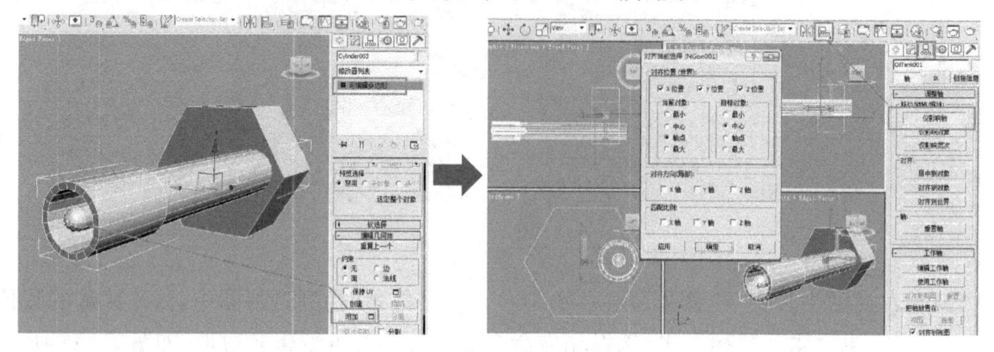

图7-21

(15)确定好轴心点的位置之后，返回创建面板，打开角度捕捉，在角度捕捉上单击右键，修改旋转角度为60°，然后按住【Shift】键旋转，关联复制其他5个小炮筒，如图7-22所示。

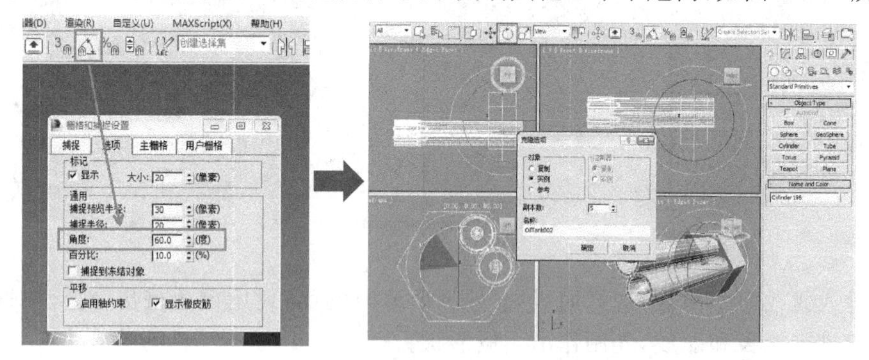

图7-22

(16)同上一步一样，选择一个炮筒，按住【Shift】键，移动至其他6个炮筒中间，与六边形对齐，按快捷键【Alt+A】，中心对称轴，取消Y轴和Z轴。显示之前被隐藏的物体，将做好的小炮筒调整到合适的比例位置，复制一个到另外一边，如图7-23所示。

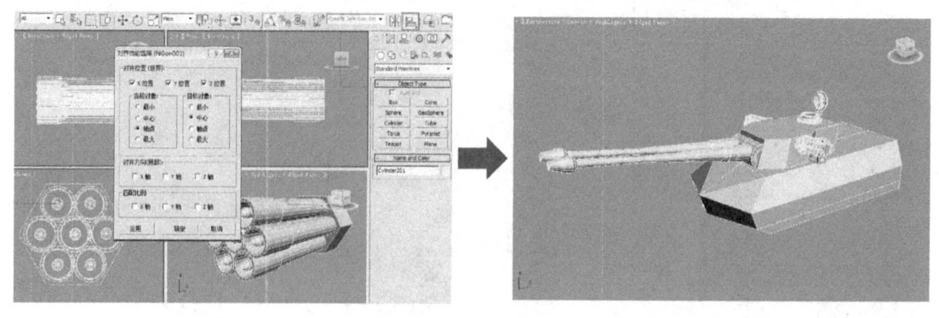

图7-23

7.1.3 制作天启坦克前端拆除装置模型

(1)下面我们开始制作装甲坦克机体的前面部分,如图7-24所示。

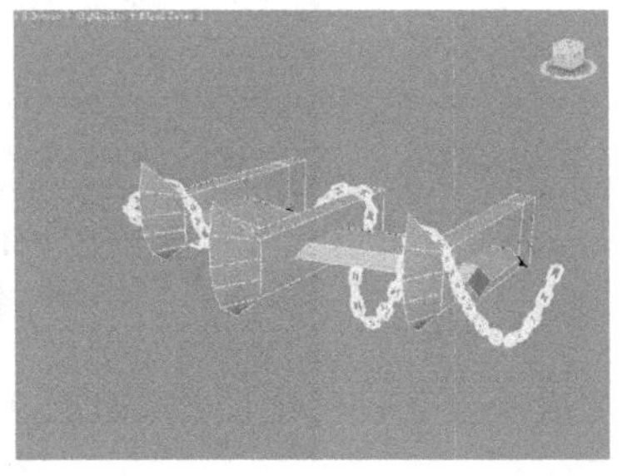

图7-24

(2)在前视图中,使用创建二维物体中的线命令画出物体的轮廓,再进入修改面板,加入挤出修改器,调整数量的数值,放在中间位置,如图7-25所示。

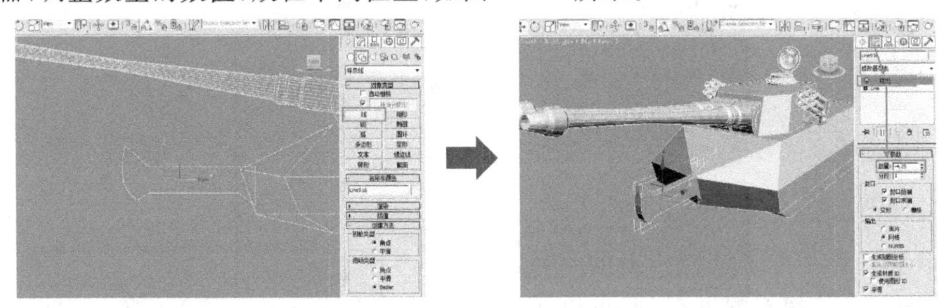

图7-25

(3)在物体上用鼠标右击,选择相应命令,将其转变成可编辑多边形,选择点级别,再在物体上用鼠标右击,选择目标焊接,将两个点焊接在一起,然后选择物体。按住【Shift】键在两边各复制一个,如图7-26所示。

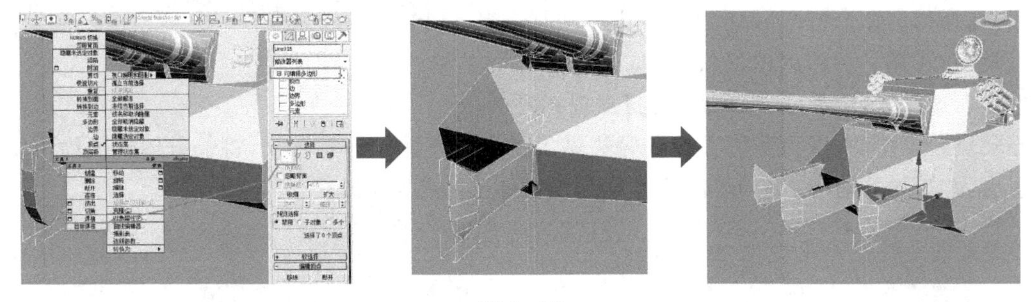

图7-26

(4)切换到顶视图中,使用创建二维物体中的线命令画出物体的轮廓,添加挤出修改器,调整好数量的数值。接着转化为可编辑多边形,切换到前视图,进入点级别,根据参考图,调整点的位置,逐步接近参考图效果,如图7-27所示。

(5)下面我们开始铁链的制作。首先画出一条路径,切换到左视图,绘制一条二维线,进入修改面板。在透视图中,在曲线上面右击鼠标,选择添加顶点,通过不断地加点,调整点的位

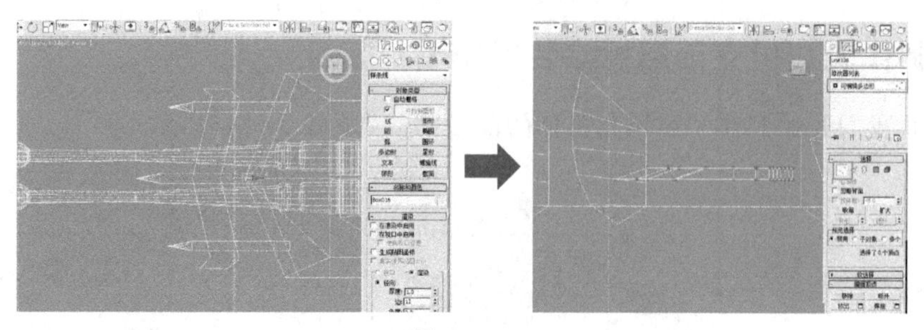

图 7-27

置，使之变成一条空间三维曲线，如图 7-28 所示。为了便于区分，我们将曲线的颜色改为红色。

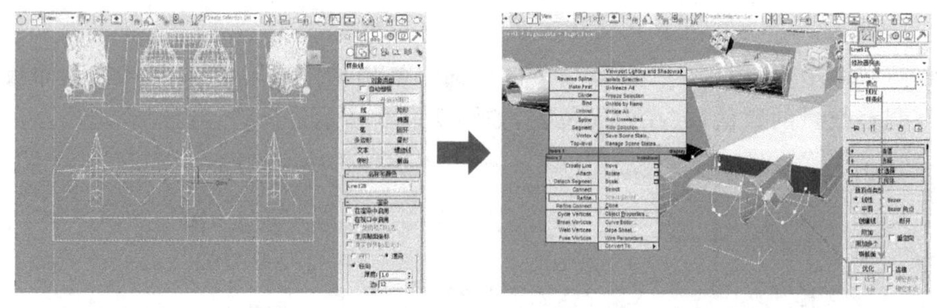

图 7-28

(6)我们已经画好了铁链蜿蜒的路径，现在，只要做出来一小节相扣的铁链，就可以通过路径复制出完整的铁链了。使用创建三维物体中的圆环命令，先做出一个圆环，调整好大小，将段数减少到 10，如图 7-29 所示。

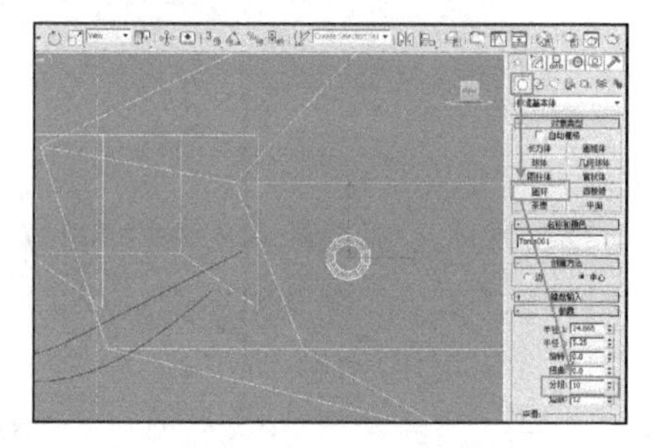

图 7-29

(7)继续在前视图将圆环转正，在物体上右击鼠标，选择相应命令将其转化为可编辑多边形，选择点级别，选择一半的点拉出，使其成为一个扣环的形状。这时候，选择层次面板，我们发现扣环的中心轴点是倾斜的，因为我们在扣环旁边做出一个长方体作为参照物，将长方体转换为可编辑多边形，并与扣环附加在一起，注意必须是长方体附加扣环，如图 7-30 所示。

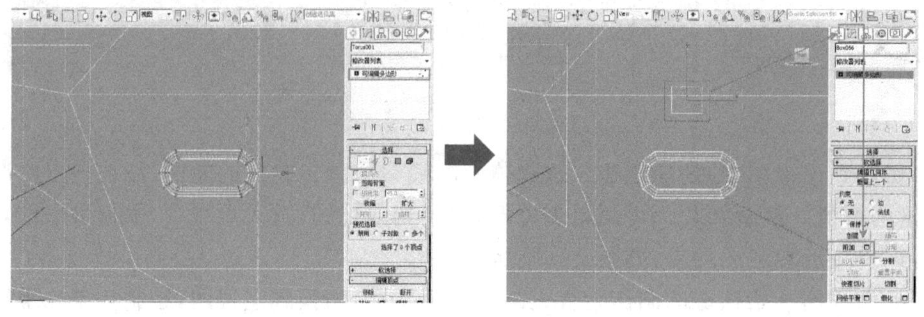

图 7-30

(8)这个时候再进入层次面板,现在的坐标轴位置已经摆正,所以进入元素级别,将之前的长方体删掉,如图7-31所示。

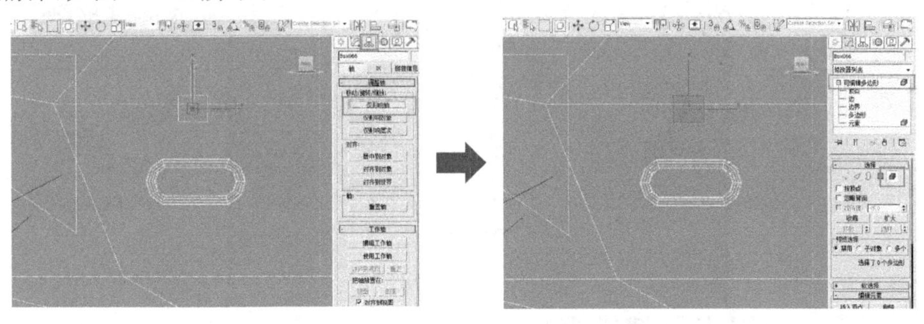

图7-31

(9)然后进入层次面板,选择【仅影响轴】【居中到对象】命令,旋转扣环,点击工具菜单中【间隔工具】命令,如图7-32所示。

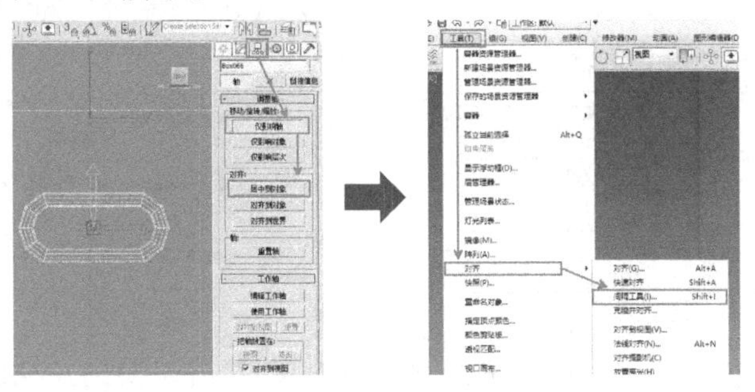

图7-32

(10)打开间隔工具,选择拾取路径曲线,勾选【跟随】。修改复制的数值,当铁链数量合适时,单击【应用】确定,可以看到链条沿着路径进行均匀排列,形成一条首尾相接的链,如图7-33所示。

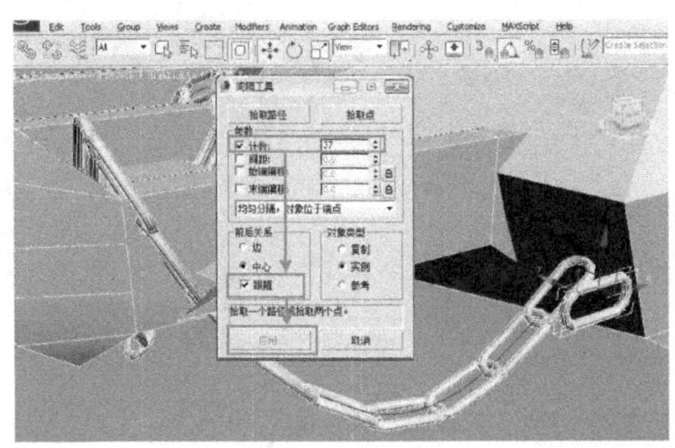

图7-33

(11)因为链条是两两相扣的,所以我们每隔一个扣环选择一个。切换到透视图中,然后在主工具栏中选择坐标方式为局部坐标系。打开角度捕捉将角度改为90°,集体旋转,链条环环相扣效果完成,如图7-34所示。

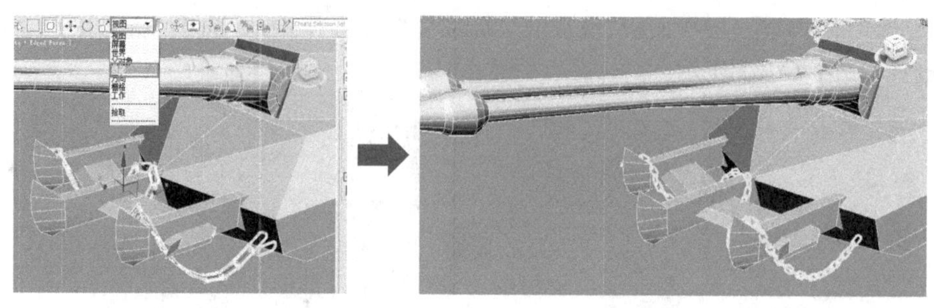

图 7－34

7.1.4 制作天启坦克尾部模型

（1）下面我们来制作装甲坦克的尾部，如图 7－35 所示。

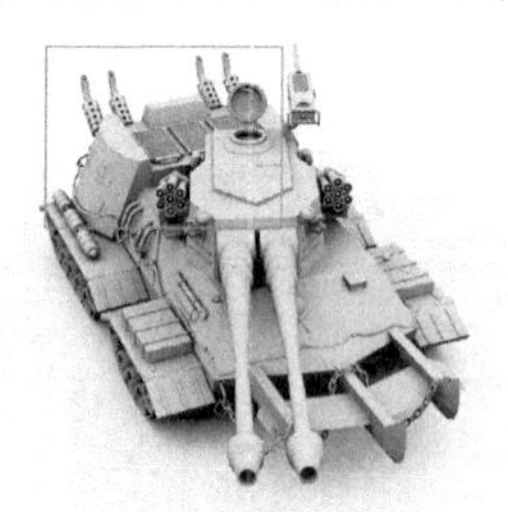

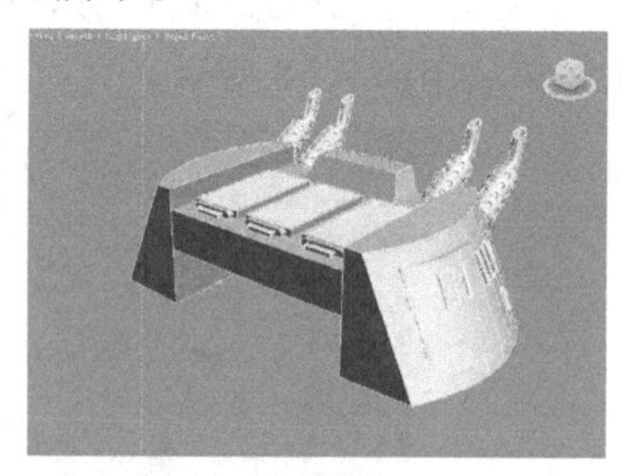

图 7－35

（2）在顶视图中，使用线命令画出侧面物体的轮廓，然后切换到左视图，添加挤出修改器，将其转换为可编辑多边形。进入点级别，根据参考图，调整点的位置，达到参考图效果，如图 7－36 所示。

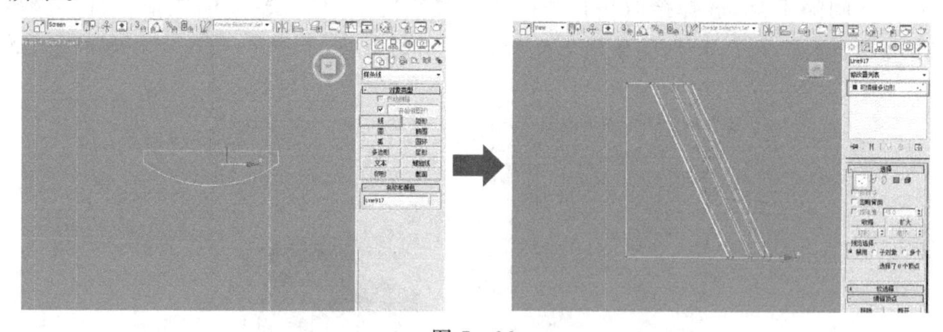

图 7－36

（3）在透视图中，进入面级别，选择中间几个面，使用插入工具将面范围往内插入，再使用【挤出】工具将选好的面挤出来一点，如图 7－37 所示。

（4）根据参考图，使用创建三维物体圆、圆柱体命令制作一些小零件，用蓝色表示，之后全选，在工具主菜单栏中选择组合，切换到左视图，然后选择镜像到另一边。接下来在中间做一个长方体连接两个物体，如图 7－38 所示。

（5）在连接板上制作一个长方体，转换为可编辑多边形，进入面级别，通过倒角、插入及挤出命令，根据参考图调整长方体的形状，完成之后复制出另外两个。使用圆柱体命令，调整好半径及长度，放入做好的长方体凹槽处，复制若干个，如图 7－39 所示。

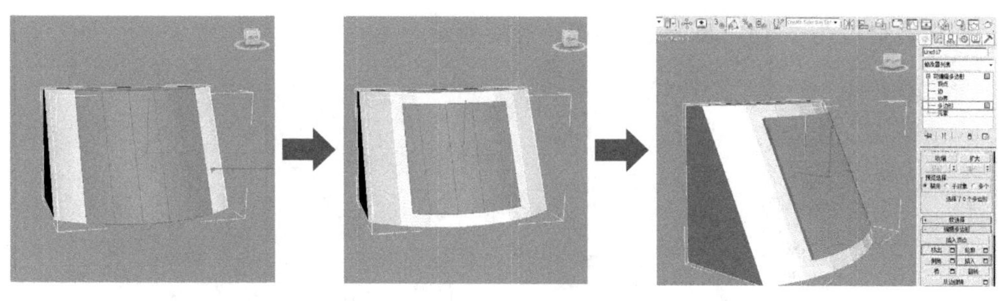

图 7 - 37

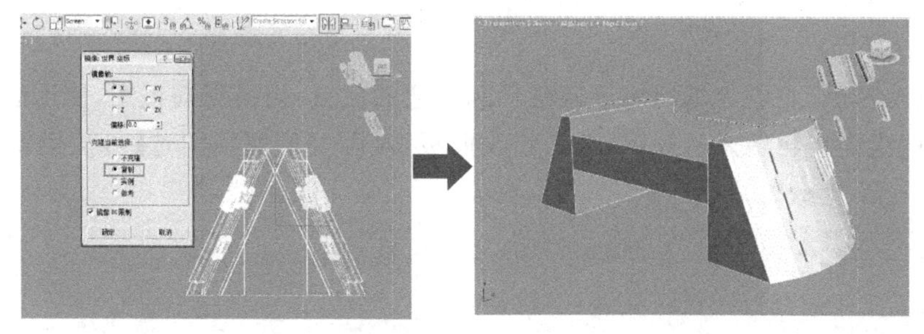

图 7 - 38

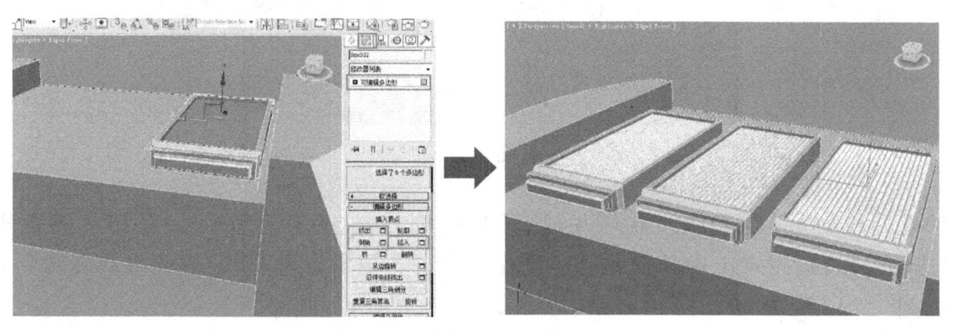

图 7 - 39

(6)制作排气管,在顶视图中创建圆柱体,调整好半径,将高度的段数改为 9 段。右击鼠标,将圆柱转变为可编辑多边形,进入面级别,选择顶面和底面,中间部分隔一个面选择一个,然后将选择好的面删除,如图 7 - 40 所示。

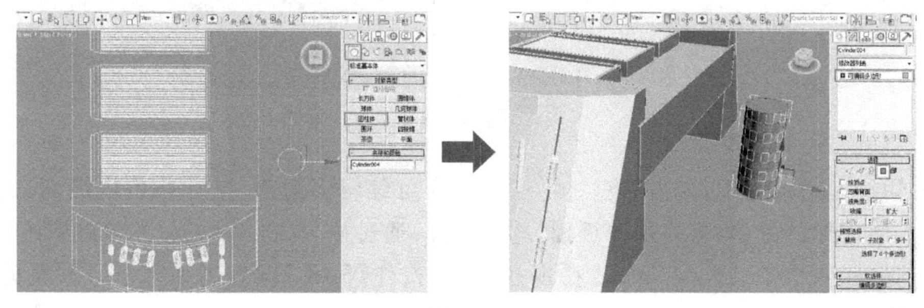

图 7 - 40

(7)删除面之后,进入修改面板,加入修改器壳,调整外部量。再加入修改器网格平滑,将它的迭代次数修改为 2,使它更光滑,如图 7-41 所示。

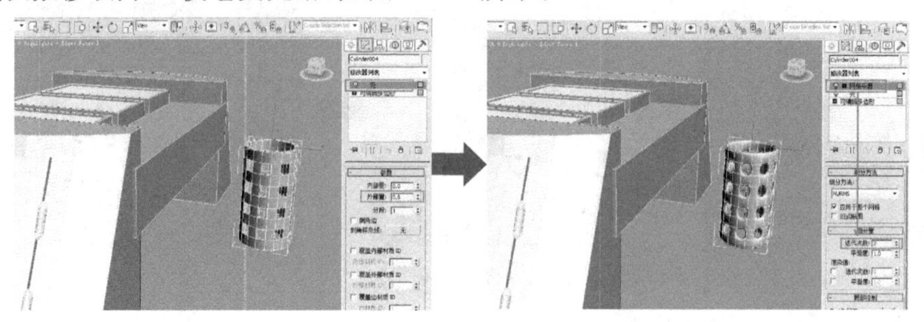

图 7-41

(8)根据参考图,将做好的物体旋转移动到合适的位置,切换到前视图,使用线命令画出中间管状物体的走向。再转入透视图,进入修改面板,对画好的曲线勾选【可渲染属性】,修改厚度值,如图 7-42 所示。

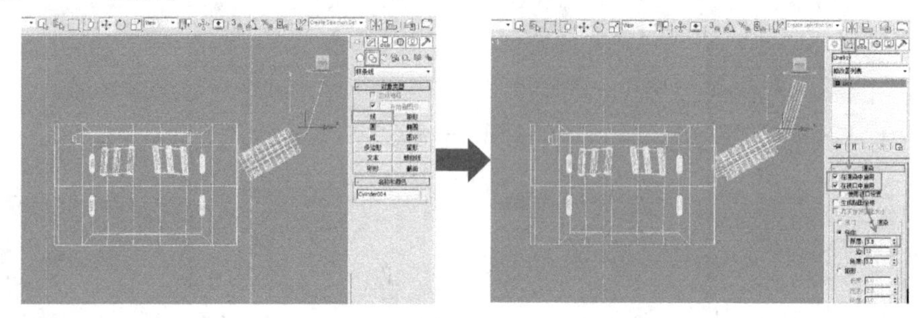

图 7-42

(9)在修改面板,加入修改器切片,打开扩展加号,选择切片平面。将切片的范围旋转 90°,勾选移除底部,发现上面的部分已经被移除掉了。根据参考图,将切片移动旋转到合适的位置,如图 7-43 所示。

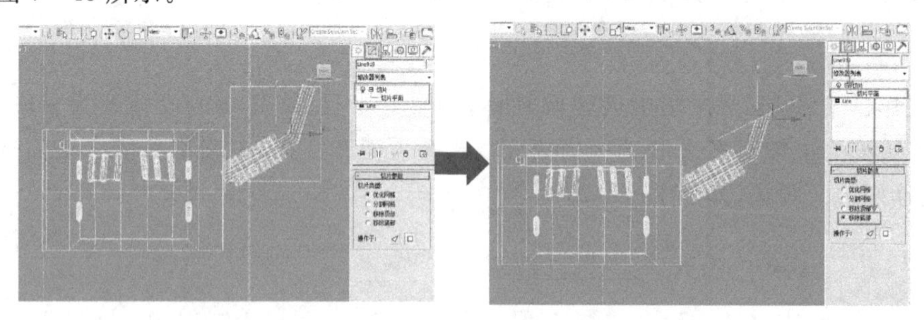

图 7-43

(10)切换到透视图中,单击右键将物体转化为可编辑多边形,选择样条线级别,选择上面的一圈边,使用封口命令,再使用面级别,选择顶面,通过插入、挤出命令,将其调整到合适的位置,与之前做好的物体组合为一个。在顶视图中,按住【Shift】键复制另外三个。至此装甲坦克的尾部完成,如图 7-44 所示。

图 7 - 44

7.1.5　装甲坦克的履带部分模型

（1）下面我们来制作履带部分，如图 7 - 45 所示。

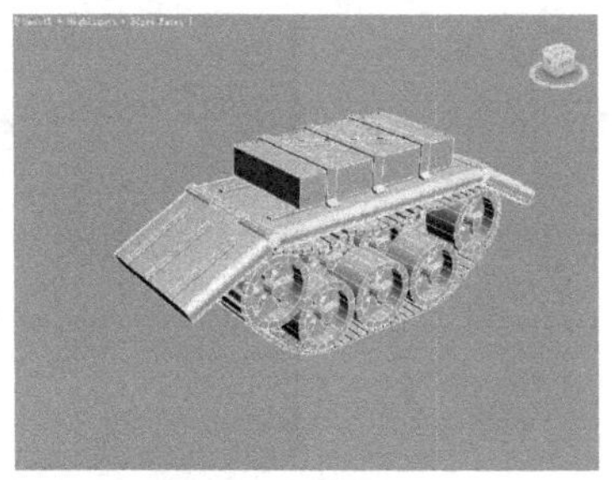

图 7 - 45

（2）将做好的其他部分隐藏，在前视图中，绘制两个三维图形管状体，根据参考图，调整位置大小，再使用创建三维物体的圆柱体命令拉出圆柱体，使用【Alt＋A】组合键将空心圆柱的中心对齐，如图 7 - 46 所示。

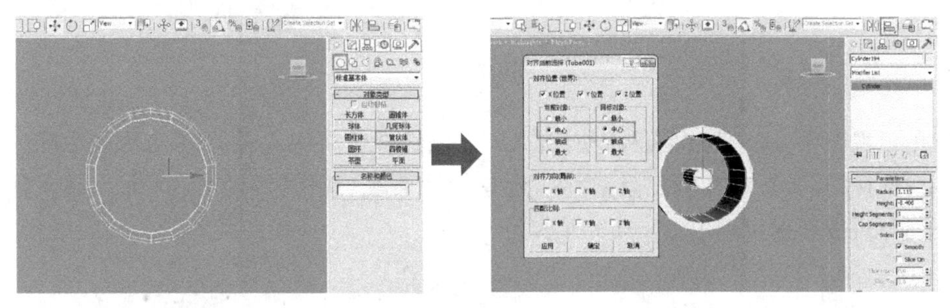

图 7 - 46

（3）在前视图中，绘制二维曲线圆。根据参考图，通过移动旋转调整各个圆的位置，然后在可编辑样条线中将所有的圆附加在一起。进入修改面板，加入挤出修改器，再在后面对称位置复制一个，如图 7 - 47 所示。

（4）根据参考图，在前视图中将做好的一个轮子缩放复制若干个，接近参考图效果。根据摆放好的轮子的位置，绘制二维线，画出履带的路径，如图 7 - 48 所示。

（5）切换到顶视图中，使用创建二维物体中的矩形命令画出履带的形状，将所有矩形附加。在修改面板中，加入挤出修改器，修改数量的数值，与之前制作铁链的步骤相同。进入层次面板，选择【仅影响轴】、【居中到对象】命令，如图 7 - 49 所示。

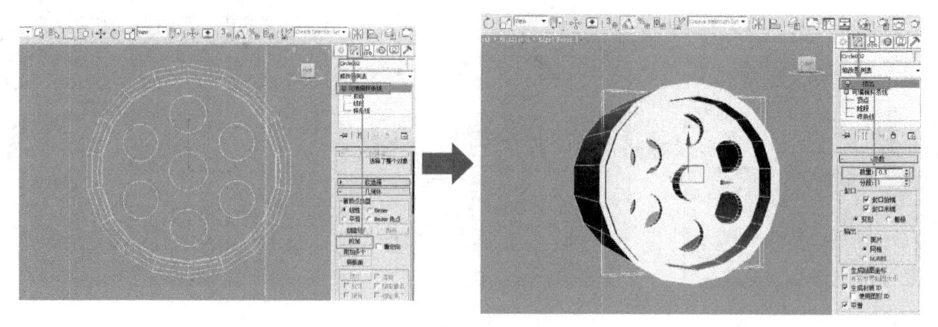

图 7-47

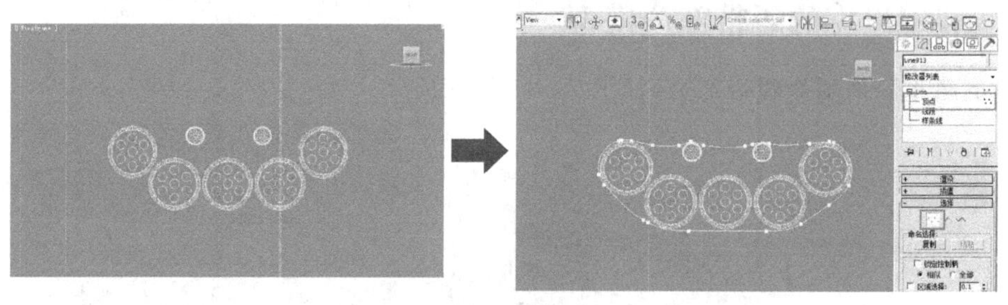

图 7-48

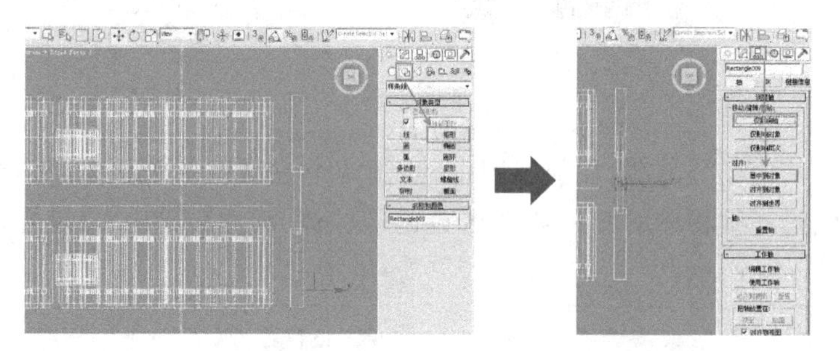

图 7-49

(6)在顶视图中,进入层次面板,使用【Alt+A】组合键将中心轴对齐到物体中间。进入工具菜单中,选择【对齐】→【间隔工具】命令,选择拾取路径,选中【跟随】复选框。修改计数的数值,单击【应用】按钮确定,如图 7-50 所示。

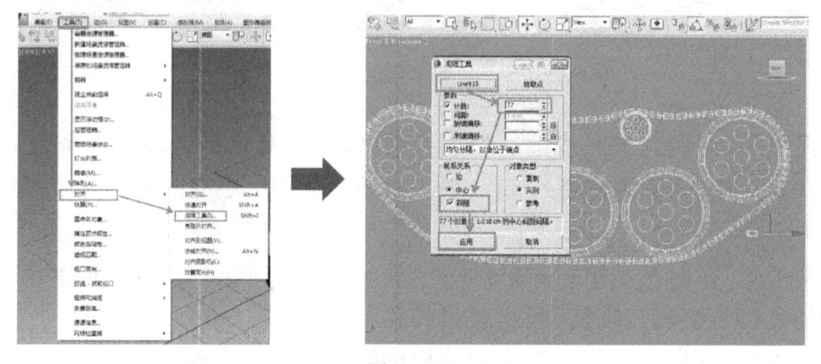

图 7-50

(7)现在开始制作履带上面的部分。切换到顶视图中，进入三维物体中的扩展几何体，使用三维图形中的【切角长方体】，然后进入修改面板，根据需要修改长宽高及倒角程度，如图7-51所示。

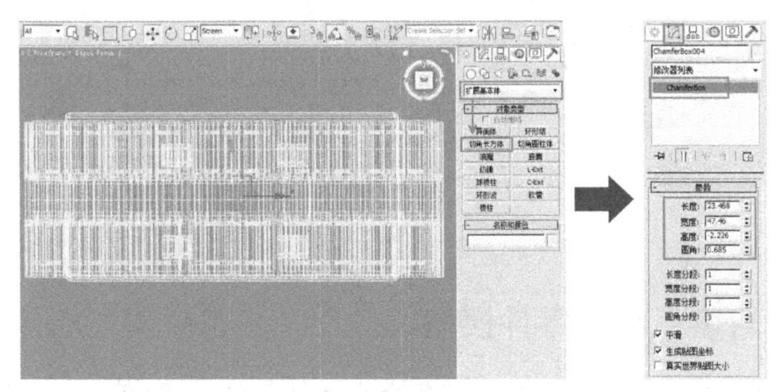

图7-51

(8)使用同样的方法，做出旁边的两个，根据参考图旋转方向，逐步接近参考图效果。然后使用三维图形中的圆柱体和球体，做出转折部分的小零件，如图7-52所示。

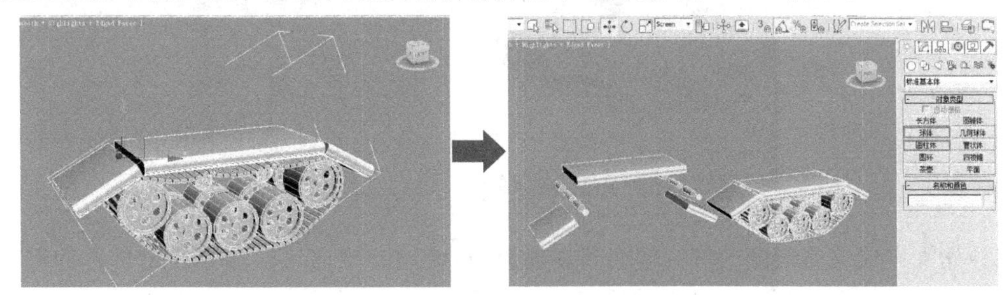

图7-52

(9)根据参考图创建长方体，调整好比例，将其转变成可编辑多边形。进入面级别，选择面，使用倒角、插入和挤出命令对长方体进行细节的加工。进入左视图，使用二维曲线线命令画出固定装置轮廓线，添加挤出修改器，如图7-53所示。

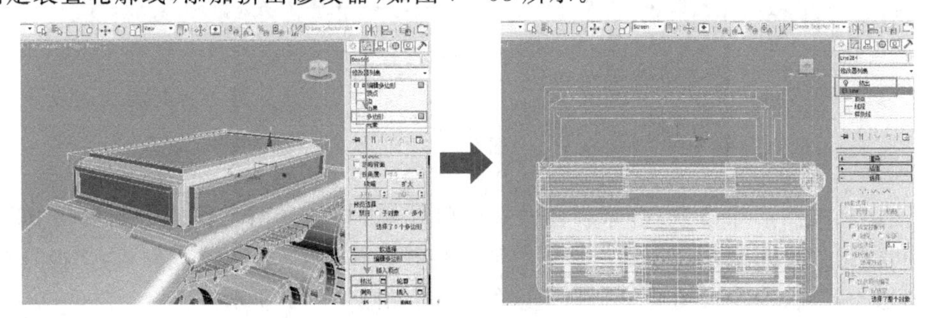

图7-53

(10)切换到透视图上，将固定装置按照参考图再复制两个。将三维图形长方体、球等添加在物体上，丰富细节(添加的小部件用蓝色表示)。将隐藏部分都显示出来，调整好比例关系，用同样的方法做出其他三个履带。至此，履带部分完成，如图7-54所示。

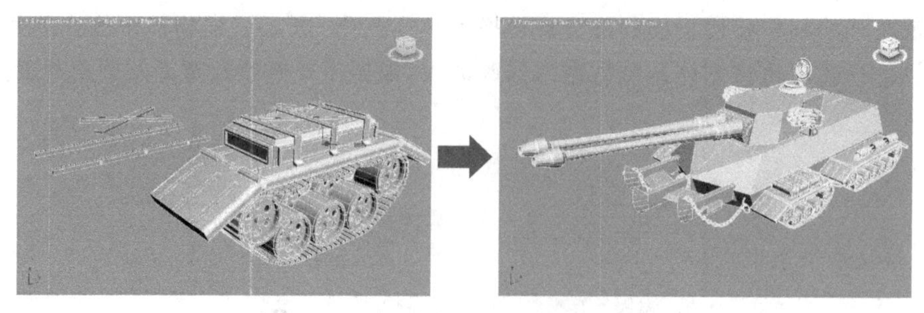

图 7-54

7.1.6 创建天启坦克细节零件模型

(1)现在我们开始制作装甲坦克身上的各个小零件部分,如图 7-55 中蓝色部分。

图 7-55

(2)先来完成炮筒两侧的灯。切换到左视图中,使用二维曲线线命令画出灯罩的剖面图。再进入修改面板,加入车削修改器,如图 7-56 所示。

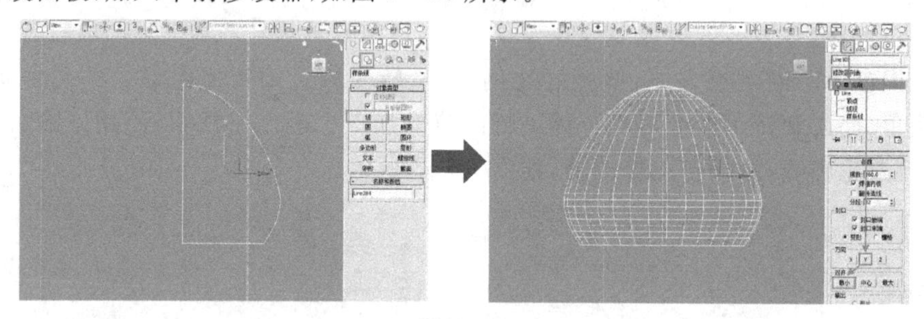

图 7-56

(3)使用三维图形球命令,将球放在做好的灯罩里,再选择两个物体一起旋转 90°。进入前视图中,使用二维曲线线命令画出灯罩一周的保护物体,然后进入修改面板,切换到左视图,加入车削修改器,根据参考图调整车削角度的大小,如图 7-57 所示。

(4)将完成的这一小部分旋转复制出其他三个,然后在左视图中使用二维图形线命令画出灯与机体的连接体,在修改面板中将其改为可渲染形状。显示所有物体,将做好的灯复制到另一边,如图 7-58 所示。

(5)在前视图中,使用二维图形线命令画一个边框,进入修改面板,加入挤出修改器,根据参考图旋转放置到合适的位置。再切换到左视图中,用二维图形线命令画出拉手的形状,在修改面板中将其改为可渲染图形,如图 7-59 所示。

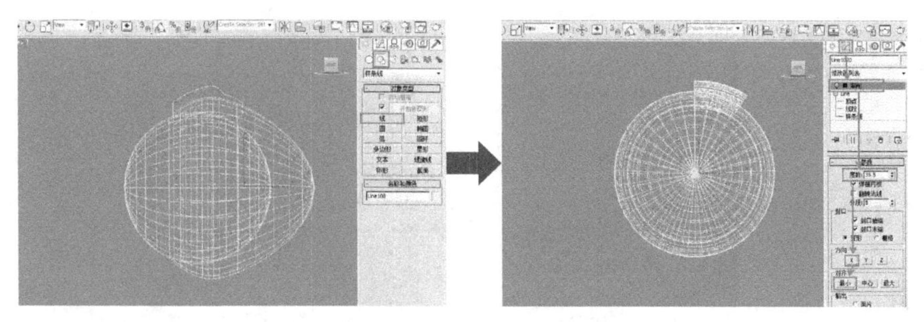

图 7-57

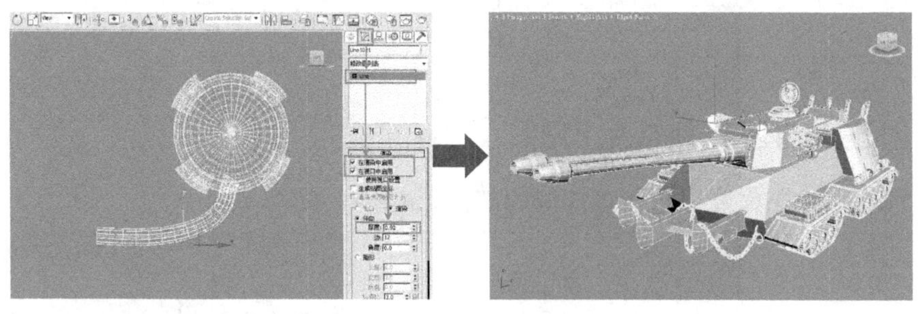

图 7-58

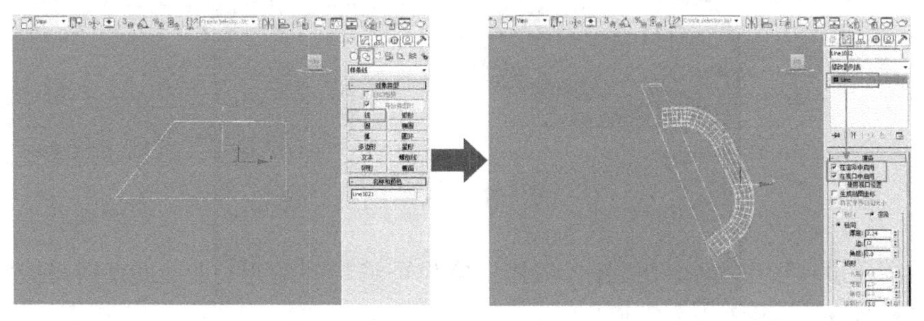

图 7-59

(6)选择做好的拉手，在前视图中复制出其他三个，在透视图中显示所有物体，这一部分完成，如图 7-60 所示。

图 7-60

(7)使用二维图形线命令，在顶视图中先画出中间管道的大概形状，再进入透视图中，根据需要增加顶点，通过不同的高低起伏，将平面的二维曲线变成空间曲线，之后将二维曲线改为可渲染形状，如图 7-61 所示。

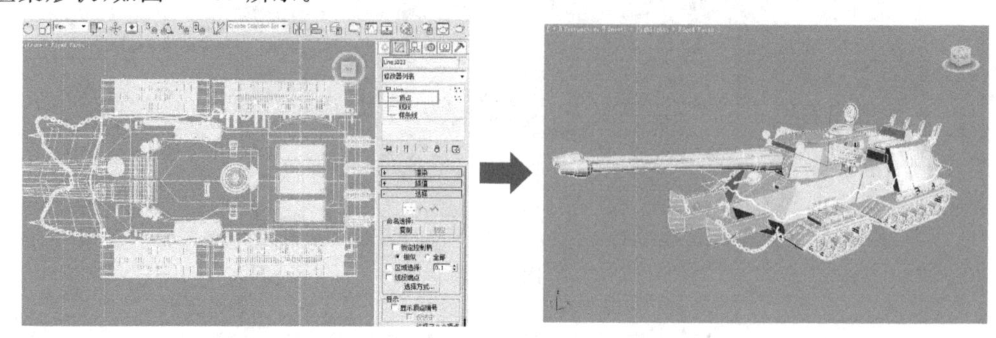

图 7-61

7.1.7 创建天启坦克顶部枪模型

(1)下面我们来制作装甲坦克顶部枪的部分，如图 7-62 所示。

图 7-62

(2)切换到顶视图中，创建长方体，将其转换为可编辑多边形，进入边级别，选择长方体的边，使用切角命令，如图 7-63 所示。

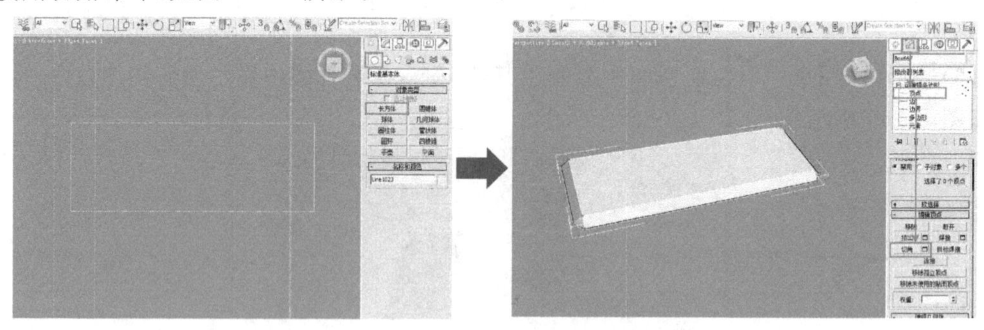

图 7-63

(3)切换到透视图中，进入面级别，选择长方体的顶面，使用【插入】命令将其顶面向内收缩并调整到合适的位置，再使用【挤出】命令将其向下移。将圆柱调整好半径及长度，放入做好的长方体凹槽处，复制若干个，如图 7-64 所示。

(4)下面来做枪身的部位。在顶视图中，建立长方体，将其转换为可编辑多边形，进入边级别，使用【切角】命令。四周建立四个长方体，将其垂直于底面，将侧面的长方体转换为可编辑

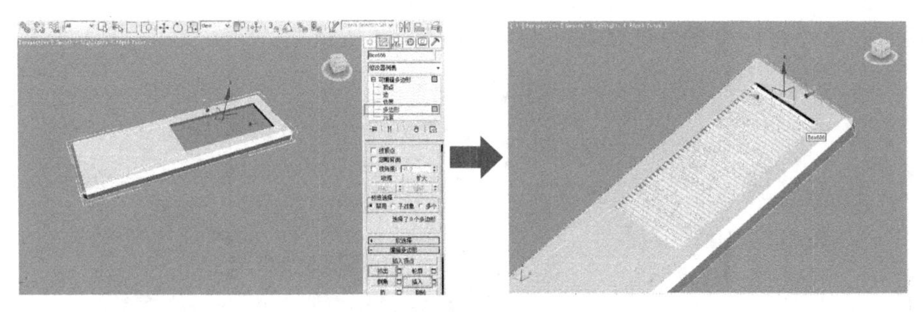
图 7 - 64

多边形。进入面级别，选择长方体的侧面，使用【插入】命令向内收缩，并调整到合适的位置，再使用【挤出】命令将其向内挤(同顶面做法相同)。枪身的细节制作是在底面尾端的两个顶点处，建立三维物体长方体和圆柱体，将其中一个转换为可编辑多边形，选择命令将两者附加成为一个整体，再复制三个放到合适的位置，如图 7 - 65 所示。

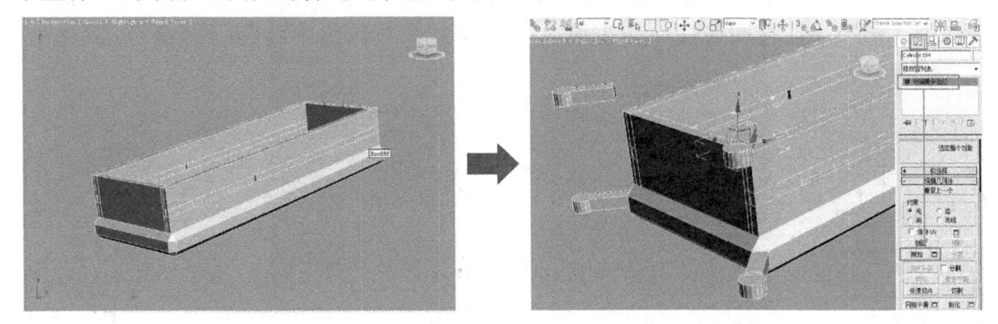
图 7 - 65

(5)建立四个圆柱体，调整大小和长度、放到枪身的四个顶点处。在枪身中间部分建立一个球体，将一半插入枪身，再放置一个到对面。在尾部垂直面四个角处插入四个小的球体。中间插入一个圆柱体，切换到顶视图，使用二维图形线命令画出圆柱体内零件，将其转换为可渲染图形，如图 7 - 66 所示。

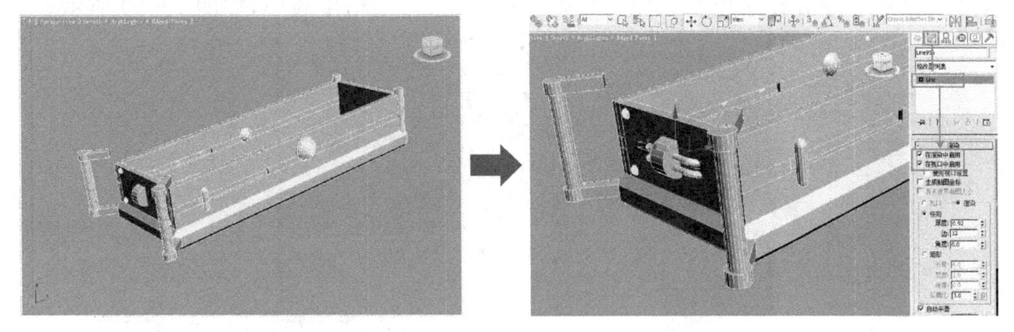
图 7 - 66

(6)制作顶面的四个零件，首先建立一个三维长方体，将其转换为可编辑多边形，进入边级别，使用【切角】命令进行倒角。使用【插入】命令将其顶面向内收缩，再使用【挤出】命令将其向内挤(同顶面做法)，再复制两个，将其缩小排列在两边合适的位置。另一个零件在左视图中使用二维图形线命令画出侧面形状，切换到透视图左视图，添加挤出修改器，调整需要的厚度。

最后用两个长方体将四个零件连接在一起，如图 7-67 所示

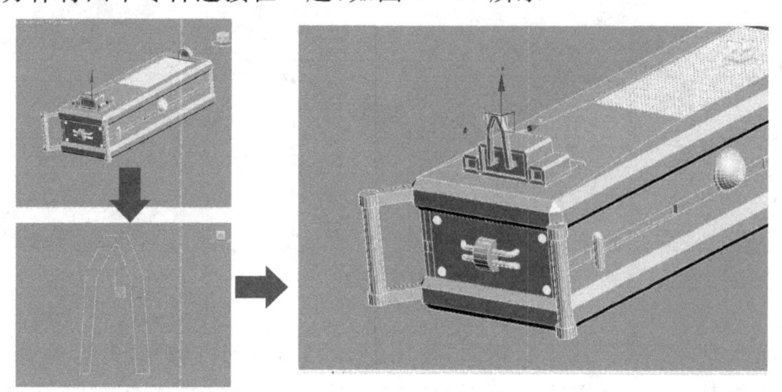

图 7-67

(7)下面制作子弹部分。在左视图中，使用二维图形圆命令画一个圈，作为子弹的路径，使用缩放工具拉动 Y 轴，将圆拉成一个椭圆。再使用复合几何体中的【纺锤】命令，制作出子弹，如图 7-68 所示。

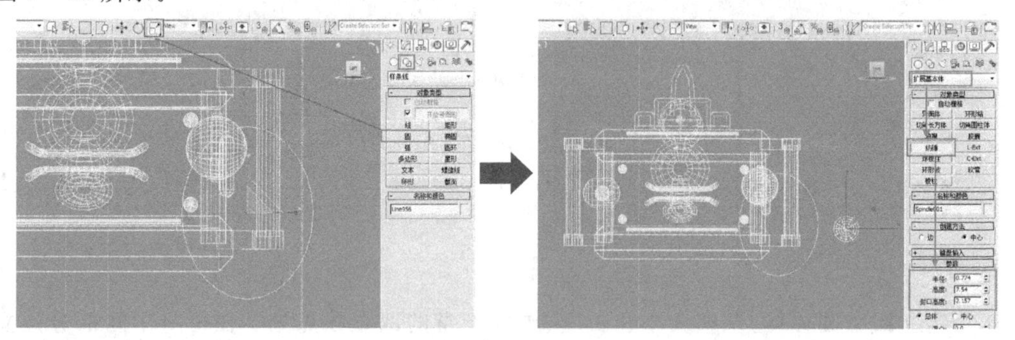

图 7-68

(8)在工具栏中，打开路径复制，选择拾取路径，勾选【跟随】复选框。修改数值为合适值后确定，可以看到子弹沿着路径进行均匀排列，形成一条首尾相接的环，如图 7-69 所示。

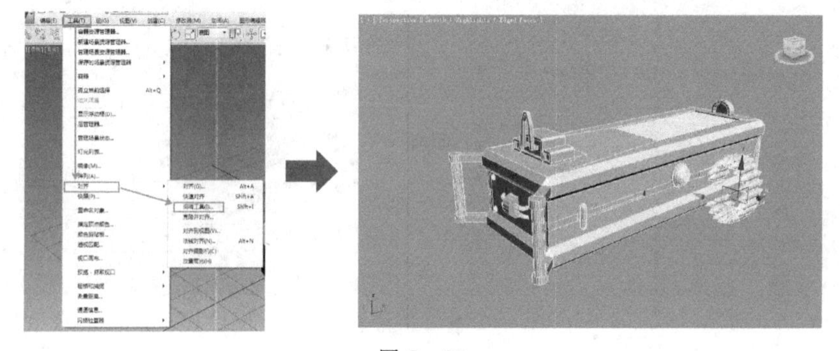

图 7-69

(9)接下来完成枪筒和枪身的连接部分(同炮筒制作方法)。在左视图中，使用三维物体圆柱体命令拉出一个圆柱体，切换到透视图，将其放在合适的位置，并转换为可编辑多边形。选择面级别，使用【倒角】命令，根据参考图对选择的面进行拉长和缩放，先制作出大概形状。然

后进入点级别，在前视图中对点进行移动和缩放调整，进入面级别，分别选择各组面，对其设置光滑组。选择做好的枪筒，复制到下面，缩小调整至合适的大小，枪筒完成，如图7-70所示。

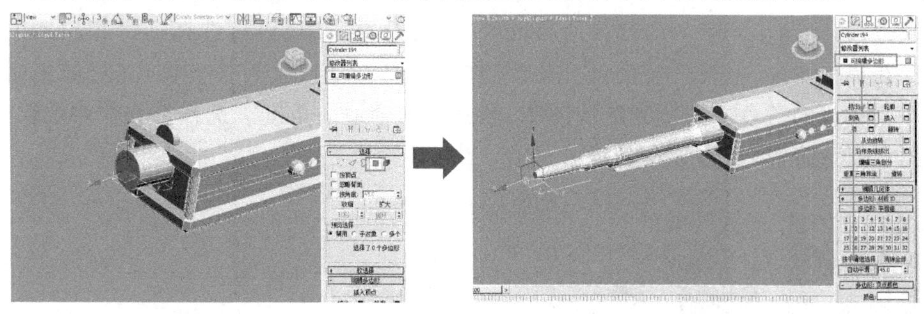

图7-70

(10)使用三维物体管状体命令拉出空心圆柱，下面使用三维物体圆柱体命令拉出一个圆柱体，使用【Alt+A】组合键将空心圆柱的中心对齐。然后建立两个三维物体长方体，旋转90°插入圆柱内，如图7-71所示。

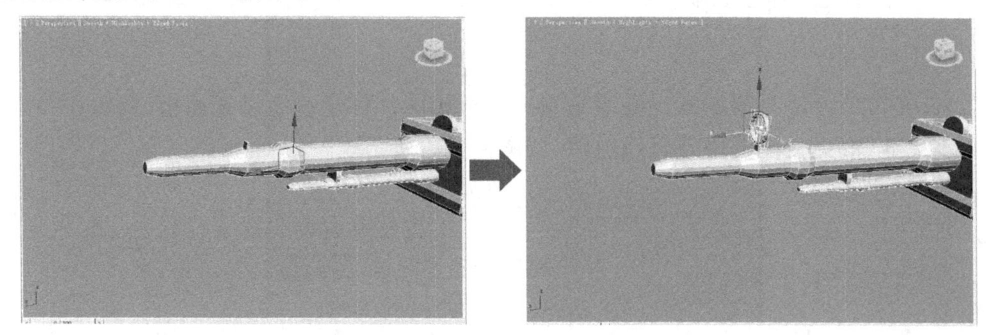

图7-71

(11)枪的模型已经建好，切换到左视图中，制作枪与坦克机体的连接部分。做一个三维球体，放在枪的底部。根据参考图，在机身上做两个圆柱体，上下叠起来，再在复合几何体中建立一个油桶造型。使用二维图形线命令画出枪底部的圆球和机身上面圆柱的连接物体，加入挤出修改器。切换到透视图，显示全部物体，将枪放置到合适的位置，模型全部完成，如图7-72所示。

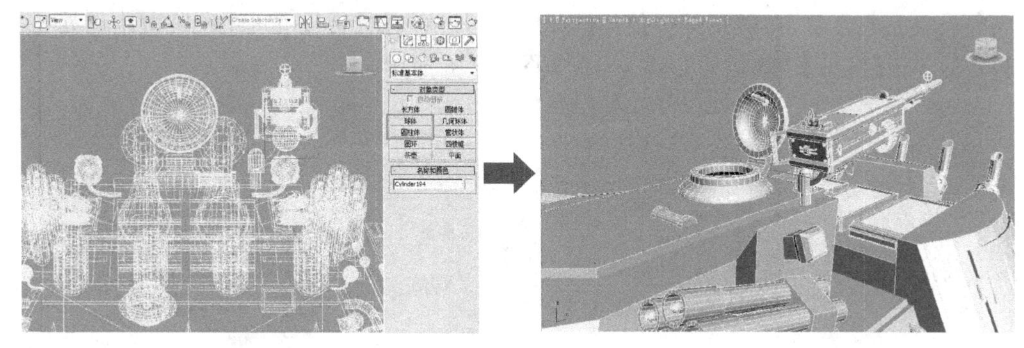

图7-72

7.1.8 天启坦克材质与渲染

(1)模型已经制作完毕。先选择所有的物体,打开材质编辑器,选择一种相对深的灰色赋予物体。在顶视图中,将视图缩小,使用三维物体建立一个很大的长方体,在材质编辑器中赋予它一个比较浅的灰色。切换到透视图中,转到一个合适的角度。选择灯光栏中的【天光】,放在透视图中任意位置,如图 7-73 所示。

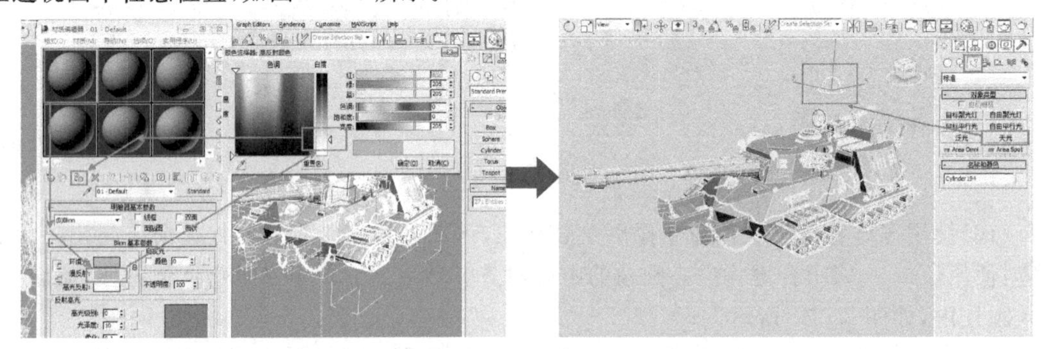

图 7-73

(2)天光渲染方法与第 5 章红警盟军基地完全相同。打开渲染设置面板,修改将要渲染图片的大小尺寸、渲染文件模式及光线追踪,如图 7-74 所示。

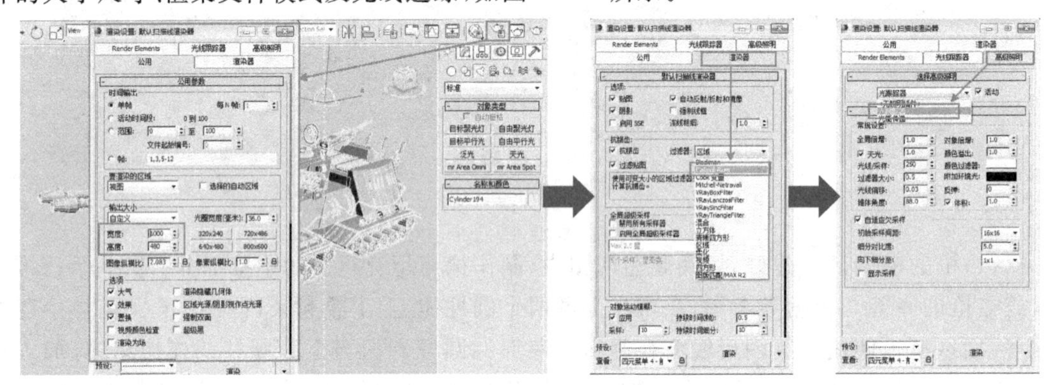

图 7-74

(3)设置完成之后,在透视图中使用【Shift+F】组合键打开安全框,确保物体都处于安全框内,之后单击【渲染】按钮就可以渲染了,如图 7-75 所示。

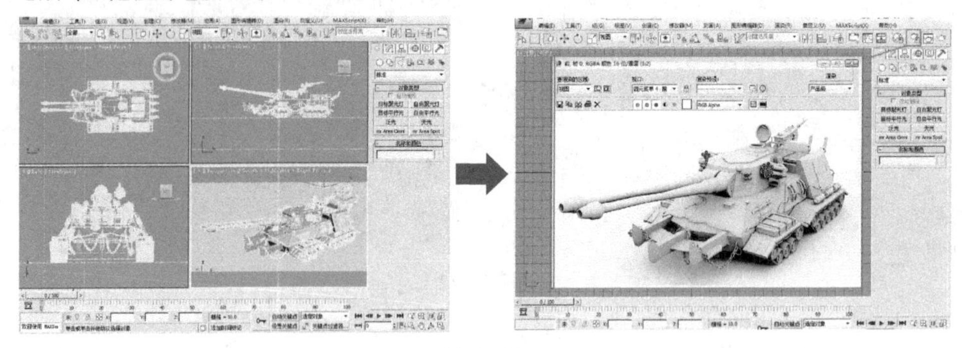

图 7-75

(4)最终天启坦克渲染图完成,可根据需要调整角度渲染,如图 7-76 所示。

图 7-76

天启坦克线框加实体渲染如图 7-77 所示。

图 7-77

7.2 蒸汽火车机车模型制作

蒸汽火车机车模型的制作方法与天启坦克非常类似,主要也是通过对 Max 创建的基本形体进行修改、堆砌而成,如图 7-78 所示。

图 7-78

整体的建模思路:先完成大的火车机车组成部分,可从绿色的蒸汽锅炉开始,再完成紫色车厢、蓝色车架和粉红色的车轮,整体模型比例调整正确后,再进行模型细化,图中黄色的部分是逐步细化的结果,如图 7-79 所示。

图 7 - 79

先创建火车大的结构造型，主要由车削、挤出工具完成，车轮是车削加编辑多边形，选择六个面，向内挤出完成，如图 7 - 80 所示。

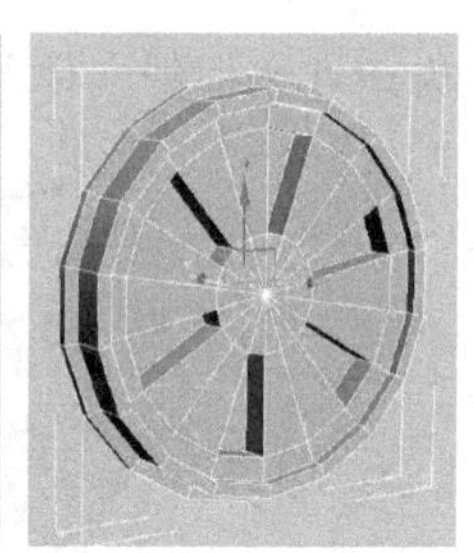

图 7 - 80

顶部装置是由车削完成，再添加小的物体模拟螺丝部件；前端车灯底座由圆柱体编辑多边形完成，完成一个分支物体，将它的轴心放置到底座中心，然后角度捕捉，旋转复制出其它九个分支物体，如图 7 - 81 所示。

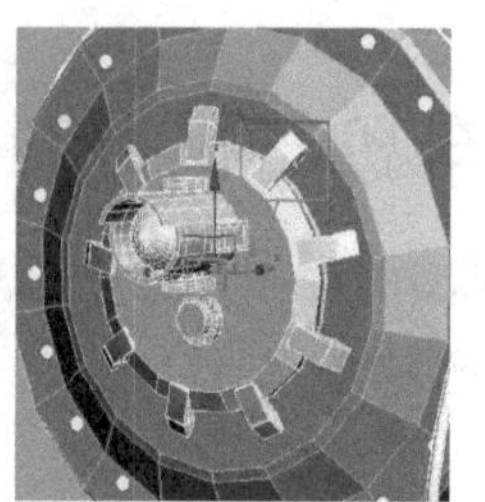

图 7 - 81

火车上的管道、钢管、线路都是由绘制二维曲线工具，将二维曲线设置为可渲染完成的，前端部件在二维可渲染曲线上增加了圆柱体细节，如图 7 - 82 所示。

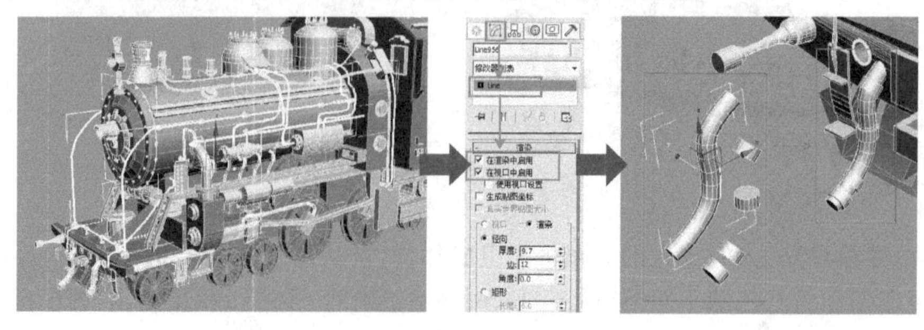

图 7 - 82

完成“L”形弯曲的地面，添加天光物体，赋予火车、地面物体材质，设置渲染、抗锯齿属性，渲染场景，火车机车模型制作完成，如图7-83所示。

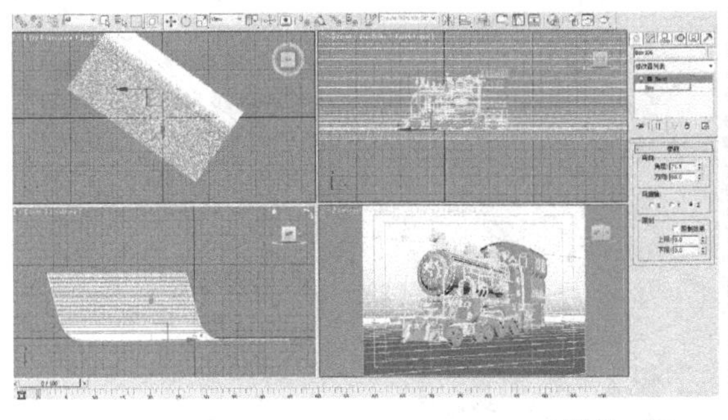

图7-83

不同细节、角度的火车模型渲染图，如图7-84所示。

图7-84

7.3 模型渲染

通过拆分建模与装配的方法，能完成各种形状、中等复杂程度的机械模型。本节以一把机枪为例，学习表现模型结构的渲染方法，正确的渲染对表现一个模型的细节是非常重要的，这里我们对模型进行素模渲染，这样更能体现模型的细节。

在左视图画出二维直线，进入修改命令面板，将直线的拐点进行倒圆角，进入样条线级别，选择整条样条线，使用轮廓命令将其复制成双线，然后挤出，如图7-85所示。

打开材质编辑器，将一个材质球的漫反射调整为浅灰色并赋予红色的背景物体，将另一个材质球漫反射调整为灰色，赋予机枪物体，如图7-86所示。

在场景的任何位置创建天光，天光是没有任何位置要求的，如图7-87所示。

使用渲染菜单中的光跟踪器命令，在弹出的面板中选择渲染，如图7-88所示。

机枪渲染完成效果如图7-89、图7-90、图7-91、图7-92、图7-93所示。

使用基本几何体、扩展几何体和修改建模工具，掌握正确的方法，能够快速准确地完成3ds Max中级模型。图7-94、图7-95、图7-96是学生使用同样的方法能完成的其他武器、航母、飞机模型。

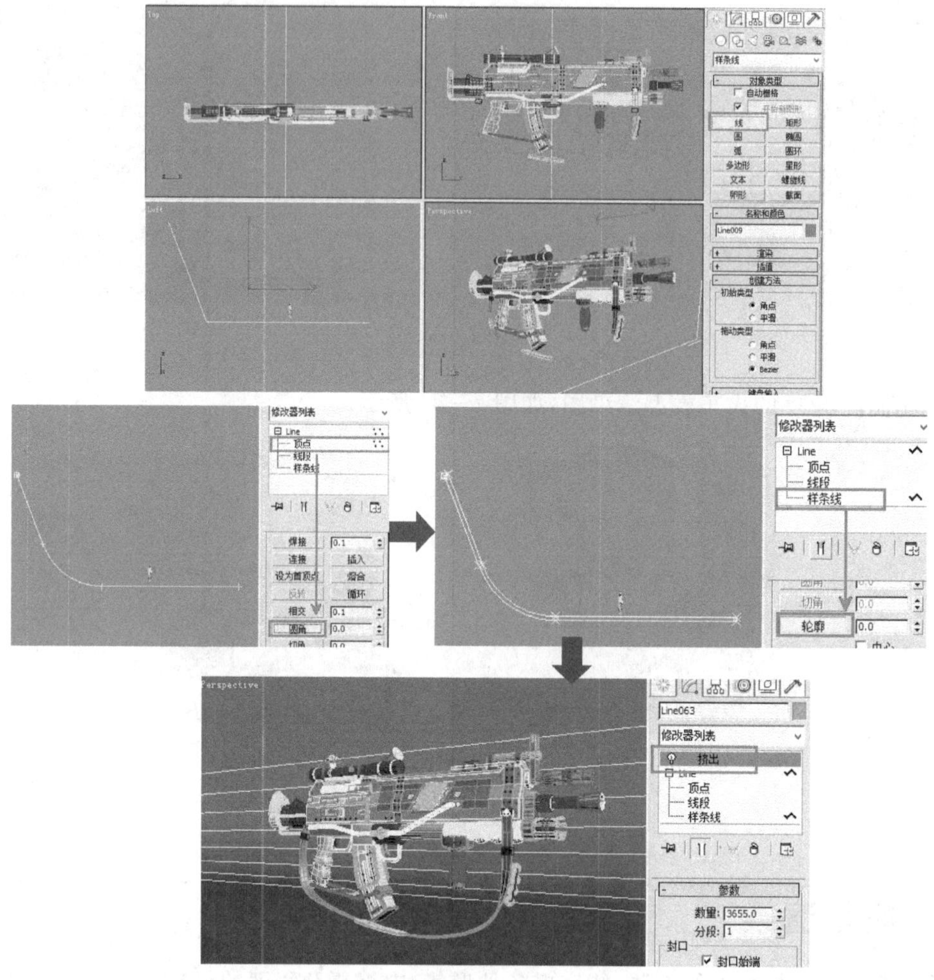
修改器列表
Line
顶点
线段
样条线
轮廓
0.0
Perspective
Line063
挤出
参数
数量: 3655.0
分段: 1
封口
封口始端

图 7－85

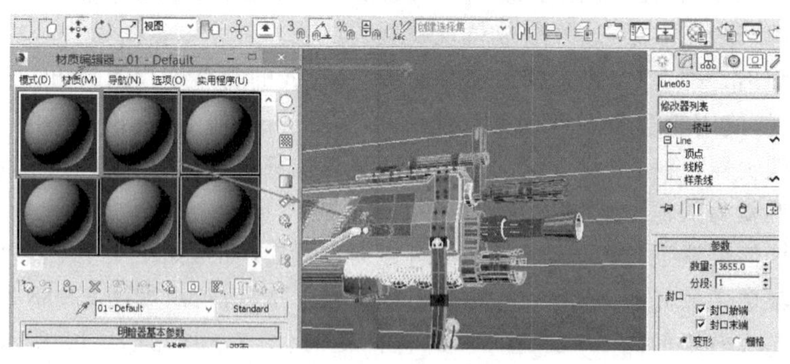
材质编辑器 - 01 - Default
模式(D) 材质(M) 导航(N) 选项(O) 实用程序(U)
01 - Default
Standard
Line063
修改器列表
挤出
参数

图 7－86

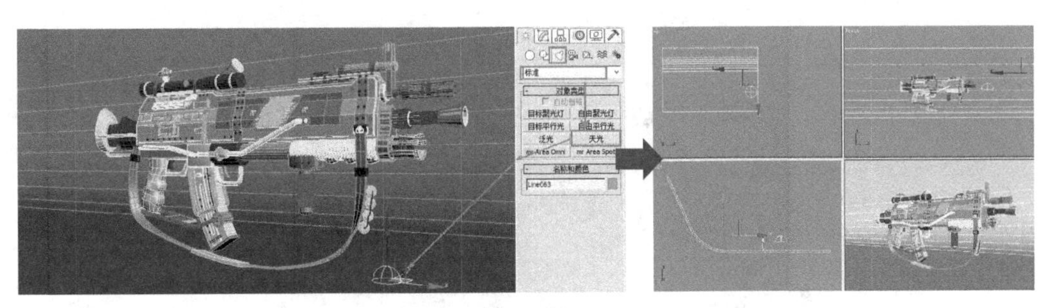

图 7 - 87

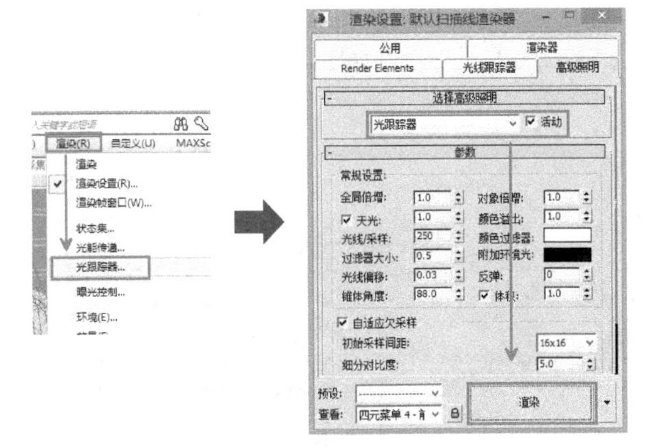

图 7 - 88

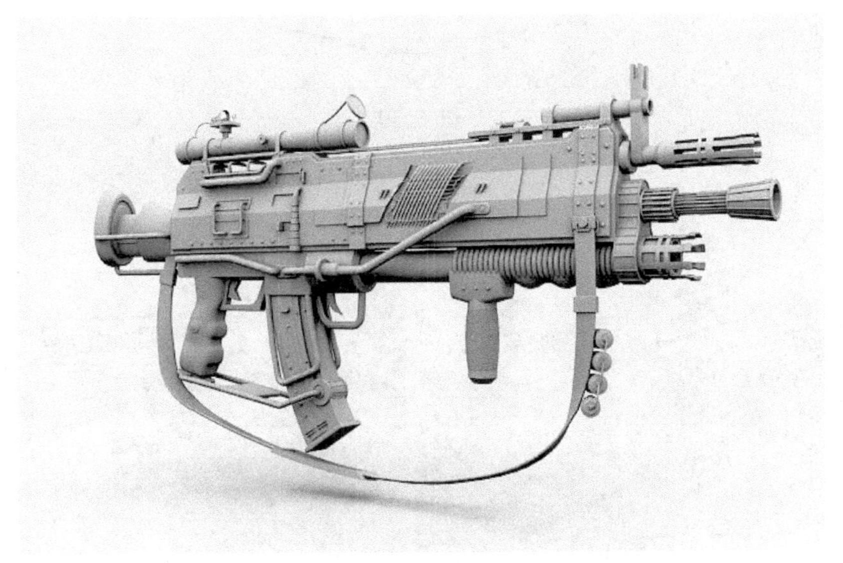

图 7 - 89

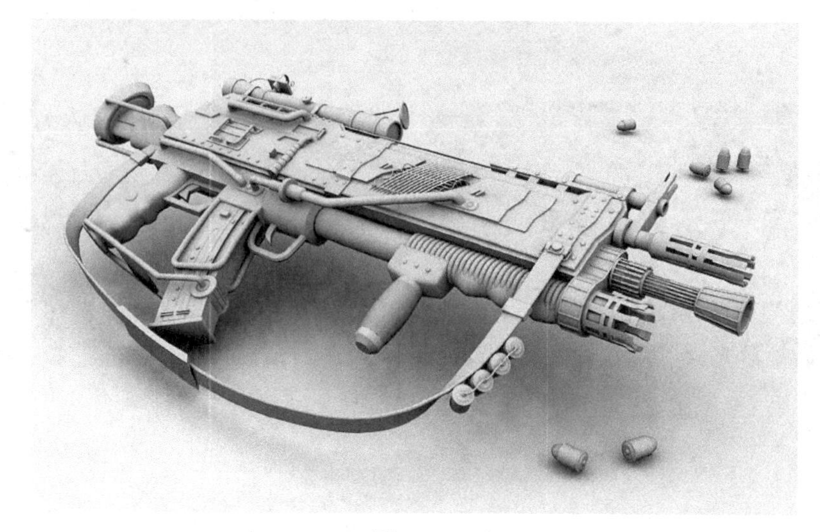

图 7 - 90

图 7 - 91

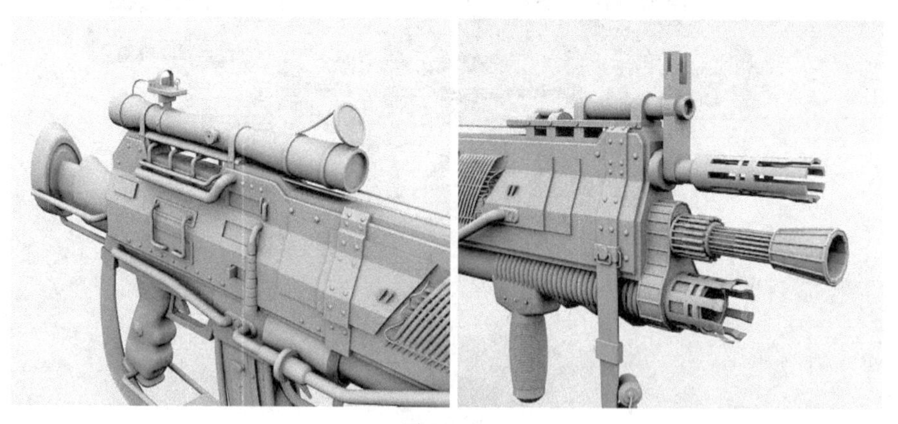

图 7 - 92

图 7-93

图 7-94

本章小结

通过红警天启坦克、蒸汽火车机车实例，进一步理解中级建模整体思路，熟练运用建模与修改工具，我们就能够完成更复杂的大型机械设备、武器模型，如图 7-95 所示，使用 Max 中级方法完成的星际战舰。

星际战舰模型主要结构拆分图，如图 7-96 所示。

图 7-95 星际战舰

图 7-96 星际战舰主要结构拆分图

思考与练习

1. 简述 3ds Max 中级建模的整体思路和常用工具的使用方法。

2. 根据下面游戏原画，完成游戏武器三维模型，并将它们各分三个角度进行渲染，如图 7-97 所示。

图 7-97 武器三维模型

3. 如何使用光线追踪渲染模型？

3ds Max 高级建模——编辑多边形建模

第 8 章

本章重点

(1)多边形建模整体思路。

(2)运用多边形建模方法完成一些常见模型。

学习目的

编辑多边形建模是 3ds Max 建模的法宝,理解和掌握多边形建模技术,你就能在三维模型世界中做到无所不能。在主流三维软件中,不管是 3ds Max 还是 Maya,它们虽然有些工具和场景的管理方法不同,但是,主流的建模方法是完全相同的,这就是编辑多边形建模。编辑多边形建模的核心思路就是在基础模型的基础上,使用多种编辑多边形工具,对基础模型进行细节雕刻,创作者就像雕塑家一样,把模型由一个粗模逐步雕刻、细化出精模来。本章的学习目的就是通过一些常用模型的实际操作、演练,掌握编辑多边形各种建模工具的用法,理解建模思路。

8.1 编辑多边形高级建模工具详解

8.1.1 多边形建模工作流程

运用编辑多边形建模工具创建模型,通常由以下三个环节构成。

第一,创建基础形体。我们根据需要创建物体的形态,要能够想象出它的三维基础模型。如人物头部的三维基础模型应该是球形,汽车模型的三维基础模型是长方体等等。基础形体还可以通过车削、挤出、放样来完成。总之,基础模型的创建以大型正确、模型段数恰当为优秀。

第二,编辑多边形。使用编辑多边形命令的主要工具,对基础模型进行深入刻画,编辑多边形提供了各种功能的三维编辑工具,通过它们可以实现对基础模型切割、挤出、倒角、插入等操作,帮助我们完成模型细节。

第三,网格平滑。一个表面光滑的模型是由成千上万个多边形组成的,我们不可能用第二步编辑多边形来进行模型的平滑细分,好在 3ds Max 提供了网格平滑工具帮助我们实现,如图 8-1 所示。

编辑多边形建模由【编辑网格】【编辑多边形】【网格平滑】三个主要工具构成。

【编辑多边形】和【编辑网格】工具的进入方法有两种,首先,使用修改器列表可以进入【编

图 8-1 模型细分与平滑过程

辑多边形】或【编辑网格】工具，如图 8-2 所示；其次，在选择的基础物体上单击鼠标右键也可以选择转换为可编辑的多边形或可编辑的网格，如图 8-3 所示。

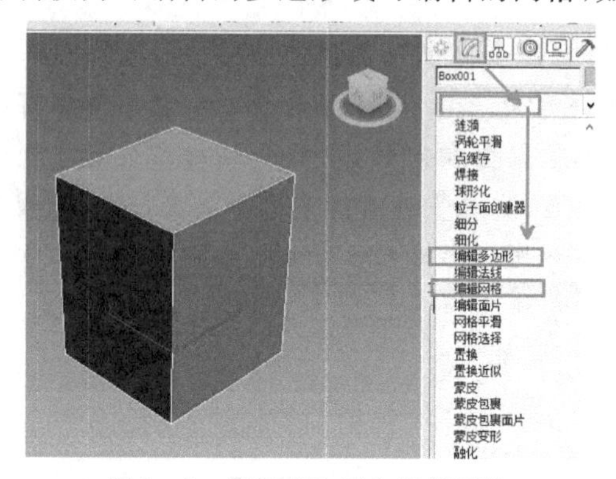

图 8-2 编辑多边形和编辑网格

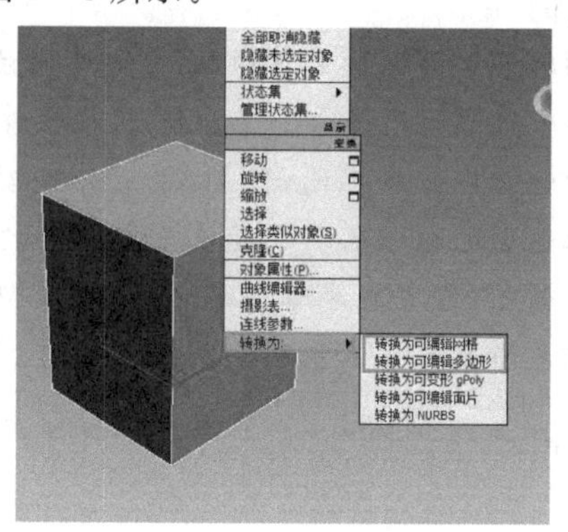

图 8-3 右键进入

8.1.2 编辑网格工具

【编辑网格】修改工具是 3ds Max 较早版本的多边形修改工具，它主要由顶点、边、面、多边形、元素五个子物体级别组成。【忽略背面】可以在选择时，不选择（忽略）背面的子物体，如忽略选择背面的顶点、边、面等等，如图 8-4 所示。

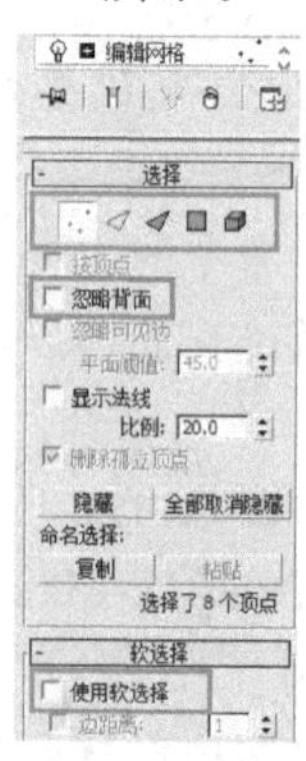

图 8-4 【编辑网格】修改工具

【使用软选择】就是能够让规定范围内的点（衰减值控制范围）处于半选择状态，当我们移动选择的顶点，处于半选择状态的顶点也会适当跟随移动。图 8－5 所示是我们移动顶点时是否勾选使用软选择的对比，衰减数值决定软选择范围的大小。

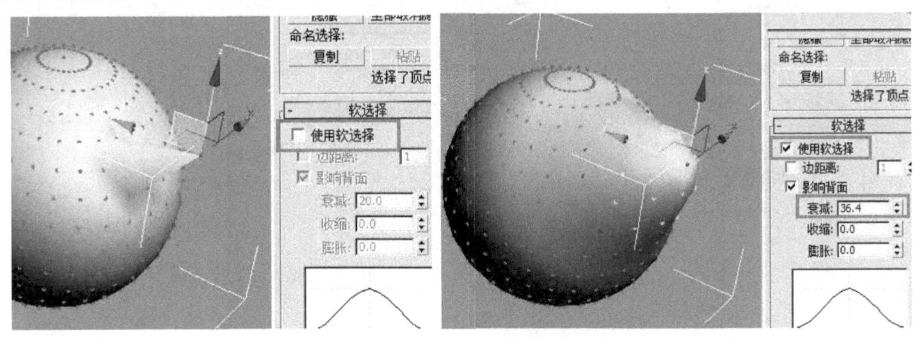

图 8－5　是否勾选使用软选择的对比

编辑网格顶点级别主要命令，如图 8－6 所示。

【附加】　能够使用这个命令将另外一个三维物体结合进来，与现在编辑的物体形成一个物体。

【分离】　与附加功能相反，能够将当前选择的子物体分离出去，形成一个新的物体。

【断开】　将一个顶点断开，形成两个或多个顶点。

【切角】　将一个顶点切成一个平面。

【焊接】　将选择的多个顶点通过一定参数焊接成一个顶点，与断开功能相反。

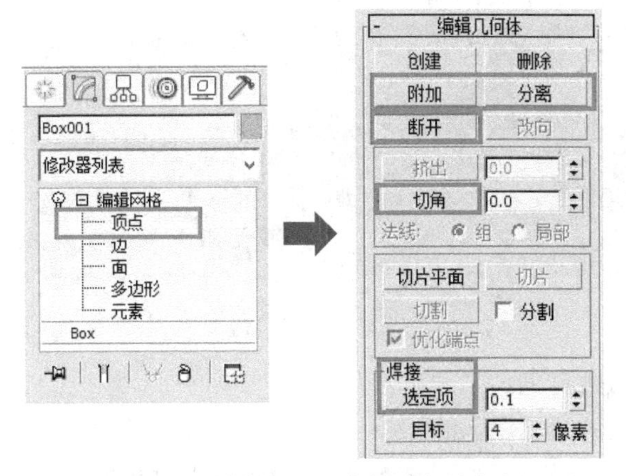

图 8－6　编辑网格顶点级别主要命令

【移除孤立顶点】　将没有线段或面相连的孤立顶点删除。

【视图对齐】　将选择的多个顶点取平均值对齐到激活视图上。

【栅格对齐】　将所选择的多个顶点对齐到辅助网格上。

【平面化】　将选择的顶点取平均值放在一个平面上。

【塌陷】　将选择的多个顶点塌陷成一个顶点，如图 8－7 所示。

编辑网格边级别主要命令，如图 8－8 所示。

【挤出】　对边进行挤出操作，如图 8－9 所示。

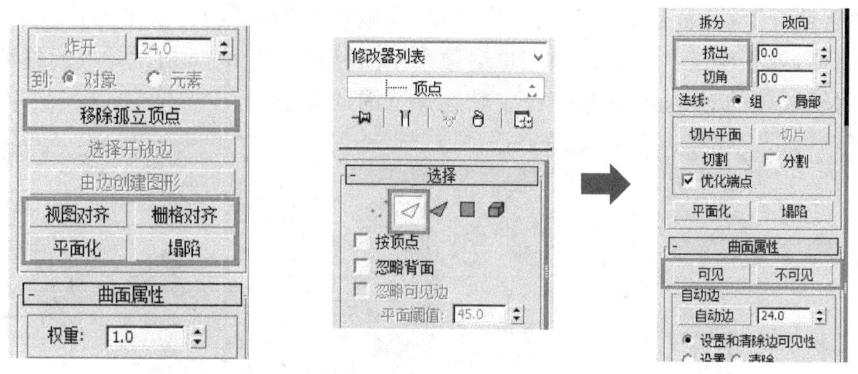

图 8-7　塌陷　　　　图 8-8　编辑网格边级别主要命令

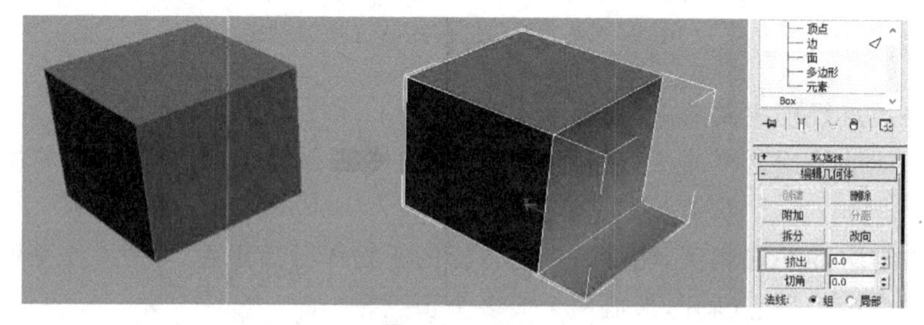

图 8-9　挤出

【切角】 将边切成一个平面,如图 8-10 所示。

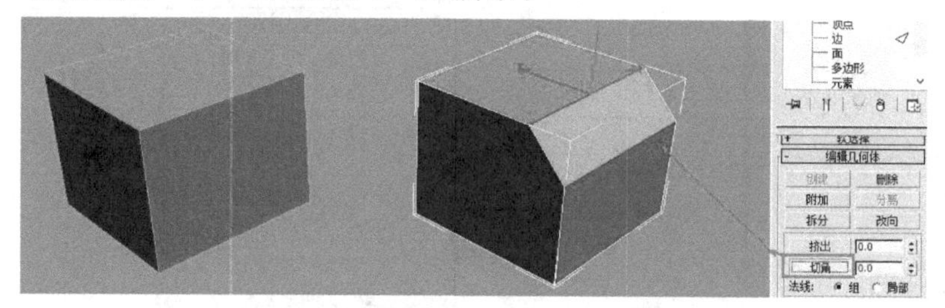

图 8-10　切角

【可见】 使隐藏的边可见。

【不可见】 使可见的边隐藏,如图 8-11 所示。实线显示的边为可见边,虚线显示的边为不可见边,通过边子物体级别【可见】与【不可见】命令可以对边的属性进行转化。

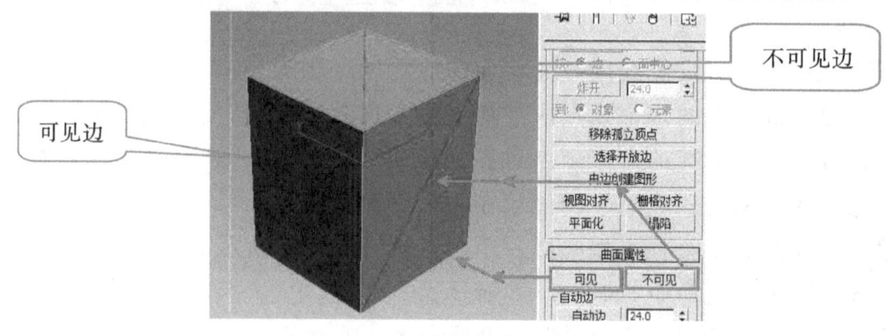

图 8-11　不可见操作

编辑网格面级别由于处理的子物体是三角形的面，而现实生活中，要求处理三角形面的物体很少，所以不常使用。

编辑网格的多边形级别是我们使用较多的一个子物体级别，如图 8－12 所示。

【挤出】 将选择的多边形表面向外或向内挤出。

【倒角】 将选择的面挤出后放大或缩小。

【切割】 对物体表面进行细分。

【炸开】 将选择的面根据面与面的夹角炸开成物体或元素，如果选择物体，炸开后会形成很多的碎片物体。

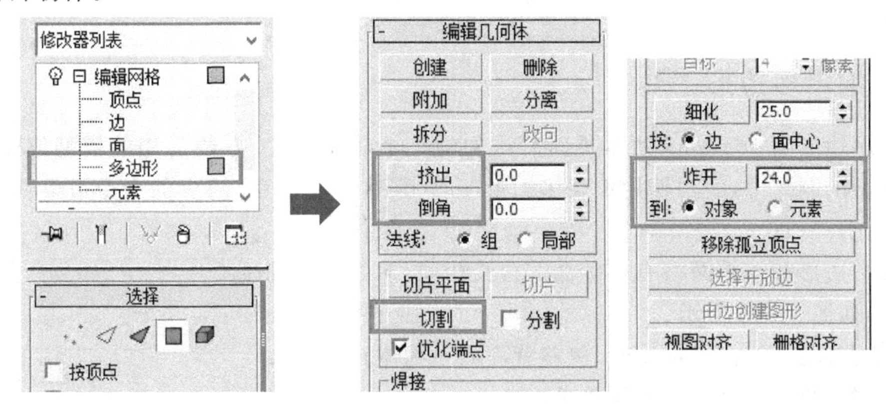

图 8－12　编辑网格的多边形级别主要参数

【平滑组】 通过下方的数字可以将所选择的面放在不同的光滑组内，同一个光滑组内的面，我们看不到面与面之间的夹角。

【按平滑组选择物体】 可以选择同一个光滑组中所有的面。

【清除全部】 将选择所有表面的光滑组全部清除，如图 8－13 所示。

图 8－13　平滑组

一个球体将光滑组清除的结果如图 8－14 所示。

编辑网格的元素级别常用来选择或分离物体的元素。元素可以理解为模型中一些小的结合体，如茶壶的元素包括：壶身、壶把、壶盖、壶嘴构成，如图 8－15 所示。

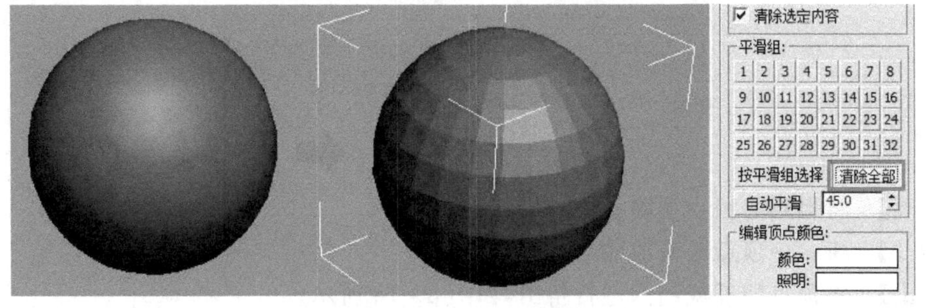

图 8－14　清除效果

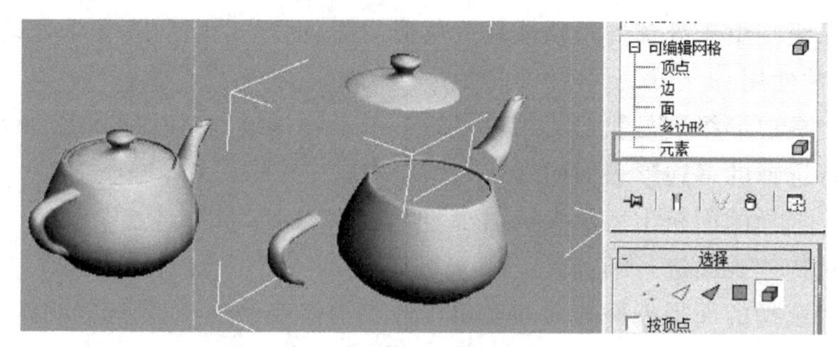

图 8-15 茶壶

8.1.3 编辑多边形工具

编辑多边形是 3ds Max 版本更新后添加的一个功能强大、方便易用的模型编辑修改器，在我们模型的制作中，通常使用编辑多边形工具，某些不太常用、缺少的命令可以使用编辑网格命令补充。

编辑多边形和编辑网格有很多命令含义相同，下面主要讲述不同的命令，如图 8-16 所示。

图 8-16 编辑多边形

【忽略背面】 选择子物体时，忽略背面的子物体。

【收缩】 减少子物体的选择数量。

【扩大】 增加子物体的选择数量。

【环形选择】 在选择线段子物体时，将所有环形(平行)的线段选择。

【循环选择】 在选择线段子物体时，将所有线圈(首尾)相连的线选择。

编辑多边形和可编辑的多边形命令完全相同，只是名称不同而已。

下面我们看一下编辑多边形顶点级别主要命令，如图 8-17 所示。

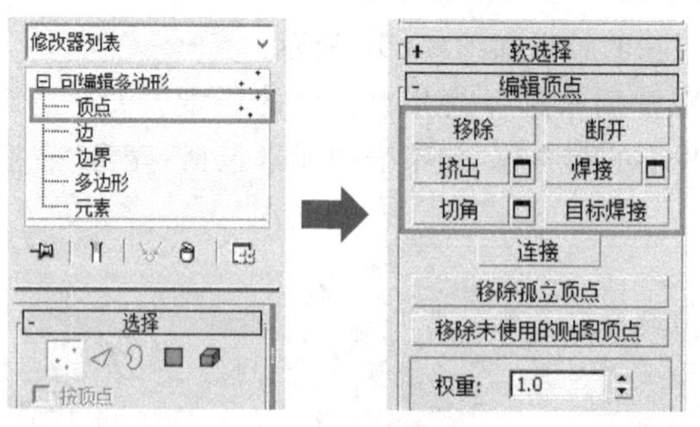

图 8-17

【移除】 将多余的顶点去除。

【断开】 将一个顶点断开成两个或多个顶点。

【挤出】 将顶点朝外或超内进行挤出，如图 8-18 所示。

【焊接】 将多个顶点焊接成较少顶点。

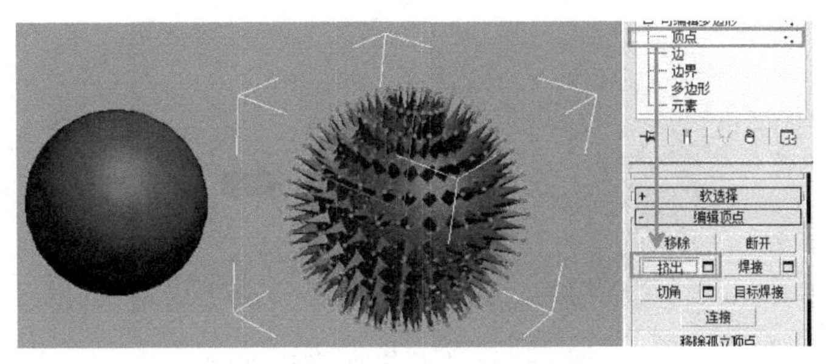

图 8-18 【挤出】效果

【切角】 将顶点切成平面。

【目标焊接】 将一个顶点拖动并焊接到另一个顶点上。

下面我们学习一下编辑边级别的主要命令,如图 8-19 所示。

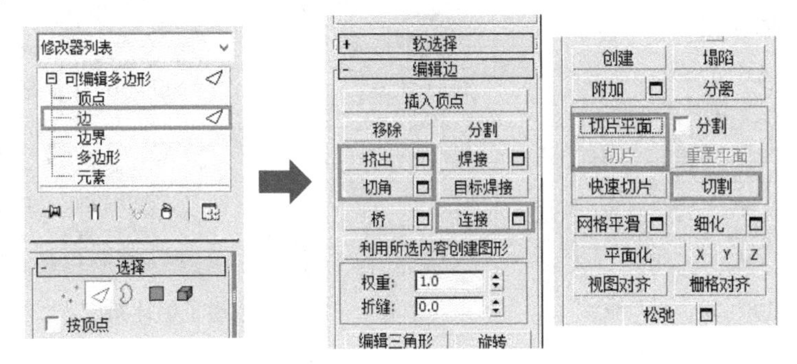

图 8-19 边级别主要命令

【挤出】 对边进行挤出。

【切角】 与编辑网格相同,将边切成平面。

【连接】 在两条边或多条边之间进行连接,让选择的边中间创建出新的线段,是我们平等细分面的好方法,如图 8-20 所示。在边级别,选择平行的或相邻的两条边,点击连接命令参数,调整连接的边数,选中【连接】复选框确认,连接操作完成。

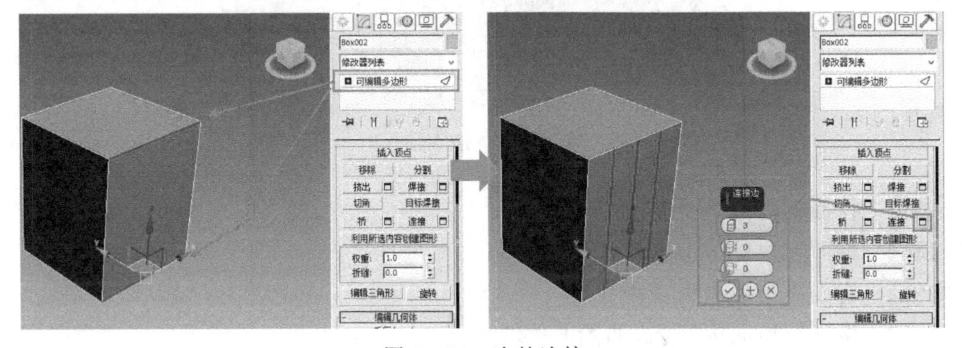

图 8-20 边的连接

编辑多边形的第三个子物体级别是边界级别,什么是边界呢?面的边缘就是边界。一个封闭的球体是没有边界的,但是一个开口的球体就有边界,如图 8-21 所示。

在编辑多边形的边界级别,最常用的一个命令就是封口,如图 8-22 所示,它能够将一个

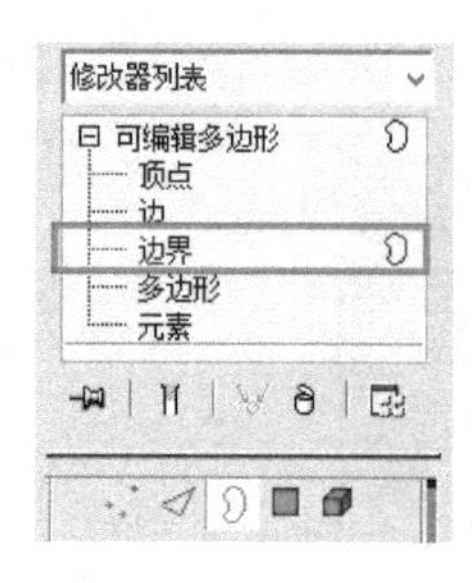

图 8-21 开口的球体的边界

边界用一个平面封起来。

编辑多边形最主要的命令集中在它的多边形子物体级别，下面我们对它们的功能详细了解一下，如图 8-23 所示。

图 8-22 封口命令

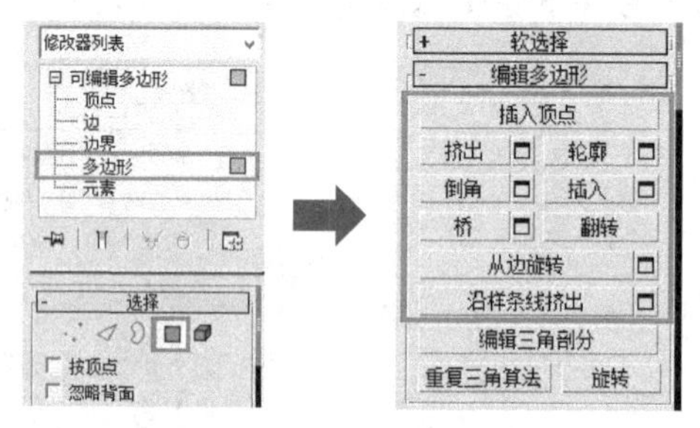

图 8-23 多边形子物体级别

【插入顶点】 在物体表面添加顶点，相邻的顶点与其线段相连，用来细化模型表面，如图 8-24 所示。

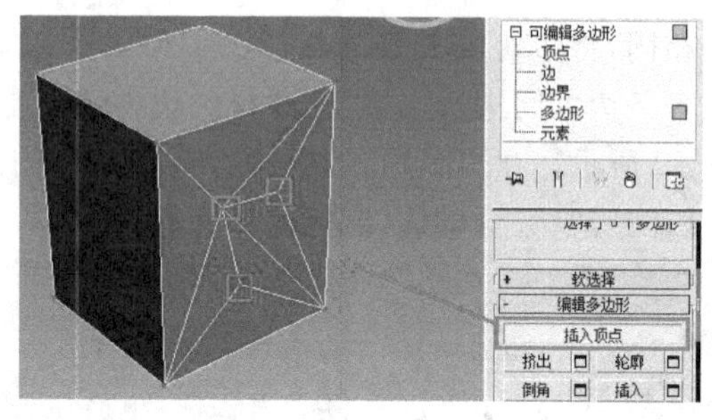

图 8-24 插入顶点

【挤出】 将面向内或向外挤出。

【轮廓】 将面在原地放大或缩小。

【倒角】 将面挤出后放大或缩小。

【插入】 将面原地向内插入，如图 8-25 所示。

【桥】型连接 将物体选择的两个面自动进行连接，类似边级别的连接命令。

【翻转】法线 将面的正面朝向翻转，下面是将一个茶壶表面进行法线翻转，这样就能够看见物体的内表面，如图 8-26 所示。

【从边旋转】 选择的面沿着选定的某条边挤出。操作流程：选择需要翘起的面，单击【从边旋转】后的按钮，弹出浮动面板，选择模型上任意一条边为翘起的轴，调整翘起的角度，完成

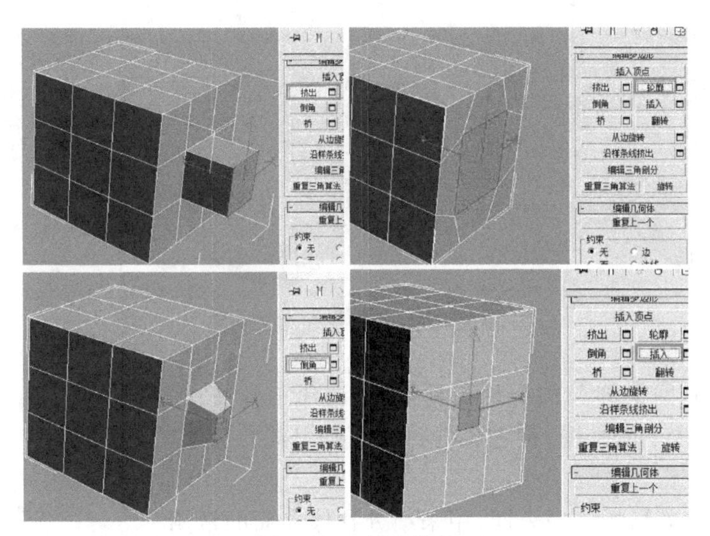

图 8－25 插入效果

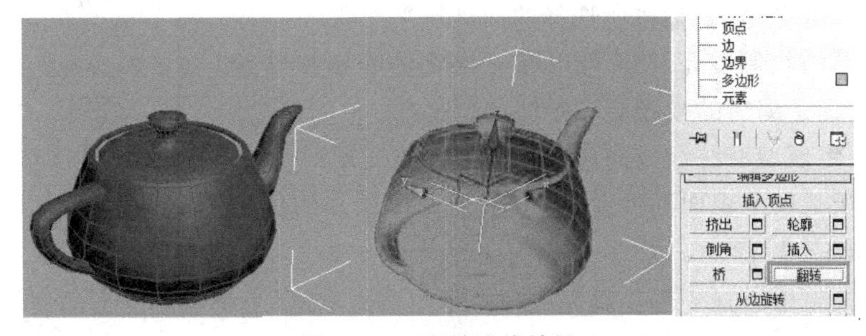

图 8－26 翻转法线效果

的效果如图 8－27 所示。

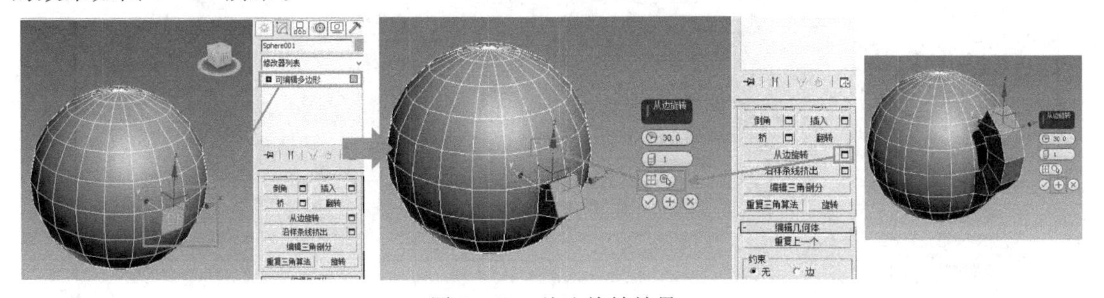

图 8－27 从边旋转效果

【沿样条线挤出】 将物体的选择面沿一根样条线向外挤出，能做出比较怪异的效果。

操作流程：创建要沿着挤出的样条线，下图是一条螺旋线，选择球体的一个面，单击沿样条线挤出命令后的按钮，在弹出的面板上点击选取样条线命令挑选创建好的螺旋线，适当调整面板上的参数，完成的效果如图 8－28 所示。

【塌陷】 将选择的面塌陷成一个顶点，如图 8－29 所示。

【附加】 附加结合其他三维物体到当前物体。

【分离】 将所选择的多边形分离成新的物体或元素。

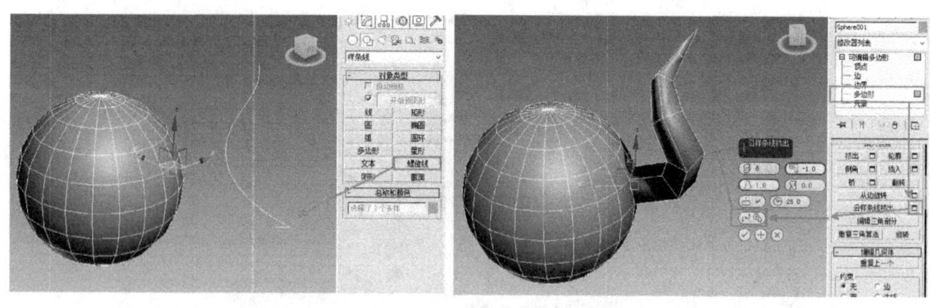

图 8－28　沿样条线挤出效果

图 8－29　塌陷命令

【切片平面】　网格细分的一种工具，配合切片工具使用。操作方法：单击切片平面出现，将它移动到你需要切割的位置，单击【切片平面】按钮，完成。

【切割】　手动剪切物体的表面，用来细分物体表面的常用工具。

【平面化】　沿 X、Y、Z 轴将所选择的面进行平面化。

编辑多边形的绘制变形工具可以在三维物体表面快速绘制雕刻模型，前提是编辑的模型要有足够的网格数。

【推/拉】　将模型沿法线方向向内或向外推拉变形。

【松弛】　松弛模型表面高低差异，对模型变形剧烈的位置进行柔化，如图 8－30 所示。

下面我们来使用绘制变形工具完成一个小山坡的实例，了解绘制变形的使用流程。

首先创建一个平面，如图 8－31 所示。

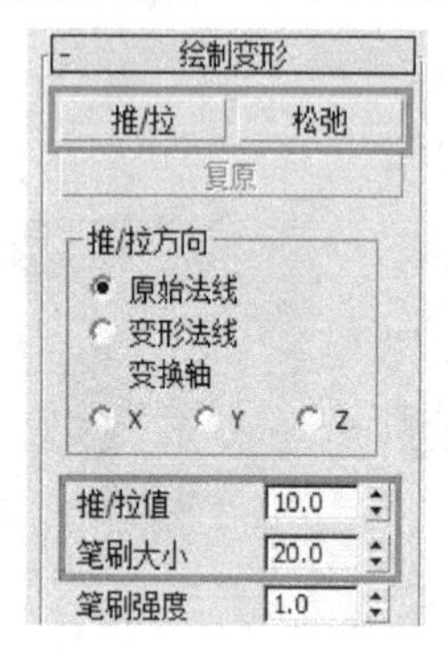

图 8－30　松弛

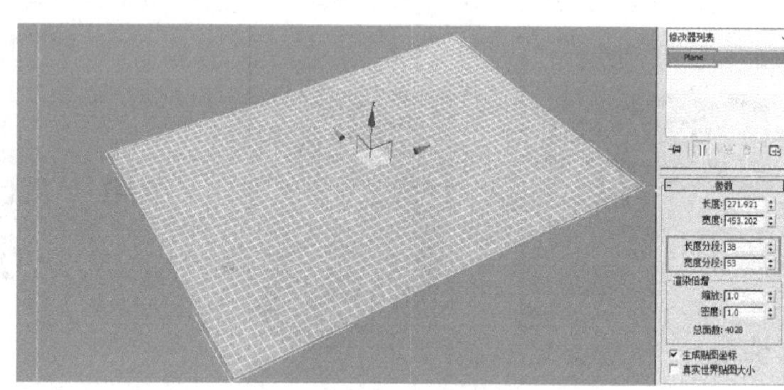

图 8－31　创建平面

鼠标右击平面，选择相应命令将其转化为可编辑的多边形，在可编辑多边形中找到绘制变形选项，如图 8－32 所示。

调整笔刷的强度和大小，在平面上进行绘制，有些高低起伏过高的地方可以使用松弛工具让其舒缓，山坡造型创建完成，如图 8－33 所示。

在编辑多边形的元素级别，有两个主要命令【设置 ID】和【选择 ID】，如图 8－34 所示。ID 是面或元素身份的意思，【设置 ID】可以将选择的面或元素设置成 1 或其他的一个数字，【选择 ID】能够选中面或元素的 ID 号。例如：在【选择 ID】微调框中输入 2，单击【选择 ID】命令，就能

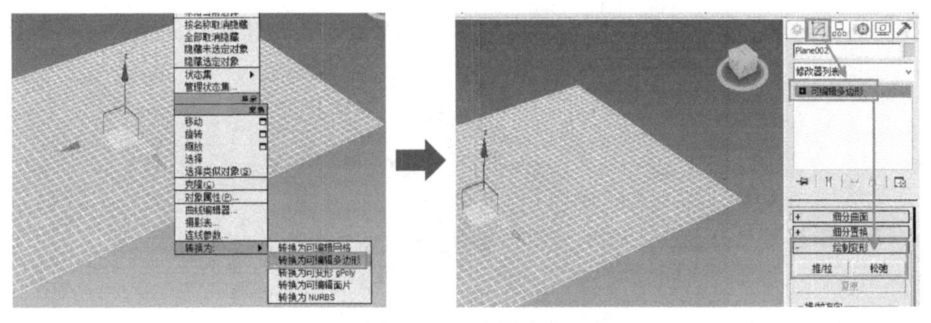

图 8-32　右键命令

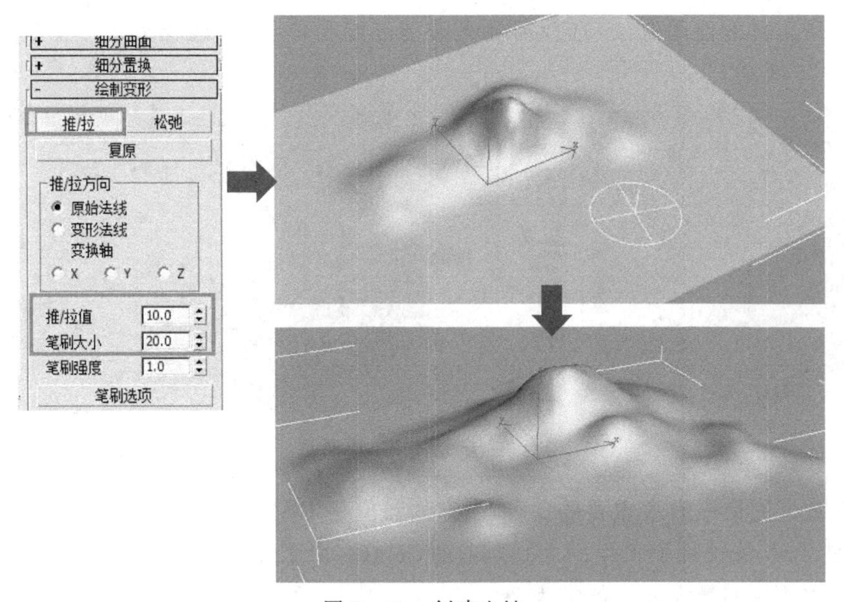

图 8-33　创建山坡

把 ID 号为 2 的所有面选择。物体面 ID 的划分是为了和材质 ID 划分相对应使用的，具体使用方法我们会在材质章节具体了解。

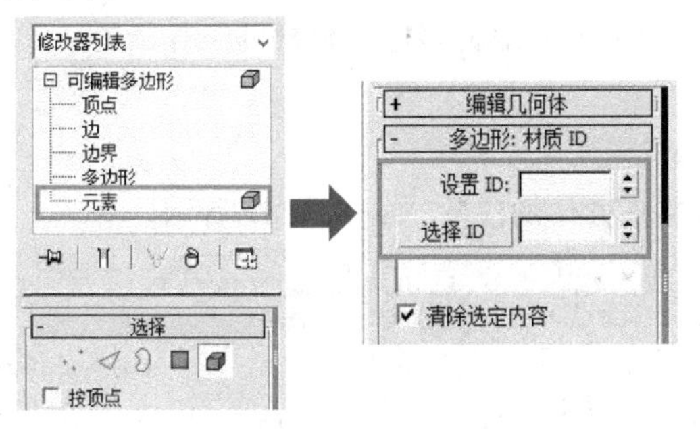

图 8-34　设置 ID 和选择 ID

8.1.4　网格平滑工具

网格平滑工具是在物体模型使用编辑多边形或编辑网格命令完成后，由于手工编辑细分模型很难做到又细微又光滑，所以使用网格平滑工具来完成，如图 8－35 所示。

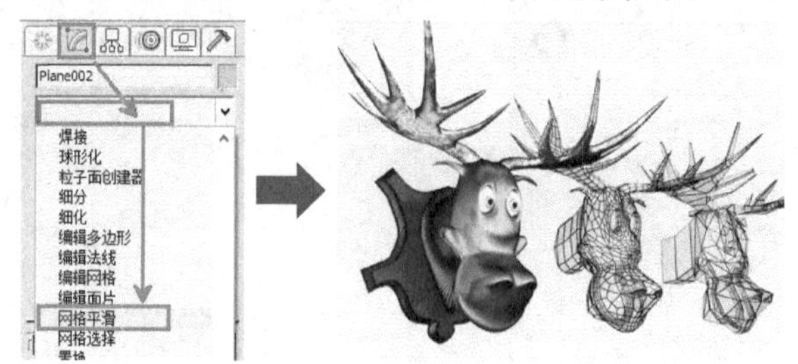

图 8－35　网格平滑

网格平滑工具的使用方法：选择需要平滑的三维物体，在修改器列表中选择网格平滑命令，如图 8－36 所示。

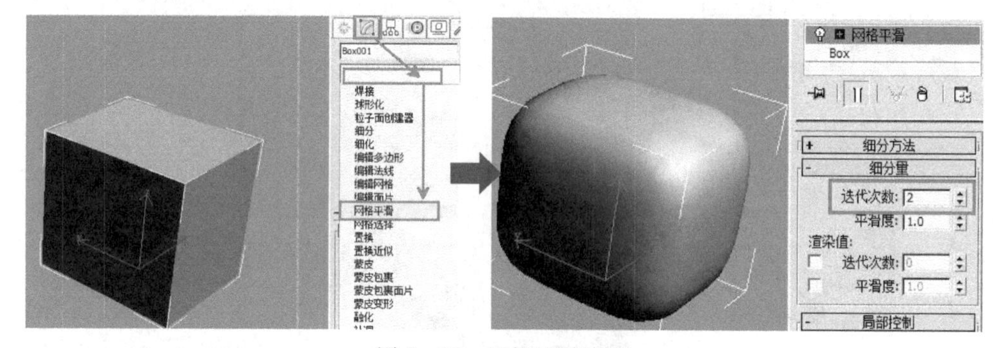

图 8－36　网格平滑效果

迭代次数是网格平滑最重要的命令，当它的数值是 1 时，光滑后所产生的面是平滑以前的 4 倍，数值是 2 时，光滑后所产生的面是以前的 16 倍。由于光滑以后产生的面很多，所以网格平滑中迭代次数我们最大使用值常为 2。

8.2　多边形建模实例

下面我们通过一些实例来了解编辑多边形建模的工作流程。

8.2.1　沙　发

创建一个长方体，调整长方体的段数，如图 8－37 所示。

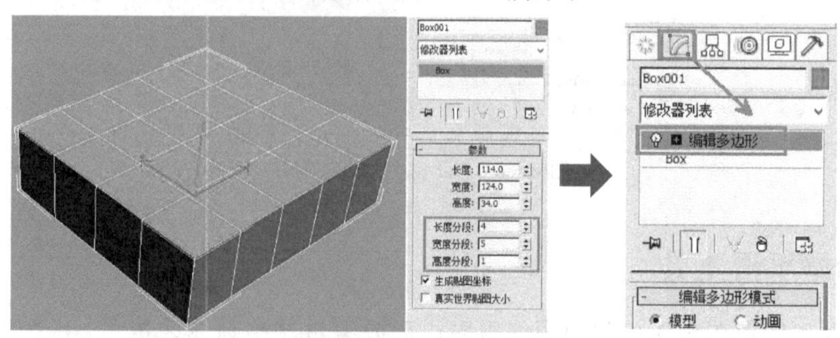

图 8－37

注意：在编辑网格或编辑多边形时，我们通常要按【F4】键将透视图显示为线框加实体的状态，只有这样，我们才能清晰地看到需要编辑的网格。

在修改器列表中添加编辑多边形命令。

进入编辑多边形的面级别，配合【Ctrl】键将一圈面选中，如图 8－38 所示。

注意：编辑多边形有顶点、边、边界、面、元素五个级别，进入不同的级别除了通过点击命令面板按钮外，还可以通过快捷键进入，它们对应的快捷键分别是数字键 1、2、3、4 和 5。

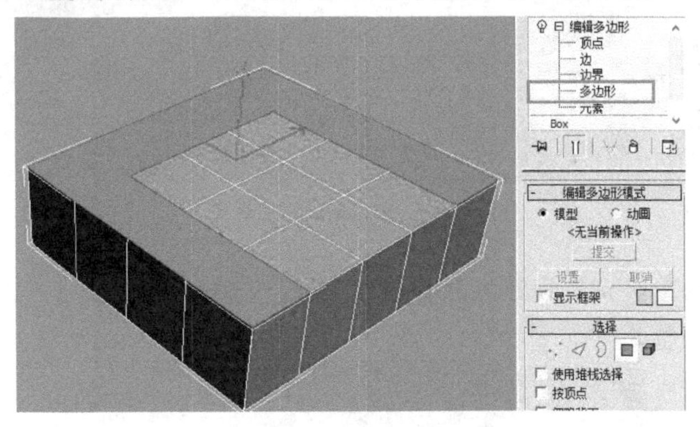

图 8－38

使用挤出工具将选择的一圈面挤出，如图 8－39 所示。

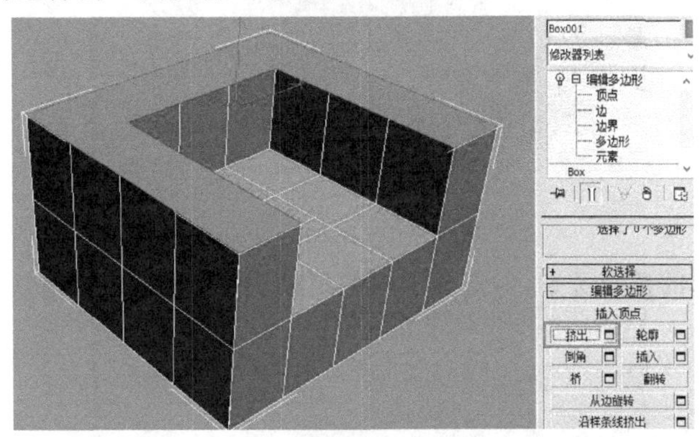

图 8－39

为模型添加网格平滑命令，并将平滑的迭代次数设置为 2，发现刚才生硬的沙发模型变得平滑了，这个模型现在看起来有些像比较现代的沙发模型，如图 8－40 所示。

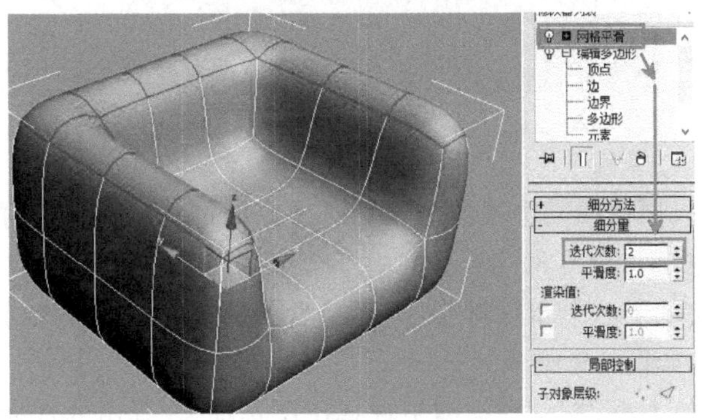

图 8－40

下面我们对其进行修改，完成沙发的靠背部分。

进入编辑多边形命令的面级别，选择靠背部分的面，使用挤出命令继续向上挤出，靠背沙发大形完成，如图 8-41 所示。

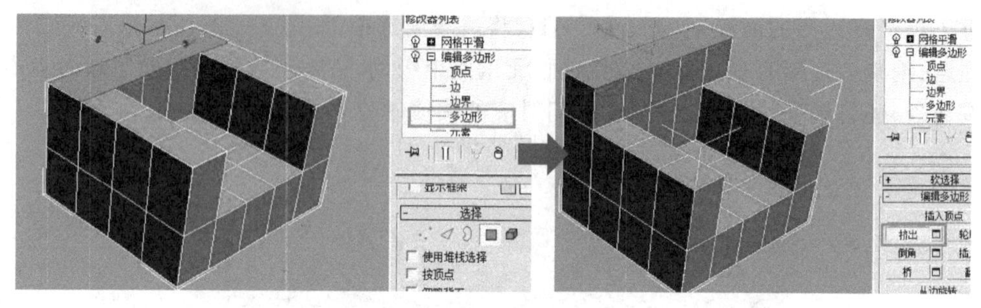

图 8-41

回到网格平滑修改级别发现沙发靠背出现，就是有些死板，如图 8-42 所示。下面我们再对它进行形态上的调整。

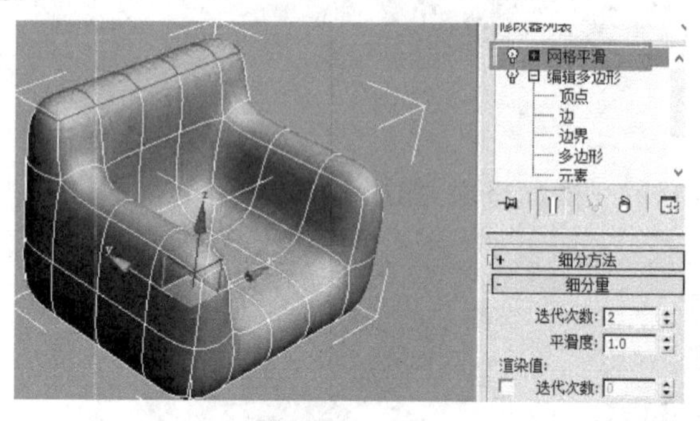

图 8-42

进入编辑多边形的顶点级别，勾选显示框架，按下显示最终结果按钮，在前视图上沙发出现了控制网格，如图 8-43 所示。

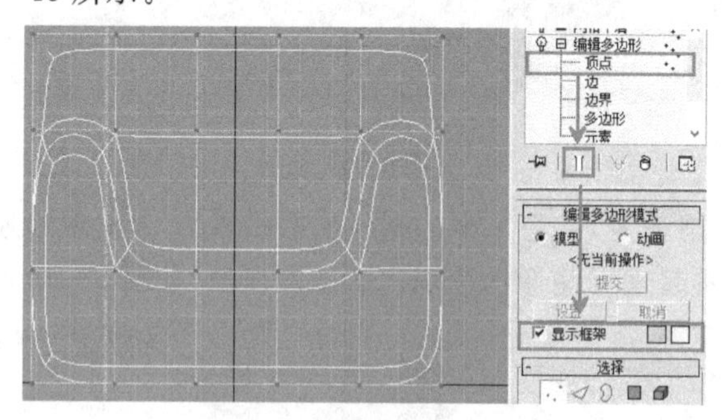

图 8-43

在前视图、左视图、顶视图三个视图上分别对顶点的位置进行调整，再观察透视图，发现原来生硬的沙发现在好多了，如图 8-44 所示。

下面，我们为沙发赋予一个布纹材质，按下键盘的【M】键，打开材质编辑器，选择任意一个材质球将它赋予物体，如图 8-45 所示。

单击漫反射后面的方框，在贴图类型中选择位图选项，在弹出的选择位图面板上找到想要

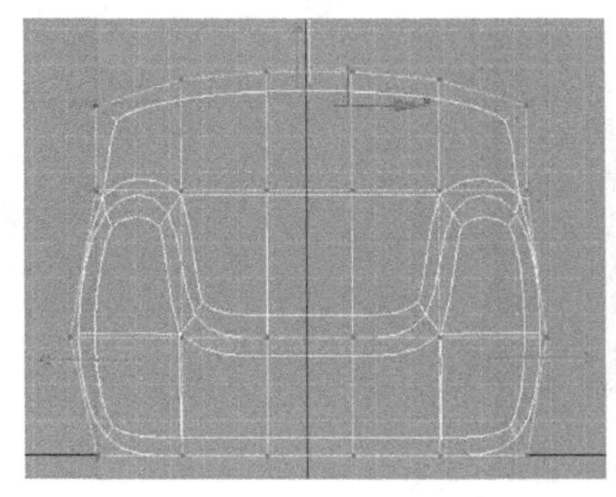
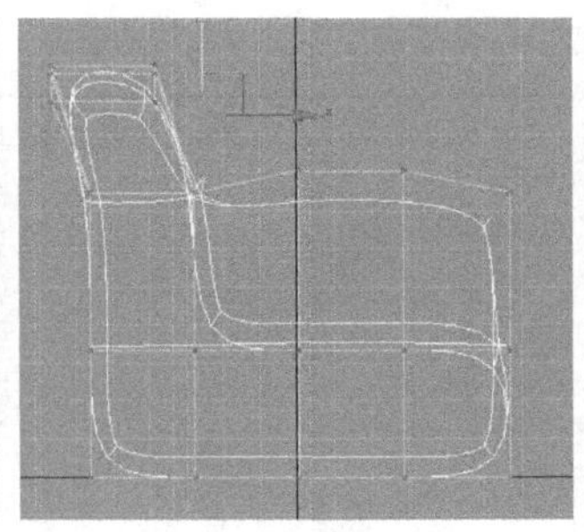
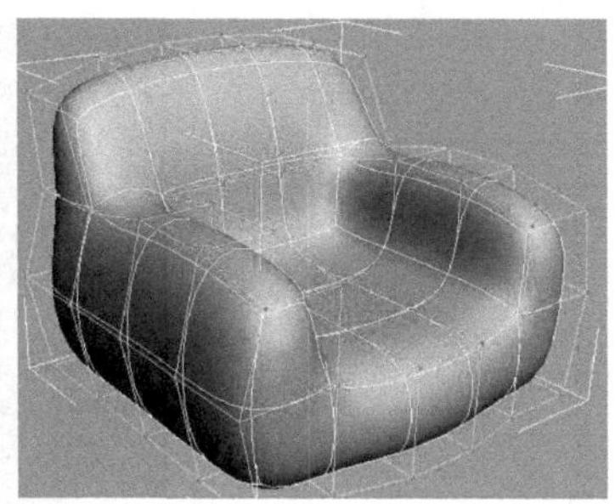

图 8 - 44

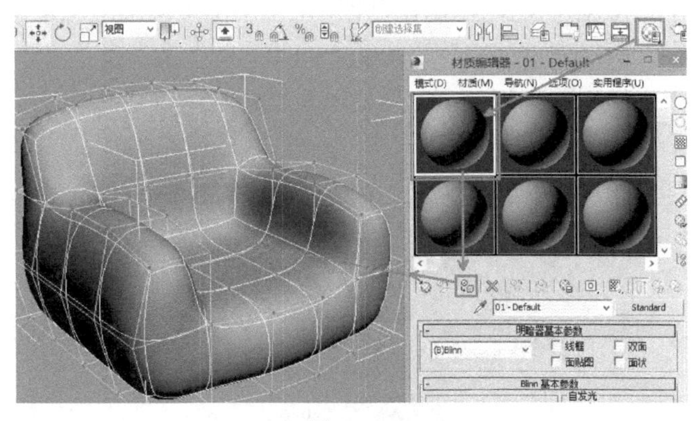

图 8 - 45

使用的沙发贴图，选中【面贴图】复选框，这时透视图中沙发就有布纹贴图了，如图 8 - 46 所示，只是贴图的大小不太正确。

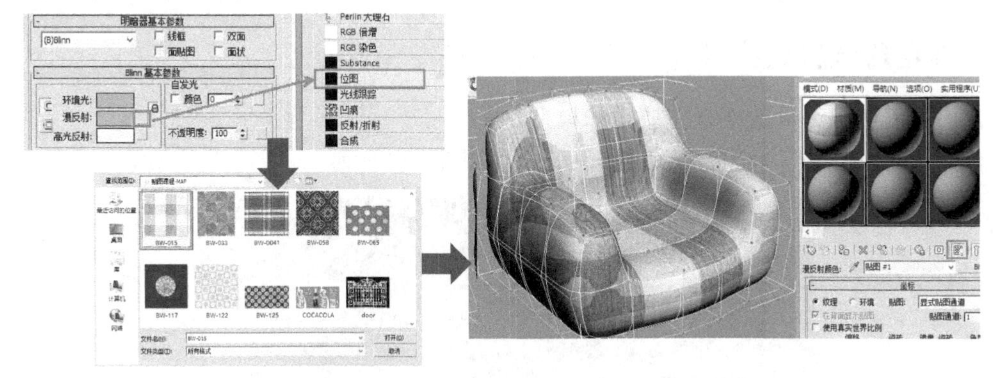

图 8 - 46

在修改器列表中为沙发物体添加 UVW 贴图坐标，将贴图类型改为长方体形，调整长宽高数值，如图 8 - 47 所示。

使用倒角的长方体完成沙发坐垫，复制沙发并完成地毯物体，使用前面学过的天光渲染方法对场景进行渲染，沙发模型的主体部分就通过编辑多边形工具完成了，如图 8 - 48 所示。

图 8-47

图 8-48

8.2.2 足球、篮球、排球

下面我们使用编辑网格来完成足球模型。

首先，在扩展几何体面板上，创建异面体，如图 8-49 所示。

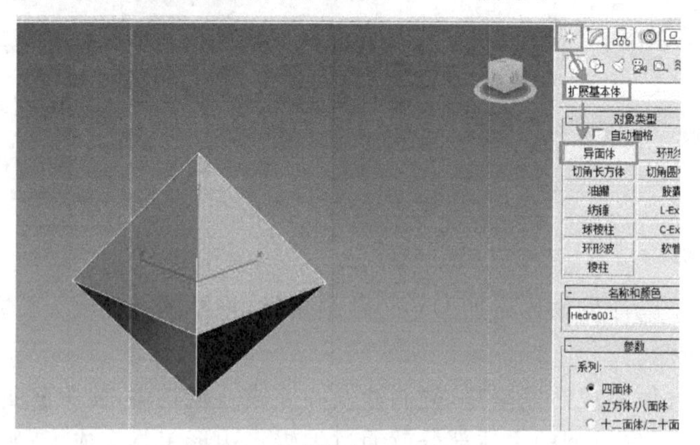

图 8-49

进入修改面板，将异面体的类型改为十二面体类型，调节长宽比例 P 为 0.36，如图 8-50 所示。

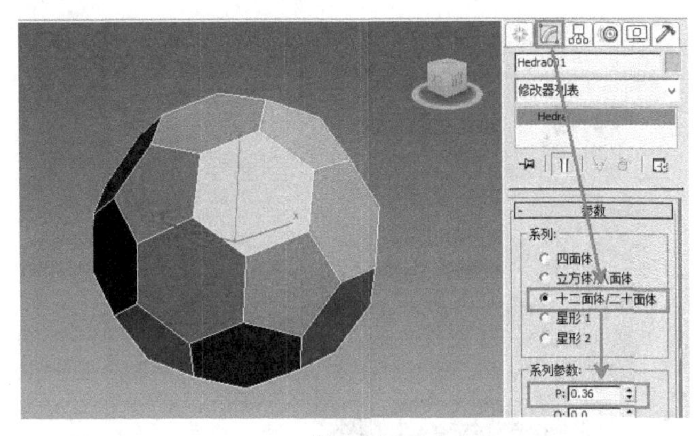

图 8-50

在修改面板,添加编辑网格修改器,进入多边形子物体级别,选择所有的面,使用炸开工具,将其炸开成元素,使用挤出命令对选择的面进行第一次挤出,再使用倒角工具做第二次挤压,步骤如图 8-51 所示。

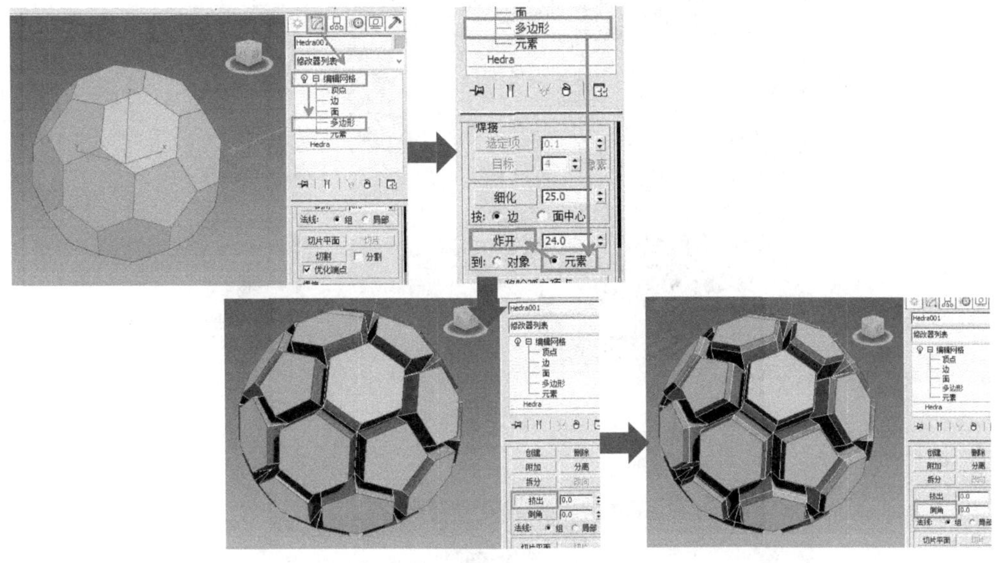

图 8-51

单击编辑网格取消面的选择,如图 8-52 所示。

为足球添加网格平滑,将网格平滑的细分方法改成经典模式,迭代次数改成 2 次,如图 8-53 所示。

添加球形化命令,按【F4】键去除线框显示,足球模型完成,如图 8-54 所示。

下面我们为足球添加材质。

按下【M】键,打开材质编辑器,选择任意材质球,将材质球的种类由标准改成多维/子对象类型,点击确定,如图 8-55 所示。

使用材质面板上的删除键将材质的数量设置成 2 个,将它们的颜色改成一黑一白,如图 8-56 所示。

将材质赋予物体,足球模型创建完成,如图 8-57 所示。

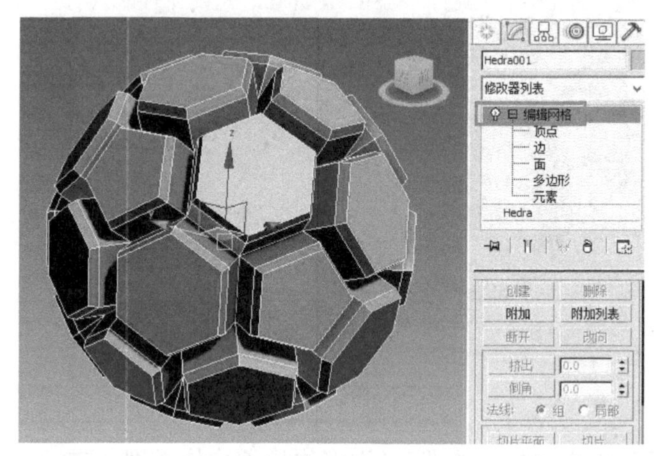

图 8-52

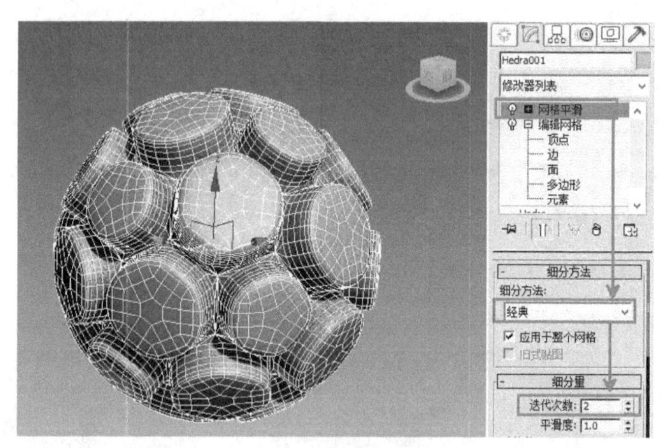

图 8-53

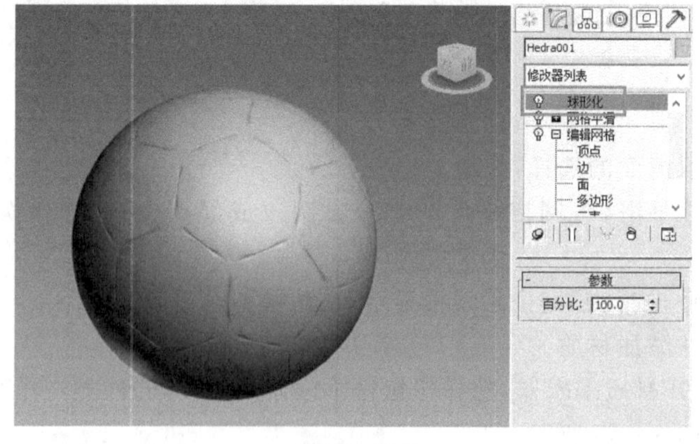

图 8-54

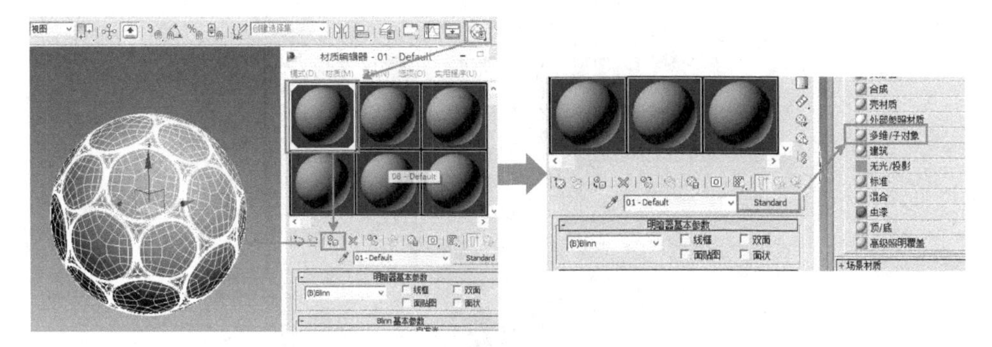

图 8-55

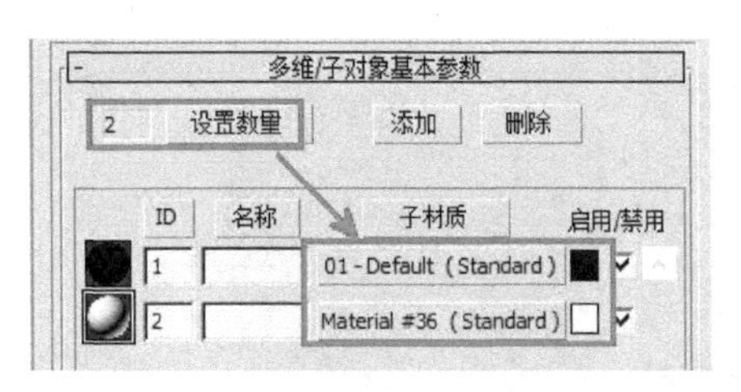

图 8-56

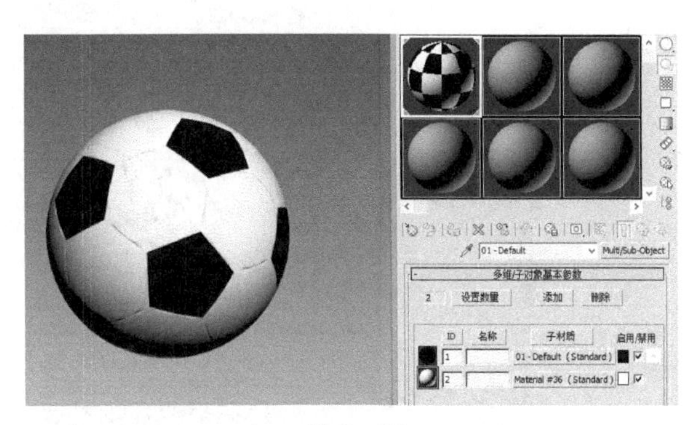

图 8-57

篮球模型和足球模型明显不同，足球主要由两个图形单元构成，篮球表面由曲线分割构成，如图 8-58 所示。下面我们来讲述使用制作篮球贴图配合球体模型完成篮球的方法。

图 8-58

打开三维捕捉工具，使用直线命令在网格上画出如图 8-59 所示的图形，注意直线的起始点和结束点。

将开始新图形功能关闭，再创建其他三条直线，如图 8-60 所示，右下角小图是所有画出直线的拆分效果。

进入修改面板，进入顶点子物体级别，选择中心的 2 个顶点，使用圆角工具对中心的顶点进行倒圆角，如图 8-61 所示。

进入可编辑样条线的渲染展卷栏，选中【在渲染中启用】和【在视口中启用】复选框，将厚度

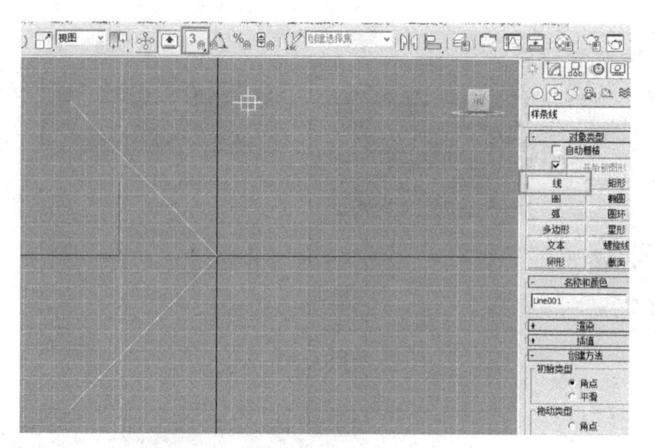

图 8-59

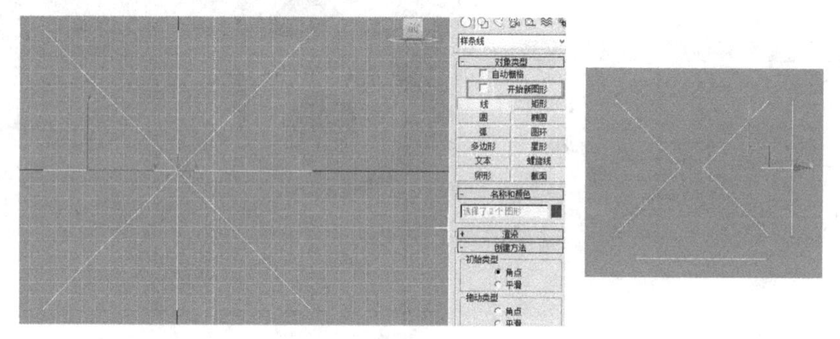

图 8-60

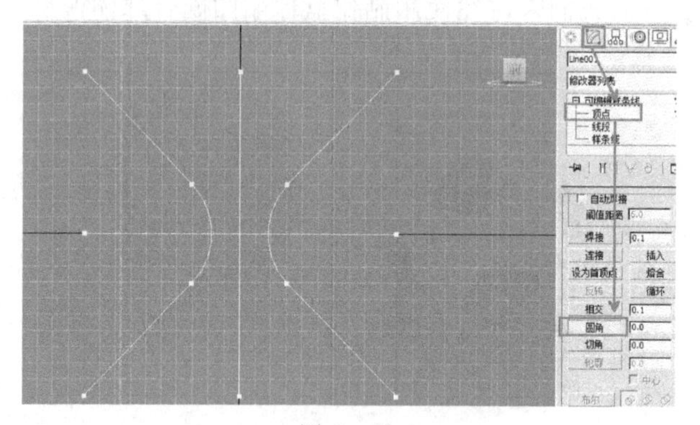

图 8-61

加大，这样原始的二维曲线就能够渲染了，这也是我们渲染二维曲线的常用方法，如图 8-62 所示。

按下数字键【8】，调入环境和特效面板，将背景颜色改为深红色，如图 8-63 所示。

退出环境面板，选择篮球直线并将它的线框色改为黑色，如图 8-64 所示。

选择篮球曲线，打开主工具栏渲染帧窗口，修改渲染区域为裁剪，选择自动选定对象区域，点击渲染，方形篮球贴图渲染出来，如图 8-65 所示。

将渲染出来的结果保存为名称为篮球贴图的 jpg 文件，篮球贴图制作完成，如图 8-66 所示。

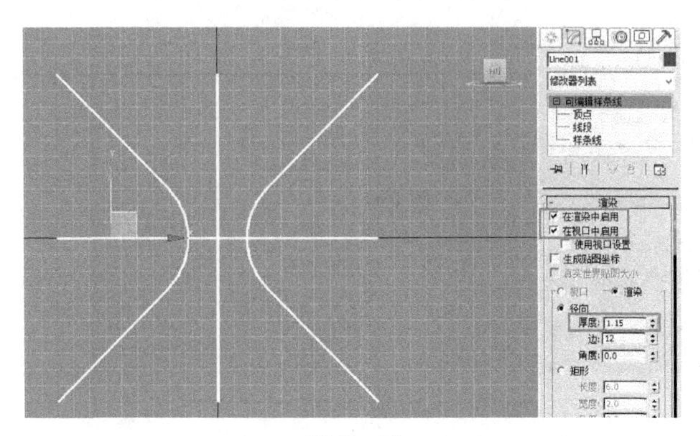

图 8－62

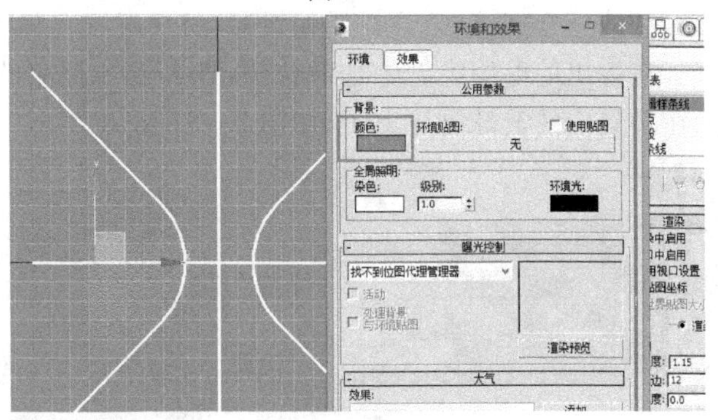

图 8－63

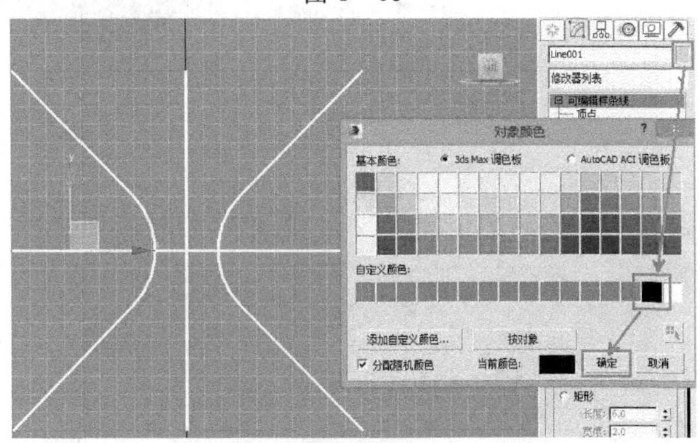

图 8－64

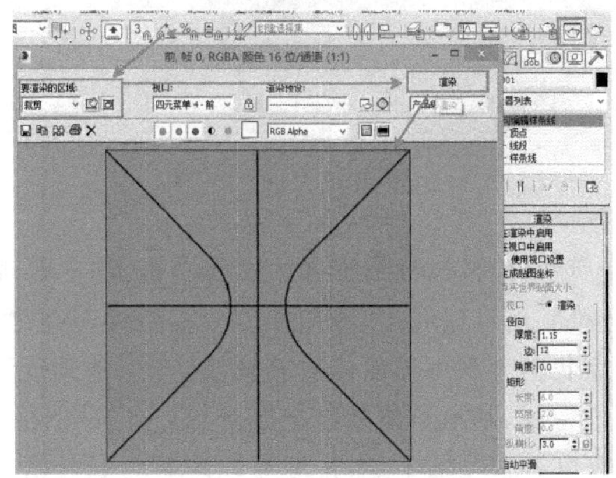

图 8－65

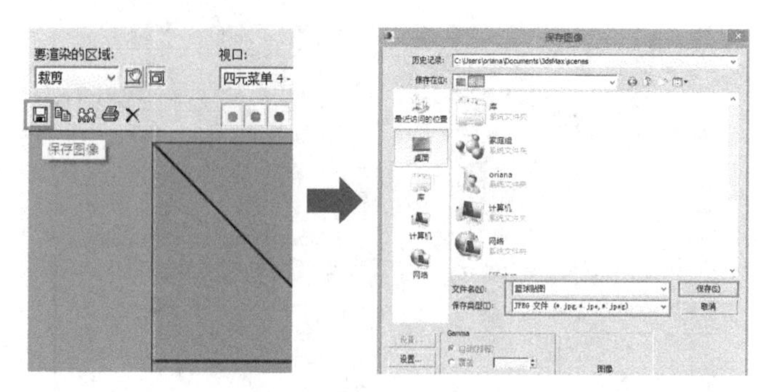

图 8－66

重新开始一个场景，创建一个球体，打开材质编辑器，将任意一个材质球赋予球体，点击该材质漫反射后的对话框，在弹出的贴图类型中选择位图，选择刚才保存的篮球贴图，单击显示贴图按钮，贴图就显示在场景中的篮球物体上了，如图 8－67 所示。

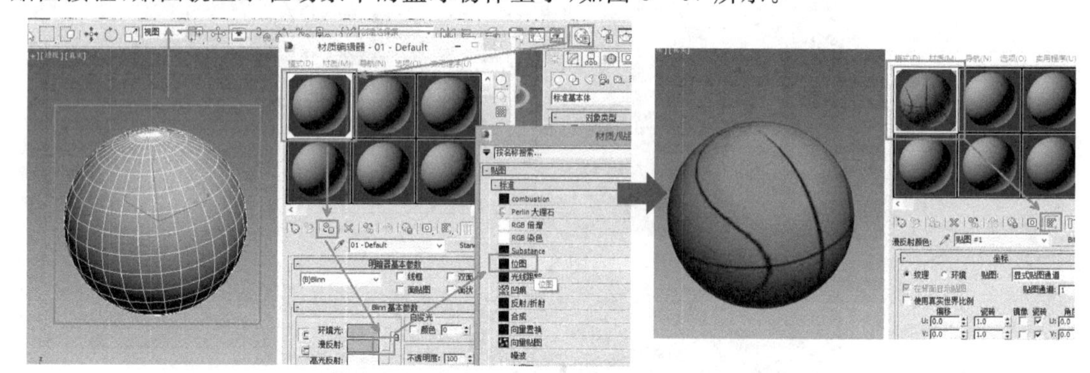

图 8－67

选择篮球并给它添加 UVW 贴图坐标修改器，篮球模型材质创建完成，如图 8－68 所示。

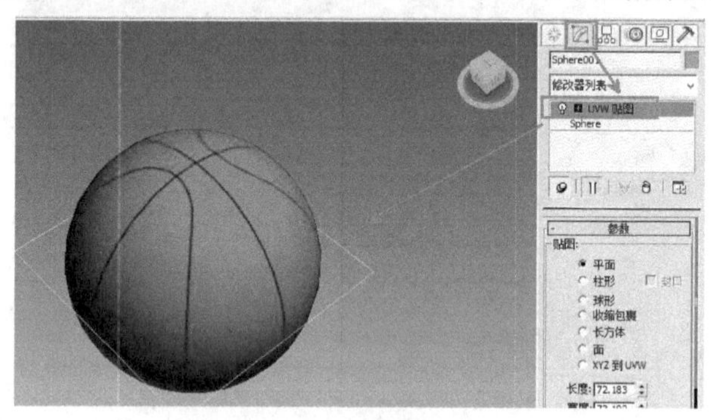

图 8－68

排球模型如图 8－69 所示，建模过程请参考中国大学幕课《三维动画基础》的视频教程。

从足球、篮球、排球建模实例可以看出，我们在创建模型时，会根据模型的特征来决定采用何种方法。比如，足球模型我们会采用异面体对其调整，产生基础造型，然后再进一步修改完成；篮球由于它表面纹理的特征，基本形体难以把握，但是它的贴图很有规律，所以我们就采用创建篮球贴图，通过贴图来弥补模型的不足；排球可以理解为它是由 6 个相似的大面构成，所

图 8－69

以我们采用先完成一个大面，然后复制得到其他的部分。这三个球体的建模方法代表了完全不同的 3 种建模思路，通过这些建模经验的积累，能够帮助我们在遇见更加复杂模型的时候，选择恰当的建模方法，如图 8－70 所示。

图 8－70

8.2.3　茶　壶

茶壶的最终完成效果如图 8－71 所示，具体制作过程如下。

图 8－71

在透视图创建一个立方体，添加编辑多边形修改器，进入多边形级别，使用插入命令将顶面向内插入，如图 8－72 所示。

图 8－72

使用倒角命令将模型向上倒角挤出，尽量让它的造型像茶壶的壶口，如图 8－73 所示。

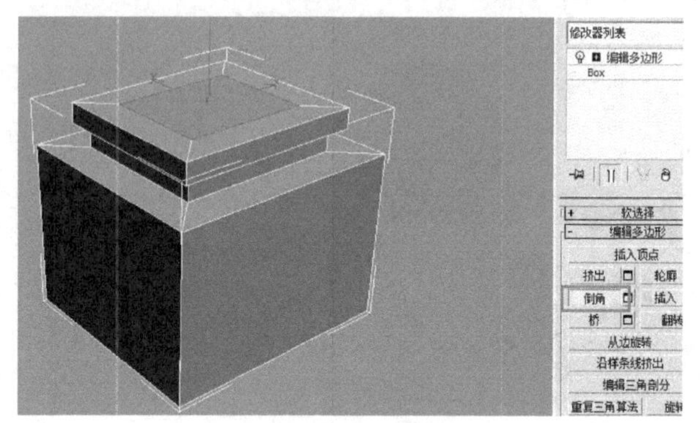

图 8－73

使用【Alt＋X】组合键进入物体的半透明选择状态，将物体向内倒角挤出，如图 8－74 所示。

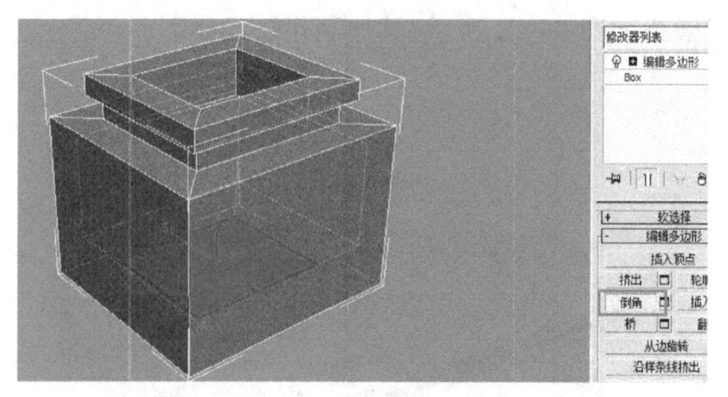

图 8－74

选择壶身侧面的 4 个面，使用倒角工具向外挤出，如图 8－75 所示。

使用挤出命令将左面多边形挤出，如图 8－76 所示。

激活前视图，将前视图最大化，进入顶点编辑级别，将顶点调整成壶嘴的形态，如图 8－77 所示。

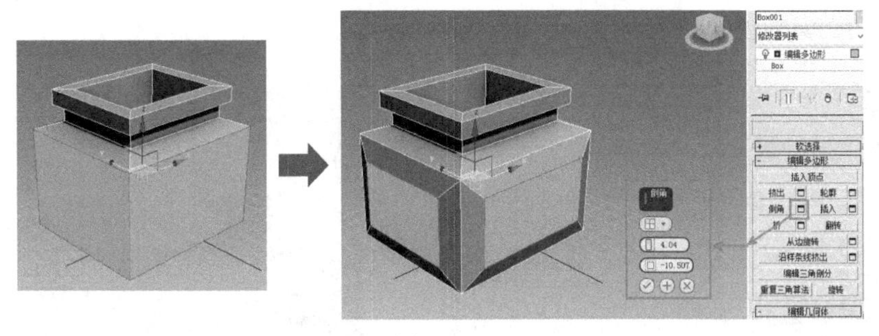

图 8 - 75

图 8 - 76

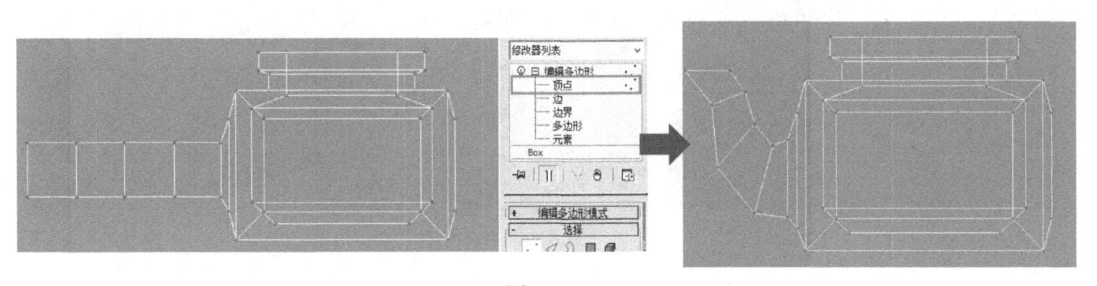

图 8 - 77

选择壶口顶点，打开顶点的软选择，使用缩放工具对其进行缩放，如图 8 - 78 所示。

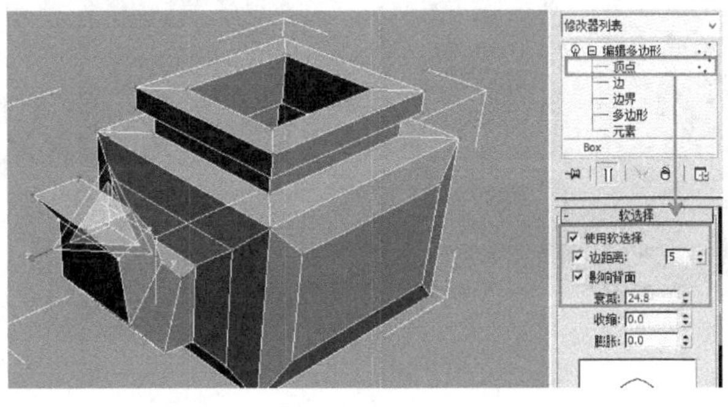

图 8 - 78

使用倒角工具对壶口进行加工，如图 8－79 所示。

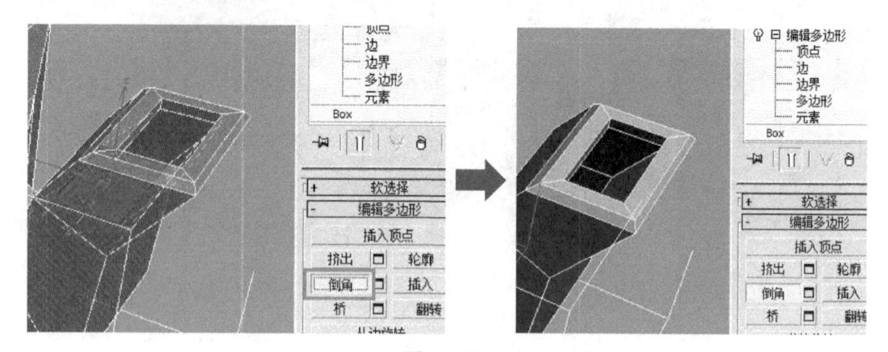

图 8－79

使用挤出工具挤出茶壶手柄，并对它进行调整，如图 8－80 所示。

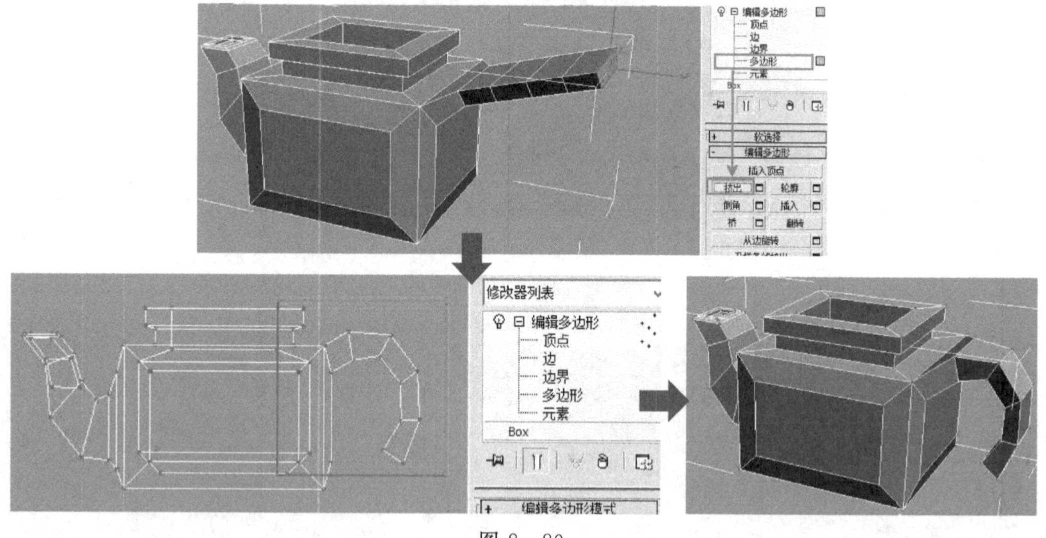

图 8－80

将壶把底部用倒角挤出，选择两个断开的表面，使用桥接命令连接，如图 8－81 所示。

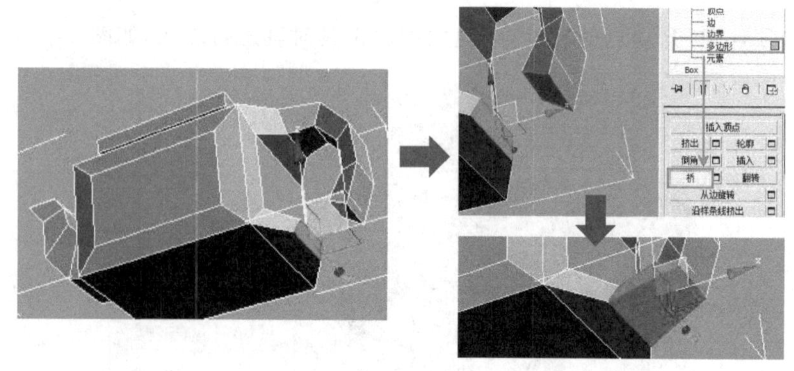

图 8－81

为茶壶加上网格平滑命令，茶壶基本造型完成，如图 8－82 所示。

图 8-82

接下来我们来完成壶盖模型，在壶身旁边创建长方体，添加编辑多边形命令，如图 9-83 所示。

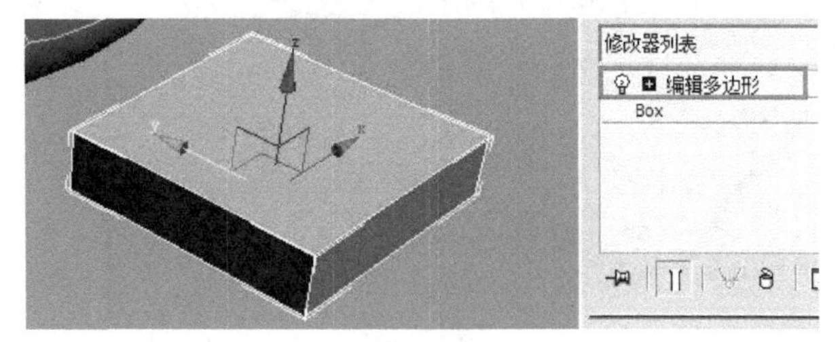

图 8-83

使用倒角命令完成壶盖顶部和底部造型，如图 8-84 所示。

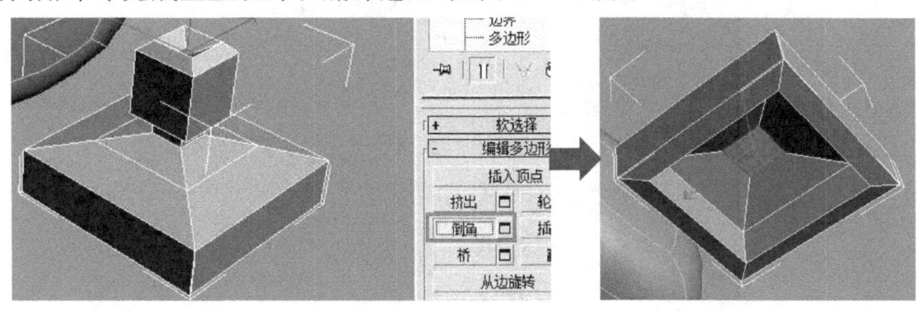

图 8-84

将壶盖网格平滑后放置在壶身上，如图 8-85 所示。

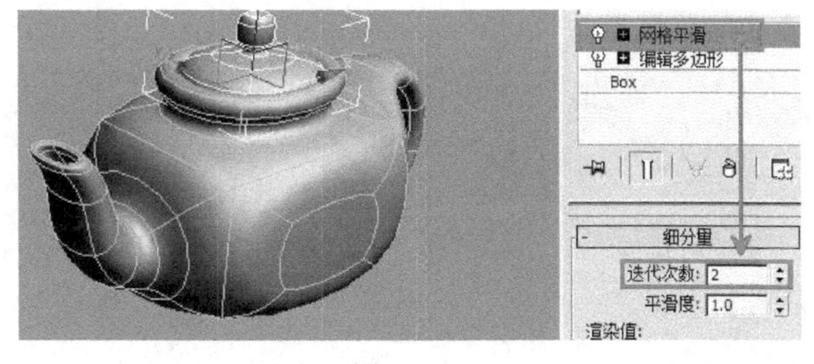

图 8-85

注意：网格平滑的迭代次数通常均为 2 次。

下面完成小茶杯模型，使用画线工具画出茶杯的横截面，并对它进行车削成型，注意调整车削的轴，如图 8－86 所示。

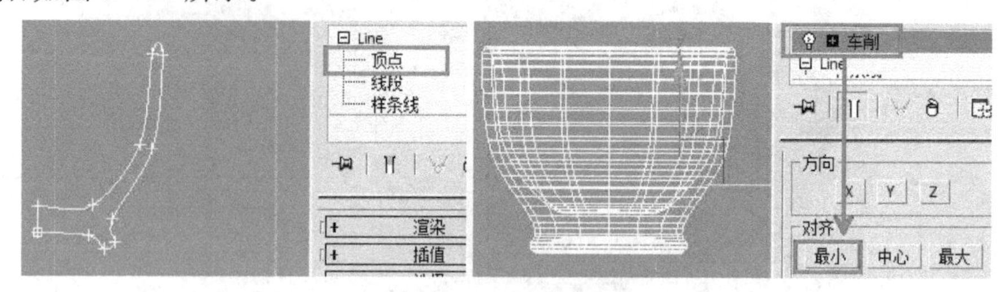

图 8－86

使用编辑多边形将一个长方体修改成茶壶的底座，如图 8－87 所示。

图 8－87

在底座的下方创建两个长方体，使用布尔运算将其减去，如图 8－88 所示。

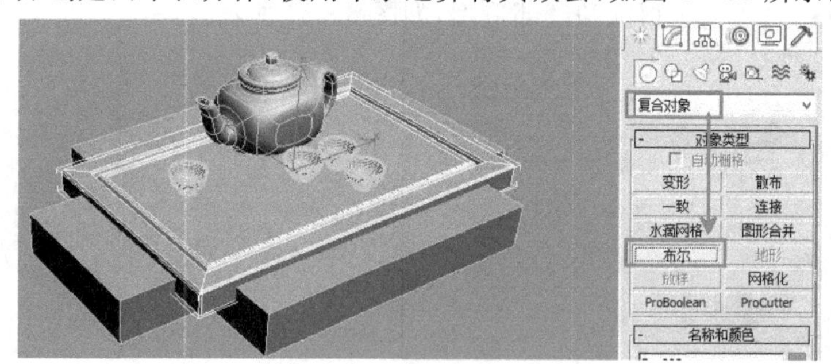

图 8－88

布尔运算后，茶壶造型完成，使用天光配合光线追踪对场景进行渲染，如图 8－89、图 8－90、图 8－91 所示。

图 8－89

图 8-90

图 8-91

本章小结

本章讲解了高级建模整体思路与基本工具，学习编辑网格、编辑多边形、网格平滑修改器的使用方法，并通过沙发、足球、篮球、排球、茶壶实例对高级建模进行实践，在学习过程中，需要对实例熟练掌握，了解模型创建思路与工具的作用，做到举一反三。

思考与练习

1. 简述多边形建模的工作思路和流程。
2. 练习完成足球、篮球和排球模型。
3. 谈谈你对模型网格布线是怎样理解的。
4. 编辑多边形有哪些子物体级别?
5. 设计并完成一个茶壶模型。

3ds Max 高级建模实例

第 9 章

本章重点

(1)理解并运用多边形建模工具。

(2)运用多边形建模方法完成复杂模型。

学习目的

学习编辑多边形建模需要通过创建难易不同、内容不同、形形色色的物体来积累建模经验和提高制作水平,本章通过经典的赛车模型和卡通角色模型的实际操作、演练,进一步讲解编辑多边形建模思路和建模工具的使用方法。

9.1 游戏塔楼模型

通过 Max 高级建模工具的灵活运用,完成游戏塔楼的创建。大家可结合中国大学 mooc《三维动画基础》对应章节视频学习。

使用编辑多边形完成的游戏场景模型制作流程图,如图 9 - 1 所示。

图 9 - 1　游戏场景模型

9.2　汽车轮胎模型

在高级建模创建过程中，可以使用多个物体进行修改，结合创建，集合基本几何体基础模型造型的优势，完成物体的轮廓外形，然后再深入细化。汽车轮胎案例中的钢圈物体，就是通过两个基本几何体修改、附加、细分完成的。详细制作过程参考中国大学幕课《三维动画基础》对应章节。

汽车轮胎模型制作流程图，如图9－2所示。

图9－2　汽车轮胎模型制作流程

9.3　金鱼模型

金鱼模型能代表生物模型或卡通角色模型的制作，通过完成金鱼的外形基础模型、使用对称命令进行对称物体的创建，眼睛、鱼鳍、金鱼尾巴的创建，熟悉高级建模工具与对称修改器、网格平滑修改器的使用方法。

详细制作过程参考中国大学幕课《三维动画基础》对应章节，如图9－3所示。

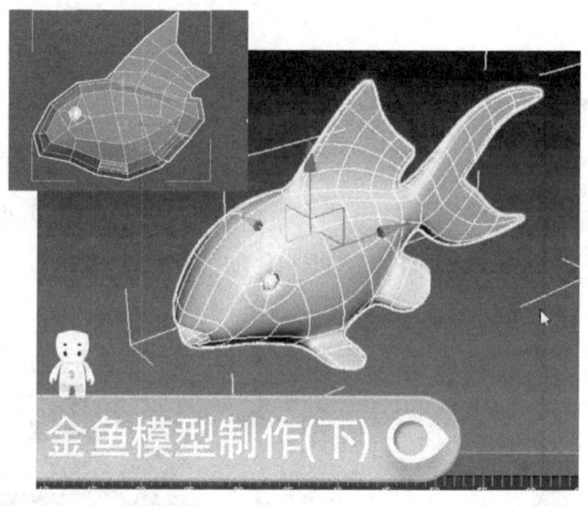

图 9-3 金鱼模型

9.4 一级方程式赛车

9.4.1 建模主要思路与工具

本章我们将完成如图 9-4 所示的 F1 赛车模型，它在建模的技术方法上对 Max 的初学者提出了更高的要求。

图 9-4 F1 赛车模型

三维软件建模的主体思路可以划分为细分建模和堆砌建模两大类。

细分建模也就是编辑多边形建模或编辑网格，建模流程：用基本几何体先完成物体的大形，然后通过编辑多边形或编辑网格工具对模型细节进行细分，这种建模方式和素描的绘制或雕塑的建造过程非常类似，一般我们使用细分建模完成三维人物、卡通角色或者是曲面物体的主体，本章中，我们使用细分建模完成赛车的车身部分，如图 9-5 所示，

图 9-5 赛车细分建模

因为它是一个曲面整体,无法用堆砌方法来完成。相对堆积建模方法来说,细分建模在建模工具的使用技术、曲面模型的理解方面,都对使用者提出了更高的要求。

堆砌建模通常用来建造非曲面物体,如建筑模型、机械或机器零件、机器人等,它的建模流程是将复杂的物体进行拆分,拆分为一些基础的零部件,再用基础的成型命令将这些小零件制作出来,最后将它们堆砌在一起。它要求设计者对模型的大小比例关系、空间位置有很好的把握,如图 9-5 所示,赛车的车轮等零部件部分都是通过堆砌建模完成的。

细分建模的主要工具包括:编辑网格、编辑多边形、对称、网格平滑等。

堆砌建模的主要工具包括:挤出、车削、倒角、FFD 变形工具等。

下面我们来完成赛车模型。

9.4.2 F1 赛车三视图的调入与匹配

在完成一个赛车建模以前,我们要尽量多找一些不同角度的赛车照片作为参考,最好有标准的汽车三视图,如图 9-6、图 9-7 所示。

图 9-6 汽车三视图

本章 F1 赛车三视图如图 9-8 所示,如果三视图的长宽像素大小不一样,需要在 Photoshop 软件中,将赛车的三视图调整为图像长宽比例相等的图片。(如三视图长宽大小统一为 800 像素×600 像素)。

为了弥补三视图立体感的不足,我们可以搜集更多的一级方程式赛车图片作为建模的参考,如图 9-9 所示。

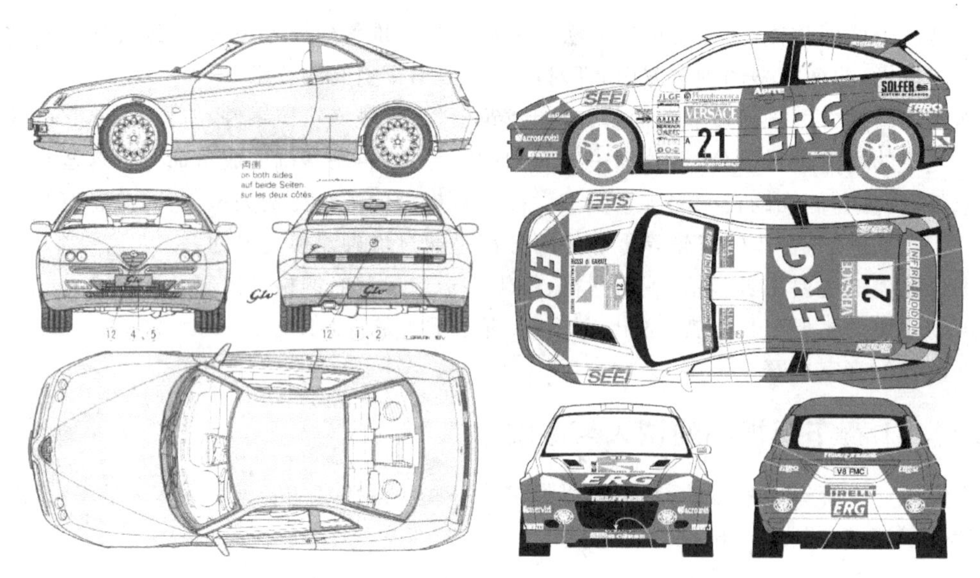

图 9-7　汽车三视图

图 9-8　建模汽车三视图

图 9-9　赛车图片

打开 3ds Max 软件，在前视图创建平面物体，将平面物体的长度改为 60 个单位，宽度 80

单位，长宽比例与参考图长宽比例一致，使用旋转工具，激活角度捕捉（快捷键是【A】键），在前视图选择平面物体，按键盘【Shift】键，锁定 X 轴旋转复制 90°，再选择平面物体，在顶视图沿 Y 轴旋转 90°，完成三个与 XYZ 轴平行的平面，如图 9-10 所示。

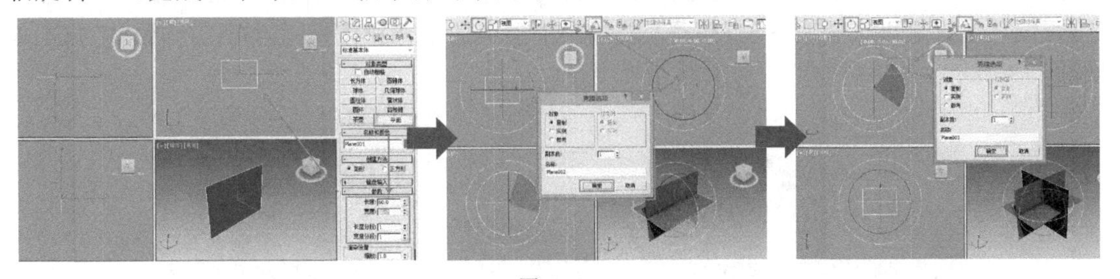

图 9-10

分别选择三个平面，沿着与平面垂直的轴向平移，将其距离适当拉开；将四个视图的显示模式修改为【明暗处理】模式，打开主工具栏材质编辑器工具，选择一个空白材质球，按【将材质赋予选定对象】工具，将材质赋予选择的物体，点击该材质球【漫反射】贴图通道，选择【位图】通道，贴入 F1 赛车前视图参考图，选择【在视口中显示明暗处理材质】命令，参考贴图正确显示在透视图与三视图中，如图 9-11 所示。

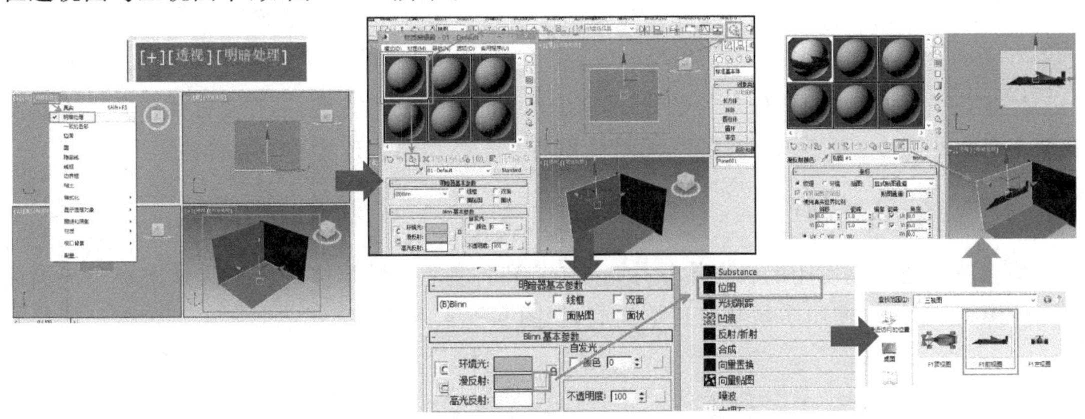

图 9-11

选择新的材质球，使用同样的方法，分别贴入赛车的左视图与顶视图，如图 9-12 所示。

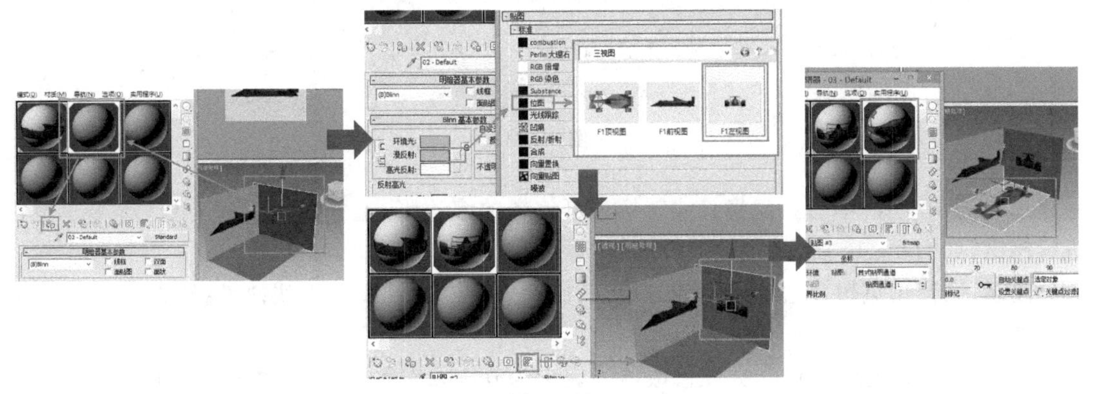

图 9-12

选择创建的参考物体，选中显示面板的【背面消隐】复选框，平面物体背面就会自动隐藏了；创建长方体物体，修改长宽高数值，使其正好与顶视图、前视图中参考图大小相同，如果长方体物体阻挡了背景图显示，可选择长方体物体后，按【Alt＋X】组合键，半透明显示长方体物体，再按一次可退出半透明显示；移动左视图中的参考图平面物体，使其与长方体物体对位，如图 9－13 所示。

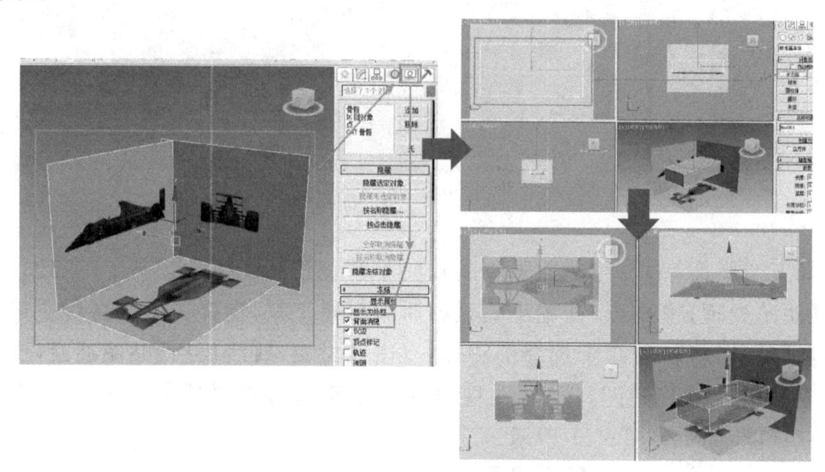

图 9－13

注意：三视图的匹配工作是为了让三视图建立正确的位置关系，只有立方体长宽高大小与背景车身大小完全匹配时，背景的三视图对我们赛车模型的创建才有参考价值。

9.4.3　赛车车身制作

删除三视图匹配使用的长方体物体，在前视图上使用二维形体的线工具画出赛车的封闭侧面轮廓，画曲线时使用多段直线连接构成，如图 9－14 所示。

图 9－14

选择赛车车身，单击右键将直线转换为可编辑的多边形，选择多边形子对象，对赛车侧面进行挤出，如图 9－15 所示。

注意：在使用编辑多边形建模的时候，我们一般会在透视图按下快捷键【F4】(线框加实体显示键)。

退出多边形的选择状态，并在修改器列表中为其加入对称工具，调整对称轴向为正确的 Z 轴，进入可编辑多边形级别并单击显示最终结果开关，这样我们就能在可编辑多边形的子物体

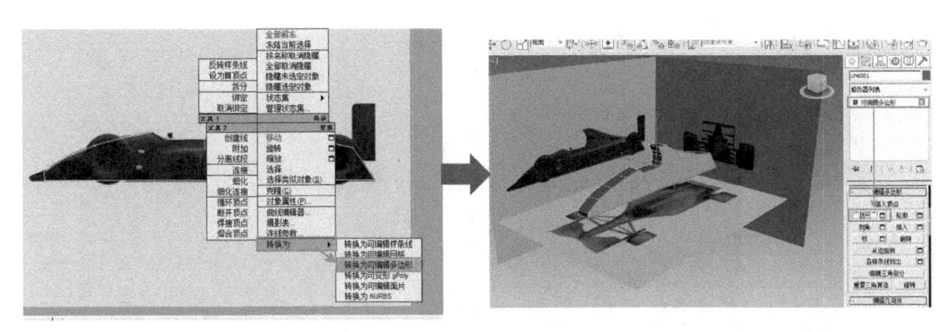

图 9-15

修改时显示对称以后的结果了，如图 9-16 所示。

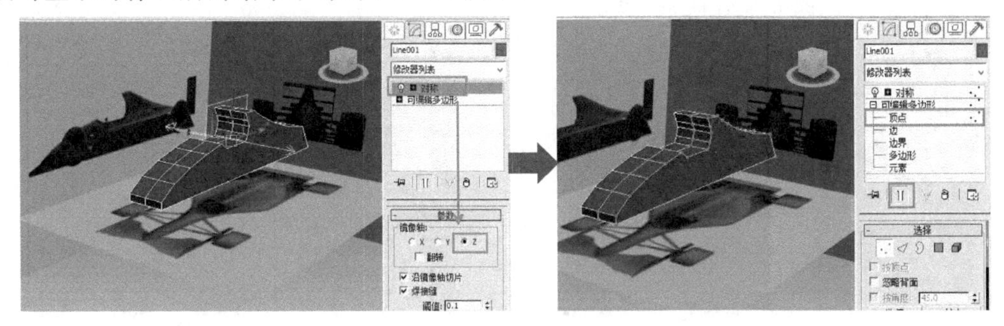

图 9-16

注意：如果感觉赛车线框色不够醒目，可根据个人爱好对赛车线框色进行调整。如将红褐色车身调整为淡蓝色。

进入可编辑多边形的顶点子物体级别，在工作区单击右键，在弹出的四联组工具菜单中选择【剪切】工具，在透视图上对侧面多边形进行剪切，如图 9-17 所示。

注意：切割时，尽量顶点切割到顶点上，切割后的多边形最好以四边形为主。

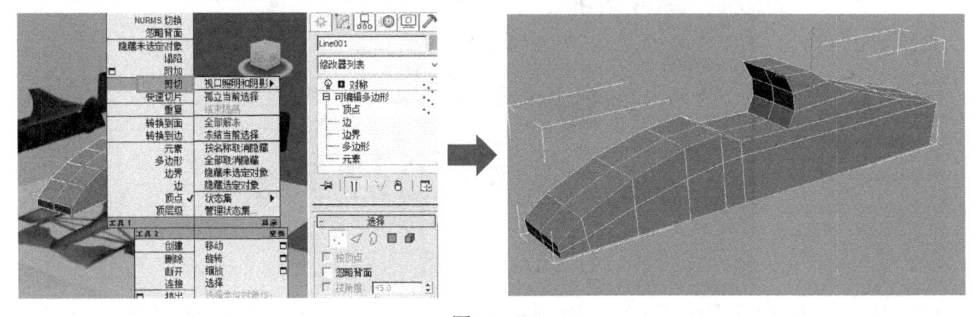

图 9-17

切割完成后，进入多边形的顶点子物体级别，使用移动工具，对赛车一侧的顶点根据赛车的三视图比例大小进行调节，赛车对应的一侧由于使用了对称命令，也会自动响应，注意不要移动赛车对称轴上(车身中间)的顶点，顶点调整完成后如图 9-18 所示。

此时，赛车车身由于面剪切移动修改的原因，会出现如图 9-19 所示的光滑组的显示现象(不会影响到最终赛车建模结果)，为了统一模型的显示，更好地看清物体边界切面，可以在多边形的子物体级别，使用【Ctrl+A】组合键，选择所有的多边形，然后使用命令面板下端的平滑

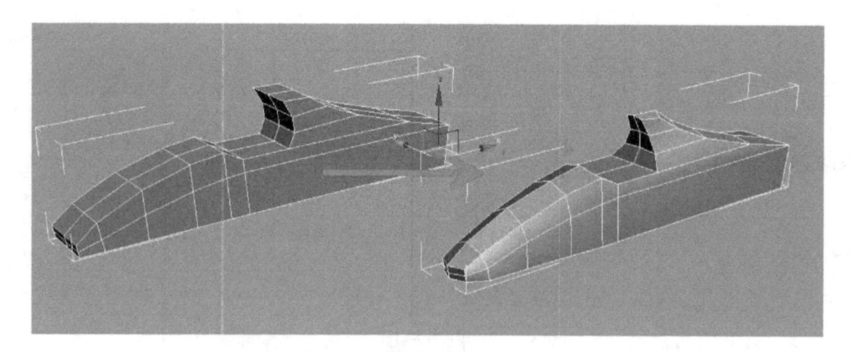

图 9-18

组清除全部命令，如图 9-20 所示。

图 9-19

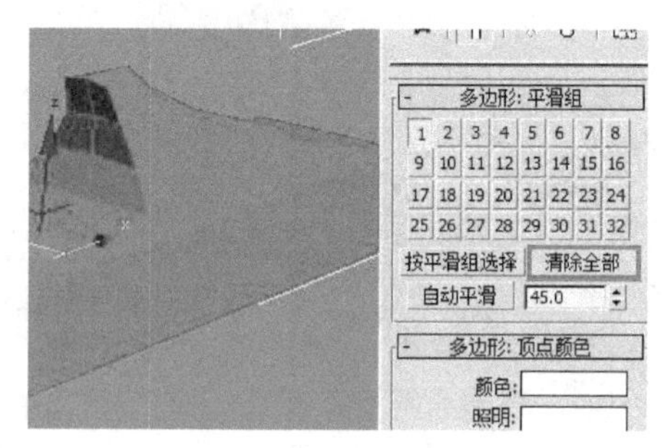

图 9-20

进入多边形子物体级别，使用【挤出】命令，根据三视图的大小比例要求，挤出赛车的侧翼，如图 9-21 所示。

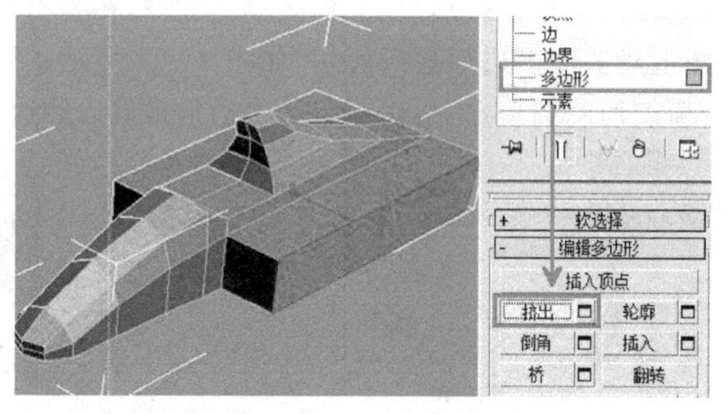

图 9-21

进入顶点子物体级别，根据赛车三视图的大小比例要求，移动赛车侧翼顶点，如图 9-22 所示，赛车车身的大体形态就基本出来了，接下来，我们将对赛车的车身进行进一步的剪切细分，将赛车的细节形态刻画出来。

在修改堆栈中选择【对称】命令，单击鼠标右键，选择【塌陷到】命令，出现子物体动画将会被删除的警告，单击【是】确定，如图 9-23 所示。这样，我们就将对称的修改塌陷到了可编辑多边形上，因为我们下一步要对赛车的驾驶窗等中心部位进行细化，而这一部位在赛车的中心轴上，不需要对称。

塌陷完成后的编辑修改器如图 9-24 所示。

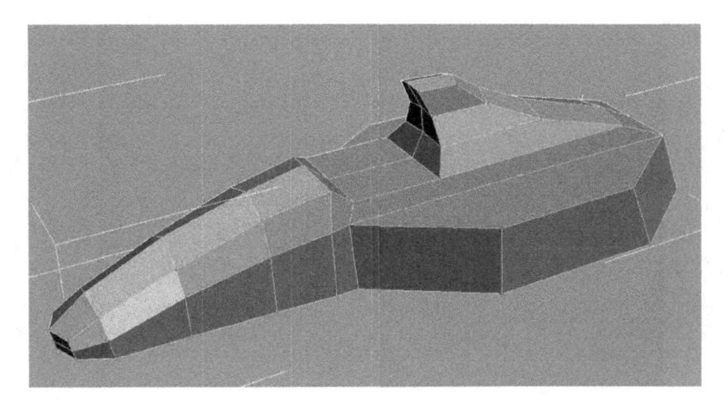

图 9-22

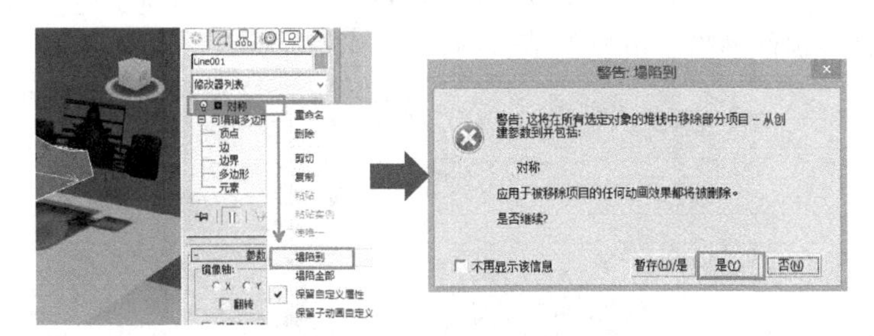

图 9-23

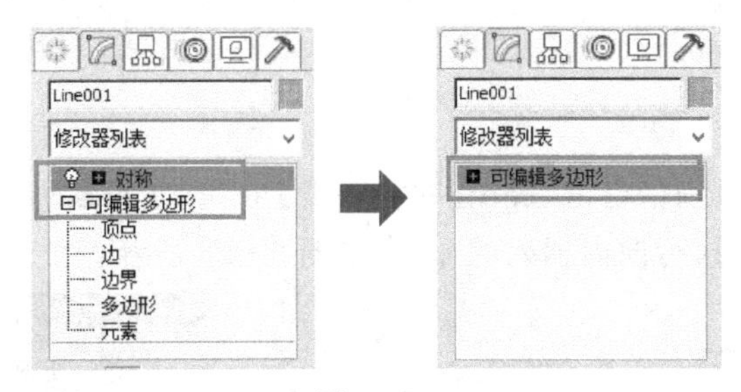

图 9-24

进入多边形子物体级别，选择赛车顶部的两个面，对其使用插入命令，将两个面向内进行插入，如图 9-25 所示。

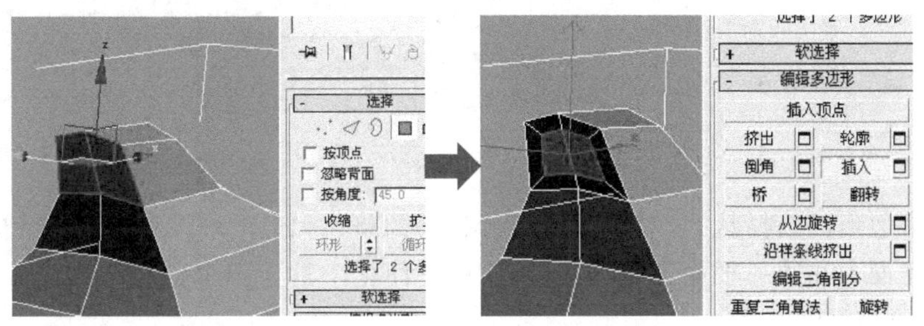

图 9-25

插入后，保持面的选择状态，按【Alt+X】组合键，进入半透明显示状态，对面进行向内的倒角挤出，挤出两次，第一次浅一些，第二次深入一些，并调整顶点与面的位置，如图 9-26 所示。

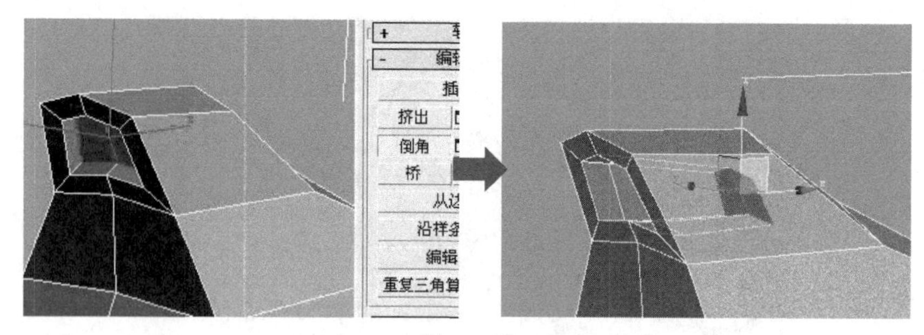

图 9-26

再次按【Alt+X】组合键，退出半透明显示状态，对模型加入网格平滑工具，将迭代次数调整为两次，观察模型顶部网格平滑后的结果，如图 9-27 所示。

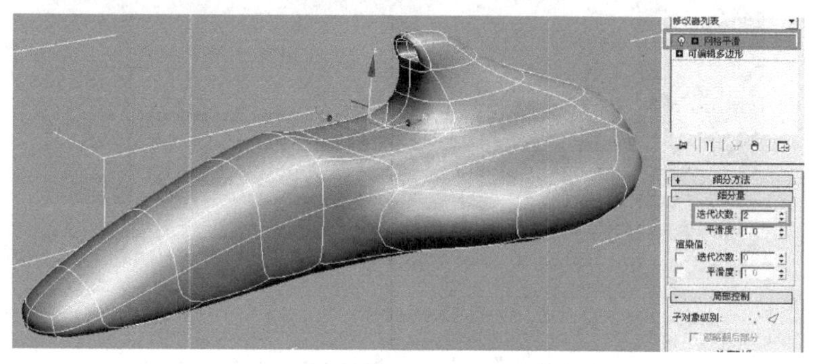

图 9-27

点击【网格平滑】工具前的灯泡，关闭【网格平滑】工具，进入多边形的子对象级别，选择驾驶窗部位的四个多边形，执行向内插入的命令，如图 9-28 所示。

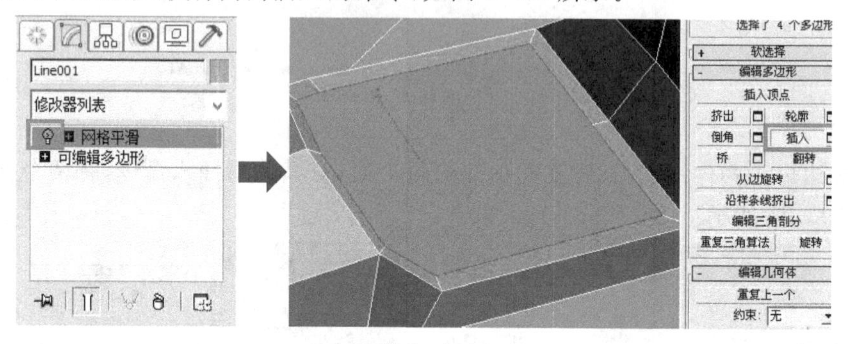

图 9-28

保持对多边形的选择状态，对多边形进行朝下的挤出，如图 9-29 所示。挤出完成后，发现基础的四个面不在同一平面上，我们可以使用平面化工具让四个面统一在一个平均的平面上，如图 9-30 所示。

按【Alt+X】组合键，进入半透明显示状态，再次对面进行向下的挤出操作，如图 9-31 所示。选择驾驶窗前的四个面，如图 9-32 所示。

向内进行两次倒角挤出操作，并调整顶点与多边形的位置，如图 9-33 所示。

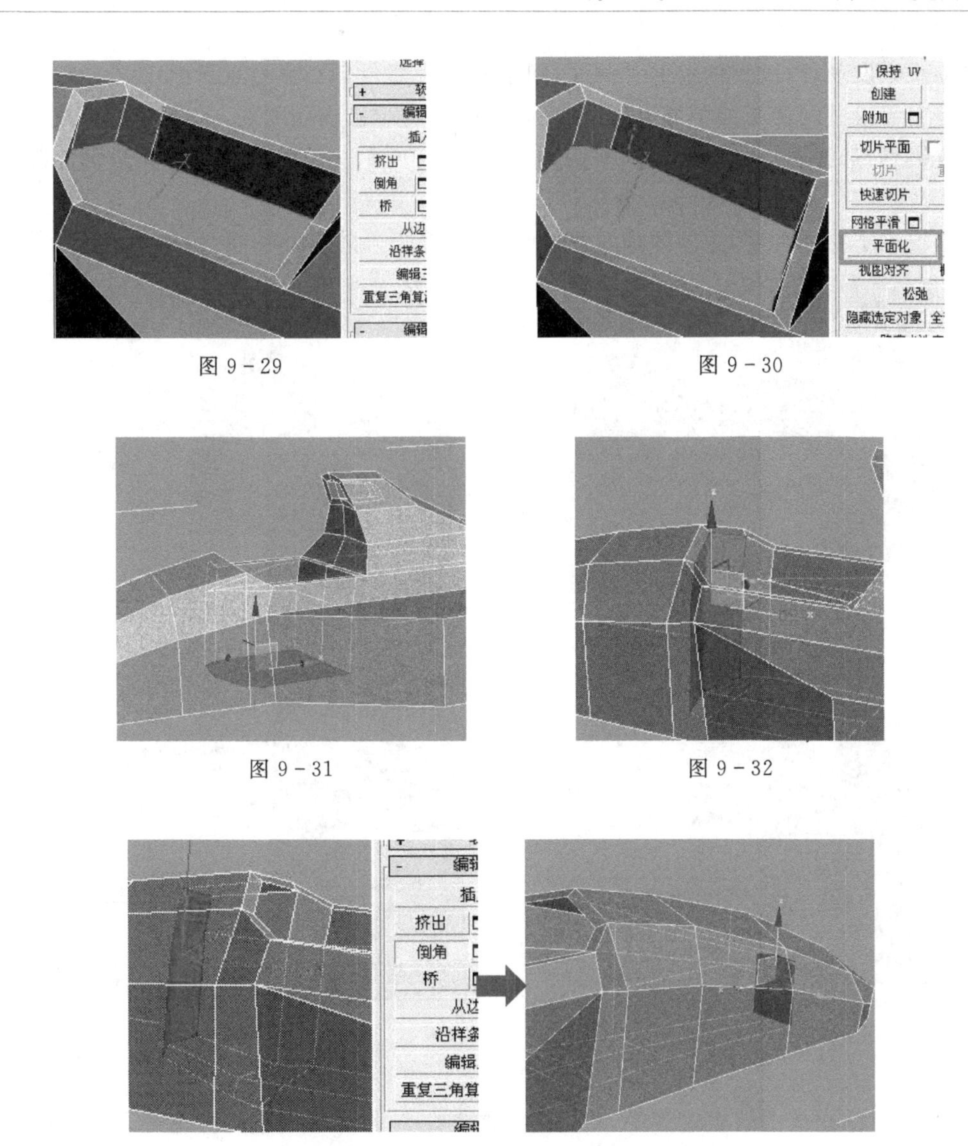

图 9－29

图 9－30

图 9－31

图 9－32

图 9－33

点亮【网格平滑】的灯泡开关，启用【网格平滑】工具，查看网格平滑后的车身结果，车身的顶部与驾驶窗都增加了细节，如图 9－34 所示。

图 9－34

仔细观察发现，驾驶窗的前面和侧面，网格平滑后都会有变薄的问题，如图 9 - 35 所示。

这是由于模型网格布线不够合理造成的，下面我们对它进行调整。切换到左视图，进入物体的顶点级别，选择赛车左侧的全部顶点，如图 9 - 36 所示。按【Del】键，将其全部删除，如图 9 - 37 所示。

退出顶点子物体级别，重新添加对称修改器，选择正确的对称轴向，如图 9 - 38 所示。

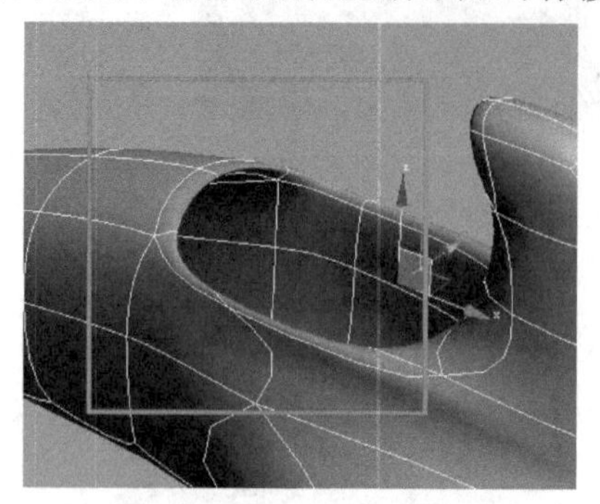

图 9 - 35

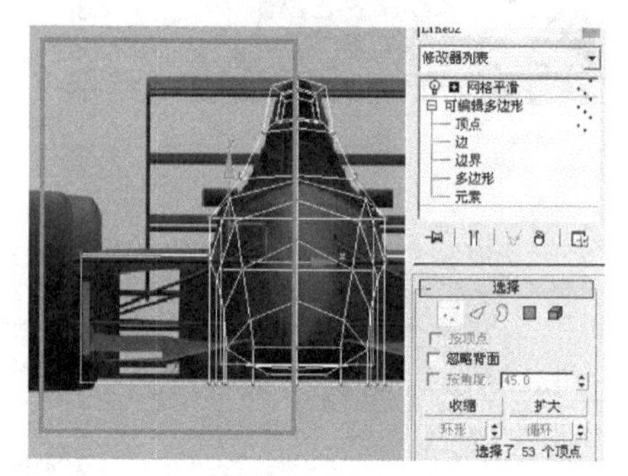

图 9 - 36

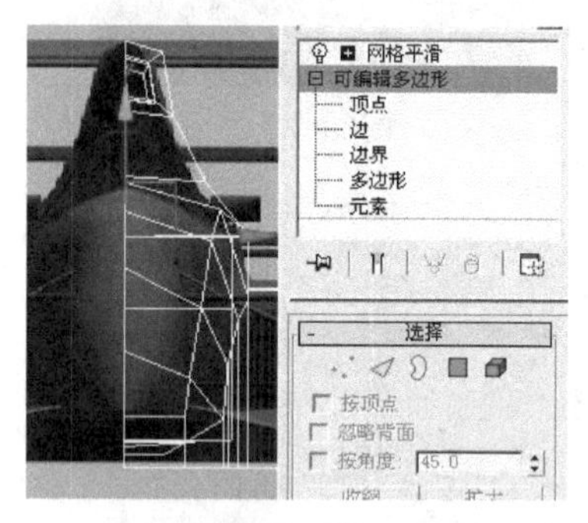

图 9 - 37

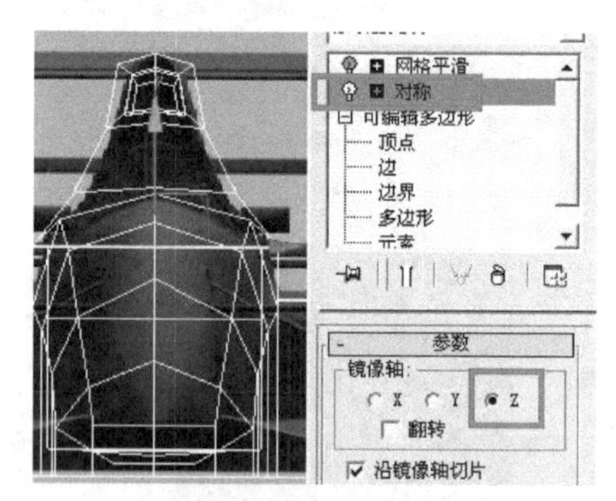

图 9 - 38

注意：在对称物体的建模过程中，我们会多次使用对称或者塌陷对称命令，这些命令的使用主要依我们模型制作的需要。如建立或修改模型对称轴中心部分时，我们需要塌陷对称命令；而建造或修改对称轴两侧的造型时，我们又要重新删除一侧顶点，并建立对称关系。对称关系的建立或塌陷，需要大家在实践工作中积累经验。

赛车驾驶窗平滑后变薄是由于布线不够合理造成的，进入顶点子物体级别，使用剪切命令对驾驶窗边缘进行剪切，如图 9 - 39 所示。剪切完成后，对添加的新顶点进行相应的位置调整，使其相对平滑分布在赛车驾驶窗的表面。网格平滑后观察测试结果，如图 9 - 40 所示，赛车驾驶窗边缘得到了很好的控制。

下面，我们来完成赛车两翼的风洞造型，由于目前两翼的布线较少，网格平滑后物体造型变化较大，为了得到比较有形的两翼模型，需要对两翼布线进行细分，细分的方法除了可以使用顶点级别的剪切之外，还可以使用线段级别的连接命令。

进入线段子物体级别，选择任意一条侧翼的水平线段，使用环形辅助选择工具能自动将其他几条平行线段选择下来，保持四条线段的选择状态，进行连接操作，模型会自动地用一根线段将选择的四根线段连接，如图 9 - 41 所示。

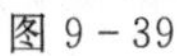
图 9 - 39

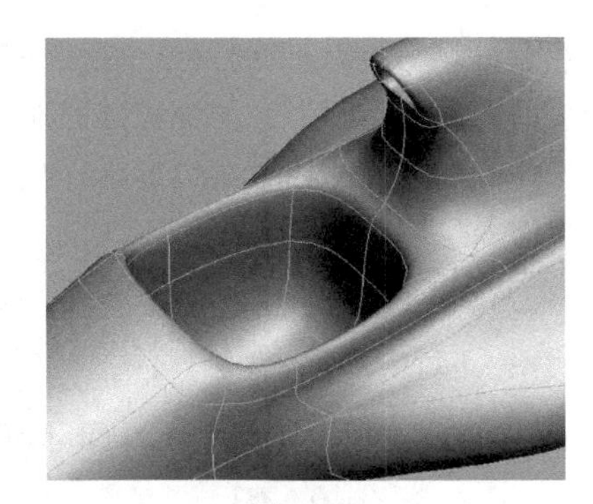

图 9 - 40

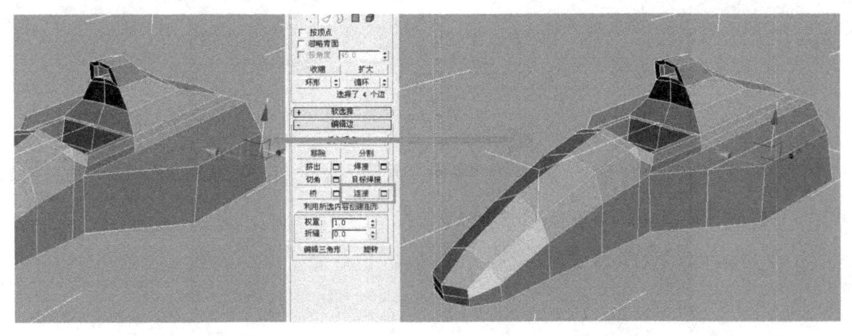

图 9 - 41

选择任意一条垂直的侧翼线段，再次使用环形辅助选择命令，使用连接命令进行连接，如图 9 - 42 所示。

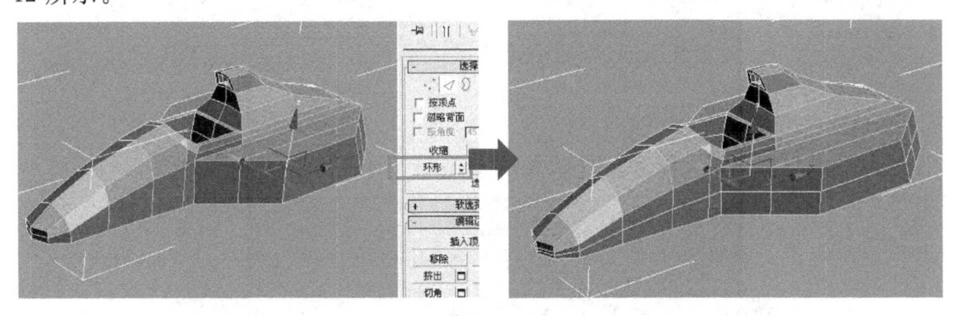

图 9 - 42

对模型侧翼的风洞口进行剪切操作，预留出风洞口向内挤出的四个多边形，如图 9 - 43 所示。

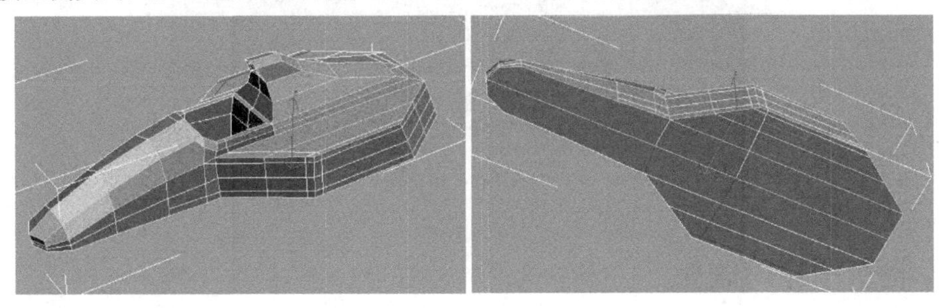

图 9 - 43

注意：模型布线与最终网格平滑之间的关系是越是有造型、结构明显的地方，我们越需要有较多的布线；越是平滑、曲面较多的地方，越需要较少的布线。

选择风口位置的四个多边形，向内进行第一次挤出，为了得到比较平滑的倒角效果，第一次挤出的数量应较少，如图 9－44 所示。

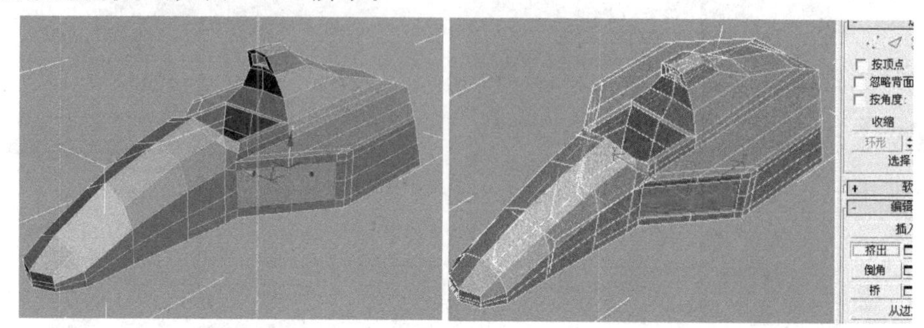

图 9－44

将风口的四个多边形向内进行第二次挤出，并移动它们的位置，配合缩放工具进行 X 轴缩放，使其在一个水平面上，如图 9－45 所示。

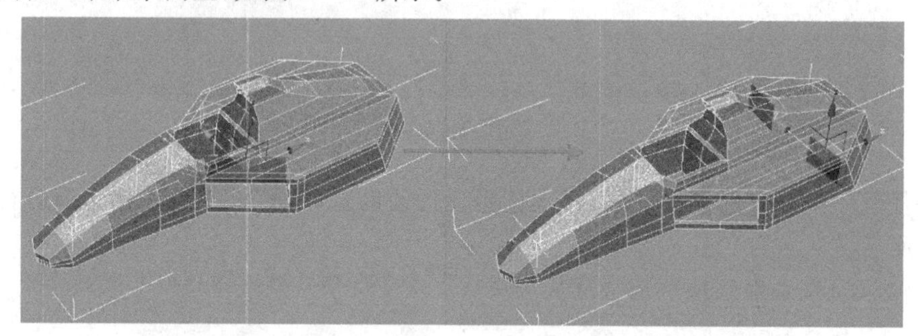

图 9－45

激活网格平滑灯泡开关，赛车车身两翼的造型就基本建造出来了，如图 9－46 所示。

图 9－46

9.4.4　赛车车轮的制作

赛车车轮的制作我们使用堆砌建模的方法来完成。

赛车车轮模型由外向内可以分解成橡胶外胎、钢圈、钢圈内心和轴四个部分，如图 9－47 所示，橡胶外胎和钢圈可以使用车削命令完成，钢圈内心是使用编辑样条线挤出成型的，车轮的轴是扩展基本几何体中的切角的圆柱体。最后把这些零部件拼凑在一起就可以完成赛车的轮胎模型。下面我们把车轮的制作过程演示一遍。

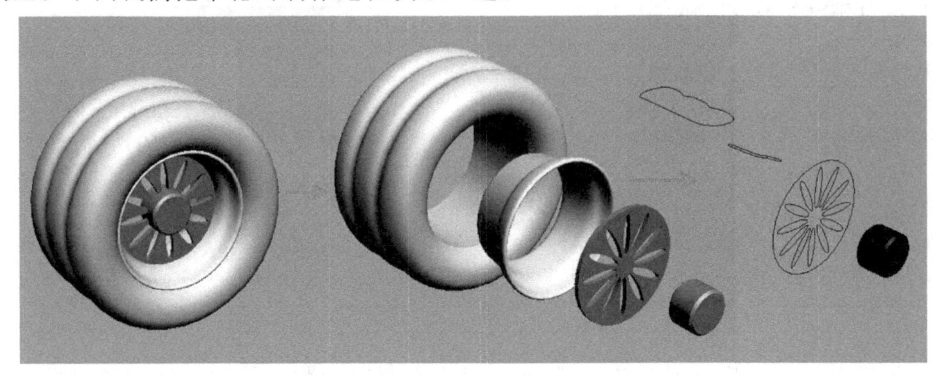

图 9－47

在顶视图使用直线工具完成汽车橡胶外胎的横截面轮廓曲线，使用修改器列表中的车削成型工具对刚才所绘制的二维曲线进行车削成型，如图 9－48 所示。

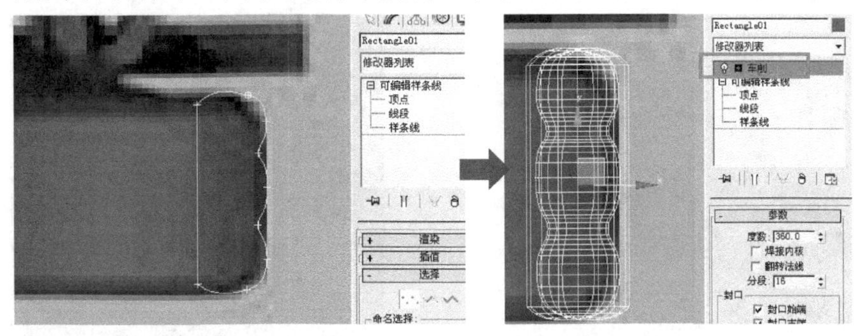

图 9－48

车削命令使用后，默认的车削旋转轴是曲线的 X 轴的最小值。我们看到车削的结果不正确，需要对车削的旋转轴进行更改。

打开车削修改器的加号开关，选择车削的子物体轴，配合顶视图的赛车背景参考图，将轴水平移动到正确的位置，如图 9－49 所示。

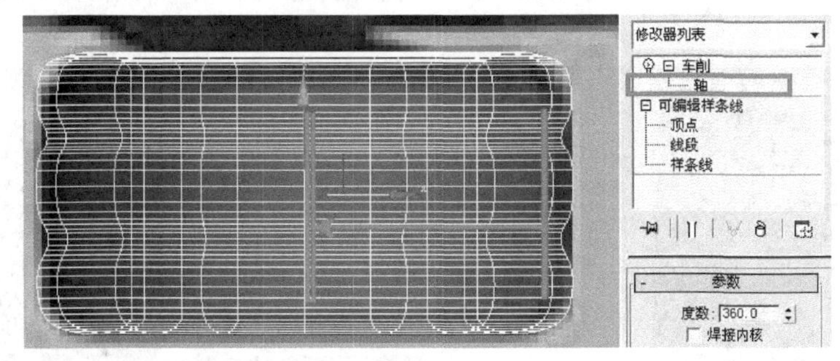

图 9－49

这时，由于车削默认的旋转分段数有点低，导致赛车外胎的光滑度较低，我们需要对车削的分段数进行调整，如图 9－50 所示。

接下来，使用二维直线工具在顶视图完成钢圈的侧面轮廓，如图 9－51 所示。

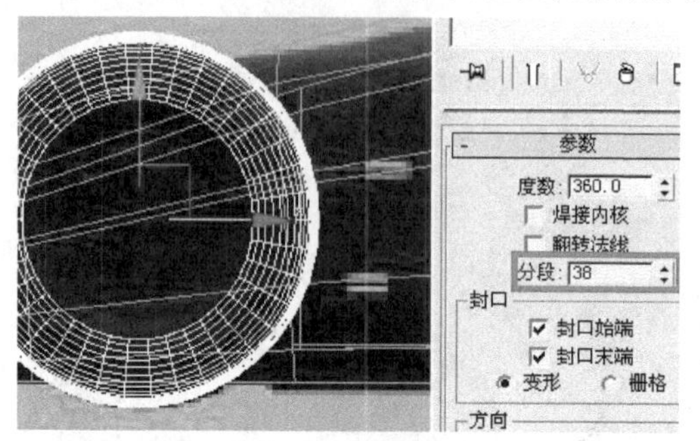

图 9－50

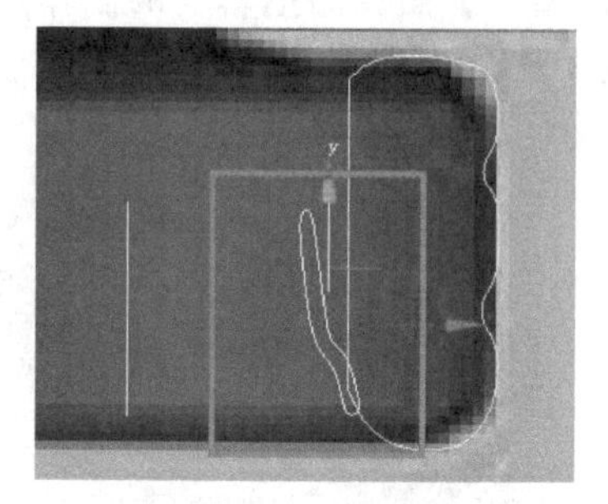

图 9－51

同样使用车削命令将钢圈旋转成型，在这里也需要对车削物体的旋转轴子对象和车削的分段数进行调整，完成后将钢圈对齐到橡胶外胎的中心，如图 9－52 所示。

下面，我们来完成钢圈内心。

在前视图上参考赛车三视图，画出圆形二维曲线物体，如图 9－53 所示。

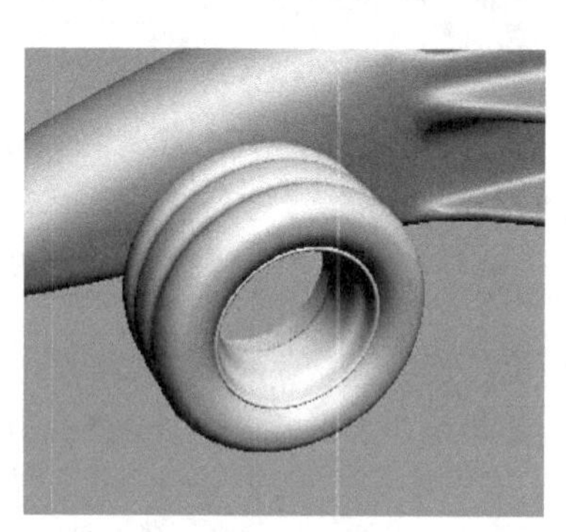

图 9－52

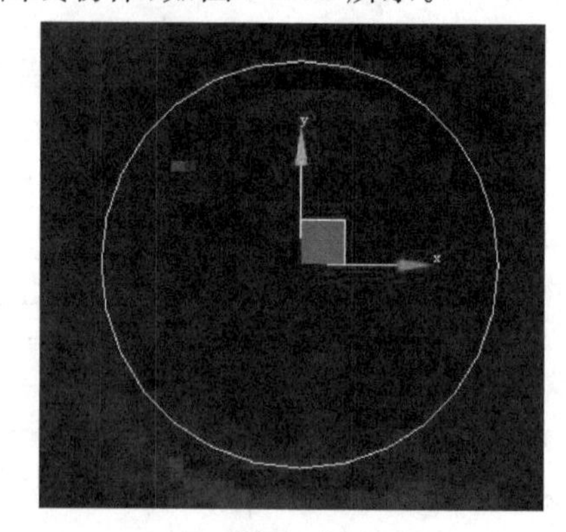

图 9－53

画出椭圆，并与刚才画出的圆形中心对齐，在层次面板上，使用仅影响对象命令，将椭圆水平移动到正确的位置上，这样，椭圆的轴心就和圆形的轴心重叠在一起了，如图 9－54 所示。关闭仅影响对象工具，使用旋转变换工具，打开角度捕捉开关，沿 Z 轴旋转 20°，复制 11 个，如图 9－55 所示。

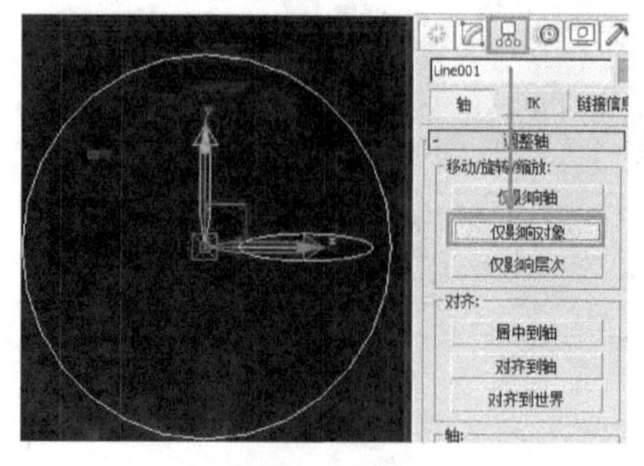

图 9－54

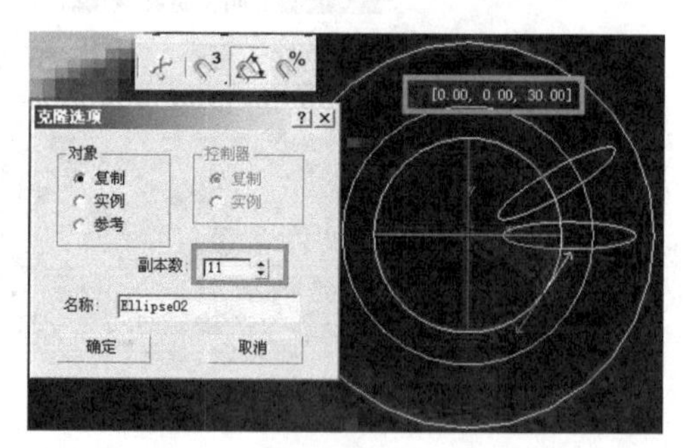

图 9－55

选择二维曲线中的大圆形，单击右键将其转换为可编辑的样条线，在可编辑的样条线命令中使用附加工具将其他的12个椭圆依次进行附加，结合成一个二维物体，如图9-56所示。使用修改器列表中的挤出成型命令将二维曲线挤出。将钢圈内心与橡胶外胎和钢圈进行对齐，调整前后位置，如图9-57所示。

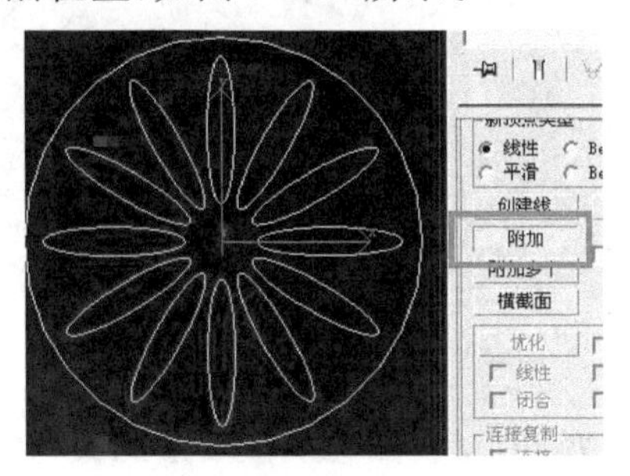

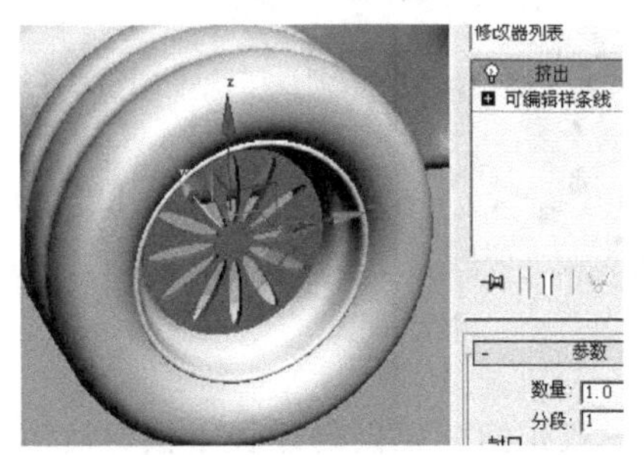

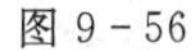
图9-56

图9-57

使用扩展基本几何体的切角圆柱体完成车轮的轴心，并移动对齐到正确的位置，如图9-58所示。

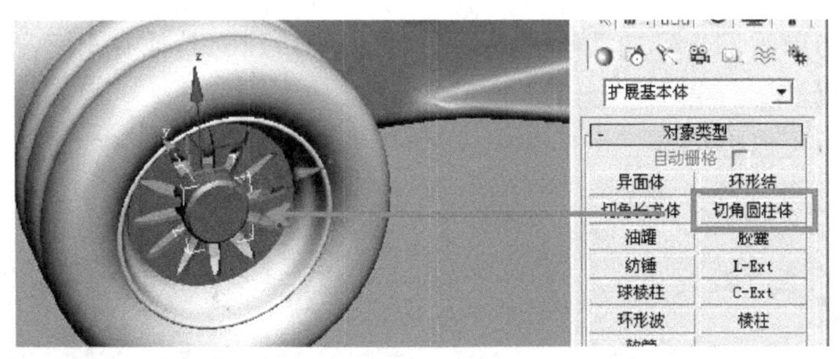

图9-58

车轮部分基本完成，我们再使用扩展基本几何体中的切角长方体工具完成车身与车轮连接的部分，连接后的结果与拆分图如图9-59所示。

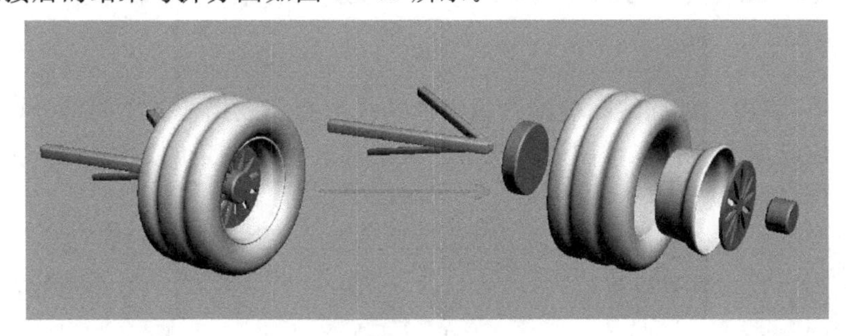

图9-59

赛车车轮的一侧完成以后，我们对其进行全选，使用镜像复制工具，将它沿Y轴进行镜像复制，如图9-60所示。

将赛车的前轮复制，移动到后轮位置，由于赛车后轮轮胎的宽度比前轮略宽一些，我们可以选择橡胶外胎模型，进入它的可编辑样条线的修改级别，选择顶点子物体，将橡胶外胎的轮廓加宽，这样，加宽以后的外胎横截面车削的结果符合赛车三视图的要求，如图9-61所示。

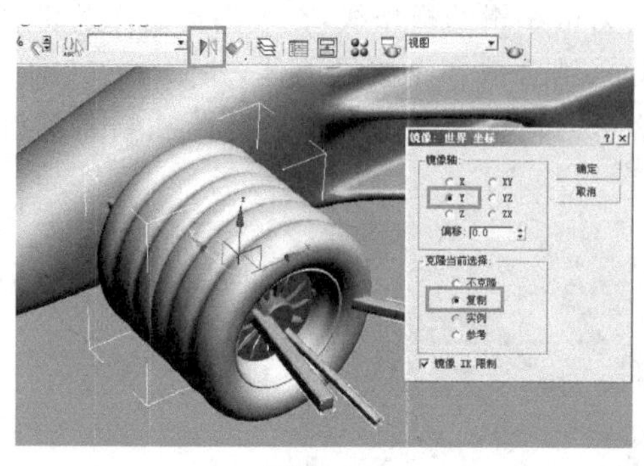

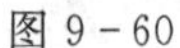
图 9 - 60

图 9 - 61

注意：一般我们在建模的过程中很少使用缩放变形工具，因为缩放变形工具只能改变物体的外形大小，而物体的参数大小并没有发生变化，所以刚才我们修改后轮外胎的时候没有直接使用缩放变形工具。

9.4.5 赛车零件制作

在赛车车身与前后四个车轮建模完成以后，我们开始建立其他赛车车身零件，主要有车头部分的挡板和尾翼。

车头部分挡板可以拆分成三个部分完成，如图 9 - 62 所示。

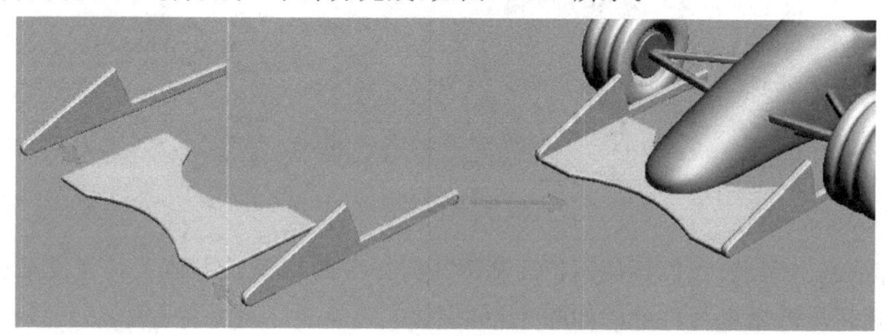

图 9 - 62

在顶视图中，使用二维曲线命令配合编辑样条线工具完成挡板的中间部分，如图 9 - 63 所示。再使用倒角成型命令将二维图形转化为三维形体。注意倒角的数值作用，在这里，我们使用的是双面倒角，如图 9 - 64 所示。

图 9 - 63

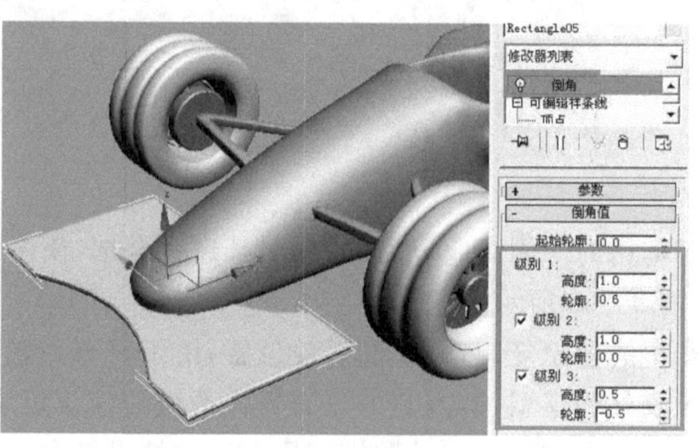

图 9 - 64

配合赛车的三视图，在前视图使用二维曲线工具画出物体的挡板侧翼的轮廓，同样使用倒角命令成型，并把它们正确的拼装在一起，如图 9－65 所示。

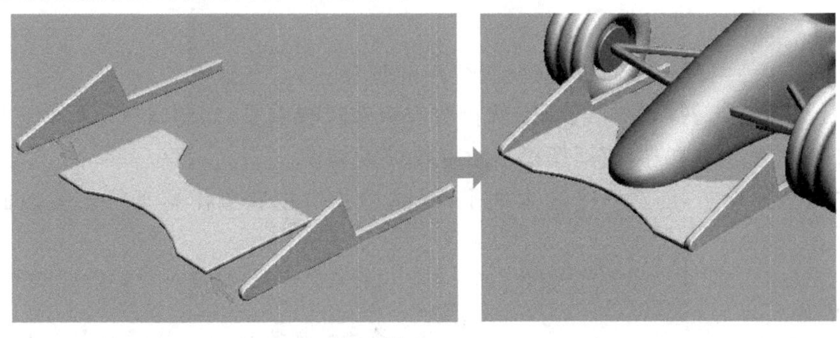

图 9－65

下面，使用相同的方法完成赛车的尾翼，如图 9－66 所示。

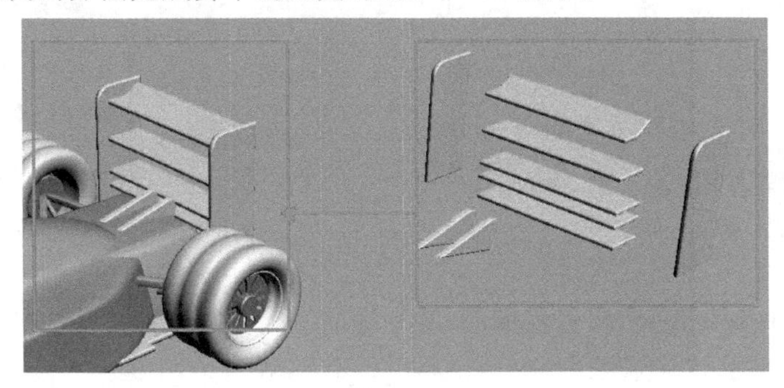

图 9－66

使用编辑多边形命令完成赛车的座椅和后视镜模型，根据三视图的位置要求最终装配到正确的位置上。这样，赛车的模型基本上就制作完成了，如图 9－67 所示。

图 9－67

9.4.6 赛车模型渲染

一个模型完成以后，好的渲染结果对模型也是至关重要的。这里，我们使用 Max 自带的天光系统和高级照明的光跟踪器对赛车模型进行渲染。

注意：在渲染之前，我们对赛车模型架设目标摄像机，摄像机的架设对渲染是比较重要的，虽然透视图具有透视观察物体的作用,但由于建模过程中透视图的反复缩放旋转操作,导致模型完成时,透视图的显示结果可能有较大的误差,所以,我们一般会架设摄像机来进行模型的最终渲染。

激活顶视图,创建目标摄像机,移动到适当的位置。

激活透视图,按【C】键,这样透视图就转变为摄像机视图了,如图 9-68 所示。再次调整摄像机的位置和目标点的位置,使摄像机视图有较好的构图。

激活并缩小顶视图,创建一个较大的平面,这里我们把它当作赛车停放的地面,如图 9-69 所示。

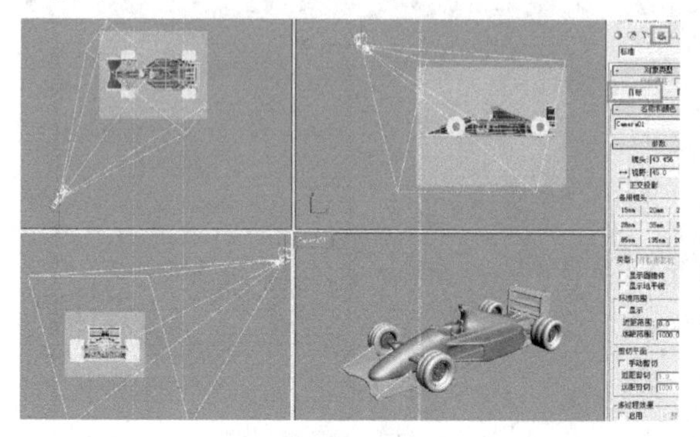

图 9-68

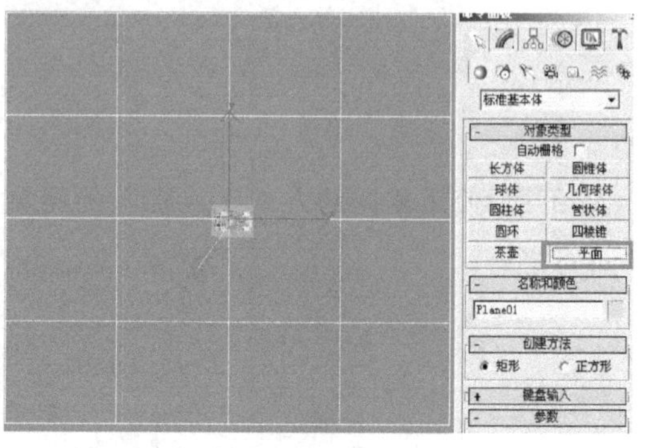

图 9-69

按【M】键,打开材质编辑器,选择地面,赋予地面一个浅灰色材质。选择赛车所有物体,赋予赛车深灰色,如图 9-70 所示。

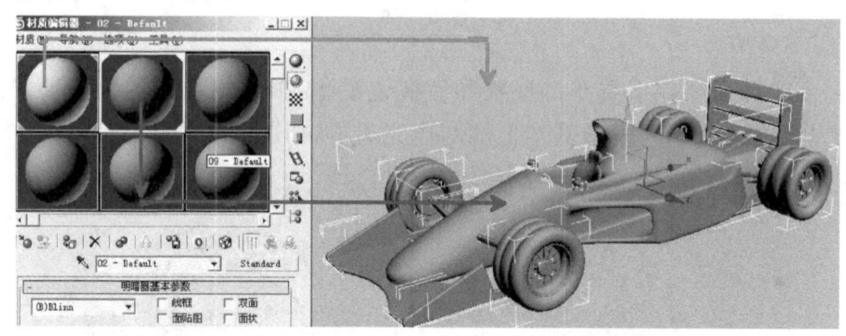

图 9-70

创建灯光中选择标准灯光中的天光,天光能模拟阴天的效果,对场景模型进行 360°全方位的照明。天光可以放置在场景的任意位置,它不会受到位置角度变化的影响,如图 9-71 所示。

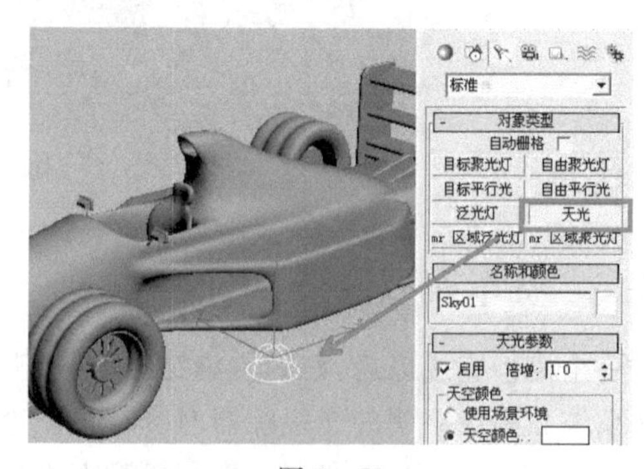

图 9-71

激活摄像机视图,使用渲染菜单的高级照明、光线跟踪器,打开光线跟踪面板。天光在照明场景模型的时候,我们一般都会使用高级照明的光线跟踪器来配合渲染。这样能够得到非常细腻的光影效果，如图 9－72 所示。在光线跟踪面板上，单击渲染，如图 9－73 所示。

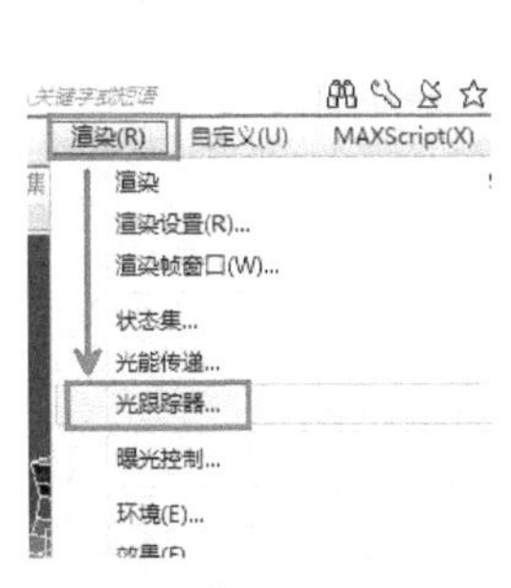

图 9－72

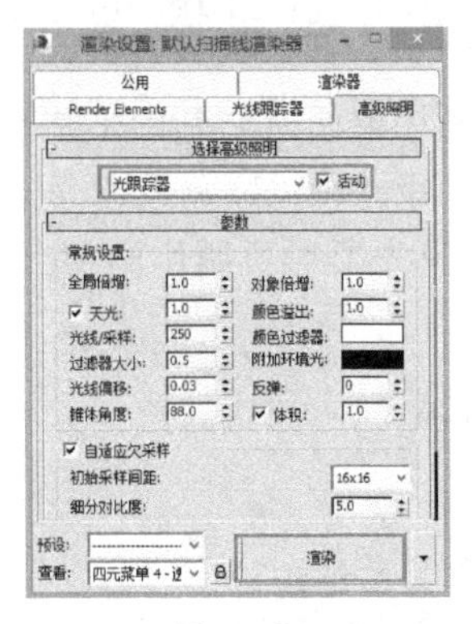

图 9－73

这样，通过几分钟的渲染，赛车的一个灰度模型就渲染出来了，大家可以多调整摄像机的角度来完成 F1 赛车的多角度渲染，如图 9－74 和图 9－75 所示。

图 9－74

图 9－75

9.5 合金弹头坦克模型

本节我们将利用前面所学到的多边形高级建模技术，来完成合金弹头坦克模型的制作，从而加强对多边形高级建模的了解与熟练。

在制作之前，首先要对所制作的物件进行分析，如图 9-76 所示。

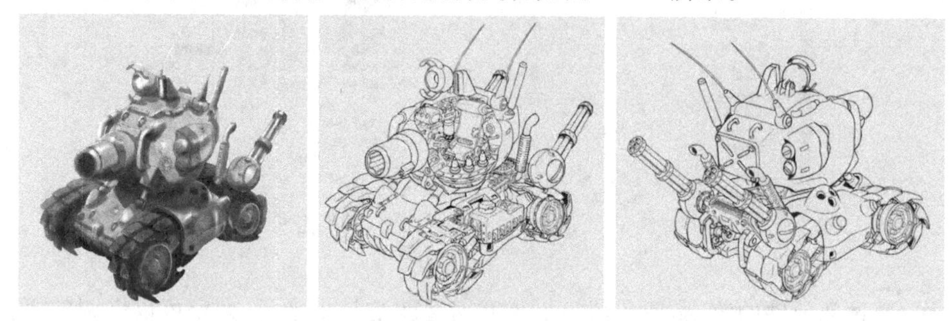

图 9-76 合金弹头坦克(引自《合金弹头》游戏)

从图上看合金弹头坦克是一个典型的机械结构，比较复杂，我们可以将其拆分为炮头、车身和车轮履带三大部分，而每一部分还可以拆分得更细。一般来说在制作模型时有一个简单的原则：尽可能将复杂的模型拆分成基本形状，而不是做成一个复杂的整体结构，如图 9-77 所示。

图 9-77

在整个模型的制作过程中，较难的是炮头和车身的不规则曲面部分，这也是高级建模与前面讲解的中级建模天启坦克的区别，天启坦克主要由硬边的模型组成，而合金弹头模型炮塔与身体都是曲面模型，无法堆砌建模，这时就需要使用编辑多边形高级建模工具完成这些各种形状的曲面模型。

9.5.1 坦克炮塔模型制作

(1)在制作坦克炮塔模型之前需要我们对其大体结构比例以及各位置的细节和零部件进行仔细观察，如有必要我们可以将它的结构图画在纸上方便参考。在制作过程中，制作每一个部件时都要考虑是否符合整体比例，这就需要我们在制作中不断对比。下面我给出了坦克的大体三视图，如图 9－78 所示。

图 9－78

（2）炮塔头部模型的制作。首先，建立一个长方体，长、宽、高的段数分别为 4、3、3，在这里要注意的是为了更好地调节物体，我们在物体创建完成后将物体中心归零，右击鼠标选择和移动命令，将 X、Y、Z 的值归零，如图 9－79 所示。

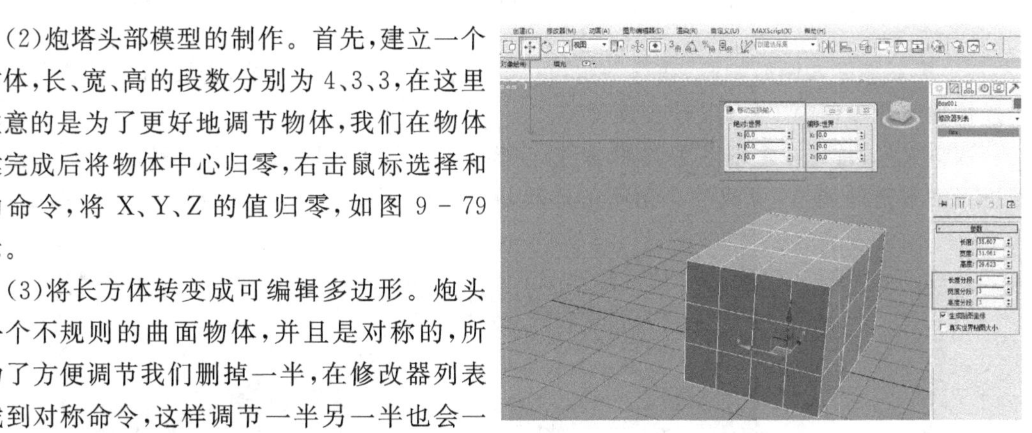

图 9－79

（3）将长方体转变成可编辑多边形。炮头是一个不规则的曲面物体，并且是对称的，所以为了方便调节我们删掉一半，在修改器列表中找到对称命令，这样调节一半另一半也会一起调节，方便制作，如图 9－80 所示。

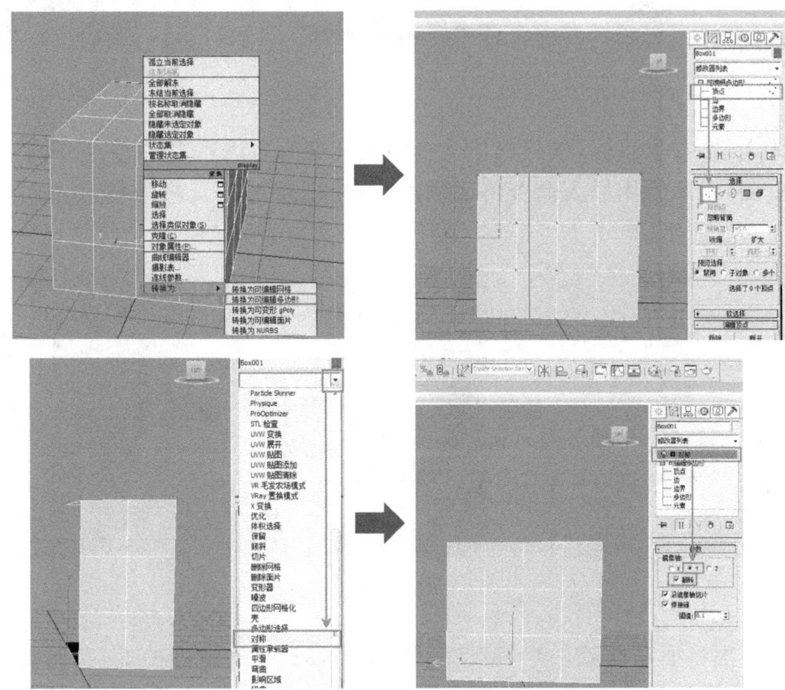

图 9－80

(4)在修改器中回到编辑多边形顶点级别(快捷键是【1】键),选择点级别,再按下显示最终效果键,这样上一层级的命令就会显示,使镜像的另一半显现在窗口中,如图 9-81 所示。

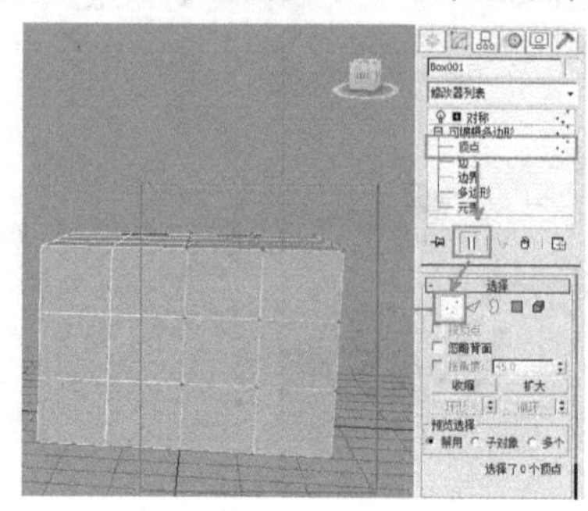

图 9-81

(5)接下来进入调形阶段,在这一阶段一般在点级别下进行调节,需要加线时进入边级别用连接加线或用切割工具,进行布线调整。

调整大形,首先在左视图中调整,使中心形成正方形,再到前视图调节侧面,最后回到透视图进行细节上的调节,形成一个初步的形状,在此过程中没有进行加线减线的步骤,如图 9-82 所示。

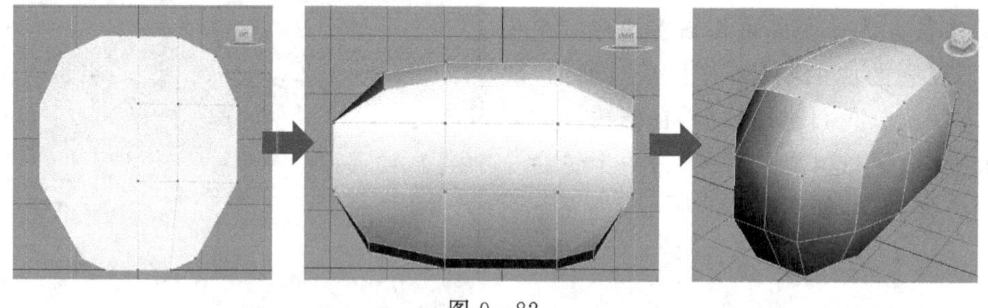

图 9-82

(6)将物体塌陷,右击鼠标,选择相应命令将其转变为可编辑多边形,选择左视图所看到的正方形面,挤出面,然后使用插入命令将面插入,再使用挤出工具将面挤进去,为了节省面,将面删除,如图 9-83 所示。

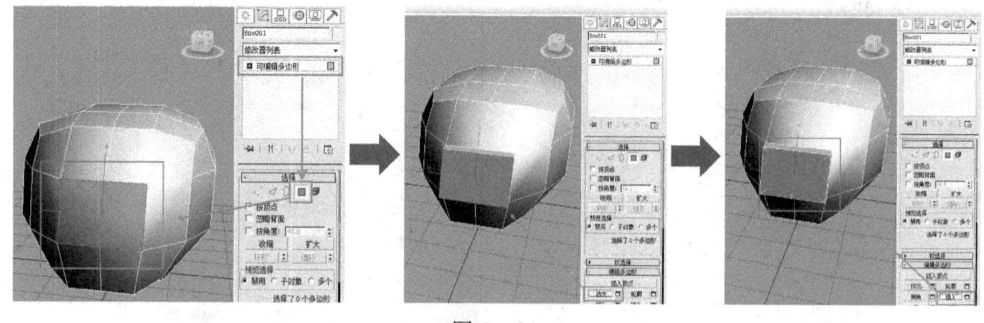

图 9-83

(7)完成后再次将模型删除一半,镜像复制,由于模型是光滑的曲面,我们需要给模型增加一个网格平滑修改器使其表面平滑,如图 9-84 所示。

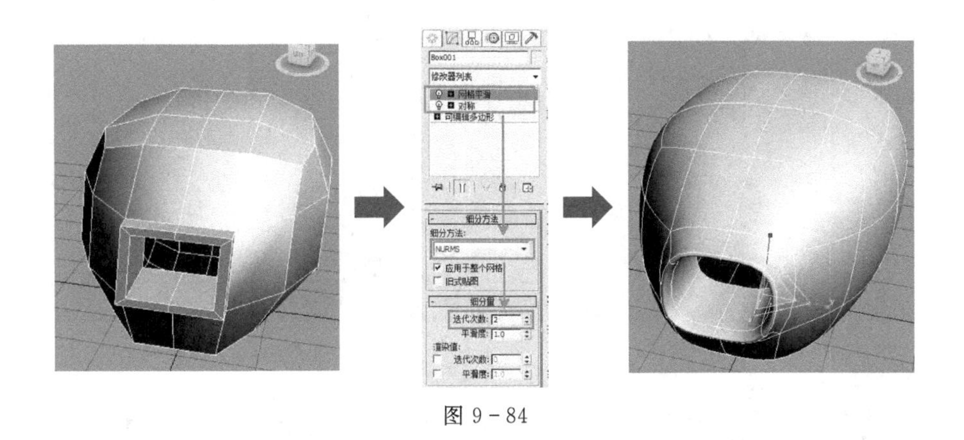

图 9-84

(8)在左视图中建立一个圆柱体，将其转变成可编辑多边形，删除面向头部的面，节省面数。移动圆柱体到头部的空洞处与空洞对齐，以圆柱为模板调节炮头与炮管的接口形状，如图 9-85 所示。

(9)继续在网格平滑开启的状态下对头部进行调节，直到想要的效果为止，在这里需要注意折边的问题，选择需要折缝的边，将折缝值改为 1。这样就可以在平滑的曲面上得到自己想要的硬边效果，如图 9-86 所示。

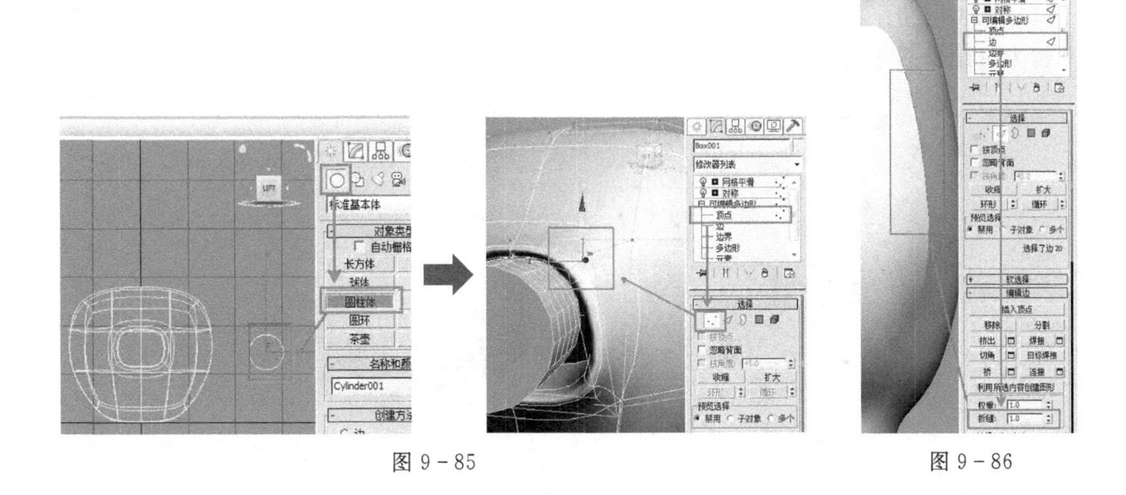

图 9-85　　图 9-86

在这里整理一下思路：在整个头部的大型制作上，我们起初用一个简单的几何形体进行制作，然后给它必要的段数，转换成可编辑多边形，在点级别下进行调点，改变它的形状来达到我们想要的效果，再经过挤压、倒角、平滑，得到我们想要的正确结果。

经过炮头的调节与炮管的挤压成型，我们得到了简单的炮头基础型，如图 9-87 所示。

(10)接下来进行头部零部件的制作。首先在头部顶部建立一个长方体，转换为可编辑多边形，然后进入边级别，用连接加线，再进入点级别，调整模型的形状。在加线时尽量加少而精的线段，不必要的线不要加，那样只会增加你的面数，并且不一定得到好的效果，这就是资源上的浪费，如图 9-88 所示。

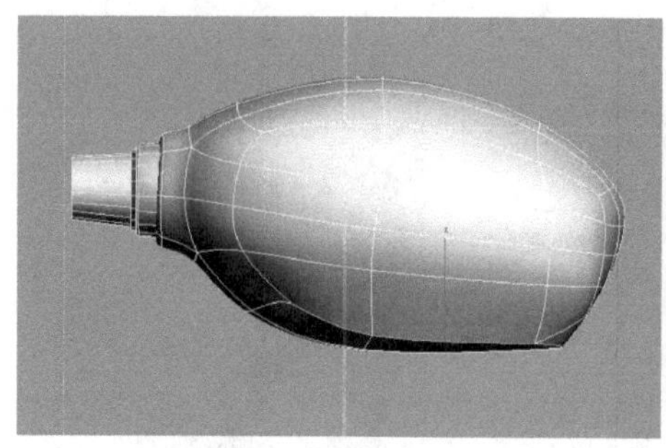
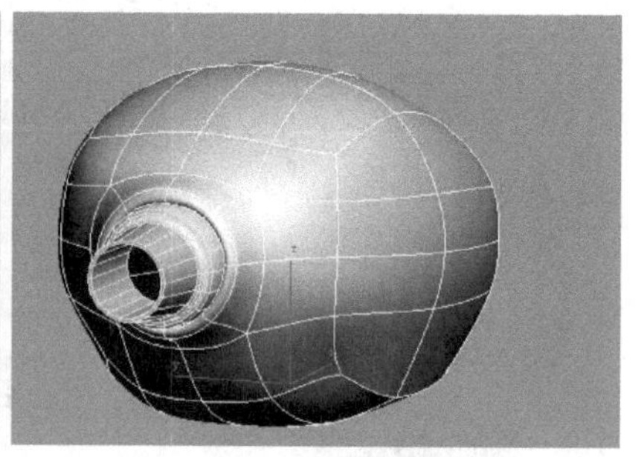

图 9-87

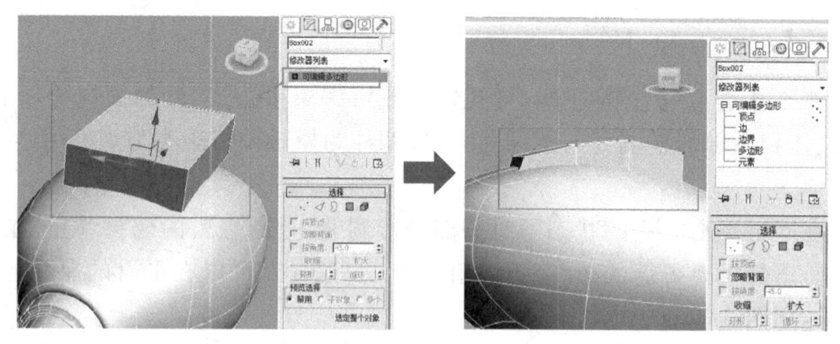

图 9-88

(11)增加网格平滑修改器,为了得到好的效果将【迭代次数】设置为 2,然后创建圆柱体,将其转为可编辑多边形进行编辑,将盖子其余小零件补充完整,如图 9-89 所示。

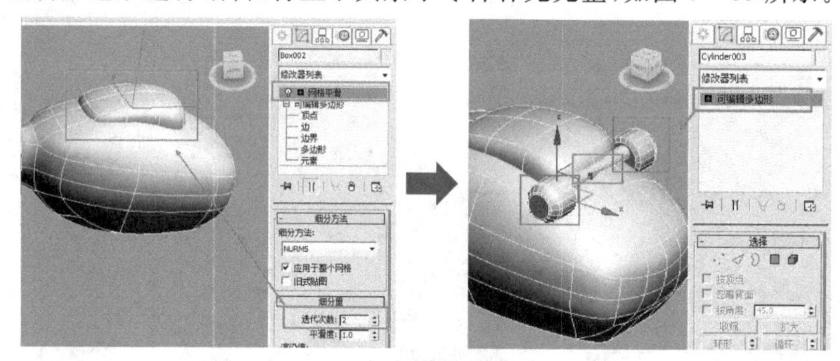

图 9-89

(12)制作炮塔盖子上的灯,先在左视图中建立一个球体,转变为可编辑多边形,在点级别选中一个半球的中心点,打开使用软选择,调节衰减权重使点的颜色成为我们想要的效果,颜色越红受影响越强,越蓝影响越弱,拖拽形成我们要的结果,如图 9-90 所示。

(13)完成灯芯,下来就是灯罩,建立圆柱体,设置边数为 22,将其转变成可编辑多边形,删掉顶面,使用缩放调节大小将其罩在灯上,连接加线,调到位之后删掉无用面,如图 9-91 所示。

大形完成,为灯罩增加厚度,选中灯罩,增加修改器壳,调节向外和向内的厚度值,如图 9-92 所示。完成后缩放调整位置,完成小部件,放到相应位置。

(14)完成把手的制作。把手类似于管子,我们可以用二维曲线来代替,然后使其渲染可

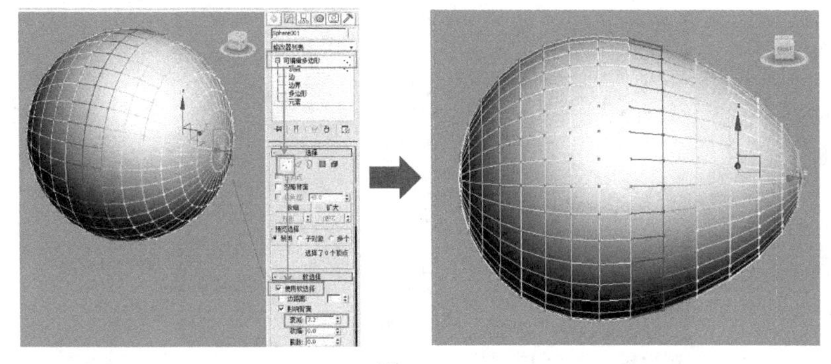

图 9-90

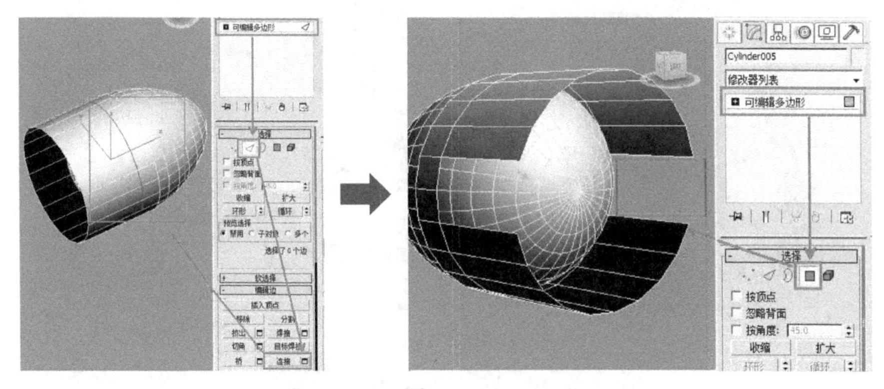

图 9-91

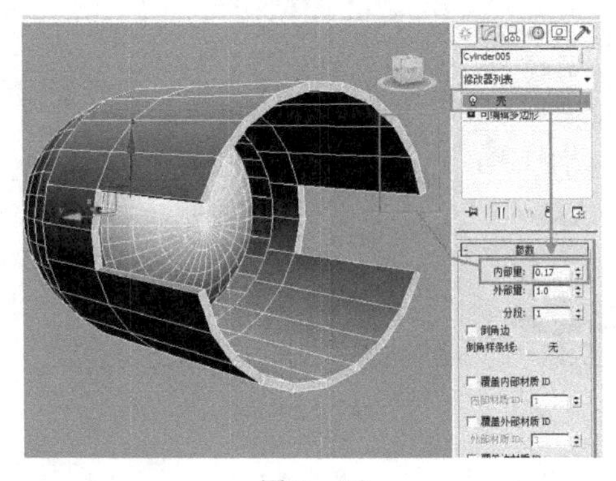

图 9-92

见。首先画出曲线,倒圆角,如图 9-93 所示。

(15)把手线形形状完成后,选中【在渲染中启用】【在视口中启用】复选框,使线在渲染和视图中都可看见,修改粗细,如图 9-94 所示。

炮塔其他管道装置也是通过这种方法来完成的,如图 9-95 所示。

(16)在左视图中创建一个圆柱,放到炮管边上炮头的相应位置,将其转变为可编辑多边形,删除看不见的面,选中顶面使用插入命令将面切入,删除面,如图 9-96 所示。

(17)增加网格平滑修改器,连接加线两段,点级别调整成如图 9-97 所示。

(18)按【Shift】键向四角移动复制,利用二维曲线可渲染功能,制作出管子相连。效果如图 9-98 所示。

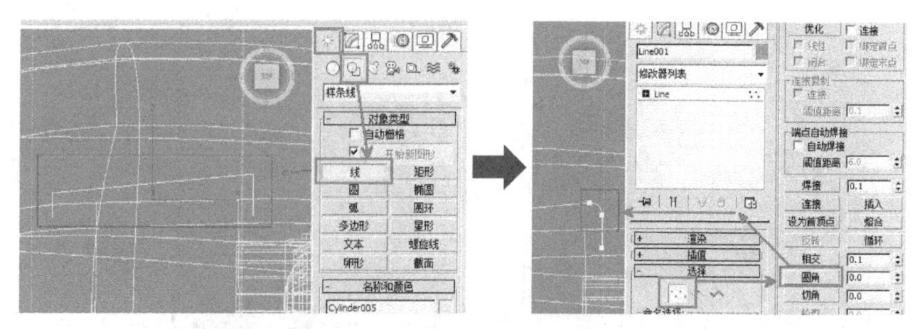

图 9－93

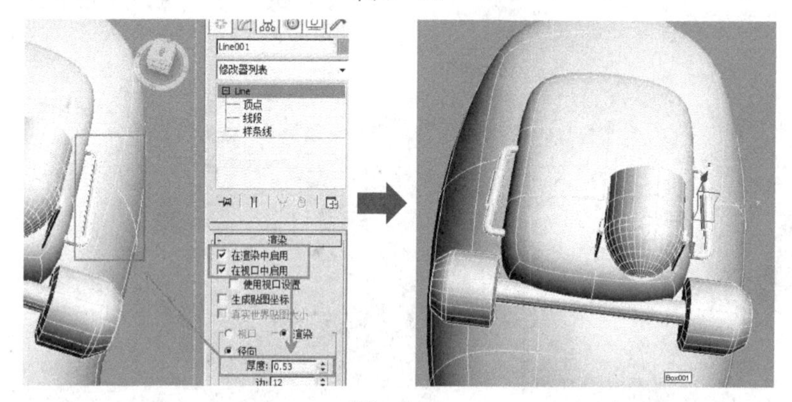

图 9－94

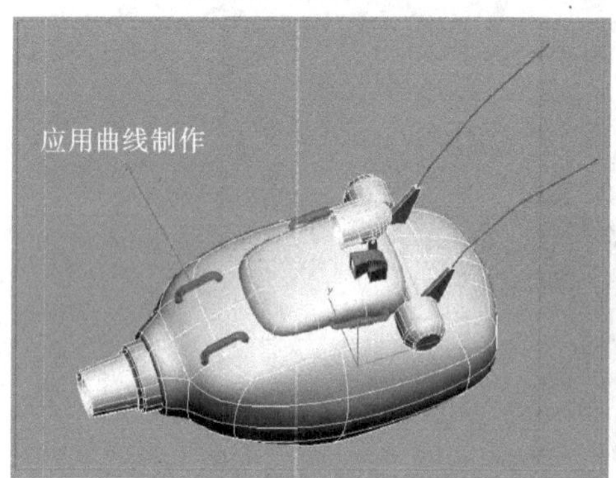

图 9－95

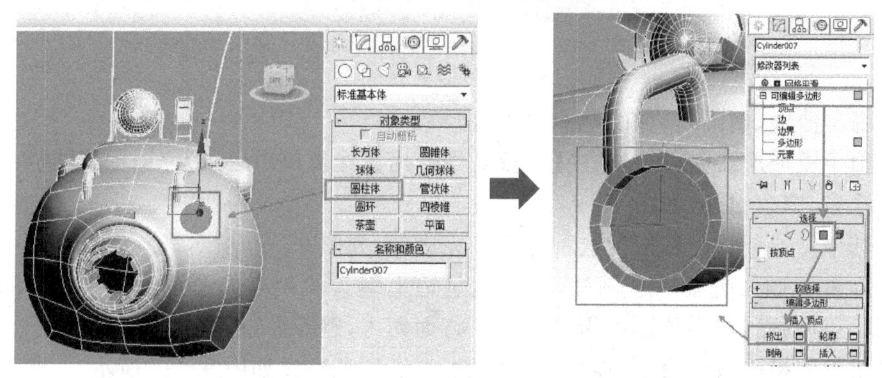

图 9－96

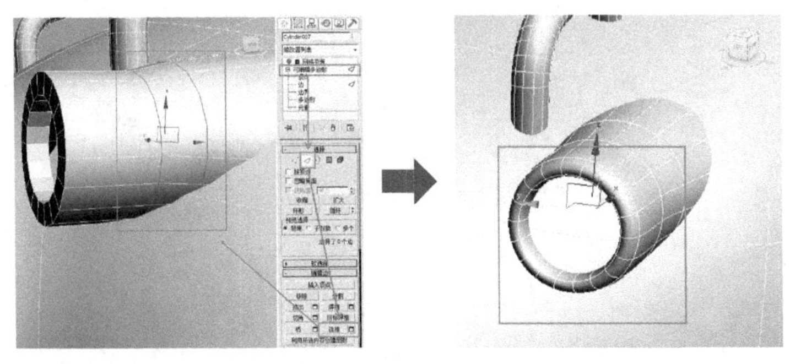

图 9-97

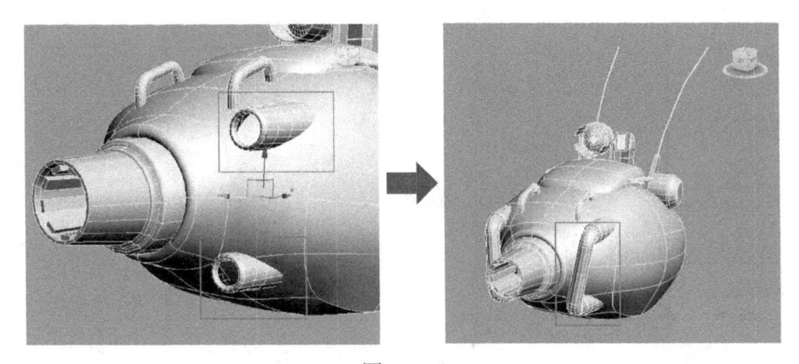

图 9-98

(19)接下来,完成两侧的火箭发射器,它的大形和盖子基本一样。建立长方体,给好段数,并将其转变为可编辑多边形,为了使它平滑,增加网格平滑修改器。在需要的边上增加折边,其余辅助装置用基本形体堆砌上去即可,效果如图 9-99 所示。

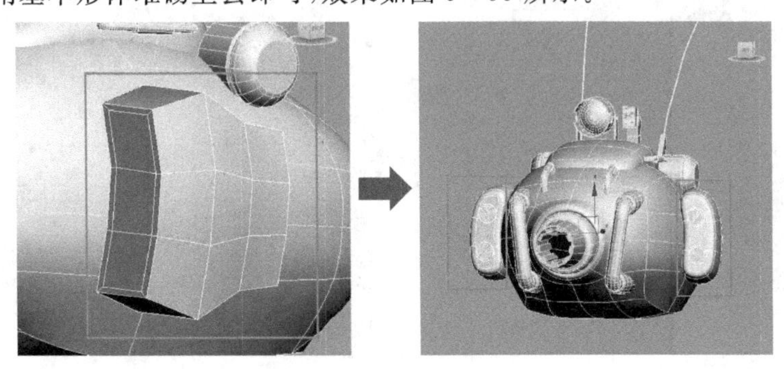

图 9-99

合金弹头坦克炮塔模型完成,如图 9-100 所示。

9.5.2 炮身模型制作

(1)接下来我们开始制作坦克身体模型,在顶视图中,根据炮头所示的比例制作出炮身的顶盖长方体,给它一定的段数,调整好位置,由于坦克身体顶部也是对称的,我们依然可以采用镜像复制的方法进行制作。将长方体转化为可编辑多边形,点级别调节,删除一般镜像复制,效果如图 9-101 所示。

(2)选择边利用连接工具加线,调点、删面形成如图 9-102 所示的形状。

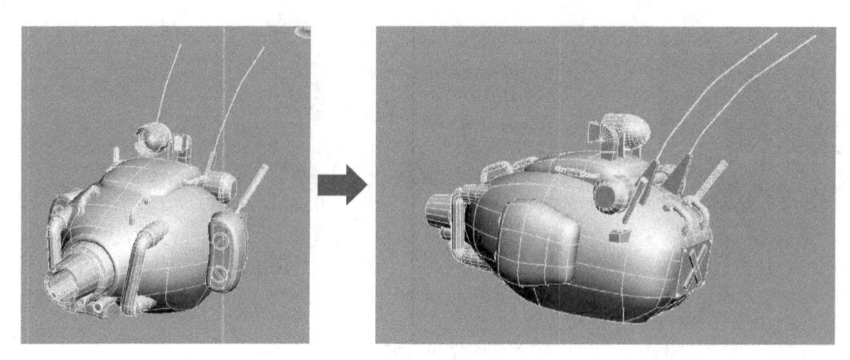

图 9 - 100

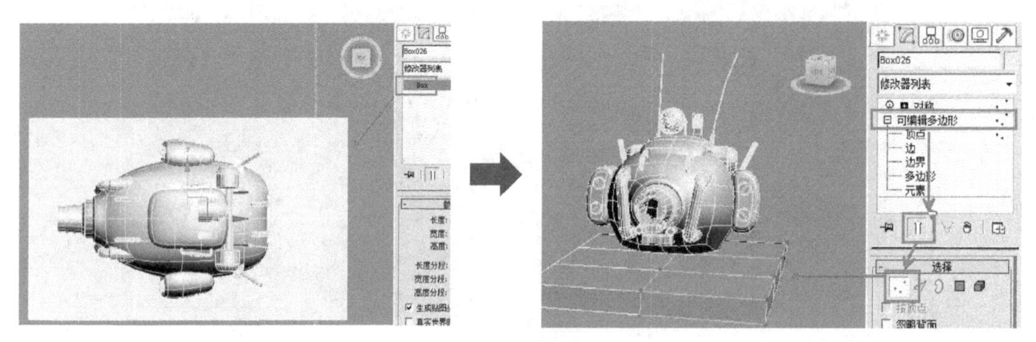

图 9 - 101

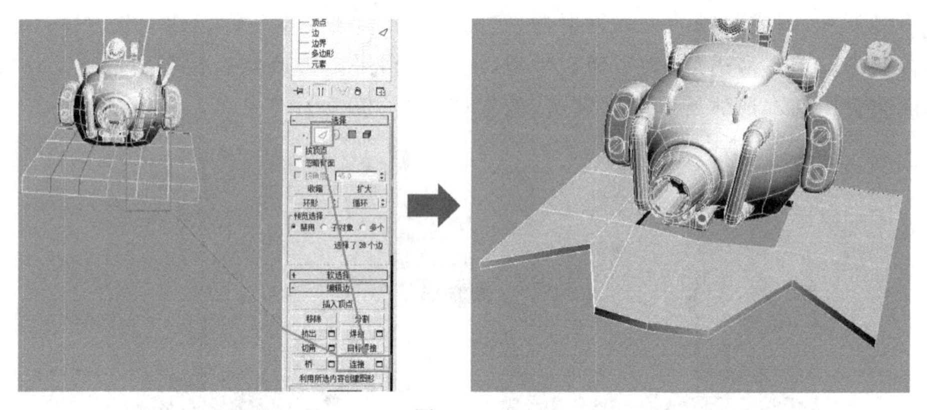

图 9 - 102

(3)给物体增加网格平滑,迭代次数为 2 次,参照参考图,多角度进行调整,在点级别下调整大形,效果如图 9 - 103 所示。

(4)初步完成坦克身顶部的大形,下面进行更深入的制作。进行压边,选中顶部的外边缘纵向的所有边连接,创建边为 2,得到我们想要的结果,再将内部圆洞处的边硬化,也就是折边,需要加线的地方用【连接】加上必要的线,然后调整,效果如图 9 - 104 所示。

(5)鼠标右击物体,在弹出的菜单中选择切割来进行切线,挤出后加线进行压边,这样拐角在网格平滑后会变形,效果如图 9 - 105 所示。

(6)在坦克身体前端切割细分后将面挤出,在两侧面向下挤出,图中红色区域为挤出的面。在网格平滑下进行调节,调整大形得到如图 9 - 106 所示的效果。

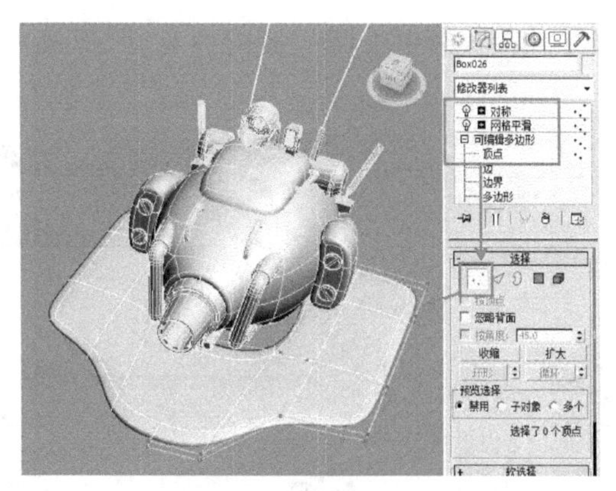

图 9 - 103

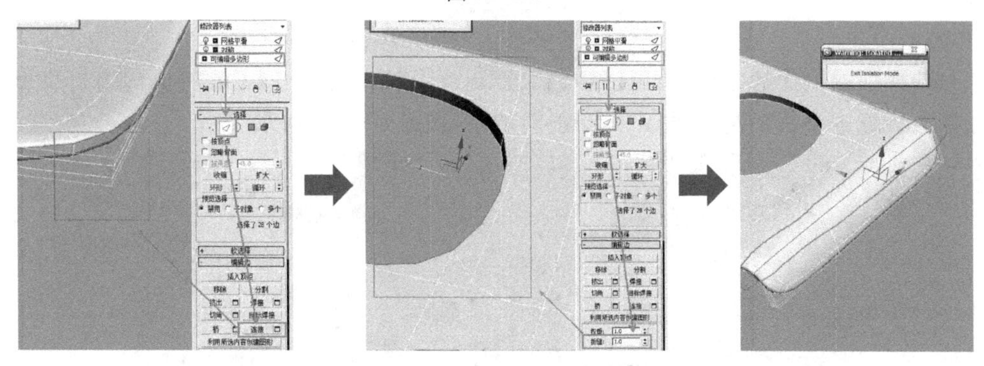

图 9 - 104

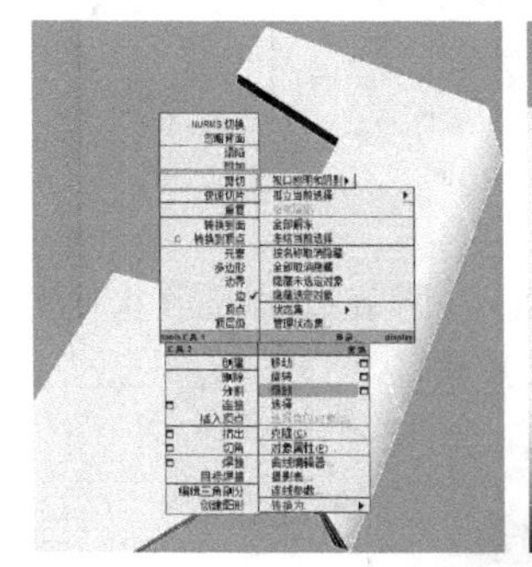

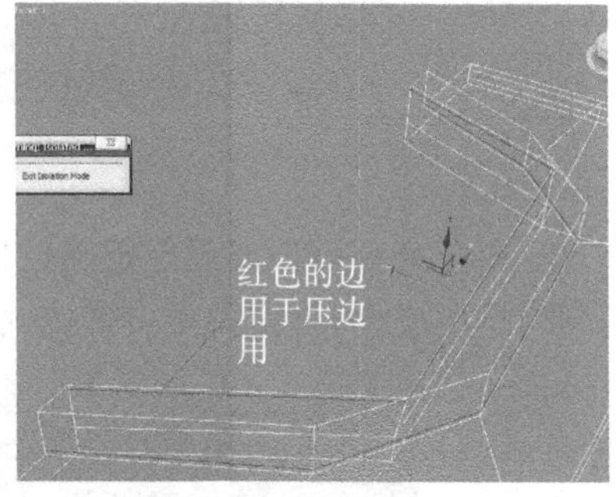

图 9 - 105

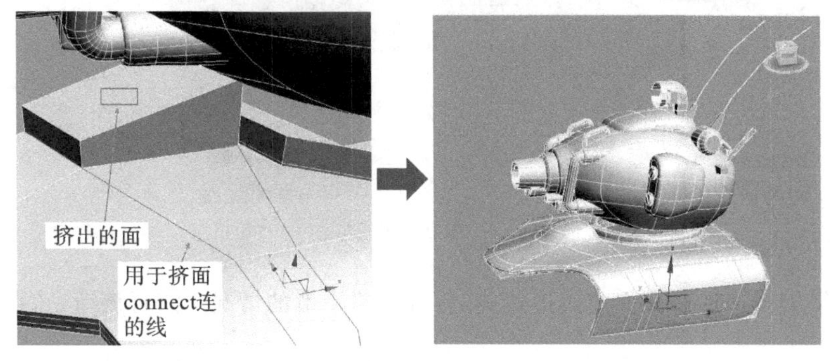

图 9 - 106

(7)在车身顶盖侧面布四根线，选中中间的面向内移动，形成侧面向内的凹槽，如图 9－107 所示。

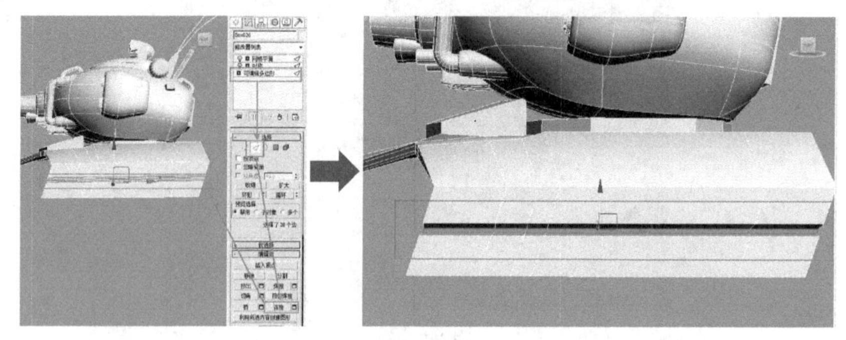

图 9－107

(8)选择前端侧面的一个面，用【插入】工具调节形状，用【挤出】工具将面向内挤出形成凹陷，选择边折缝进行折变制作，最终得到正确结果，如图 9－108 所示。

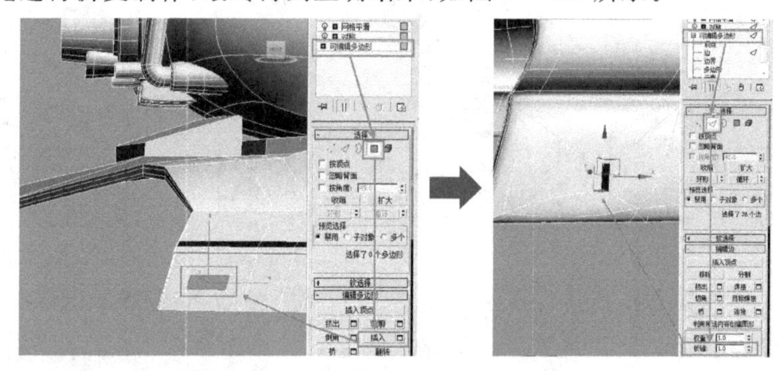

图 9－108

(9)在车身侧面顶部选择正确位置的面用【插入】工具，将面插入，调节边线的形状使其变成方形，挤压成型，将面积压出来，布线调节形成如图 9－109 所示效果。

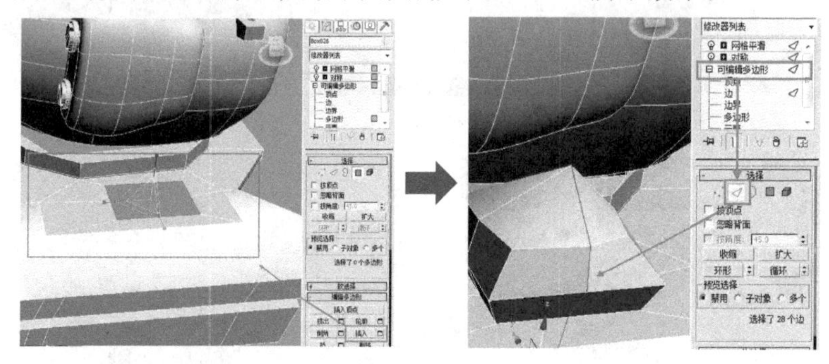

图 9－109

(10)用编辑多边形修改完成大形后，在打开网格平滑的情况下进行调节，这样能够观察最终模型结果。

在鼓起面的顶部选择三个面，使用【插入】工具，选择多边形模式，再用挤压将面挤进去，效果如图 9－110 所示。

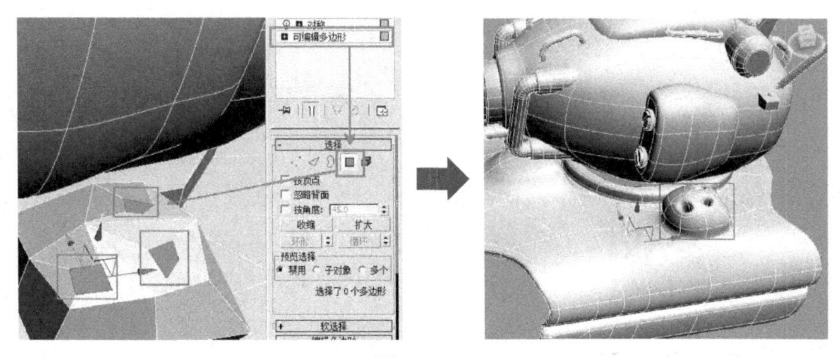

图 9-110

(11)将视图转到顶视图,在正确的位置上创建一个圆柱。将其转变为可编辑多边形,在点级别下选择底面的点旋转工具将其调整到正确的角度,如图 9-111 所示。

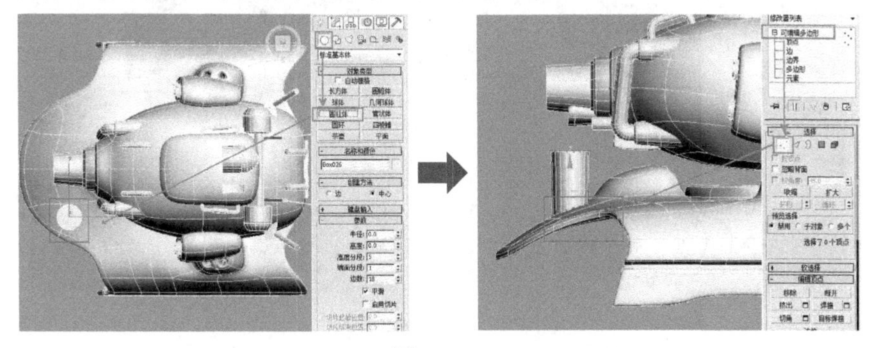

图 9-111

(12)进入点级别,选择底面顶点,使用缩放工具将底面放大,进入边级别选择边线,使用连接工具加一圈线,调整线的位置使我们得到正确结果,如图 9-112 所示。

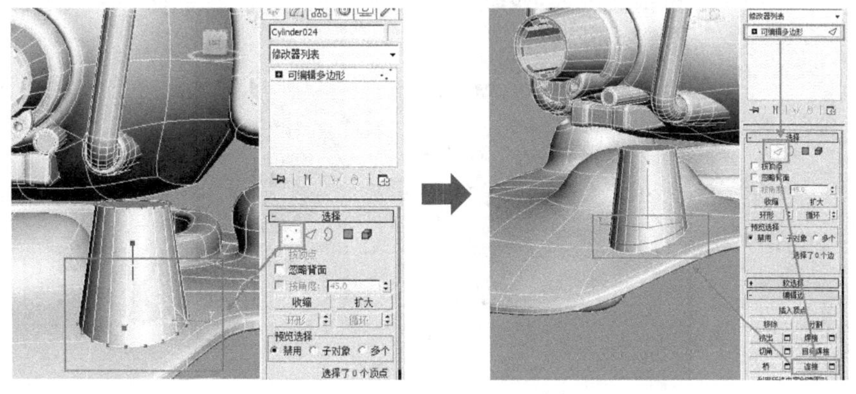

图 9-112

(13)进入点级别选择靠顶部的点旋转移动调节位置,使其横截面是正对着炮头的接口位置,进入线级别连接,创建 3 条边线,调节位置将它们投掷在结构上,方便以后的大形调节,如图 9-113 所示。

(14)选择上一步创建好的边,缩放调整大形,尽量使结构看上去平滑,进入面级别,选择靠近底面的一圈侧面使用挤压工具将面挤出一定距离,调节挤出面的高度,保证与车身盖子之间无空隙,如图 9-114 所示。

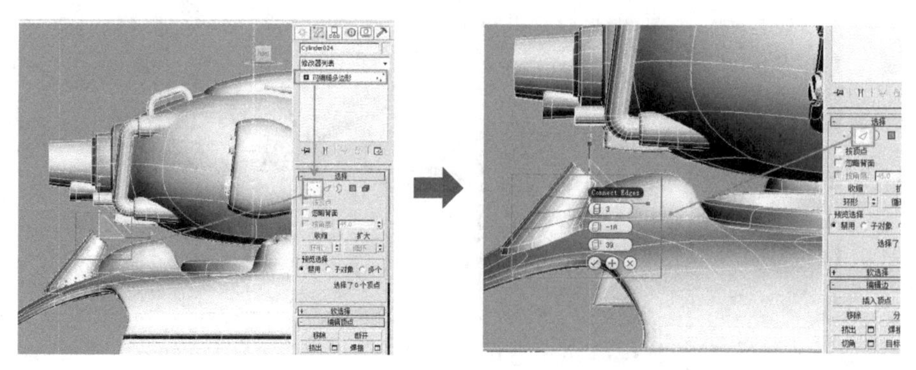

图 9－113

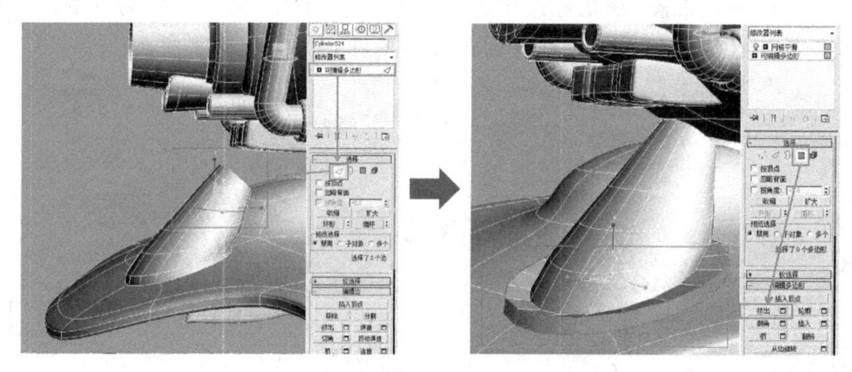

图 9－114

(15)为物体添加网格平滑修改器，平滑后回到点级别，在显示平滑的情况下进行点的调节，确保平滑后依然与车身顶盖有良好的位置关系，调整完毕，回到面级别在顶面使插入工具将面插入，使用挤出工具将面挤进去，如图 9－115 所示。

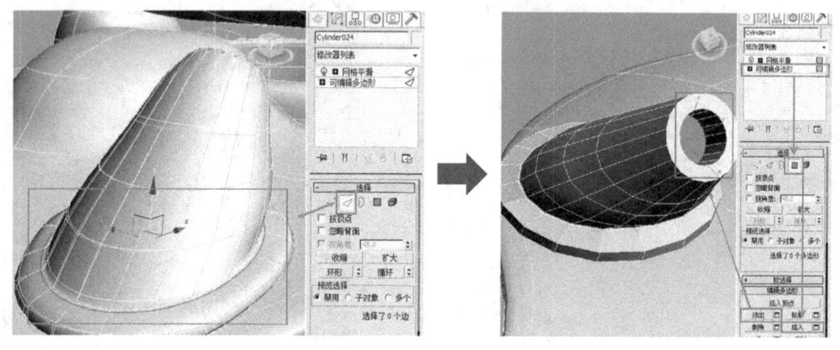

图 9－115

(16)创建长方体，将其转变为可编辑多边形，进入点级别进行细节调节，最后由圆柱连接。通过前面的经验完成车身顶盖的其他部件，如图 9－116 所示。

(17)完成盖子，下面开始制作车体前部，在前视图中建立圆柱对好位置，将其转变为可编辑多边形，进入边级别连接加线，如图 9－117 所示。

(18)进入点级别删掉一半，然后进行点调节，删掉不需要的面，调节出如图 9－118 所示的形状。

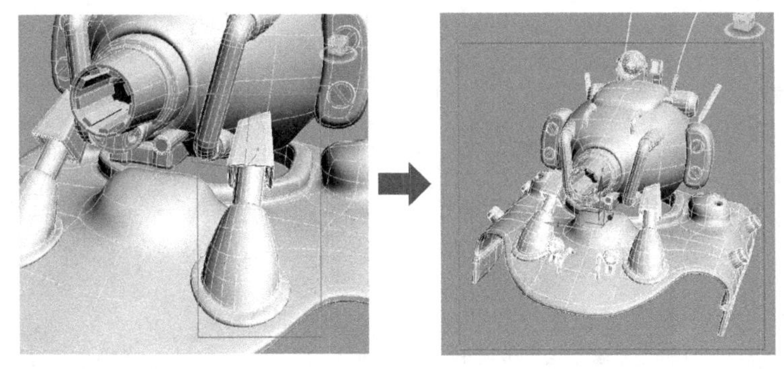

图 9 - 116

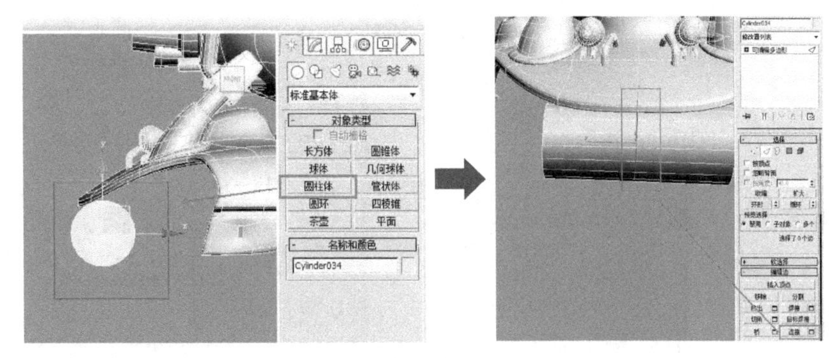

图 9 - 117

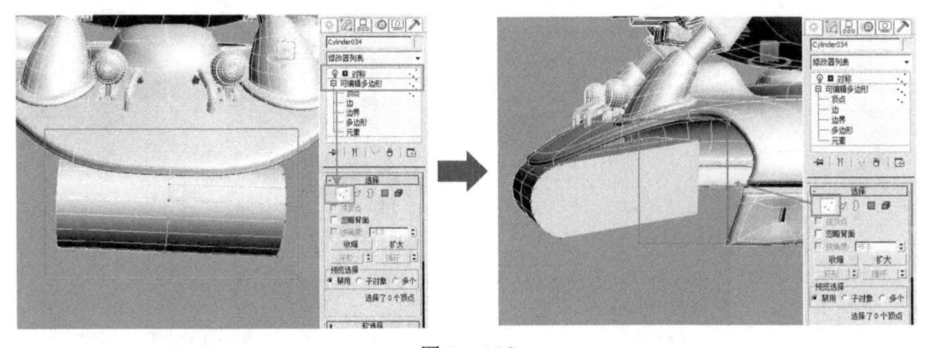

图 9 - 118

(19)进入边级别连接工具加线，调整位置，再进入面级别选择面挤出命令将面挤出，如图 9 - 119 所示。

(20)进入点级别进行局部细节的微调，使其形成较好的形状，如图 9 - 120 所示。

(21)接下来制作前端侧面的挡板，和前部一样先建立一个圆柱体，将其转变为可编辑多边形，进入点级别移动形成我们想要的形状，如图 9 - 121 所示。

(22)在顶部合适位置选择一个面插入、将面挤出，选择侧面再次插入，删除面，进入边界级别，选择两端边界后使用桥命令将它们连通，如图 9 - 122 所示。

(23)对物体使用【Alt ＋Q】组合键，进入孤立模式进行调节，进入面级别，删除面，进入边级别，选择桥命令逐一桥接，再加线进入点级别调形，如图 9 - 123 所示。

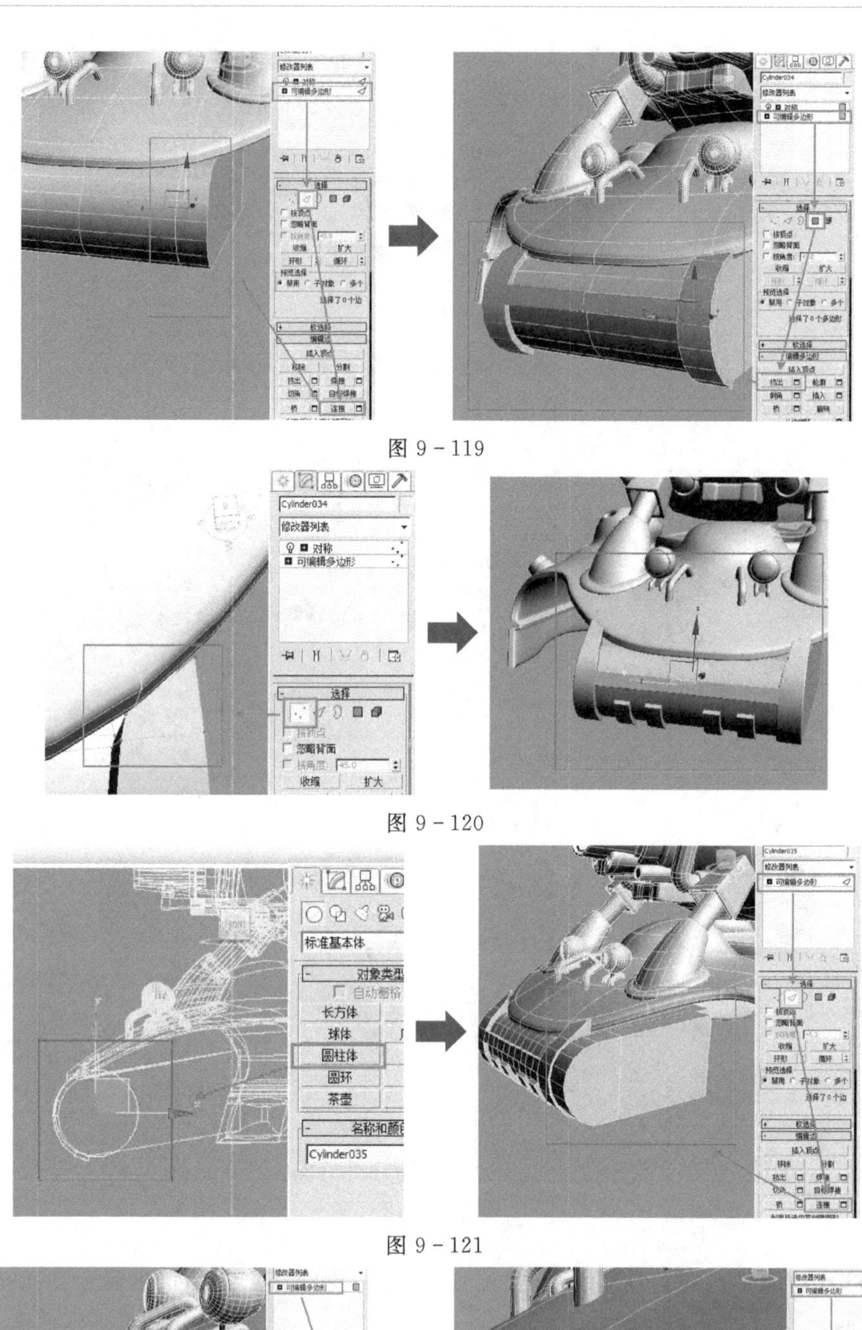

图 9－119

图 9－120

图 9－121

图 9－122

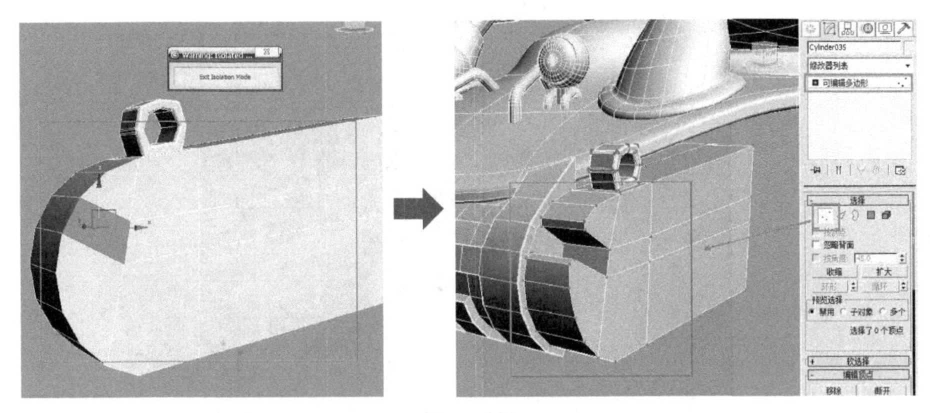

图 9-123

(24)镜像复制将物体移动到对面,根据原画进行制作出尾部的一些结构,如图 9-124 所示。

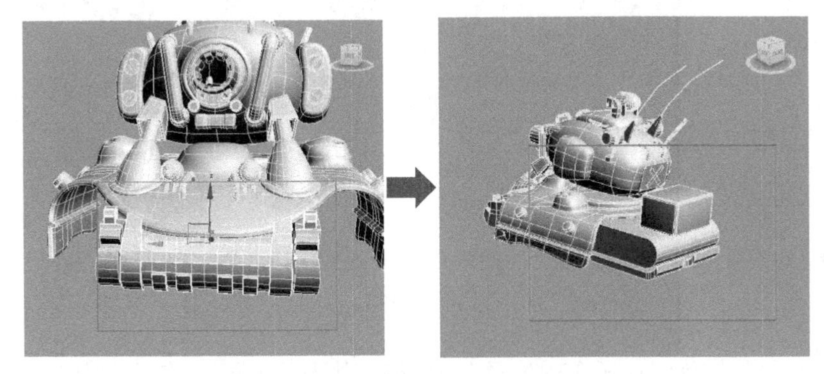

图 9-124

(25)坦克身体大体结构完成后,下面补充尾部细节模型。创建一个圆环,将其转变为可编辑多边形,在面级别进行一系列的挤出、插入等编辑操作,进入点级别,调节细节局部,如图 9-125 所示。

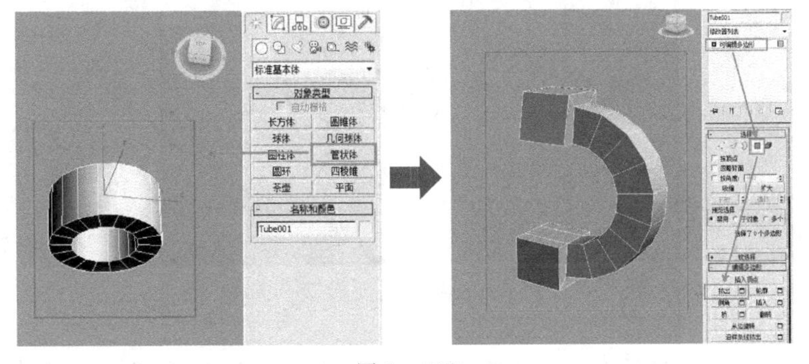

图 9-125

利用同样的方法完成其他的扣环,如图 9-126 所示。

(26)接下来完成管道,在顶视图建立圆柱,加一定的段数,添加修改器弯曲命令,将其弯曲 180°,如图 9-127 所示。

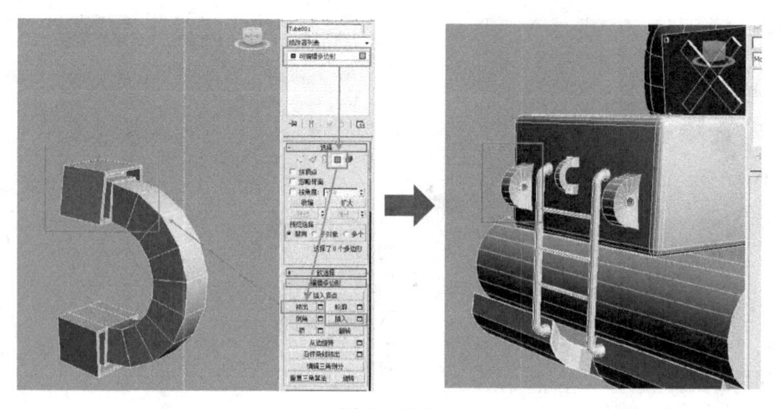

图 9-126

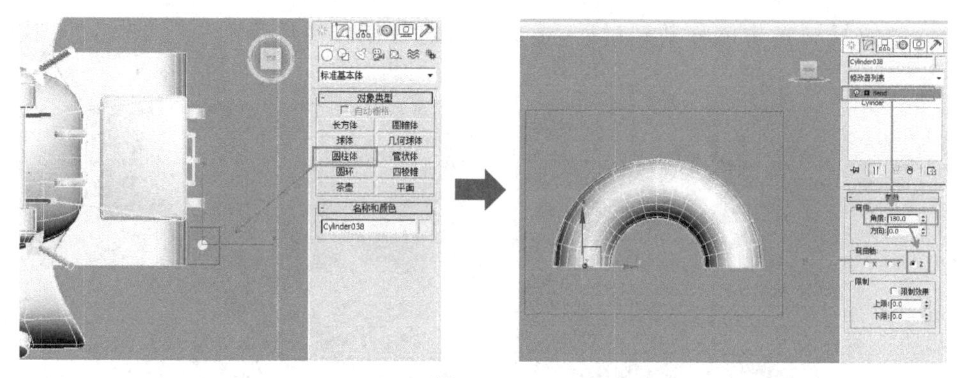

图 9-127

弯曲完成,将物体放到他所在的位置上,每隔一圈选择一圈线,使用缩放工具将它们的长度放大形成锯齿装,如图 9-128 所示。

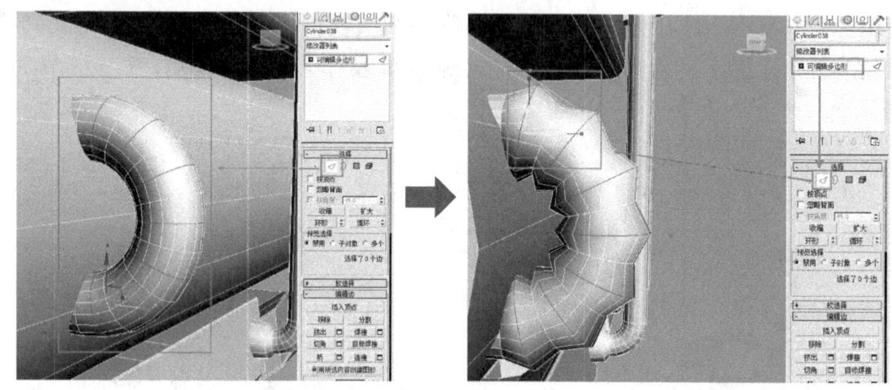

图 9-128

(27)使用基础形,将其转变为可编辑多边形,进行布线调点,完成坦克身体上其他部件的制作,效果如图 9-129 所示。我们经过了这么多的制作基本掌握了多边形建模的基本方法。

9.5.3 车轮履带制作

(1)履带是由一个个单元链接在一起组成的,我们可以先完成一个履带单元。在顶视图建

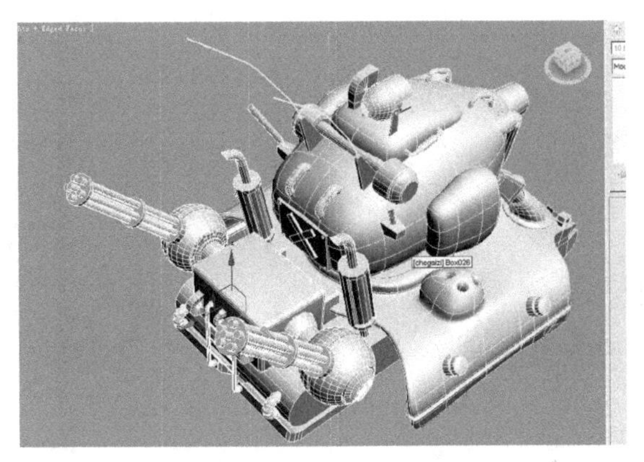

图 9－129

立长方体，给一定段数，如图 9－130 所示。

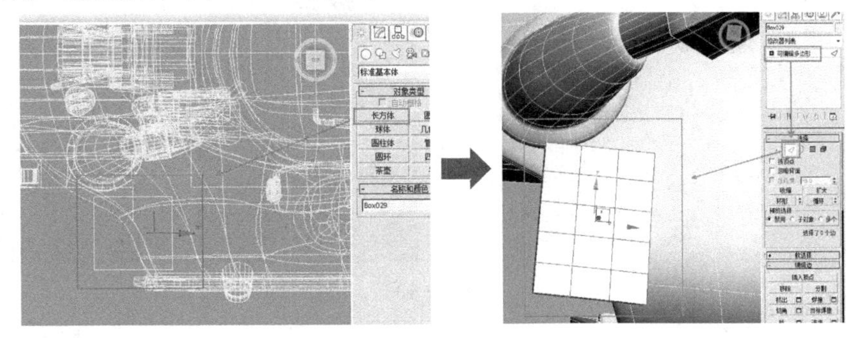

图 9－130

进入面级别，选择必要的面删除，进入边级别，选择桥、插入和挤出命令，需要折边的地方将折缝设为1，最后增加网格平滑得到如图 9－131 所示效果。将履带单元复制，添加链接细节零件。

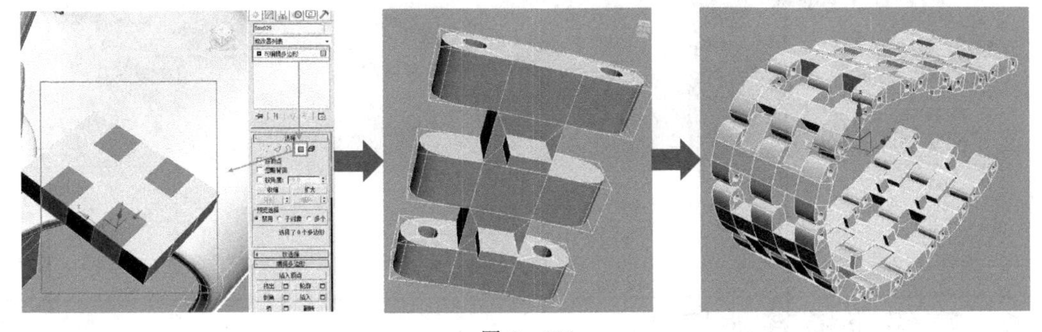

图 9－131

(2)使用编辑多边形修改基本形体的方法完成履带表面装甲与履带轴承的制作，将它们合理地装配在一起，如图 9－132 所示。

合金弹头坦克模型全部完成，如图 9－133 所示。

总结，本次实例我们学习了使用多边形建模完成曲面模型制作的方法和步骤，高级建模方法简而言之就是将基础物体转为可编辑多边形，修改调点布线，完成大形，最后添加网格平滑

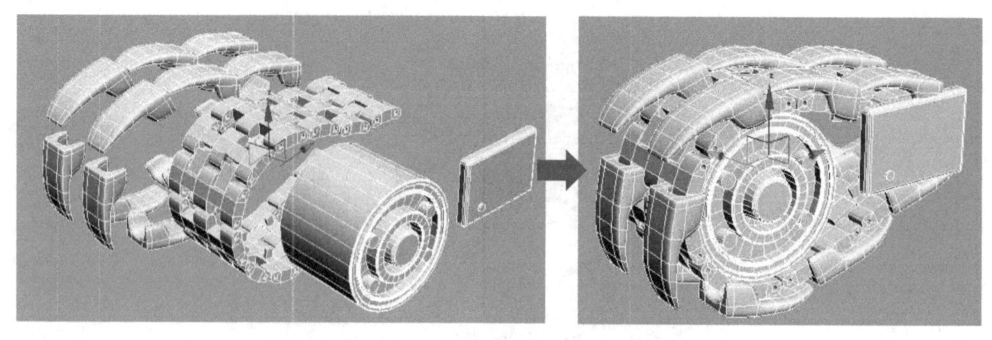

图 9－132

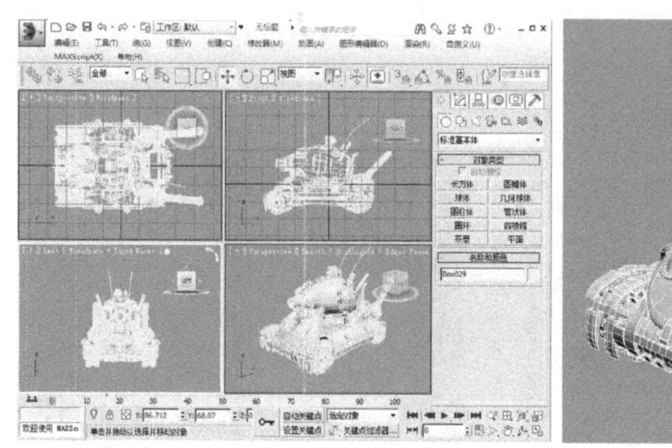

图 9－133

命令，对其进行光滑处理的过程。合金坦克素模渲染效果如图 9－134 所示。

图 9－134

9.6 高级建模其他运用

3ds Max 高级建模是 Max 建模技术的精髓，熟练掌握高级建模，就能实现对各种模型的制作。

三维动画片中的卡通角色也是通过编辑多边形高级建模完成的，如图 9－135 所示。卡通角色建模流程可参考本书第 12 章木偶的故事实例。

三维游戏中的角色模型也是通过编辑多边形完成的，制作方法与卡通角色基本类似，不同

图 9-135

的是有些游戏引擎需要简模的角色模型，如图 9-136 所示。

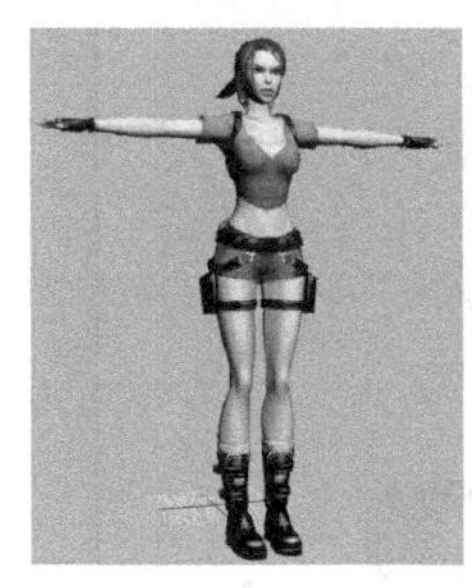
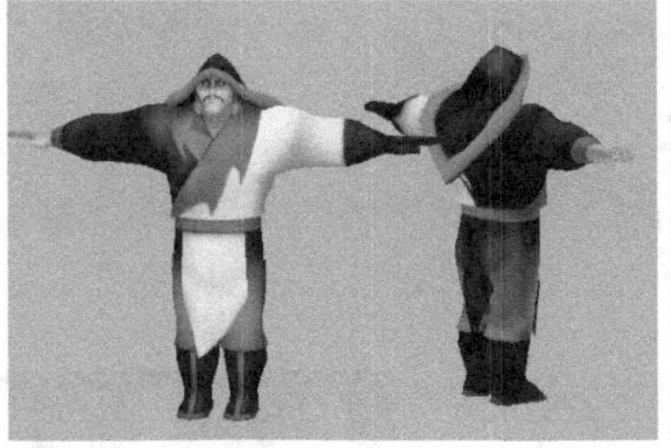
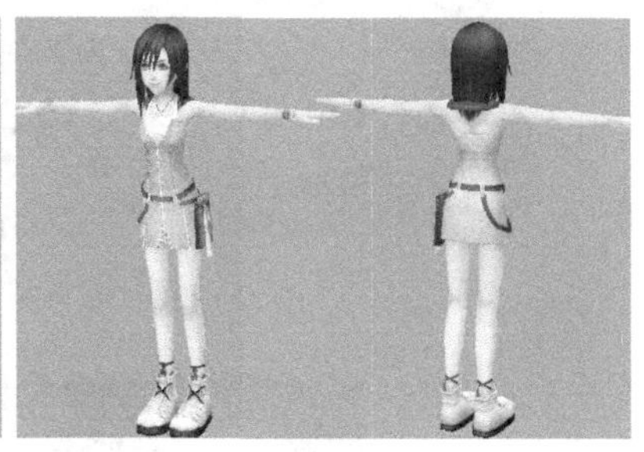

图 9-136

在工业设计领域，很多产品曲面模型也是通过编辑多边形完成的。图 9-137 所示是机动战士高达模型曲面模型。图 9-138 所示汽车曲面模型。

图 9-137

还有麦克拉伦汽车曲面造型，如图 9-139 所示。细节比较复杂的车模制作周期一般需要十几个工作日或更长时间，极其考验模型制作人员的表现水平与耐力。

还有一些写实角色表现，如图 9-140 所示。

图 9-138

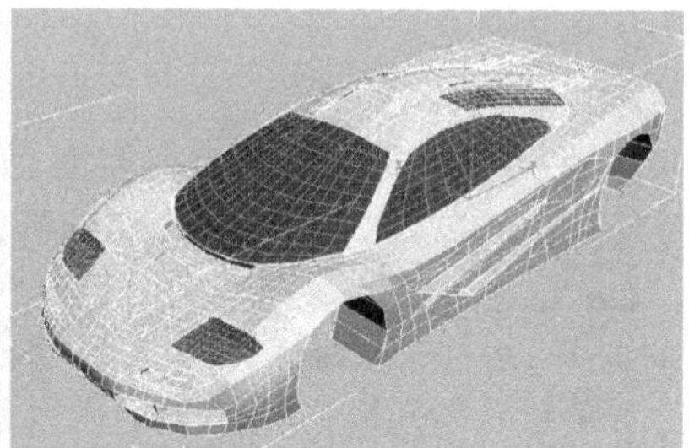

图 9-139

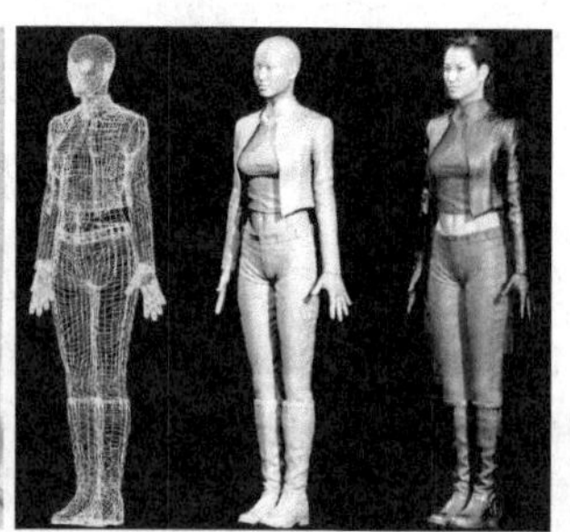

图 9-140

本章小结

建模是一项繁琐、细致、耐心的工程，与传统美术的素描相似，它考验着创作人员的模型结构理解与创作表现能力，最重要的是多观察、多练习，才能找到适合自己的能熟练、快捷完成制作的方法。

思考与练习

1. 简述编辑多边形高级建模的整体思路和常用工具的使用方法。
2. 练习完成游戏塔楼和车轮模型。
3. 制作完成金鱼模型。
4. 完成合金坦克模型或 F1 赛车模型。

5. 根据图9-141所示参考图，使用Max高级建模方法完成动画角色三维模型。

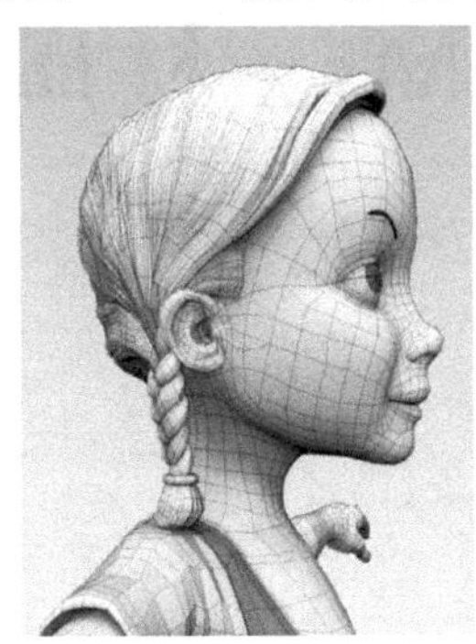

图9-141 动画角色三维模型

3ds Max 材质基础

第10章

本章重点

(1)认识材质编辑器的主要命令,理解材质贴图工具的不同用法。

(2)掌握不同材质贴图创建的思路与方法。

学习目的

在建模部分学习完成以后,我们进入材质部分的学习。材质对三维世界中的物体来说是非常重要的,它能给场景增加更多的艺术细节,营造符合作者或剧本要求的色调气氛;另外,材质还能够弥补模型创建中的一些不足,模型和材质相互配合,发挥它们各自的长处,是我们在今后创作中不断追求的目标。

10.1 材质编辑器简介

在三维世界中,材质描述对象是通过反射或传送光来实现的。材质的重点是模拟物体的物理属性,例如一个物体是金属、布料、泥土、塑料或是液体;相比材质而言,贴图是材质的组成部分,贴图能模仿三维世界中不同质感下的纹理,就像我们小时候玩的转印画,它就是一种贴图纹理,它可以贴在金属、塑料、玻璃、手指等等各种不同的表面上,来表达一定的质感。

不同材质感觉的物体如图 10-1 所示。

图 10-1 不同材质感觉的物体

贴图就像如图10-2所示的转印纸一样，能够贴到任何材质的物体表面。

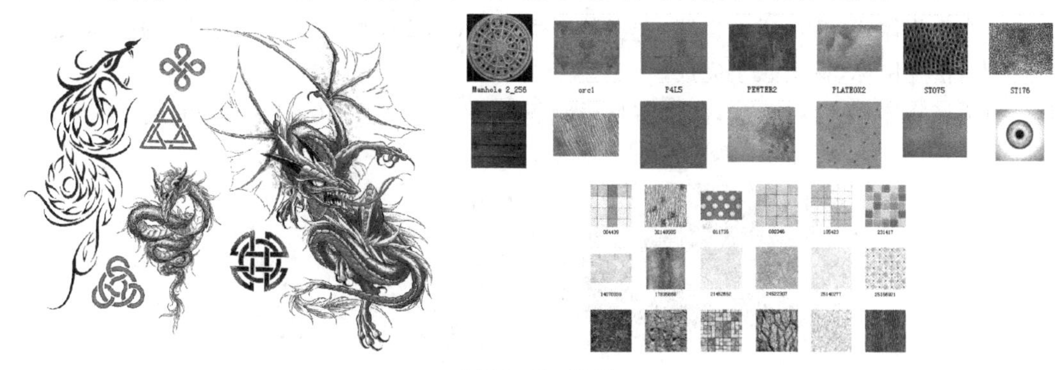

图10-2 贴图

10.1.1 材质编辑器打开方法

材质编辑器的打开方式有下面三种。

(1)按快捷键【M】，材质编辑器面板打开。有两种材质编辑窗口：一种是经典的材质编辑器窗口，另外一种是节点材质编辑器。二者功能相同，只是材质编辑形式不同而已，通常我们还是使用经典的材质编辑器窗口，如图10-3所示。

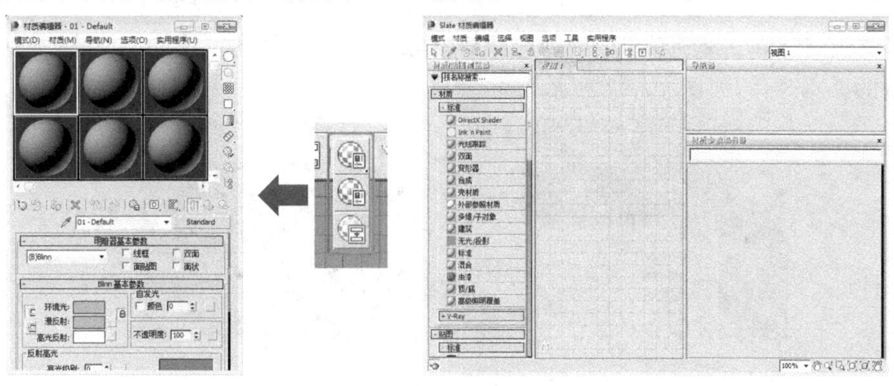

图10-3 材质编辑器

(2)使用主工具栏的材质编辑器工具，如图10-4所示。

图10-4 使用主工具栏的材质编辑器工具

(3)使用渲染菜单的精简材质编辑器进入，如图10-5所示。

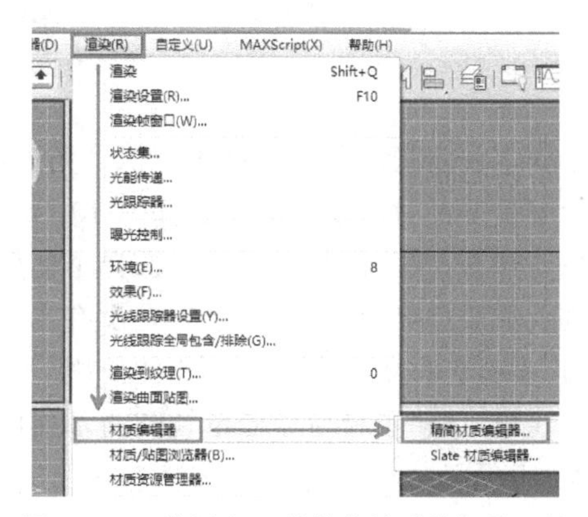

图10-5 使用主工具栏的材质编辑器工具

10.1.2 材质赋予物体

当材质创建完成后，我们需要将已经创建好

的材质赋予给物体，一般有两种方法来实现。

(1)选择物体，打开材质编辑器，选择某个材质球，按住鼠标左键将材质球拖拽到需要赋予的物体上，松开鼠标，材质赋予完成。

(2)选择物体，单击材质球，使用将材质赋予物体命令，如图 10－6 所示，完成材质赋予。

图 10－6 材质赋予

10.1.3 材质样本窗口

材质样本窗口是我们查看材质效果的主要窗口，默认情况下，Max 显示六个灰色的材质球，可以使用鼠标在材质球中间的接缝处拖动实现对其他材质球的查看。

在样本窗口上单击鼠标右键，可以选择样本球的显示个数，选择【6×4 示例窗】可以显示最多数量的样本球体，如图 10－7 所示。

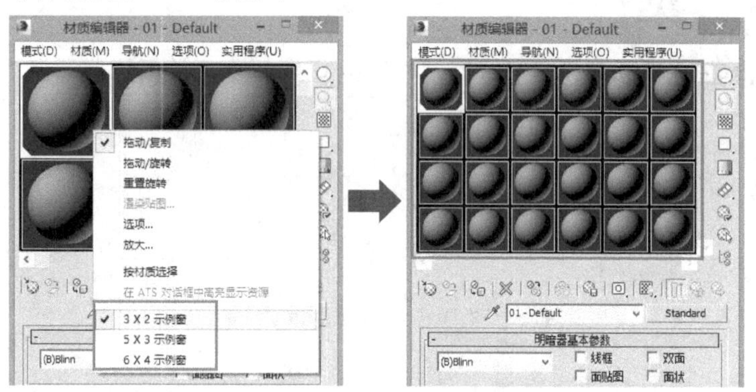

图 10－7 材质编辑器

样本视窗指示器是指样本球四个角上的小三角形，它有三种不同的指示状态，每种状态都包含着重要的材质使用信息。如图 10－8 所示，黄色的材质球指示器是白色的，它代表黄色材质球已经被使用，而且现在已经选择了使用该材质的物体；红色的材质球指示器是灰色的，代表红色材质已经被使用，但是现在没有选择使用红色材质的物体；蓝色材质球的指示器没有出现，代表蓝色材质没有被任何物体使用。

注意：了解了材质球样本视窗指示器的指示含义，我们就能快速知道材质球和场景模型的关系。

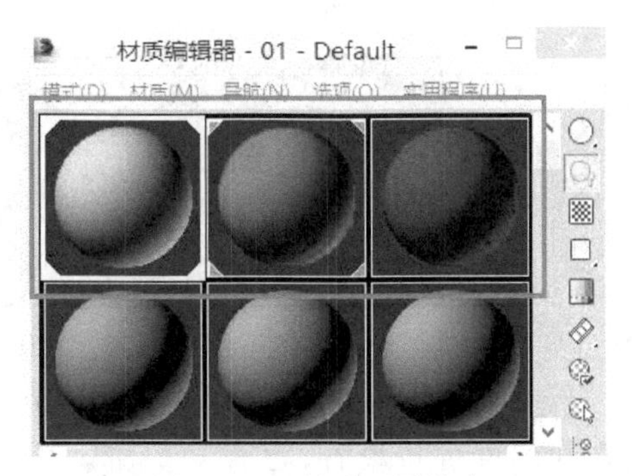

图 10 - 8　材质不同状态

10.1.4　材质工具栏

材质编辑器工具栏有垂直和水平两个部分，我们先学习垂直的部分，先后顺序如图 10 - 9 所示。

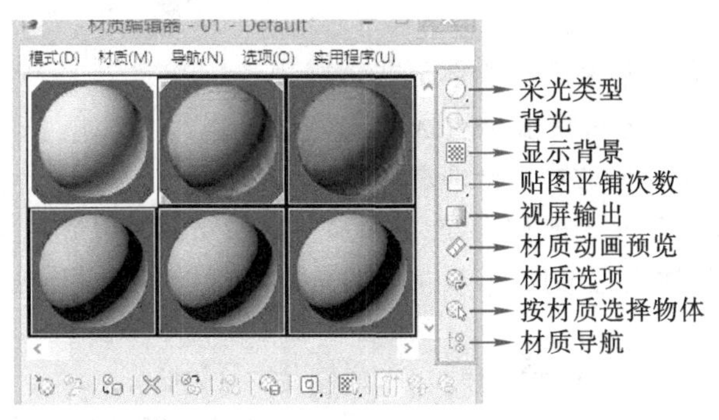

图 10 - 9　材质编辑器

采样类型：材质球的形状。它可以将材质球改成立方体、圆柱体和球体的形状，对最终的材质贴图效果没有影响，可以单击工具右下角的小三角形更改，如图 10 - 10 所示。

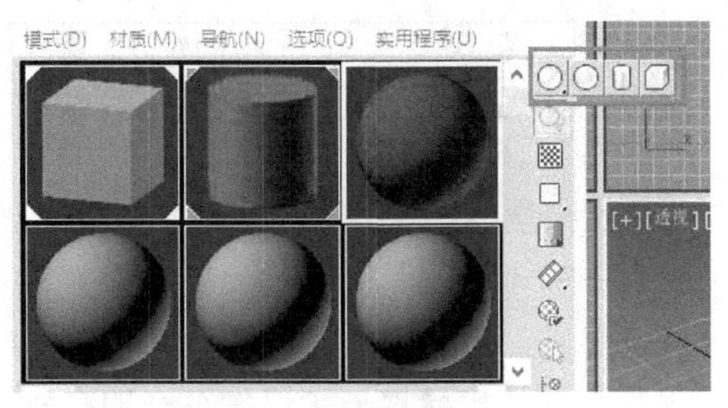

图 10 - 10　材质球形状

背光：材质球是否显示背景光。通常保持显示状态，这样能更好地观察材质效果。

显示背景：针对透明和半透明的物体，能够显示透明物体的透明度和折射率，如图 10 - 11 所示。

贴图平铺次数：显示样本球上贴图的重复次数，用来观察材质平铺效果，如图 10 - 12 所示。

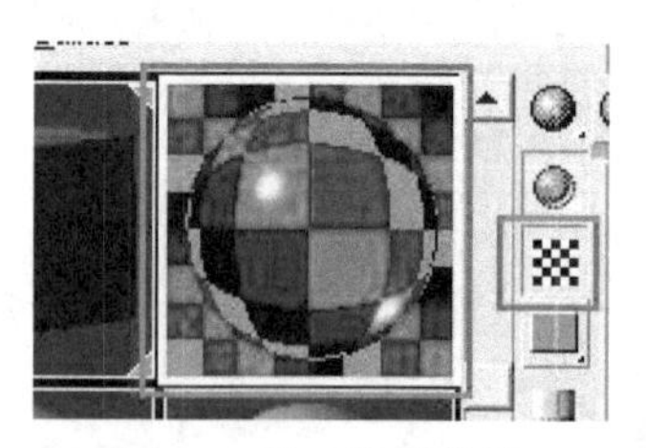

图 10 - 11　显示背景

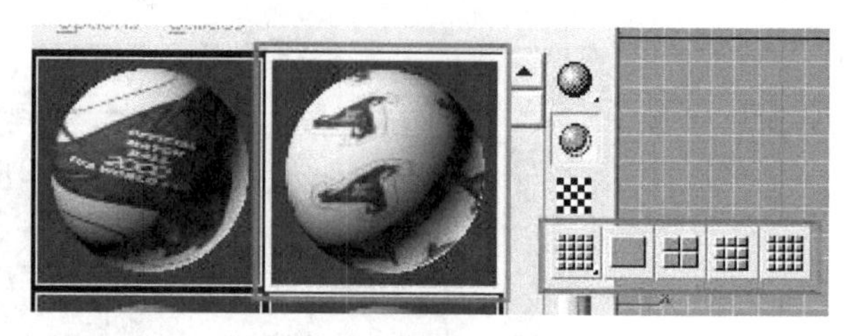

图 10 - 12　贴图平铺次数

视屏输出:对材质的颜色和纯度进行检查,查看在电视媒体中是否能正确显示,如图 10 - 13 所示是开启检查后,颜色检查错误的结果。

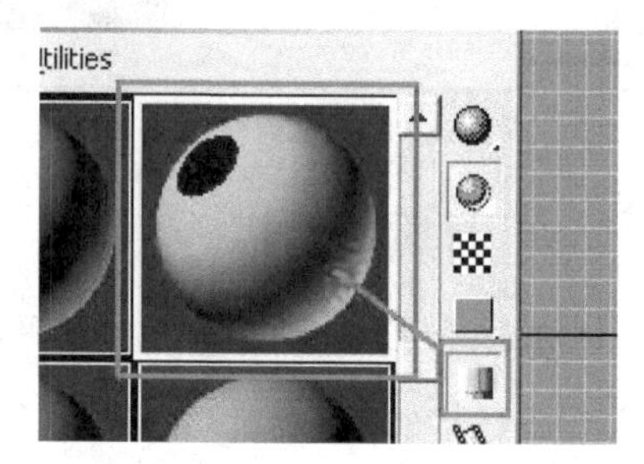

图 10 - 13　视屏输出

材质动画预览:如果材质进行了动画设置,可以用它来进行预览。

材质选项:材质编辑器细节参数设置。通常保持默认数值。

按材质选择物体:按材质来选择物体。非常好用的一个命令,选择材质球,再选择按材质选择物体命令,就能将场景中使用该材质的物体全部选择。

材质导航:帮助浏览较复杂的材质,能清晰显示材质贴图的组成。

在材质编辑器工具栏垂直工具中,最常用的是显示背景和按材质选择物体工具,如图 10 - 14 所示。

下面我们来学习水平工具栏的主要工具,如图 10 - 15 所示。

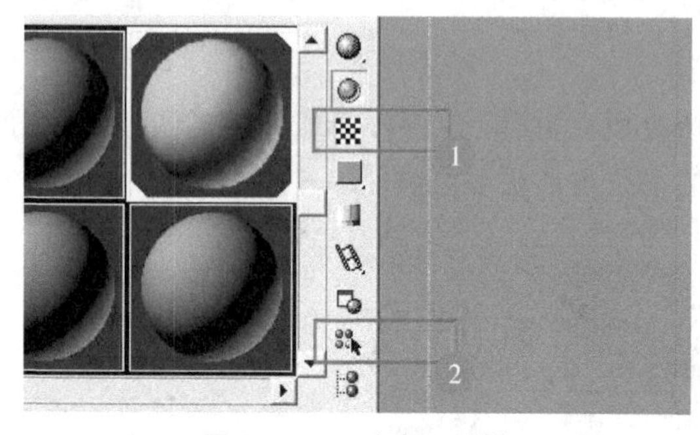

图 10 - 14　垂直工具栏

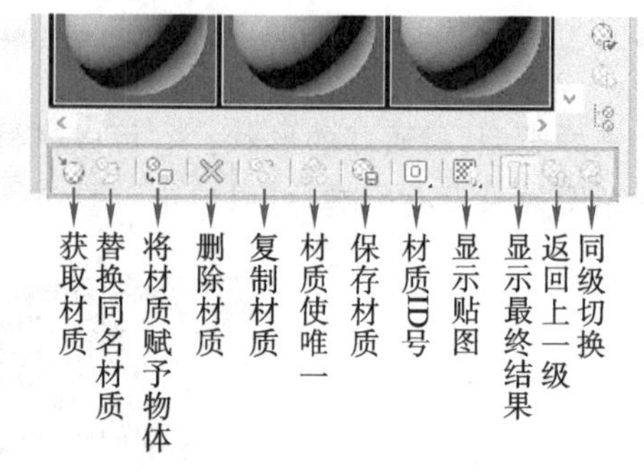

图 10 - 15　水平工具栏

获取材质:从保存的材质或材质库中获取一个已经存在的材质。

替换同名材质:用来测试两个同名材质在场景中的不同效果,一般较少使用。

将材质赋予物体:选择物体,选择某个材质球,单击此工具后可以将材质赋予选择的物体。

删除材质:删除无用的材质。

复制材质:将材质原地复制,原始材质被放入场景材质库中。

材质使唯一:将两个原本关联的材质解除关联。

保存材质:将材质存入材质库。

材质 ID 号:用不同的 ID 号来区分材质,常用于后期特效处理。

显示贴图：当材质有贴图的时候，使用此工具可以在视图窗口显示贴图。

显示最终结果：材质样本视窗显示材质贴图的最终结果。

返回上一级：贴图级别返回上一级。

同级切换：贴图级别同级切换。

在材质编辑器的水平工具中，最常用的有获取材质、将材质赋予场景、删除材质、保存材质、材质 ID 号、显示贴图、返回上一级和同级切换，如图 10－16 所示。

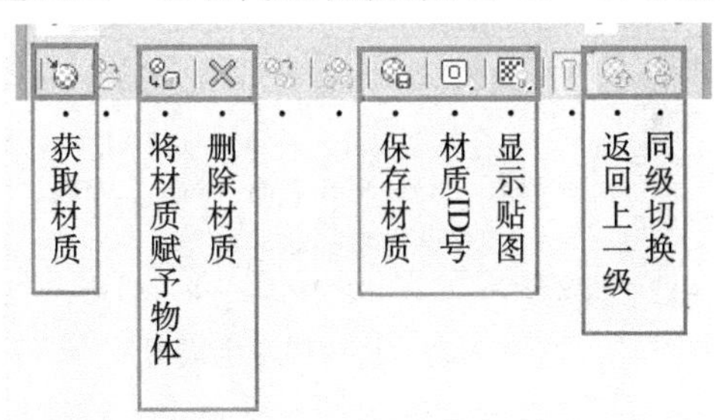

图 10－16　最常用工具

在水平工具栏下方，还有一行工具，如图 10－17 所示，①是吸管工具，它能够在有材质的物体上将它使用的材质吸取下来，方便修改；②是材质名称，用来修改材质的名字，支持中文名称；③是材质类型，默认为标准材质，单击它可以改变成其他类型的材质。

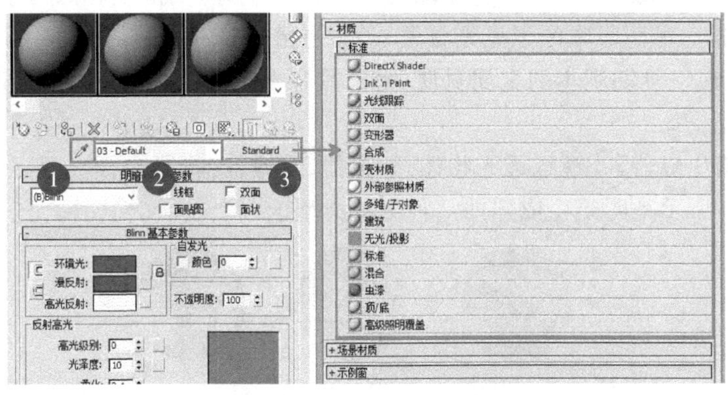

图 10－17　水平工具栏其他工具

10.1.5　材质明暗生成器

明暗生成器是材质创建的基础参数，如图 10－18 所示，它用来控制材质明暗生成类型。

图 10－18　明暗器基本参数

例如在创建金属、布料、蜡烛等不同物理属性的材质时，需要选择不同类型的材质明暗生成器。

材质明暗生成器由以下一些类型构成，如图 10－19 所示。

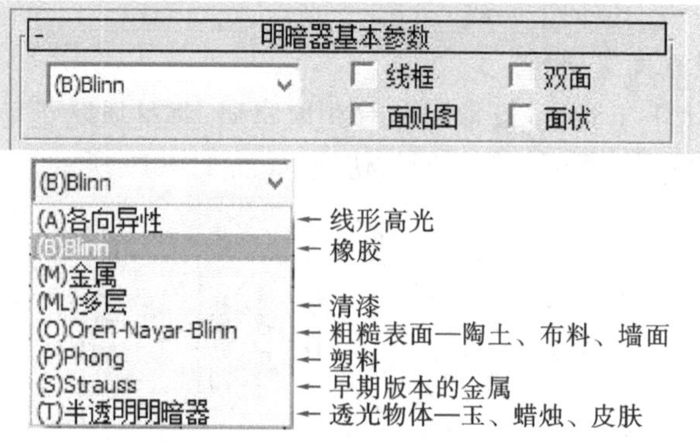

图 10－19　材质明暗生成器

【各向异性】　材质高光类型呈线形，比较适合头发、丝绸等线形高光的材质。

【Blinn】橡胶　默认的材质类型，能模仿自然界中较多的半亚光物体。

【金属】　高光对比比较强烈，易于模拟金属。

【多层】　模拟多层高光的材质物体，如清漆、汽车车漆等。

【Oren-Nayar-Blirn】粗糙表面　模拟较粗糙（亚光）物体，如陶土、麻布、粗糙墙面等。

【Phong】塑料　早期版本的半亚光材质，参数与橡胶基本相同。

【Strauss】金属　早期版本的金属材质，为了兼容早期完成的 Max 场景文件，所以还保留在明暗生成器中。

【半透明明暗生成器】　模拟透光物体，如玉器、蜡烛、皮肤等。

如图 10－20 所示是明暗生成器的 8 种不同类型。

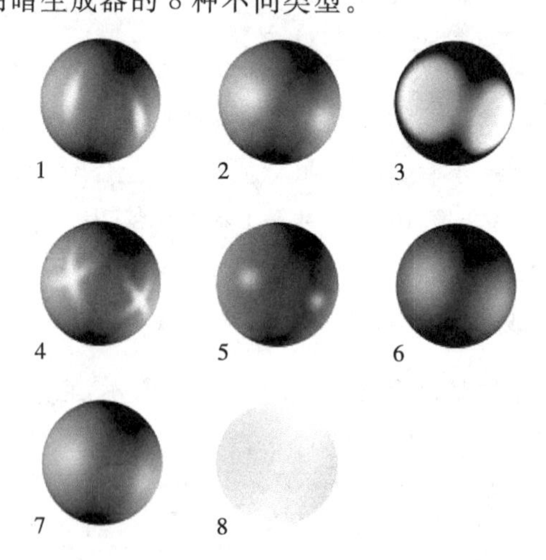

图 10－20　明暗生成器 8 种不同类型

在众多的明暗生成器类型中，使用频率最高的是橡胶和金属。

明暗生成器参数中，还有四个选项是比较重要的，如图 10－21 所示。

【线框】　将物体的网格转换为线框。

图 10-21　明暗生成器部分参数

【双面】　将物体表面的正反面都使用材质，默认情况下只有正面显示。

【面贴图】　将贴图贴到物体的每一个可见的表面上。

【面状】　清除物体的光滑组，按面状显示物体材质。

以茶壶为例显示以上工具参数的表现效果，如图 10-22 所示。

图 10-22　表现效果

10.2　材质贴图基础知识

在创建材质之前我们需要对材质贴图的基础参数做一下了解，如图 10-23 所示。

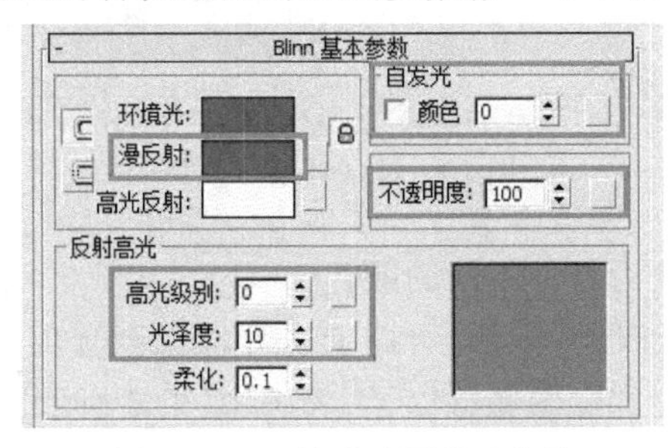

图 10-23　材质贴图基础参数

【环境光】　与漫反射锁定，不常使用。

【漫反射】　物体的反射颜色，是我们经常用来改变材质颜色的工具。

【高光反射】　物体高光的颜色，默认白色，不常更改使用。

【自发光】　控制材质是否自发光，如灯箱。

【不透明度】　参数 100 代表不透明，0 代表完全透明。

【高光级别】　可以理解为高光强度。

【光泽度】 可以理解为高光范围,值越大高光范围越小。

【柔化】 高光边缘模糊控制,一般很少使用。

在基础参数中,我们使用最多的有漫反射、自发光、不透明度、高光级别和光泽度。

10.2.1 背景贴图

使用渲染工具渲染场景,默认情况下是黑色的。我们会经常使用颜色或贴图改变场景背景的颜色,如图 10-24 所示。

图 10-24 场景背景色

使用菜单命令或按下快捷键【8】可以进入环境设置面板,如图 10-25 所示。

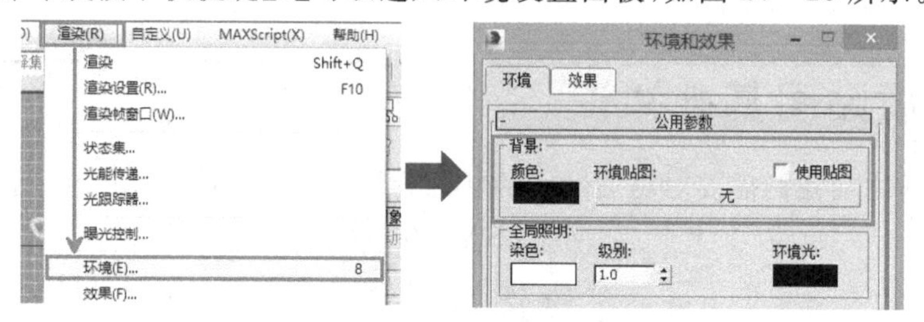

图 10-25 环境和效果

更改颜色,可以将背景改为各种不同的颜色。

如果需要给背景贴入一张图片的话,可以点击环境贴图选项的无按钮在弹出的贴图类型选择位图,然后找到需要贴图的位图就可以了,如图 10-26 所示。

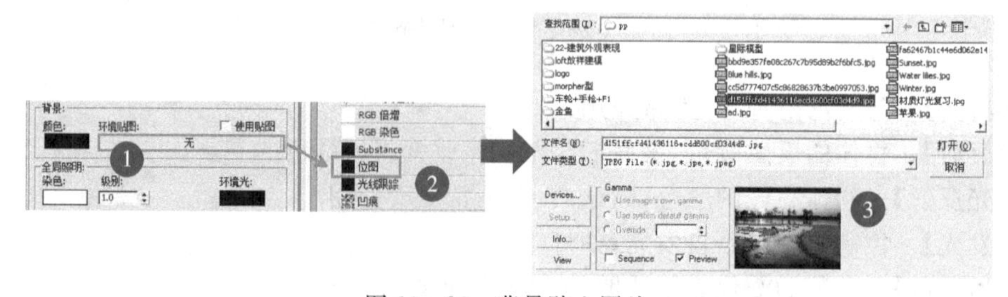

图 10-26 背景贴入图片

背景添加完成后，打开材质编辑器，将背景贴图框拖拽到空白材质球上，复制环境贴图，修改贴图模式屏幕，渲染效果如图 10－27 所示。

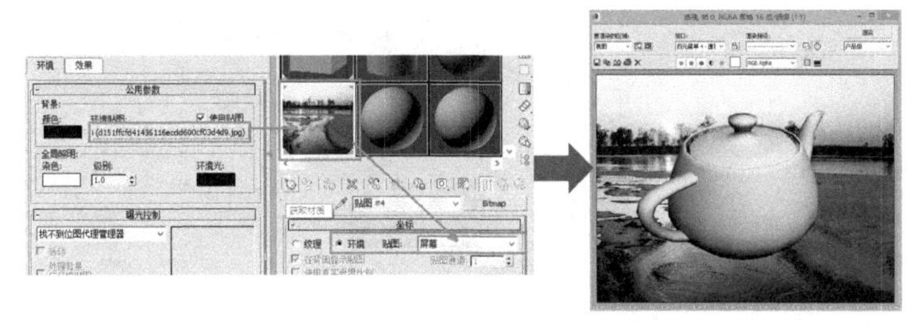

图 10－27 贴图渲染效果

10.2.2 表面纹理贴图

表面纹理贴图是使用最多的一种贴图类型，它代表物体表面到底使用什么贴图或纹理，例如布纹、书籍、大理石，这些不只需要通过材质的物理属性来表现，还需要布纹、书籍、大理石的花色图片来配合，如图 10－28 所示为不同表面纹理贴图塑造的艺术场景与人物。

图 10－28 不同表面纹理贴图塑造的艺术场景与人物

不同的表面纹理贴图能给观众完全不一样的艺术效果，下图卡车使用了木头、砖块、面板、布料分别完成表面纹理贴图，达到完全不一样的艺术创作效果，如图 10－29 所示。

图 10－29 不同的表面纹理贴图效果

漫反射材质表现有两种模式：漫反射颜色改变与漫反射纹理贴图。

漫反射颜色改变方法比较简单，只需点击漫反射颜色方框，更改颜色即可实现，如图 10－30 所示。

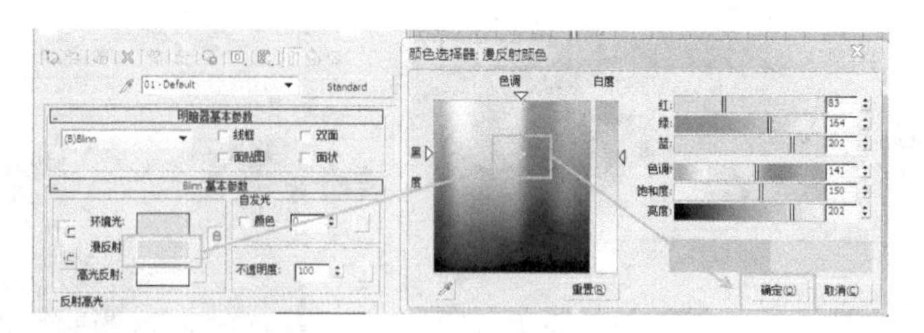

图 10－30　漫反射颜色改变方法

漫反射纹理贴图的使用方法：点击漫反射颜色后的贴图方框，在弹出的贴图项目中选择位图选项，确定后在弹出窗口中选择需要作为纹理的位图，如图 10－31 所示。

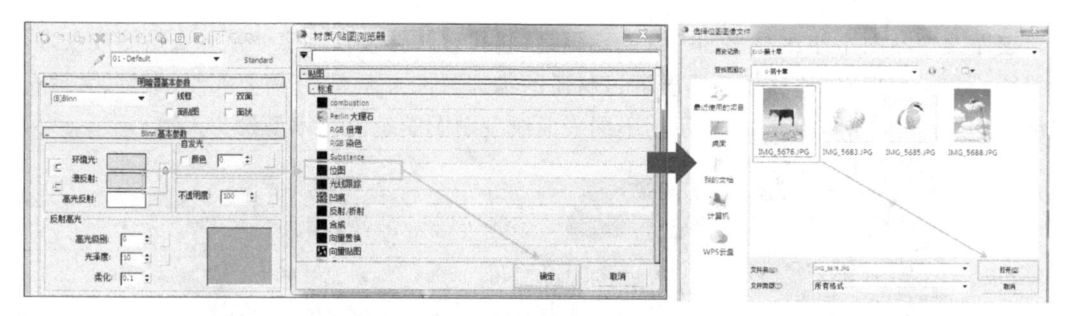

图 10－31　漫反射纹理贴图方法

这时，材质球上已经有了使用的纹理，但物体上还是出现物体的漫反射颜色，点击水平工具栏上的显示贴图工具，贴图纹理在视图上显示，操作完成，如图 10－32 所示。

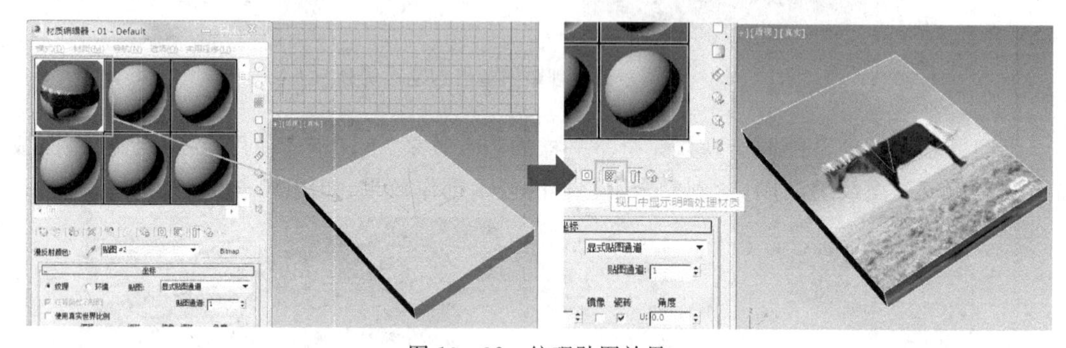

图 10－32　纹理贴图效果

例如我们需要给一个苹果完成材质贴图，具体操作如下。

创建球体，添加 FFD(圆柱体)4×6×4 命令，如图 10－33 所示。

进入控制点修改级别，在前视图选择中间的 4 个控制点，如图 10－34 所示。

使用缩放工具，将中间的 4 个顶点进行缩放，完成苹果的上下凹槽，如图 10－35 所示。

添加 Taper(锥化)命令，调整数值，苹果大形完成，如图 10－36 所示。

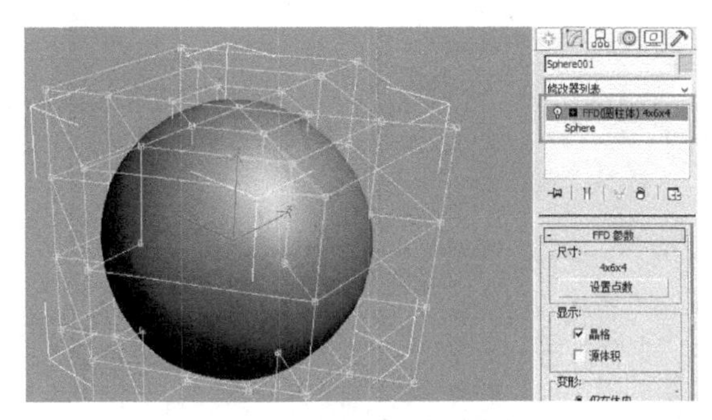

图 10-33 创建球体

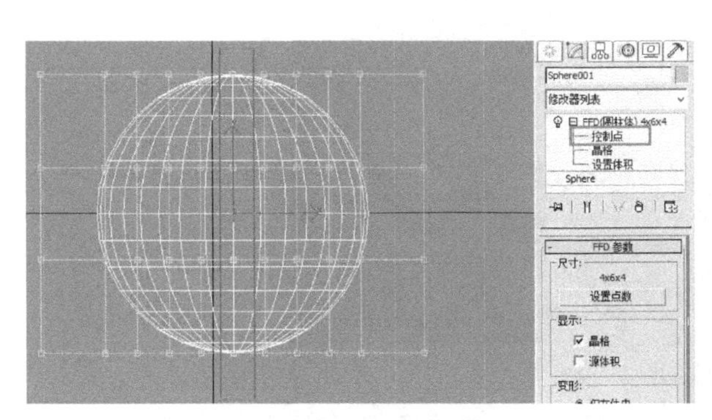

图 10-34 选择控制点

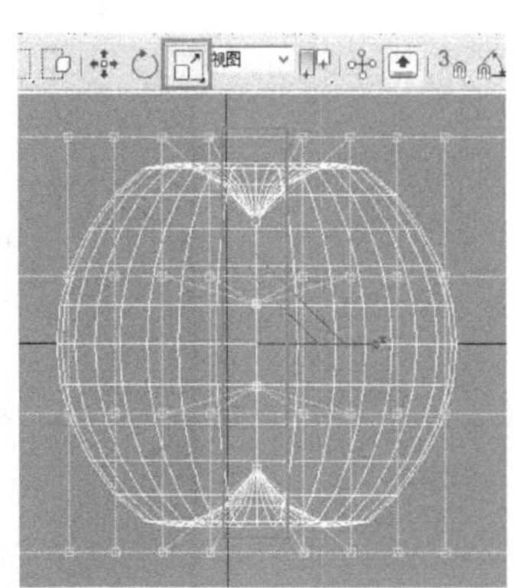

图 10-35 使用缩放工具

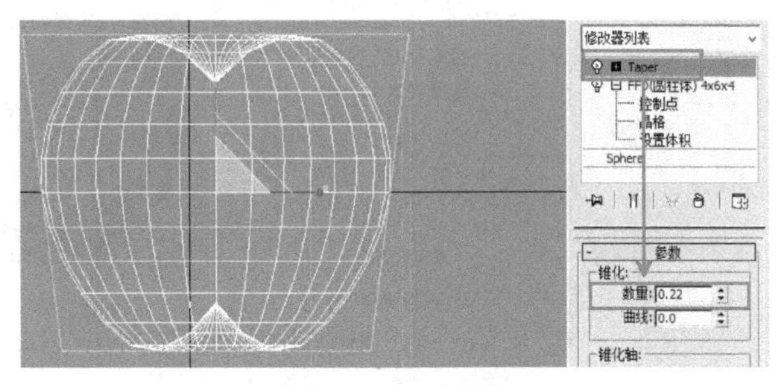

图 10-36 锥化

下面完成苹果蒂模型，在顶视图创建圆柱体，使用 Taper 对其进形锥化，添加 Bend(弯曲)工具对其进行弯曲，苹果模型完成，如图 10-37 所示。

选择苹果模型，进入材质编辑器，将一个空白材质赋予物体，如图 10-38 所示。

单击漫反射后的空白方框，添加位图，在弹出的面板上选择苹果贴图，完成后单击在视口中显示贴图按钮，如图 10-39 所示。

返回上一级，调整高光强度级别和高光大小，如图 10-40 所示。

对苹果进行复制，苹果表面纹理贴图完成，如图 10-41 所示。

本章节中有更多材质贴图供大家练习，使用同样的方法能将它们贴在形态各异的三维模型物体上，如图 10-42 所示。

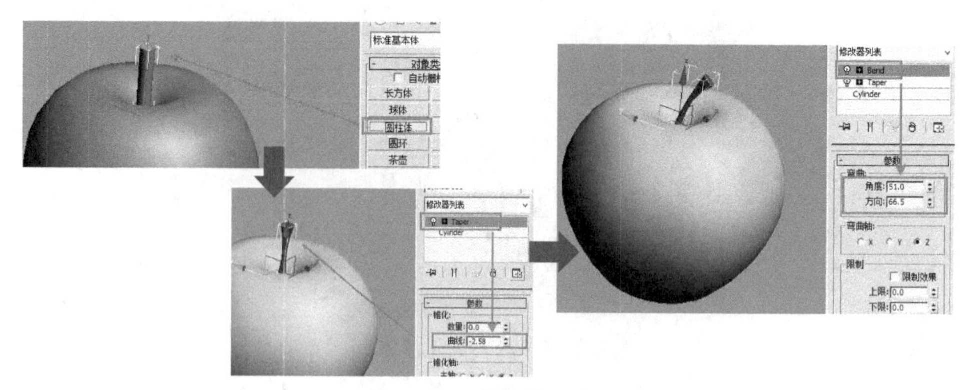

图 10-37　苹果模型完成

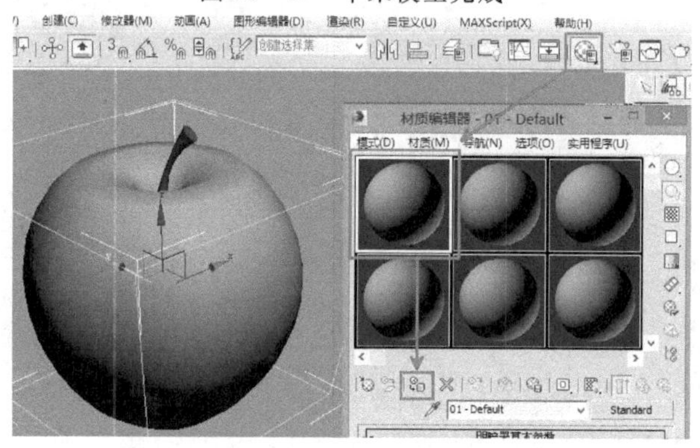

图 10-38　赋予物体空白材质

图 10-39　苹果贴图

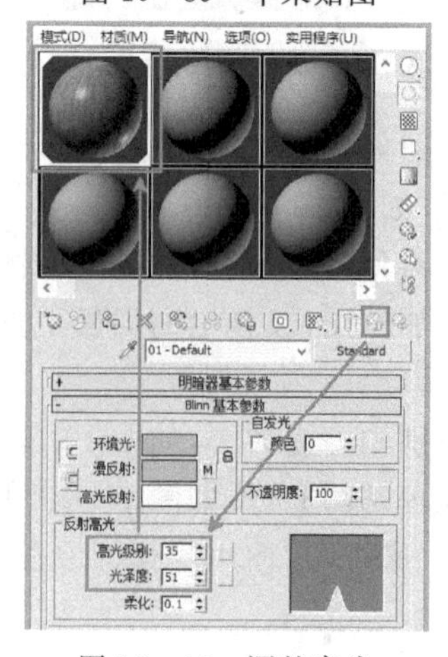

图 10-40　调整高光

图 10 - 41　复制苹果

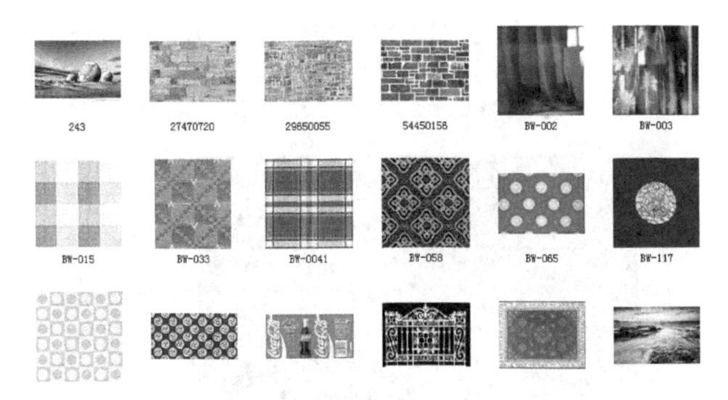

图 10 - 42　材质贴图

10.2.3　凹凸贴图

凹凸贴图能够用纹理模拟材质表面的凹凸效果，补充纹理贴图不能完整表现粗糙表面的不足。

下面我们为一面砖墙添加凹凸贴图。

创建长方体，赋予任何一种材质，进入贴图展卷栏，点击凹凸贴图后的无按钮，如图 10 - 43 所示。

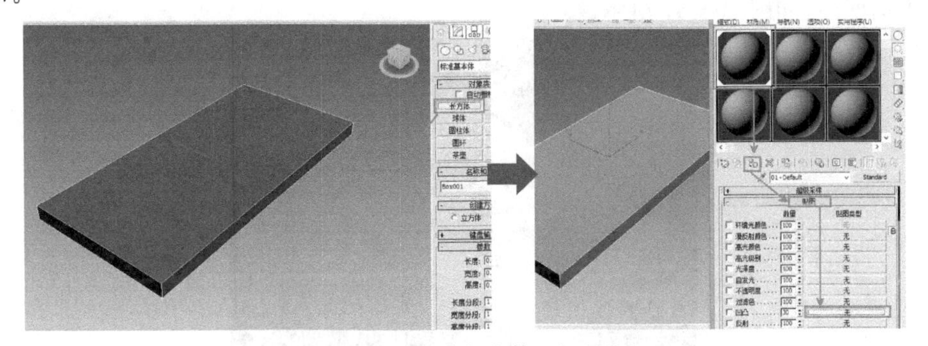

图 10 - 43　创建长方体，赋予材质

在弹出的贴图类型中选择位图，选择砖墙图片，如图 10 - 44 所示。

凹凸贴图完成后，渲染场景，发现贴图上出现凹凸效果，如图 10 - 45 所示。

修改凹凸贴图后面的参数值可以改变凹凸的程度，该值默认为 30，如图 10 - 46 所示。

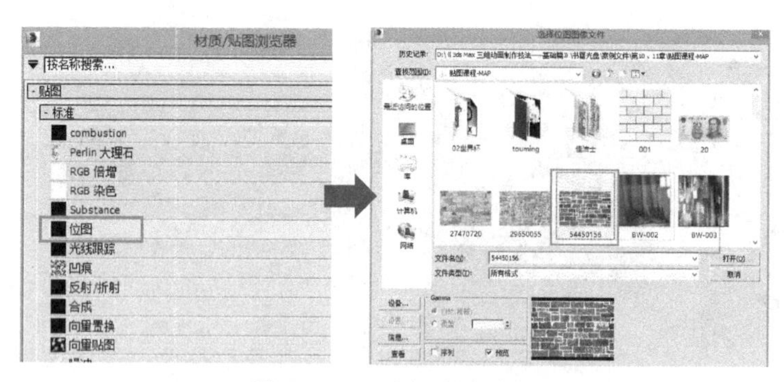

图 10 - 44　选择砖墙贴图

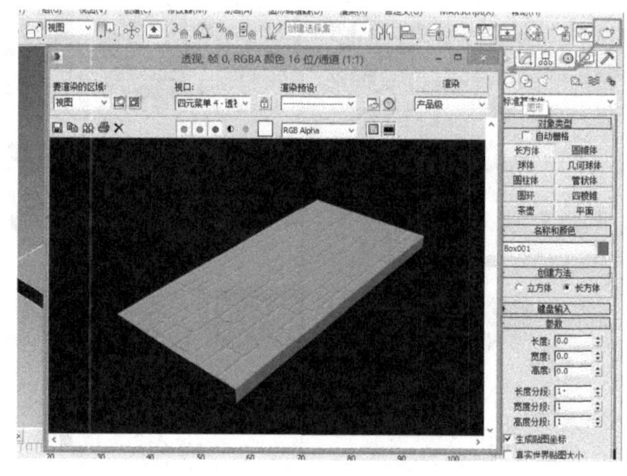

图 10 - 45　贴图完成

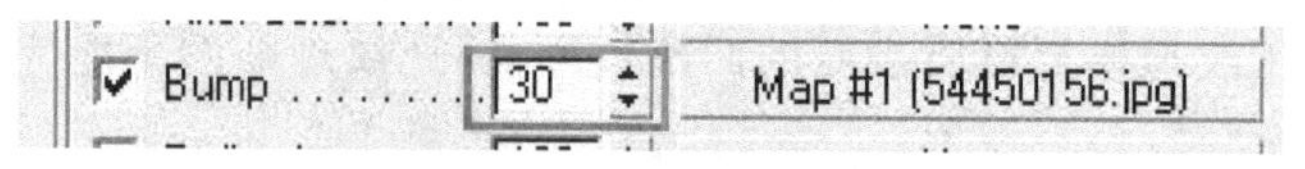

图 10 - 46　默认参数值

一般凹凸值不能太高，过高会有些失真，毕竟这种凹凸结果是通过贴图来模拟的，并不是模型真正的凹凸，如图 10 - 47 所示。

图 10 - 47　调整参数

10.2.4　反射贴图

反射贴图是用来模拟自然界中表面比较光滑、会产生反射的物体。例如金属、光滑的陶瓷、塑料等。

下面我们通过使用反射贴图完成不锈钢和黄金材质来了解反射贴图的用法。在透视图中创建套环扩展几何形体，如图 10－48 所示。

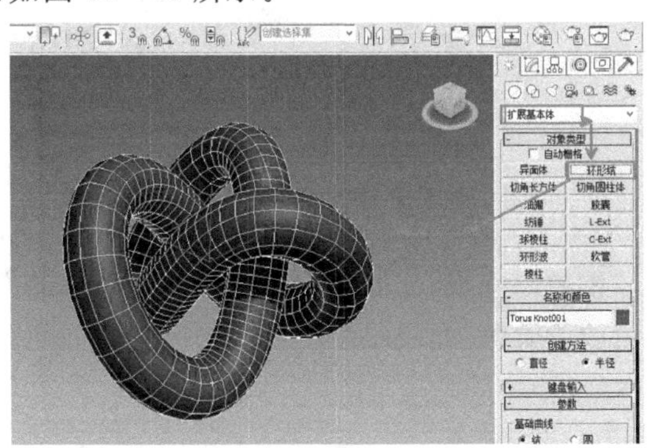

图 10－48　创建套环扩展几何形体

进入材质编辑器，将任意一个材质球指定给物体，将材质类型更改为金属，调整漫反射颜色为亮灰色，调整高光级别和光泽度为 100、80 数值，如图 10－49 所示。

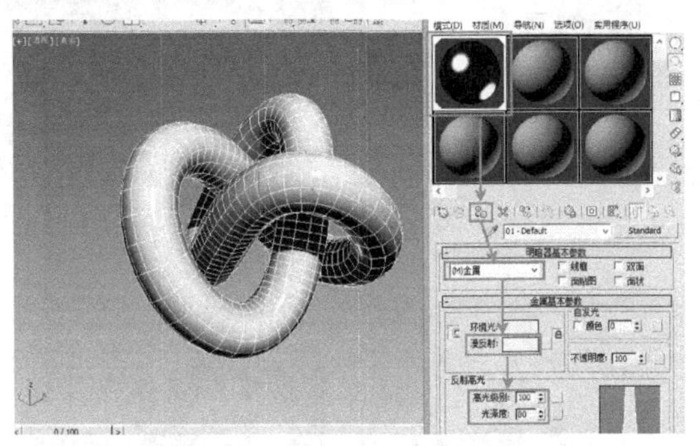

图 10－49　调整高光级别和光泽度

进入贴图展卷栏，单击反射通道中的无按钮，在弹出的面板中选择光线跟踪类型，如图 10－50 所示。

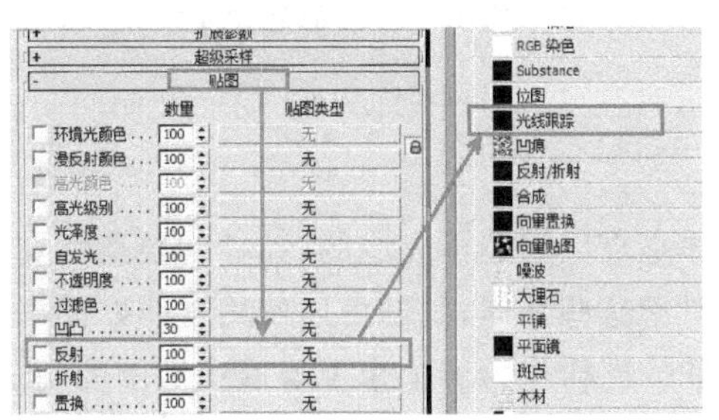

图 10－50　选择光线跟踪类型

注意：光线跟踪是一种算法，经常配合反射与折射使用，模拟金属与玻璃。

单击光线跟踪中的无，添加一张湖面的环境贴图（湖面贴图用来模拟不锈钢的环境），如图10-51所示。

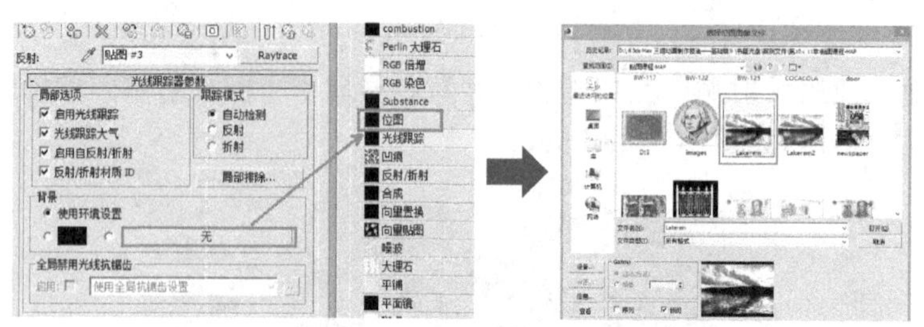

图10-51 添加湖面的环境贴图

对模型进行渲染，不锈钢效果完成，如图10-52所示，用同样的方法可以完成黄金材质的创建，只需要将漫反射颜色改为黄色，光线跟踪环境贴图改为黄颜色的湖水贴图，如图10-53所示。

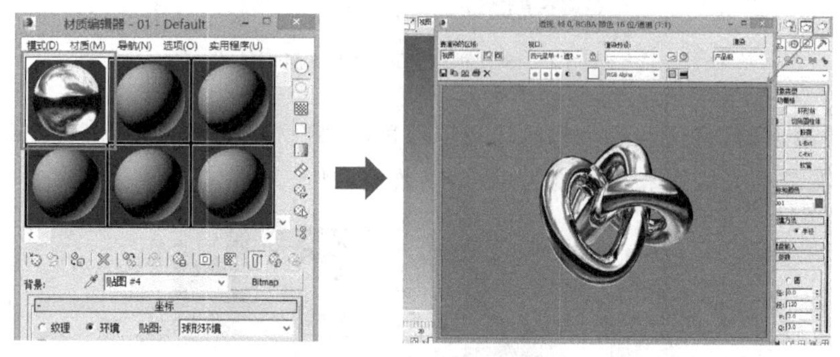

图10-52 不锈钢效果

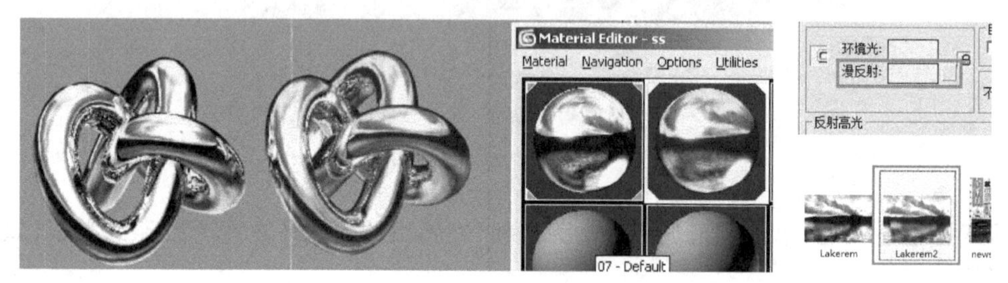

图10-53 黄金材质

10.2.5 透明贴图

三维世界中有很多物体是难以用建模完成的，如枝叶茂盛的花草树木、材质逼真的静态人物、复杂工艺的铁艺栏杆，对于这些物体，我们可以使用透明贴图来实现。

下面以一个铁艺大门和一棵树作为例子来了解透明贴图的用法。

创建地面、两个柱子和一个平面，平面用来完成铁门贴图，注意将平面中多余的段数去除，如图10-54所示。

注意：节省面资源是我们建模中需要遵守的一项标准。

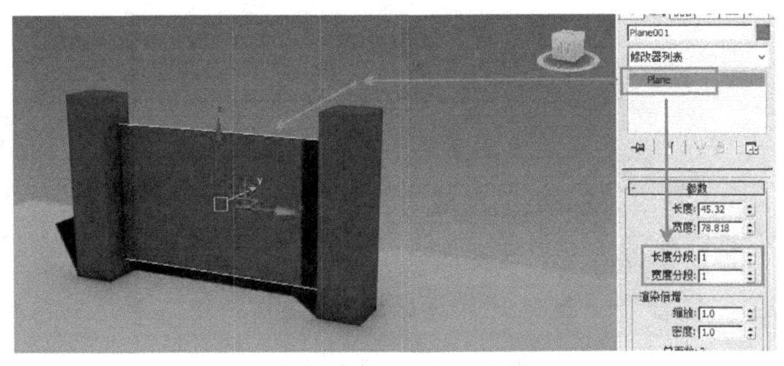

图 10 - 54　创建大门模型

选择大门平面，将任意一个材质球赋予物体，将材质的颜色改为黑色（如果想要铁门是红色就改为红色），单击透明度后面的贴图方框，选择位图，如图 10 - 55 所示。

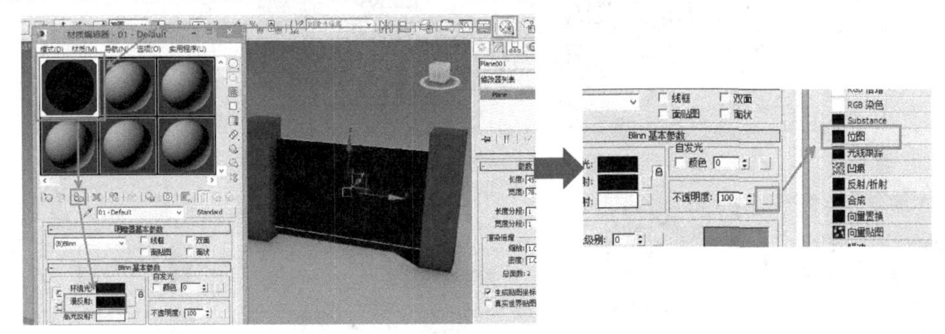

图 10 - 55　给大门赋予材质，更改颜色

在弹出的面板上找到本书配套光盘中的铁门黑白贴图，如图 10 - 56 所示。

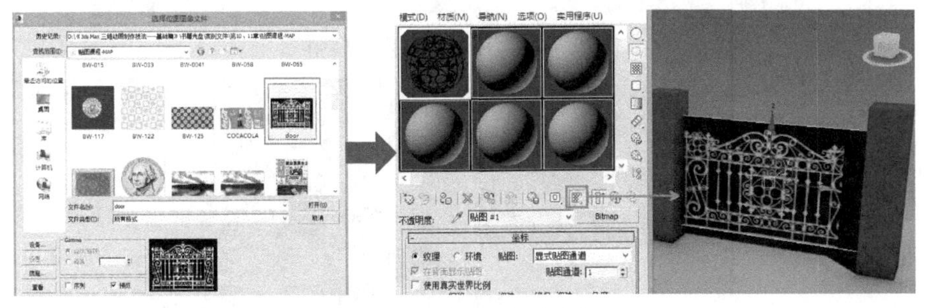

图 10 - 56　赋予材质贴图

按下数字键“8”，打开环境背景面板，将背景色改为灰色，因为背景默认的颜色是黑色，无法显示黑色的铁艺大门，背景修改完成后渲染，如图 10 - 57 所示，铁艺大门就完成了。

在大门的一侧创建一个平面，我们用它来模拟树木，如图 10 - 58 所示。

进入材质编辑器，将一个新材质赋予树木平面，单击漫反射后的贴图方框，弹出贴图类型面板，选择位图，找到树木的彩色贴图，如图 10 - 59 所示。

返回上一级，点击显示贴图按钮，并将自发光改为 100，因为树木贴图照片已经有了明暗关系，它的亮度不要受到场景灯光的影响，如图 10 - 60 所示。

现在只是完成了表面纹理贴图，如果渲染场景会发现树木旁边的方框没有去除，如图 10 - 61 所示。下面，我们将使用透明贴图让不需要的地方透明。

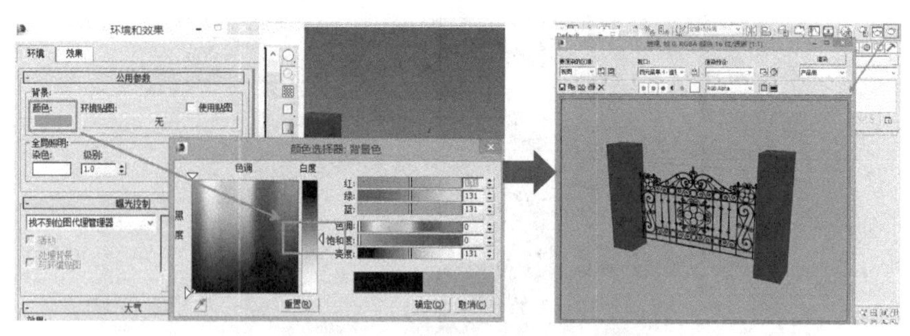

图 10－57　完成铁艺大门

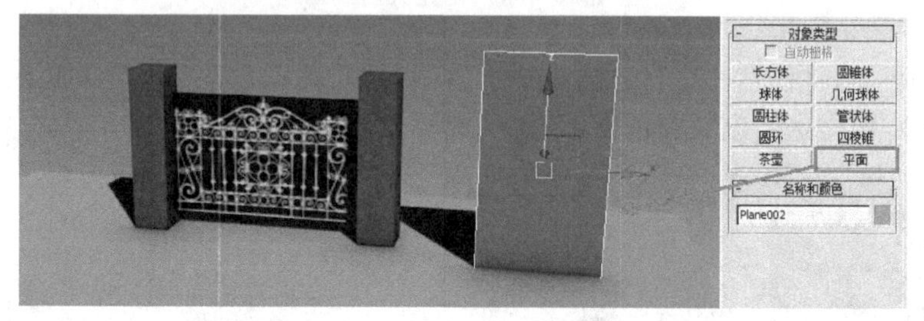

图 10－58　创建一个平面

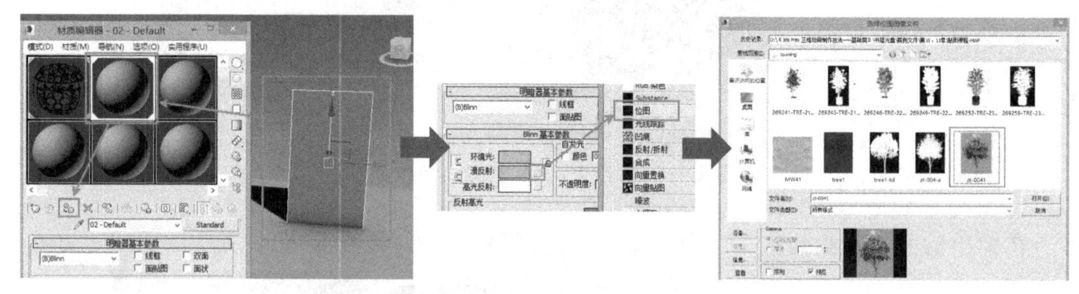

图 10－59　找到树木彩色贴图

图 10－60　贴图

图 10－61　整体效果

单击不透明度后的位图方框，选择树木黑白位图，如图 10－62 所示。

注意：透明贴图就是一个用图像黑白控制透明度的程序，白色不透明，灰色半透明，黑色完全透明。

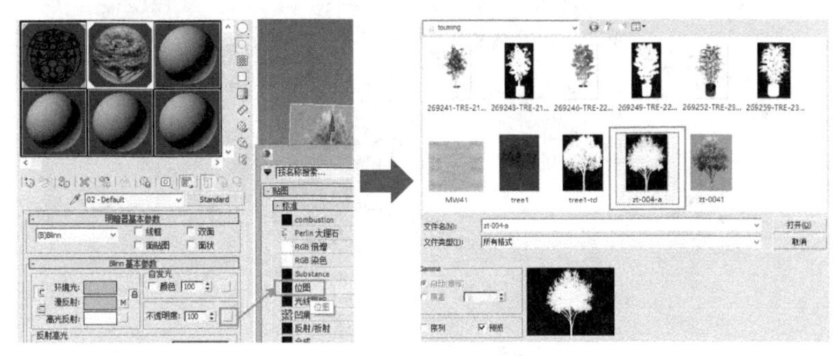

图 10－62　选择树木黑白位图

由于 Max 2018 版本场景能够显示阴影，在材质顶级按下【在视口中显示明暗处理材质】后，贴图再次渲染场景，树木旁边多余的部分都透明了，效果如图 10－63 所示。

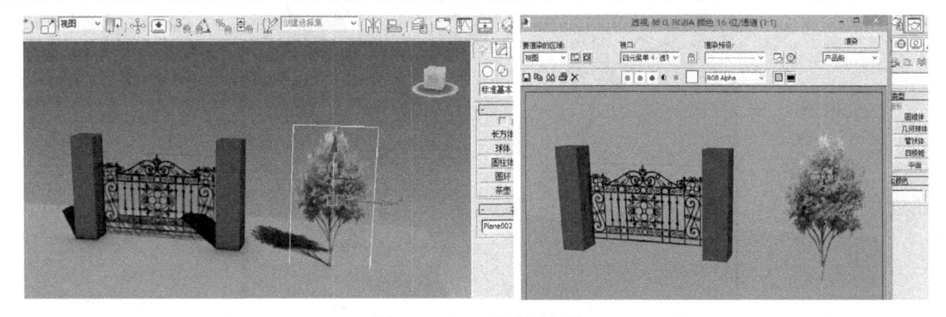

图 10－63　渲染效果

复制树木，给场景简单添加灯光，渲染效果如图 10－64 所示，原本比较复杂的铁门和树木模型我们通过透明贴图就完成了。

图 10－64　最终效果

10.2.6　贴图坐标修改器

贴图坐标修改器是指如何将贴图放置到三维模型上的修改工具，其实，三维贴图就像用投影仪将图片投射到墙面一样，换句话说，就是用什么样的方法将贴图投影到模型上。

例如一幅图片贴在长方体上，可以有下面几种不同的贴图方法，贴图坐标就是控制如何将贴图投射到物体上的，如图 10－65 和图 10－66 所示。

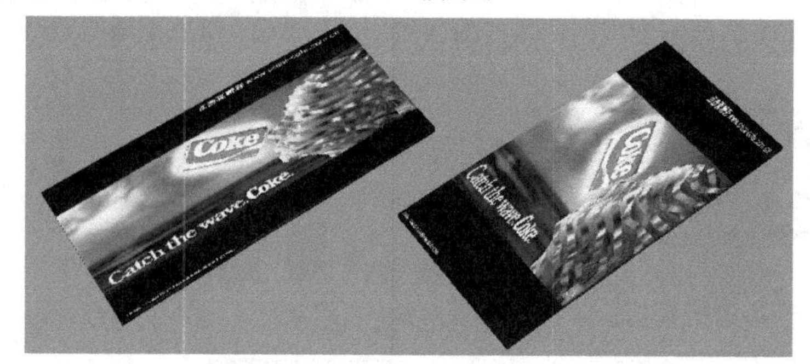

图 10－65　贴图

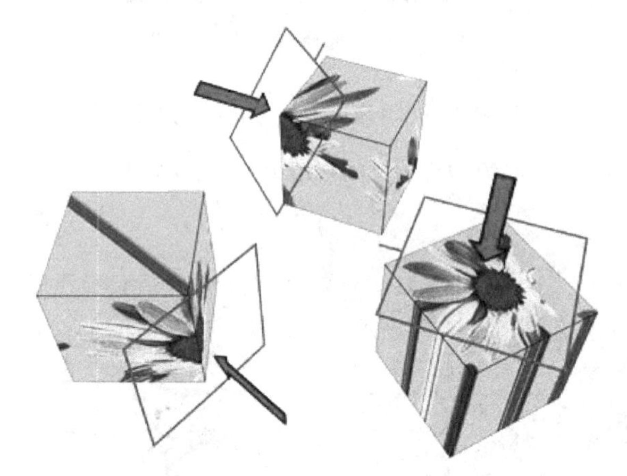

图 10－66　贴图坐标

选择物体，在修改器列表中添加 UVW 贴图，如图 10－67 所示。

图 10－67　添加 UVW 贴图

贴图坐标修改器有下面 7 种贴图投影类型，如图 10－68 所示。

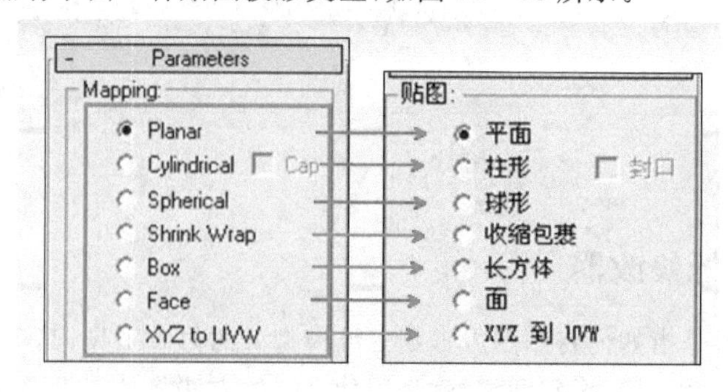

图 10－68　7 种贴图投影类型

【平面】　平面将贴图透视到物体上，如图 10－69 所示。

【柱形】　圆柱形将贴图投射到物体上，如图 10－70 所示。

【球体】　圆球状将贴图投射到物体上，如图 10－71 所示。

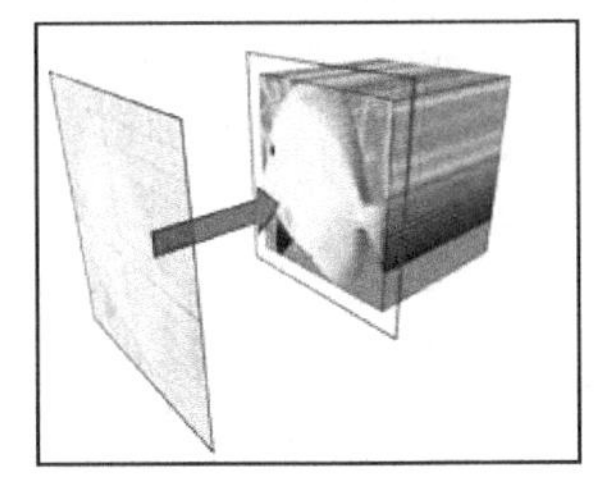
图 10－69　平面效果

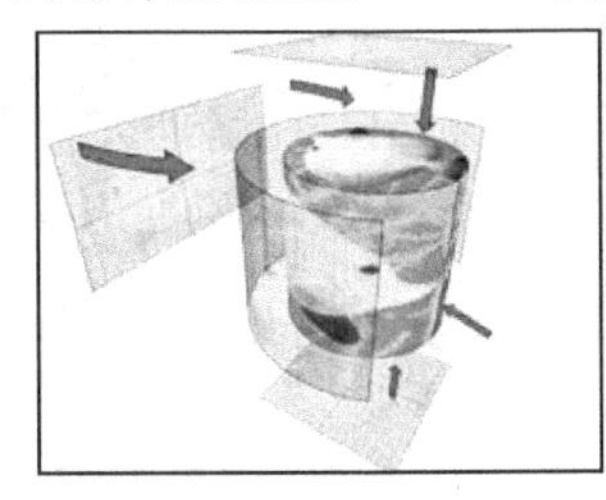
图 10－70　柱形效果

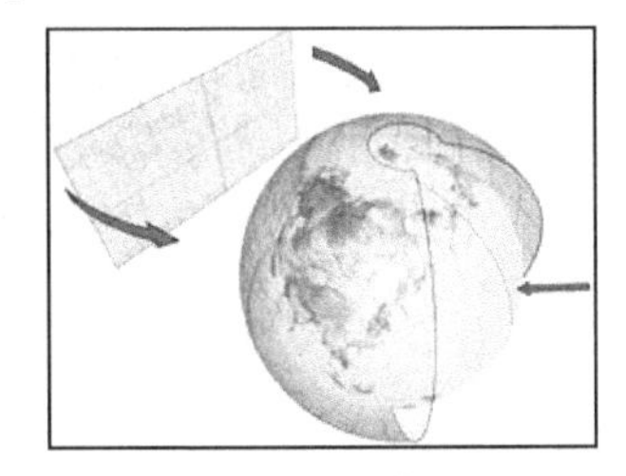
图 10－71　球体效果

【收缩包裹】　将贴图的 4 个顶点收缩包裹到模型上，如图 10－72 所示。

【长方体】　将贴图从长方体的 6 个面向物体投射，如图 10－73 所示。

【面】　物体每一个面贴一张贴图，如图 10－74 所示。

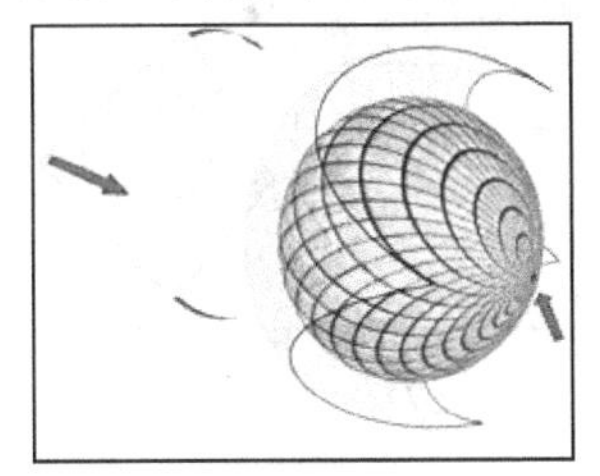
图 10－72　收缩包裹效果

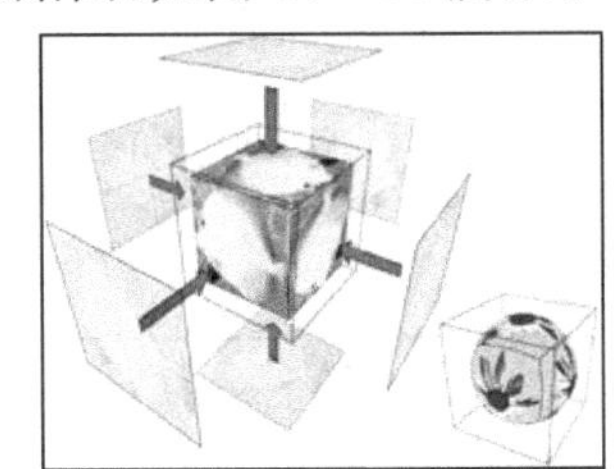
图 10－73　长方体效果

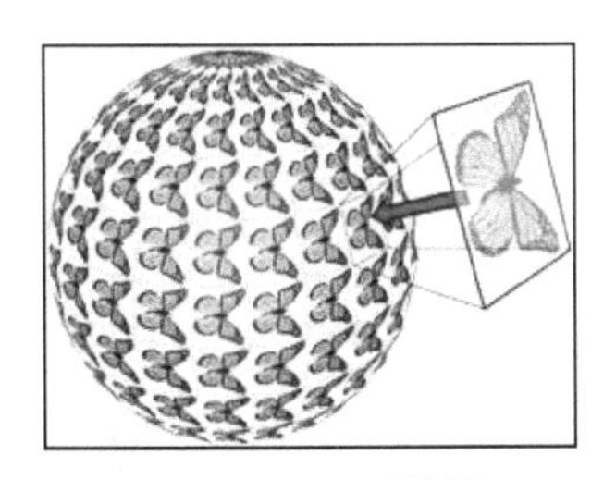
图 10－74　面效果

【XYZ to UVW】　针对程序贴图使用，能够让贴图跟随物体变形而变形，一般较少使用。

在这些贴图坐标中，我们通常会以三维物体的形态来决定使用什么样的贴图坐标，例如易拉罐贴图就会使用柱形贴图坐标、一个咖啡盒子就会使用长方体贴图坐标等。通常情况下，使用最多的是平面、柱形、球形和长方体这四种贴图坐标。

10.2.7　折射贴图

折射贴图一般用来创建光线透过发生折射的物体，如玻璃。

下面我们创建一个玻璃材质来实现折射贴图的用法。

选择一个空白的材质球，将显示背景打开，调整高光强度和高光范围，如图 10－75 所示。

在贴图展卷栏中，单击折射后的无按钮，为其添加光线追踪贴图，如图 10－76 所示。

玻璃折射材质完成，如图 10－77 所示。这里，只有显示背景，我们才能看到玻璃折射后的结果。

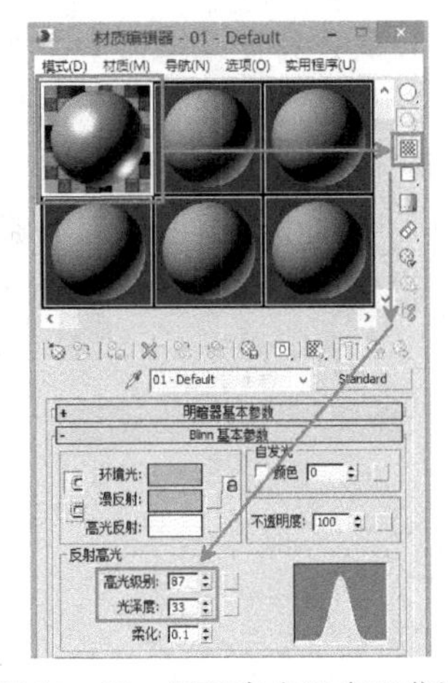

图 10－75　调整高光强度和范围

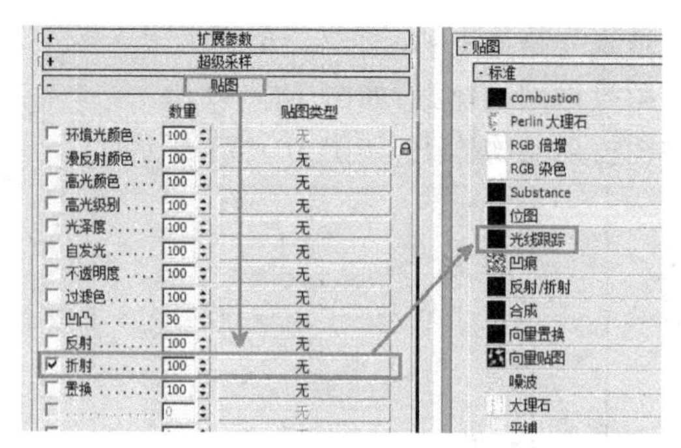

图 10-76　添加光线追踪贴图

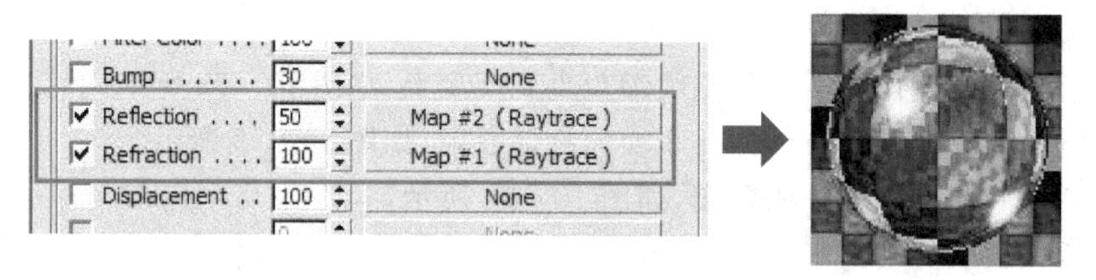

图 10-77　玻璃折射材质

本章小结

本章主要介绍 Max 材质编辑器的进入方法，以及材质编辑中主要工具的用法、贴图的功能与操作流程，重点介绍了表面纹理贴图、凹凸贴图、透明贴图、背景贴图、反射与折射贴图的应用实例，只有对这些常用材质贴图方法熟练掌握，才能灵活运用到今后的动画场景创作中去。

思考与练习

1. 简述材质编辑器中主要工具的含义。
2. 你是怎样理解材质和贴图的？
3. 谈谈金属材质的创建方法。
4. 明暗生成器的作用有哪些？
5. 你是怎样理解贴图坐标修改器的？

3ds Max 灯光基础知识

第11章

本章重点

(1)认识灯光的创建方法与种类特征。

(2)理解灯光常用参数的使用方法。

学习目的

如果说建模是三维世界的肉体,那么材质与灯光就是三维世界的灵魂。

材质与灯光在弥补模型细节不足、增强场景艺术氛围中扮演者非常重要的角色,同时材质与灯光是息息相关的,材质影响灯光,灯光也影响材质。本章对灯光的种类与创建方法、灯光的常用参数进行详细讲述,要求读者理解灯光主要参数的含义,区分三维世界和现实世界中灯光的异同,从而在以后的创作中能够融会贯通、灵活运用。

11.1 灯光的种类与创建

Max 默认场景有两盏灯,它们用来帮助我们创建模型,创建新的灯光后,默认的两盏灯光就会自动关闭。Max 灯光模拟艺术场景照明效果如图 11-1 所示。

图 11-1　Max 灯光模拟艺术场景照明效果

Max 灯光由【光度学灯光】和【标准灯光】组成,光度学灯光就像真实世界中的灯光一样,具有强度、分布情况、色温等真实世界灯光的信息，添加光域网文件后，通常用来模拟射灯光照效果，如图 11 - 2 所示。标准灯光中共由 8 种灯光组成，其中使用最多的是目标聚光灯和泛光灯。

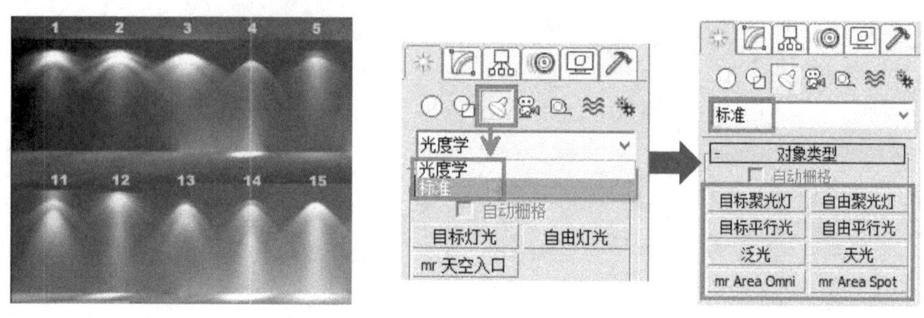

图 11 - 2　标准灯光

【目标聚光灯】 灯光由发射点和目标点，呈锥形向外反射，类似于日常生活中的手电筒发出的光线，如图 11 - 3 所示。

【自由聚光灯】 灯光只有发射点，发射方向可通过旋转发射点控制，控制比较自由，如图 11 - 3 所示。

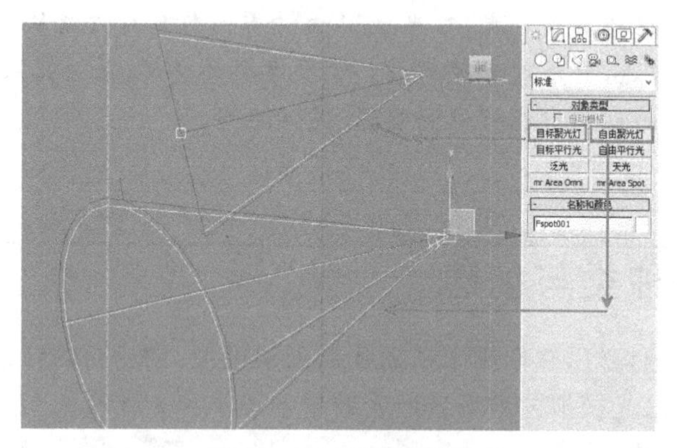

图 11 - 3　目标聚光灯

【目标平行光】 有发射点和目标点，灯光呈圆筒形发射，如图 11 - 4 所示。

【自由平行光】 灯光只有发射点，旋转发射点可改变灯光方向，如图 11 - 4 所示。

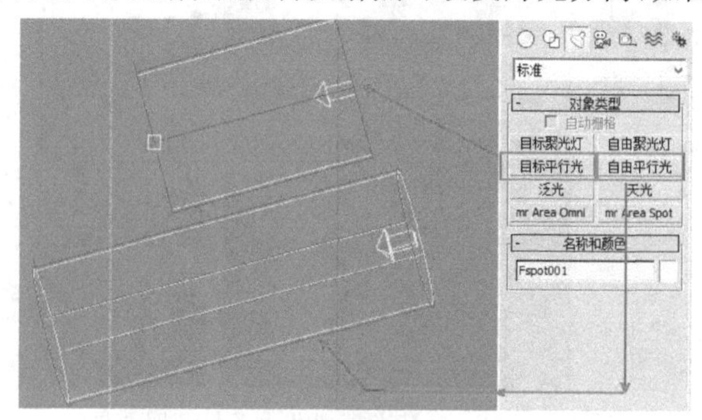

图 11 - 4　目标平行光和自由平行光

【泛光灯】 光线由发射点向外面方向发射(360°发射)，就像灯泡或太阳一样，由一个点向外发射，如图 11－5 所示。

【天光】　和泛光灯相反，灯光从 360°方向向内发射，类似阴天的天光，由于是反方向向内发射，天光没有位置和角度差异，如图 11－5 所示。

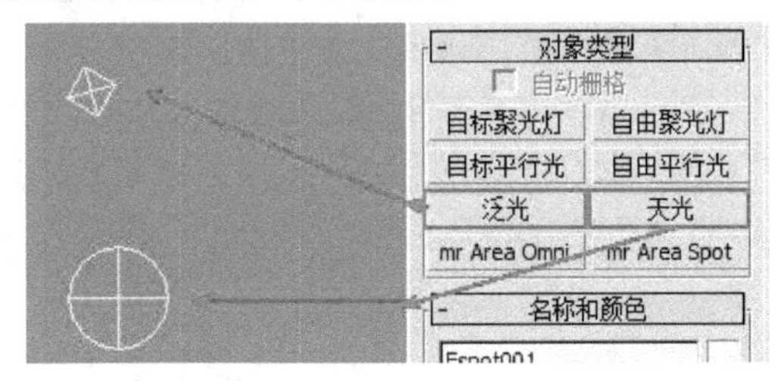

图 11－5　泛光灯和天光

【MR Area Omni】　配合 MR 渲染器使用的泛光灯，外形与标准泛光灯相同。

【MR Area Spot】　配合 MR 渲染器使用的聚光灯，外形与标准聚光灯相同。

11.2　灯光参数详解

灯光的常用参数由 8 个部分组成，如图 11－6 所示，其中最后两个是配合 MR 渲染器使用的属性。

通用参数展卷栏，主要用于控制灯光的全局开关、阴影和排除，如图 11－7 所示。

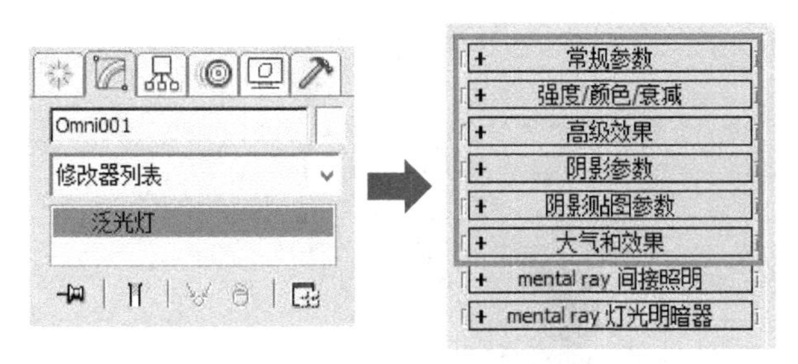

图 11－6　灯光的常用参数

图 11－7　通用参数

11.2.1　灯光的阴影

默认情况下，Max 中灯光的阴影是关闭的，我们可以勾选阴影下方的启用来控制阴影的开关。默认的阴影类型有 5 种，如果安装 VRay 渲染器，就会出现配合渲染器使用的阴影类型，如图 11－8 所示。

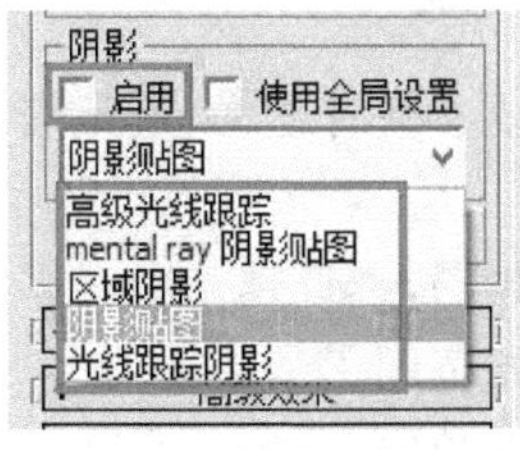

图 11－8　阴影类型

【高级光线跟踪】 对原始的光线跟踪阴影进行了优化，能加快渲染速度。

【mental ray 阴影贴图】 配合 MR 渲染器使用的阴影。

【区域阴影】 当默认灯光有尺寸时，会产生更真实的区域阴影，如图 11－9 所示为区域阴影产生的结果，A 为阴影柔化(区域产生)部分，B 为主体阴影部分。

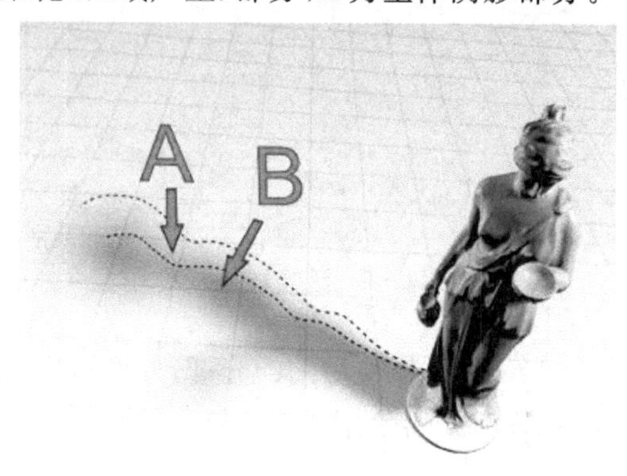

图 11－9 区域阴影

【阴影贴图】 用一张贴图从灯光的发射点发射出去，模拟阴影，是所有阴影类型中速度最快的一种阴影，阴影是否准确与阴影贴图的大小有关，如图 11－10 所示。

【光线跟踪阴影】 跟踪计算灯光发出的每条射线，阴影计算准确，但速度较慢，如图 11－10 所示。

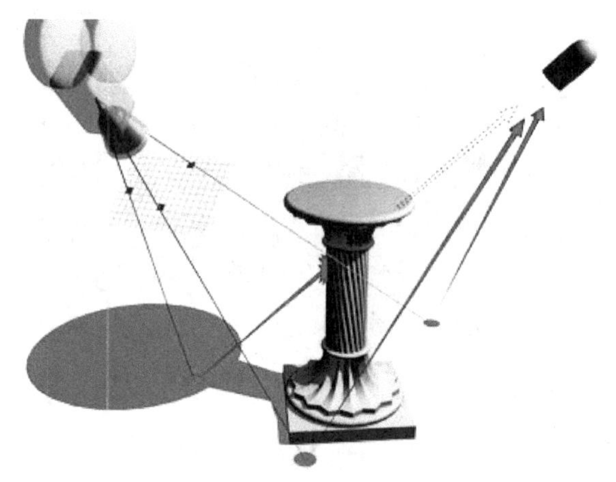

图 11－10 阴影贴图与光线跟踪阴影

11.2.2 聚光灯和泛光灯的衰减

强度/颜色/衰减展卷栏中的主要参数有倍增、近距衰减和远距衰减，如图 11－11 所示。

【倍增】 灯光的亮度倍增。

【近距衰减】 离灯光越近强度越弱，越近越衰减。真实世界中没有这种现象，一般很少使用。开始与结束数值决定衰减的起始范围。

【远距衰减】 距离灯光越远强度越弱，越远越衰减。真实世界中灯光都会产生远距衰减，在三维灯光模拟中会经常使用。

衰减面板中的【使用】是衰减是否使用的开关，【显示】是只在未选择的状态下是否显示衰减的边界线框，开始和结束是控制衰减的开始和结束位置，如图 11－11 所示。

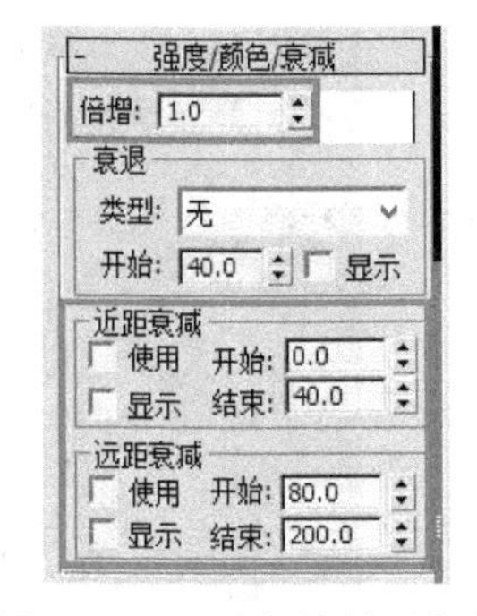

图 11－11　强度/颜色/衰减展卷栏

11.2.3　灯光的引入与排除

常规参数展卷栏如图 11－12 所示，【排除】按钮可以控制灯光的包括和排除。灯光的包括和排除是三维世界中灯光的一种模拟现象，是指灯光可以照射某个物体，也可以排除某个物体，这样就能对场景照明进行精细地照明设计与控制。例如场景创建完成后，架设灯光，整体光照效果非常好，但是某个物体的暗部照明不太充分，如果现在调整整体灯光会破坏全局效果，这时，我们可以专门为该物体的暗部增加一盏灯光，让它只照明这个物体，这样，从整体效果到细节效果就都得到了充分表现。

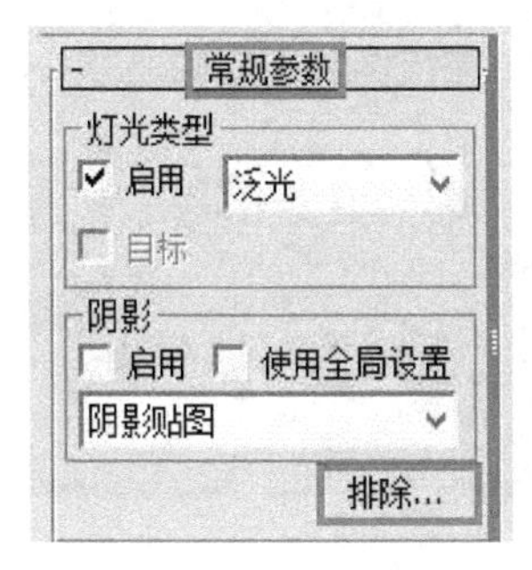

图 11－12　常规参数

单击【排除】按钮，可以弹出引入和排除面板，选中【排除】或【包含】可以控制灯光是引入还是排除，照明和阴影投射可以分开控制，左侧的场景对象列出了场景中的全部模型，可以对其进行选择，并通过中间的箭头将其放入【包含】或排除的列表中，如图 11－13 所示，当前的结果就是将 Teapot01 物体进行了灯光的排除。

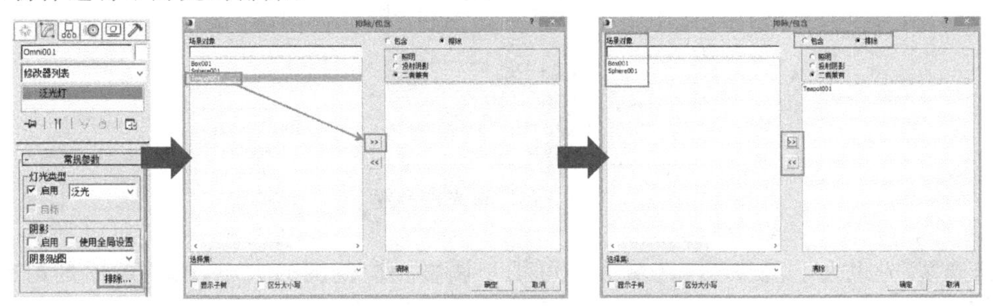

图 11－13　【排除】或【包含】灯光

11.2.4　聚光灯的光束衰减和形状

聚光灯的光束衰减是用来控制聚光灯照射范围大小，以及照射范围边界柔和程度的重要参数，如图 11－14 所示。

创建一个简单的场景，添加目标聚光灯，调整灯光发射点的位置，对场景进行渲染，发现物体没有阴影，选择灯光，将阴影开关打开，再次渲染，阴影出现。当我们发现聚光灯照射区域过于明显失真时，可以对它的光束进行调整，如图 11－15 所示。

在【聚光灯参数】面板中有下列几个命令：显示光锥，它能显示聚光灯的照射范围；泛光化(越界照明)，勾选以后能够越出光锥范围控制，像泛光灯一样全方向照明创建，但是光锥外不能产生阴影，如图 11－16 所示。

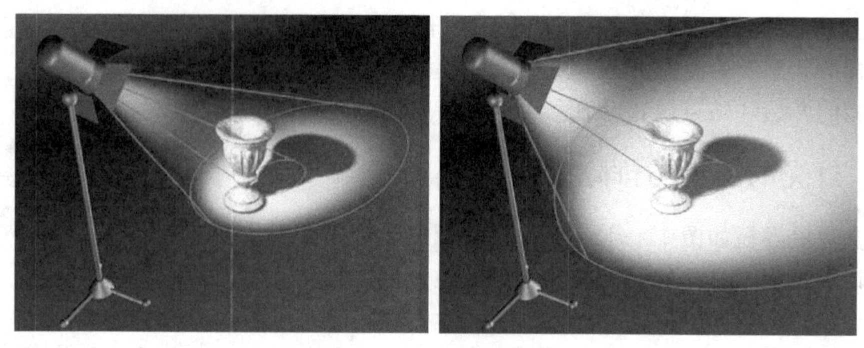

图 11-14　聚光灯效果

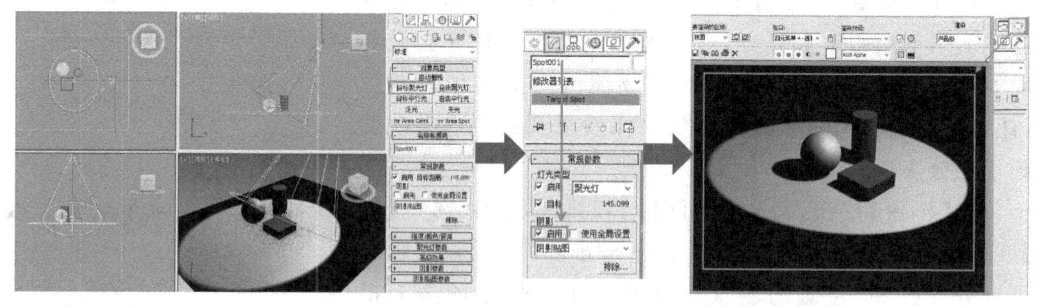

图 11-15　调整光束

11-16　聚光灯参数

聚光区/光束大小、衰减区/区域大小可用于调整相应范围的大小，圆和矩形是指光锥的形状。

调整聚光区和衰减区光锥大小，渲染效果如图 11-17 所示，光照比以前柔化、自然了许多。

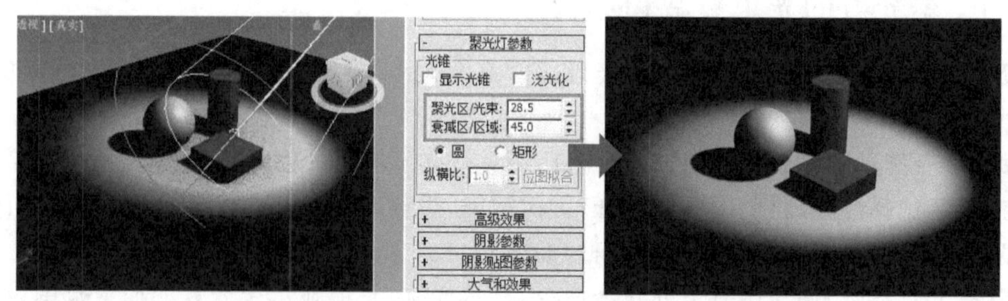

图 11-17　调整聚光区和衰减区光锥大小，渲染效果

将聚光灯的光束形状改变成矩形可以模拟出从窗外射入阳光的效果，如图 11-18 所示。

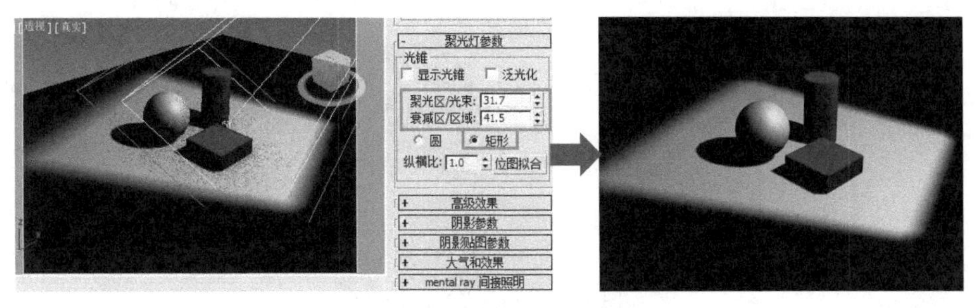

图 11 - 18　窗外射入阳光的效果

11.2.5　阴影的色彩和密度

在【阴影参数】面板中，最重要的两个命令就是阴影的色彩和密度。阴影的色彩可以是黑色的，也可以根据场景氛围的需要调成任何颜色；密度指的是阴影的浓密程度，将它的数值降低可以得到半透明的阴影，如图 11 - 19 所示。

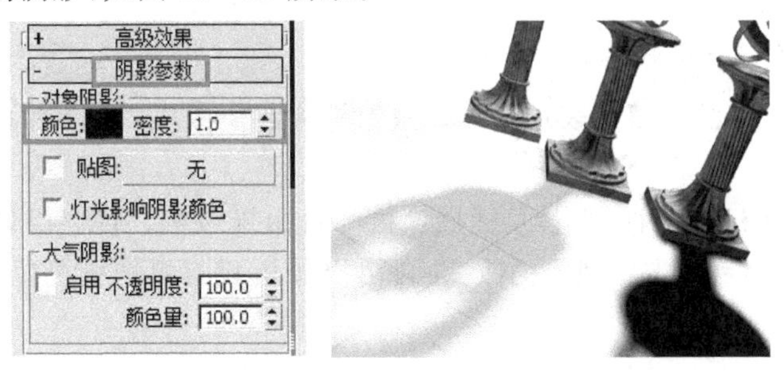

图 11 - 19　半透明阴影

将阴影的颜色和密度调整后，渲染场景如图 11 - 20 所示。

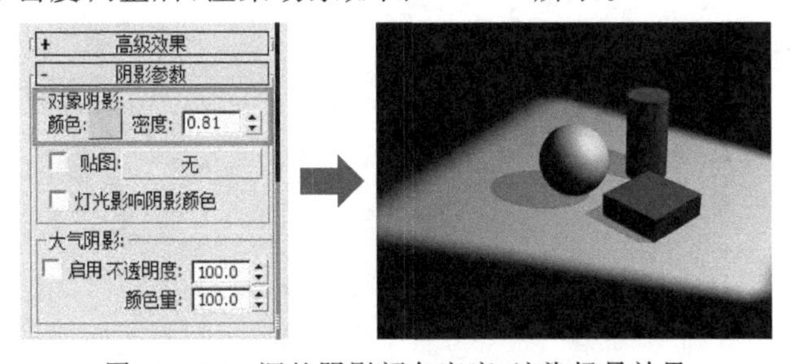

图 11 - 20　调整阴影颜色密度，渲染场景效果

11.2.6　阴影贴图的细化

阴影贴图的渲染速度是所有阴影中最快的，在工作中经常使用，特别是建筑漫游动画中，由于场景非常复杂，用光线跟踪渲染可能需要十几分钟，而同样的场景使用阴影贴图渲染只需要三十秒。光线追踪渲染速度慢但是准确，阴影贴图渲染速度快但细节不够。在实际渲染时，我们通常要求得到质量又好渲染速度又快的方法，而阴影贴图的细化能弥补阴影贴图细节表现不准确的问题，如图 11 - 21 所示。

【偏移】　默认值为 1.0，指阴影偏移的距离，值为 0 时阴影最准确。

图 11-21 阴影贴图细化

阴影贴图的【大小】尺寸　默认值 512,代表阴影贴图长宽值都是 512 像素,该值越大细节越清晰,越小阴影越不准确,建筑漫游动画中由于场景较大,阴影贴图大小值可调到 2000 或更高。

【采样范围】 值越小锯齿越严重,越大越模糊,一般保持默认值。

11.3 摄像机

摄像机用于从特定的观察点表现场景。摄像机能够模拟现实世界中的静止相机或运动视频摄像机。

Max 默认的摄像机有两种类型:目标摄像机和自由摄像机。目标摄像机由摄像机机位与目标点构成,通过移动目标点实现方向改变;自由摄像机只有摄像机机位,通过移动旋转改变位置方向,如图 11-22 所示。

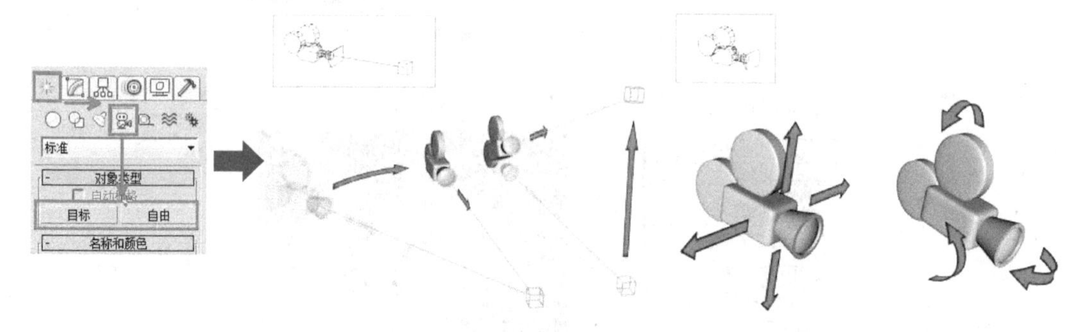

图 11-22 摄像机

目标摄像机由于有目标点,所以观察物体会更方便。例如静态或平稳运动镜头使用。

自由摄像机由于没有目标点,所以运动起来更灵活。例如翻滚过山车镜头使用。

摄像机的重要参数:镜头与视野,它们之间是相互关联的关系,用来改变摄像机的取景范围,如图 11-23 所示。

透视图切换为摄像机视图的快捷键是【C】键。图 11-24 所示为摄像机架设后,透视图切换到摄像机视图的渲染效果。

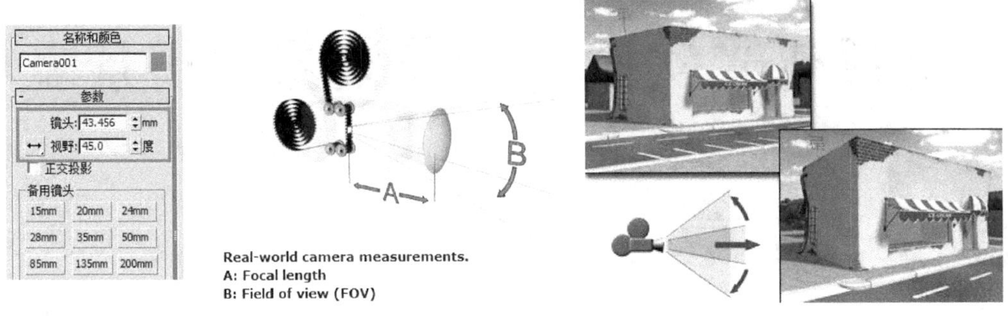

图 11-23　镜头与视野

图 11-24　摄像机视图渲染效果

本章小结

本章讲解了 Max 中灯光与摄像机的种类与创建方法，分析了三维场景中灯光的重要性，学习了泛光灯、聚光灯、自由平行光等灯光与摄像机的主要参数，对不同类型的阴影特征、渲染速度、使用领域进行了对比剖析，重点学习了灯光的引入与排除、灯光衰减的原理，通过上机操作测试，达到熟练使用灯光与摄像机的目的。

思考与练习

1. 简述灯光的分离和特征。
2. 灯光的阴影类型有哪些？它们各自有什么特点？
3. 灯光引入和排除的操作方法是什么？
4. 如何调节阴影贴图中阴影的颜色和清晰度？
5. 谈谈你是怎样理解灯光的衰减的？

材质灯光实例——静帧艺术场景表现

第12章

本章重点

(1)了解多维子物体材质、灯光阴影技术的使用方法。

(2)掌握混合材质在表现旧场景中的作用。

(3)掌握卡通角色贴图的展开与贴图绘制。

学习目的

前面章节我们对Max建模、材质、灯光进行了深入讲解,本章将通过不同的实例将它们融会贯通,学习建模、材质、灯光在一个场景中是如何配合使用的。本章实例包括:

(1)简单贴图场景cd-box实例:目的是学习多维子对象贴图的使用方法。

(2)金元宝场景实例:目的是学习金属、玉器材质的创建。

(3)易拉罐场景实例:目的是学习放样和双面材质的创建。

(4)蜡烛台上实例:目的是学习混合材质构成与使用方法。

(5)艺术场景——木偶的故事,学习艺术场景氛围营造,卡通角色贴图的展开与绘制技巧。

通过这些实例的熟练掌握,我们可以真正做到对建模、材质、灯光的充分理解、灵活运用。

12.1 咖啡盒与书本

本案例通过完成一个咖啡盒与书本组成的三维场景,学习多维子对象贴图的使用方法,多维子对象贴图在处理由多张贴图或材质组成的物体中非常重要,是材质基础表现中的重要工具。大家可结合中国大学幕课《三维动画基础》对应章节视频学习,最终完成效果如图12-1所示。

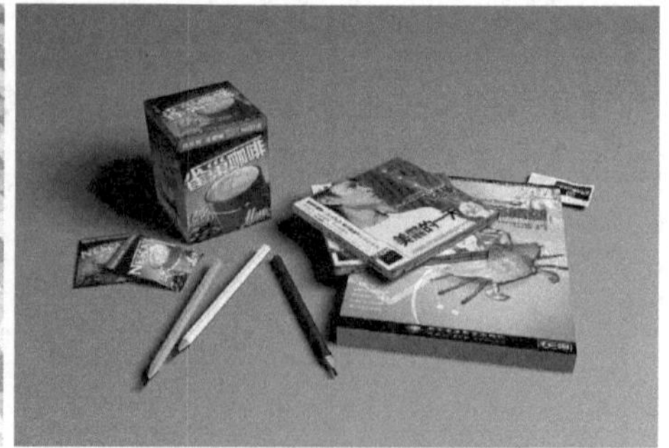

图12-1

12.2　金元宝场景实例

通过金元宝场景实例，了解金属材质和玉器材质的创建方法，如图 12-2 所示。

图 12-2

首先我们来创建一个金元宝模型；使用基本几何体 Box 命令创建一个长方体，将其转化为可编辑的多边形，进入面级别，使用倒角命令选择长方体左右的面进行倒角挤出，同样，将底面向下挤出，然后使用插入命令将中间的四个面向内插入，使用倒角命令将插入的面向上挤出，调整大形后，添加网格平滑命令，调整平滑次数 2 次，金元宝模型创建完成，如图 12-3 所示。

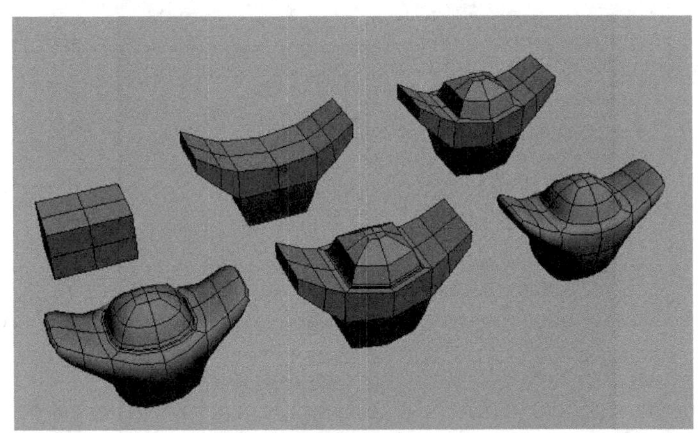

图 12-3

进入扩展几何体，创建切角的长方体，使用 FFD2×2×2 修改器，进入控制点级别进行修改，模拟金条形态，如图 12-4 所示。

创建一个球体，添加噪声修改器，让球体发生随机变形，再为其添加 FFD2×2×2 修改工具，进入控制点级别，调整球体大形使之呈现碎银两的造型，如图 12-5 所示。

将创建好的模型复制，摆放出一个静物场景的效果，如图 12-6 所示。

创建一个球体和一条直线，将线形调整成自然弯曲的曲线，我们要使用球体和曲线模拟一串珍珠项链，如图 12-7 所示。

选择珠子，进入间隔复制命令面板，点击拾取路径命令选择项链曲线，设置计数复制数量，

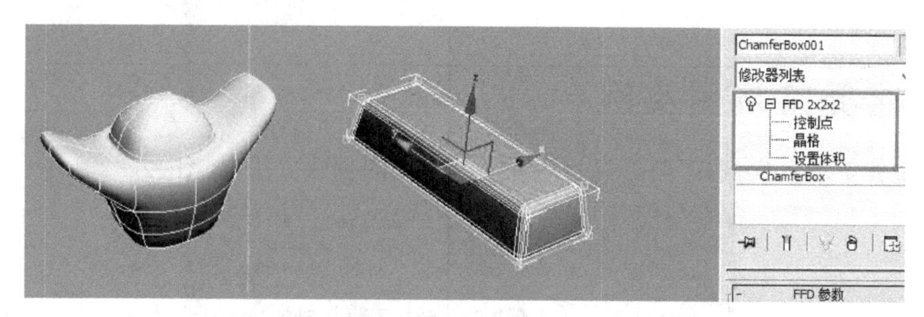

图 12 - 4

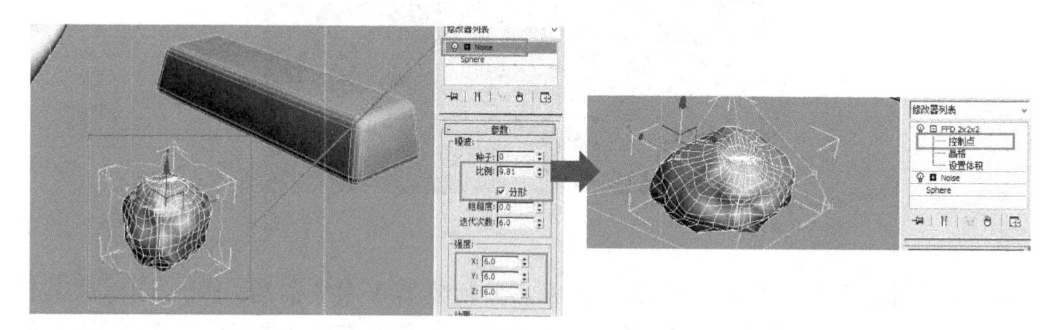

图 12 - 5

图 12 - 6

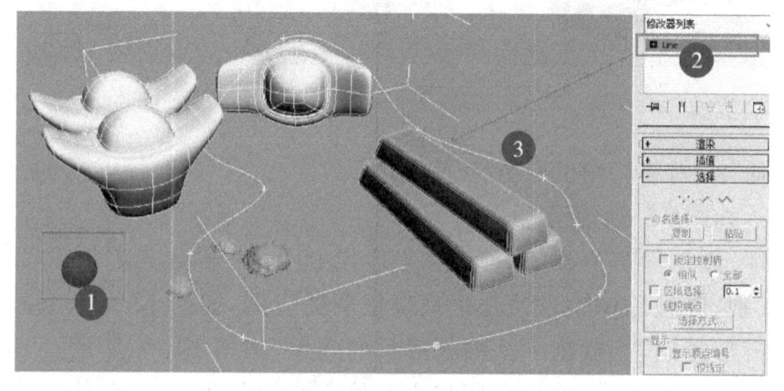

图 12 - 7

项链制作完成,如图 12 - 8 所示。

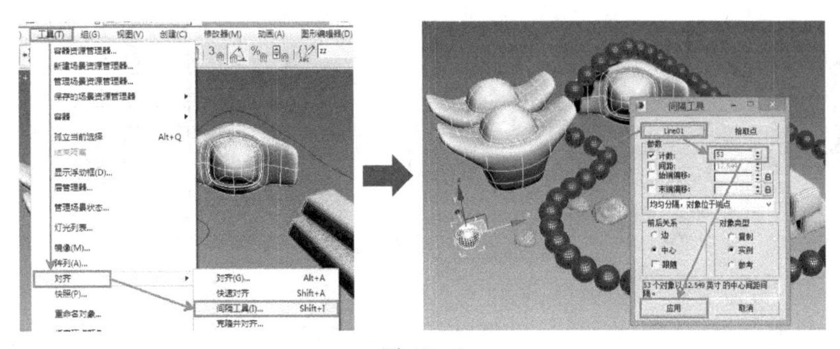

图 12-8

打开材质编辑器，选择一个新材质并赋予金元宝物体，将材质的明暗类型设置为金属类型，调整颜色和高光，单击贴图展卷栏反射后的无按钮，为其添加光线跟踪贴图类型，如图 12-9 所示。

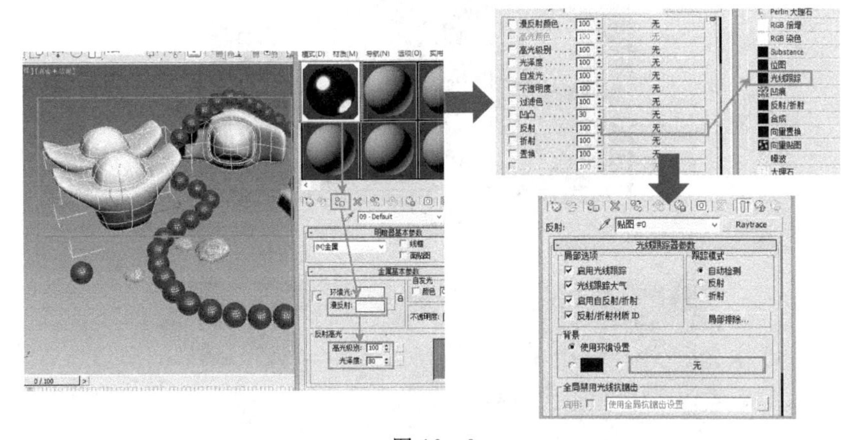

图 12-9

在位图部分选择金色湖面贴图，模拟金属反射，如图 12-10 所示。

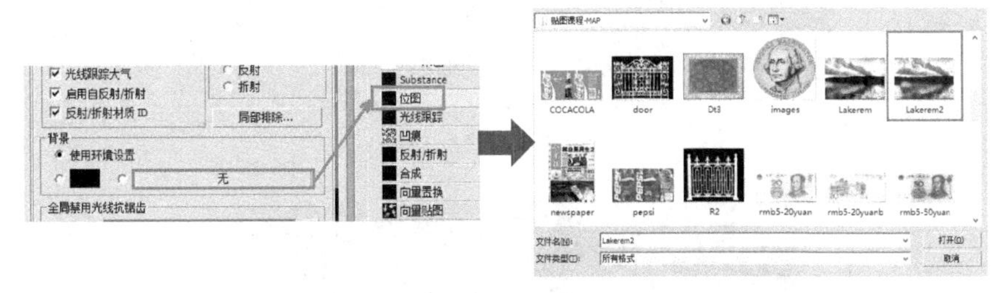

图 12-10

下面我们为三根银条赋予银的材质，选择三根银条物体，将一个新的材质赋予物体，调整材质的明暗类型、颜色和高光，如图 12-11 所示。

两个金属材质制作完成，效果如图 12-12 所示。

选择所有的项链珠子，将一个新材质赋予物体，将明暗生成器更改为半透明，调整颜色、高光和半透明颜色，如图 12-13 所示。

为场景添加平面物体并赋予材质，如图 12-14 所示。

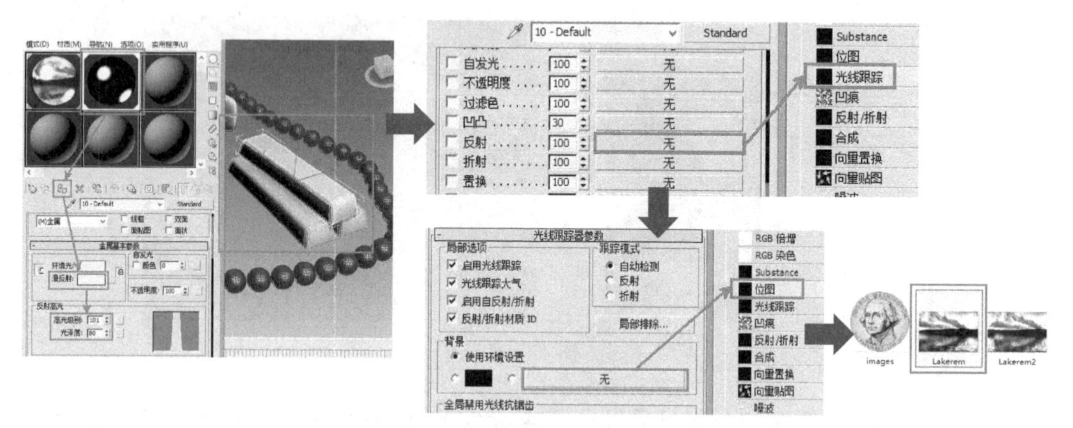

图 12－11

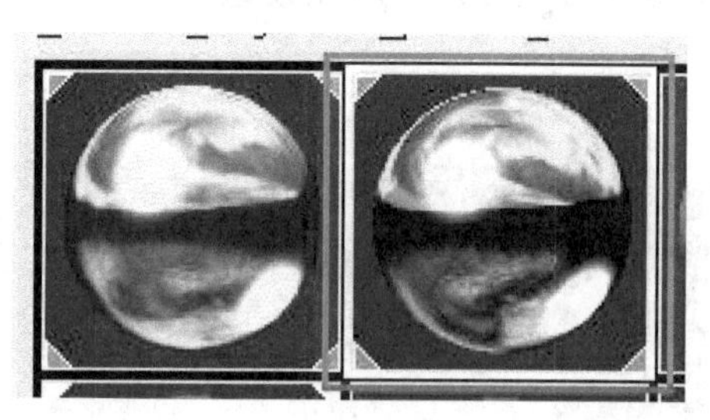

图 12－12

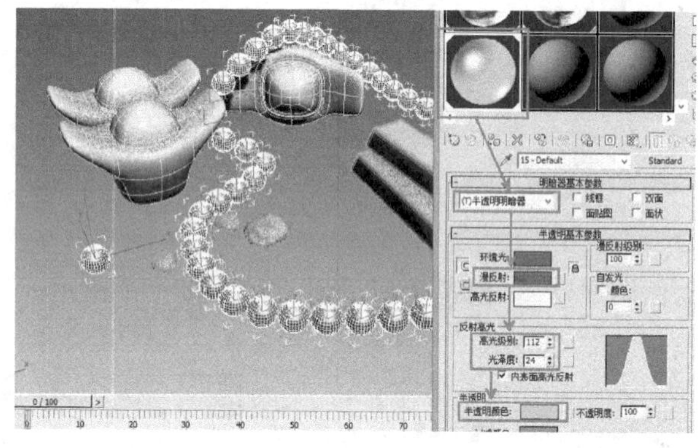

图 12－13

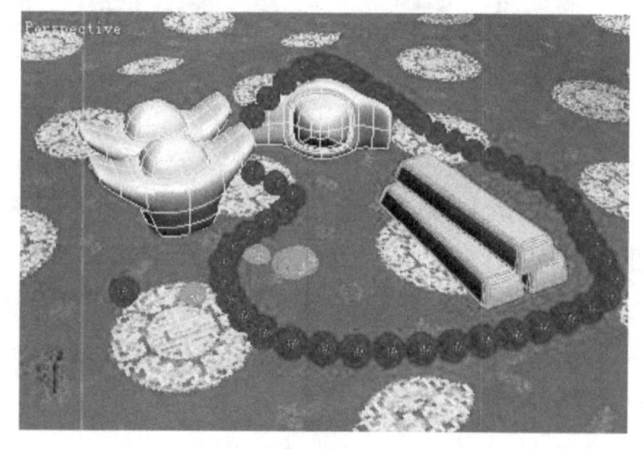

图 12－14

为场景创建目标聚光灯,调整灯光位置,如图12-15所示。

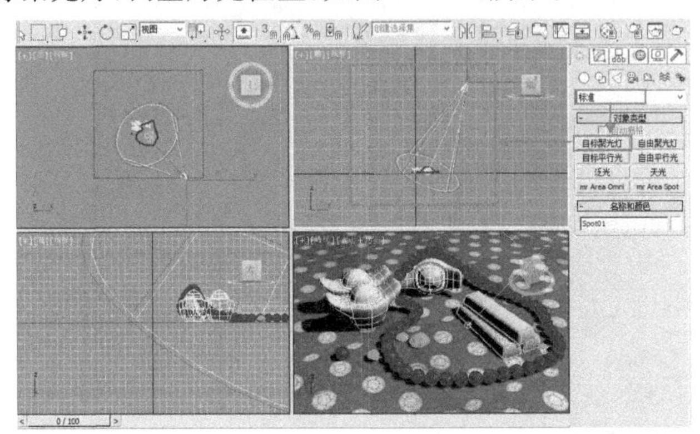

图12-15

为场景创建泛光灯,与聚光灯形成一定夹角,作为辅助光源。对场景进行测试渲染,发现阴影效果不好,如图12-16所示。

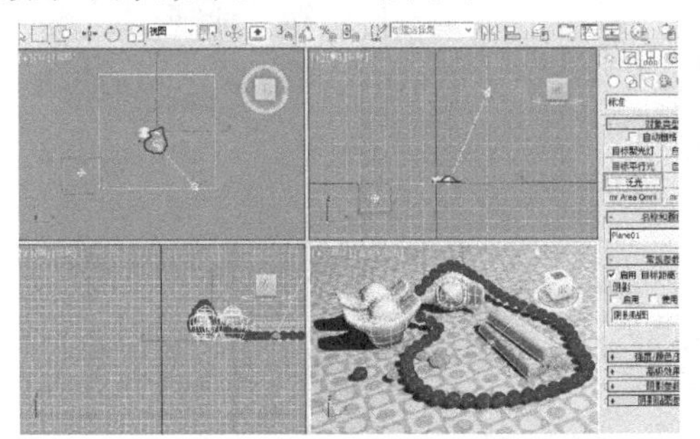

图12-16

将阴影类型改为区域阴影类型,对区域阴影的质量和灯光尺寸进行修改,如图12-17所示。

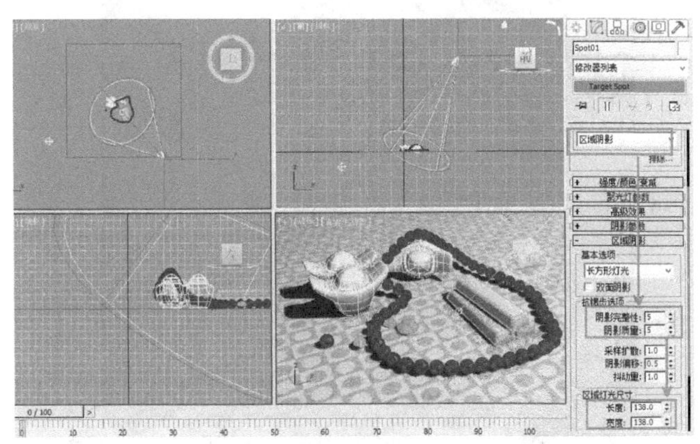

图12-17

对创建场景进行渲染,效果如图12-18所示。

在凹凸贴图通道贴入噪波贴图可以模拟磨砂金属的效果,如图12-19所示。

对场景进行渲染,磨砂质感的金属完成,效果如图12-20所示。

图 12 - 18

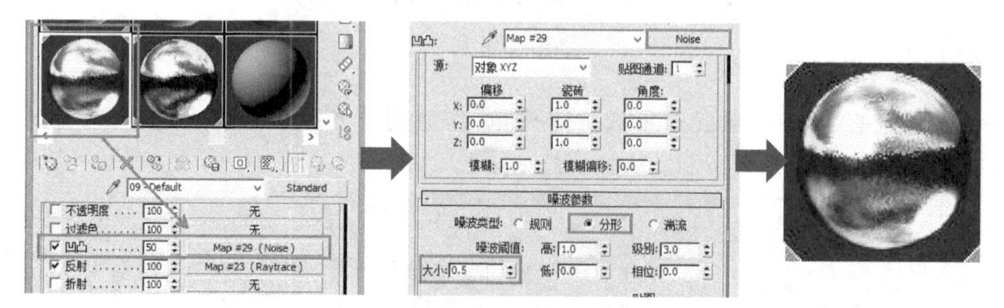

图 12 - 19

图 12 - 20

更换桌面材质后再进行渲染,如图 12 - 21 所示。

图 12 - 21

用同样的方法可以完成如图 12 - 22 所示的场景。

图 12 - 22

12.3　易拉罐场景实例

易拉罐场景实例如图 12 - 23 所示，主要用于学习被踩扁的易拉罐模型创建方法和易拉罐裂开后正面和内面材质如何区分。

图 12 - 23

首先我们通过放样命令完成裂口易拉罐模型。

在顶视图画出二维圆形，将其转换为可编辑的样条线，在顶点级别，选择上方的顶点，单击设为首顶点按钮，如图 12 - 24 所示。

将圆形复制，选择上方的顶点，使用断开按钮将顶点断开，调整形状，用同样的方法复制出第三个开口图形，这三个图形就是易拉罐的三个不同截面图形，如图 12 - 25 所示。

在顶视图完成一条直线，作为易拉罐放样的对象，如图 12 - 26 所示。

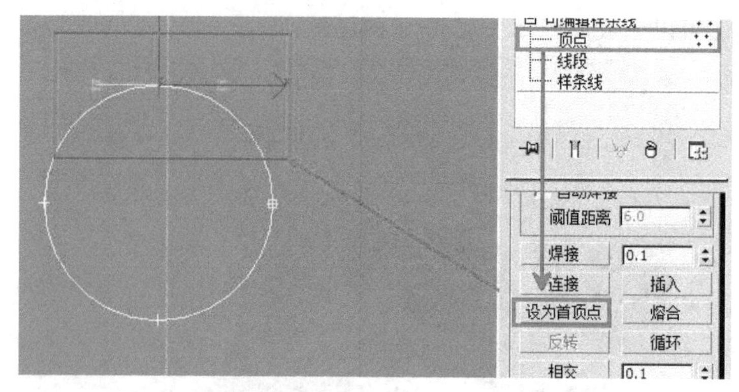

图 12 - 24

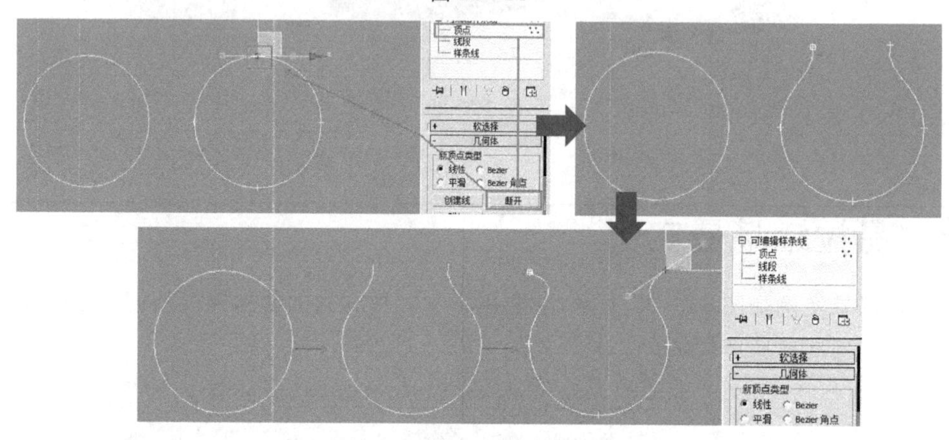

图 12 - 25

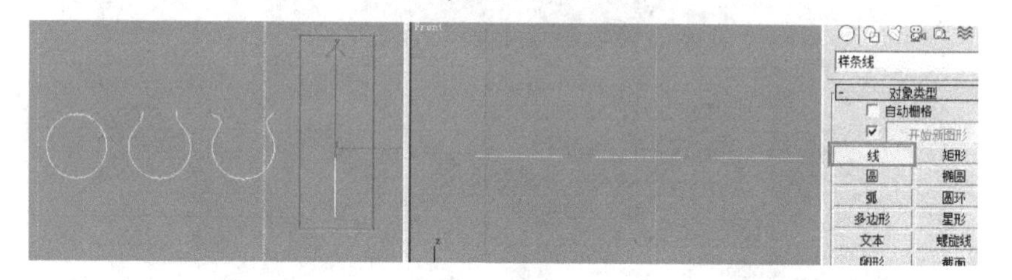

图 12 - 26

选择直线，进入复合几何体建模中的放样，选择获取图形，如图 12 - 27 所示。

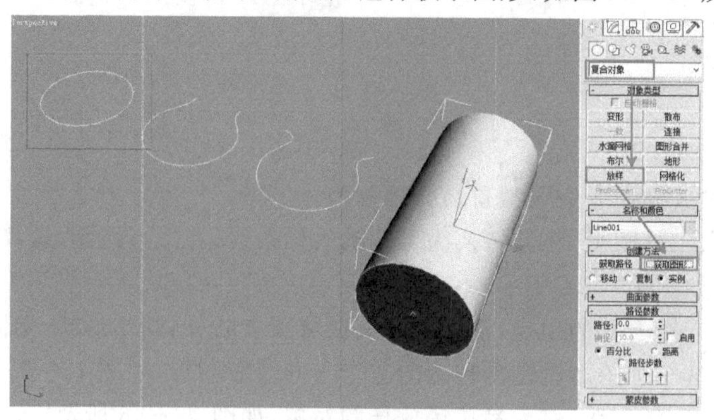

图 12 - 27

改变路径位置，分别使用获取图形按钮获取其他图形，如图 12 - 28 所示。

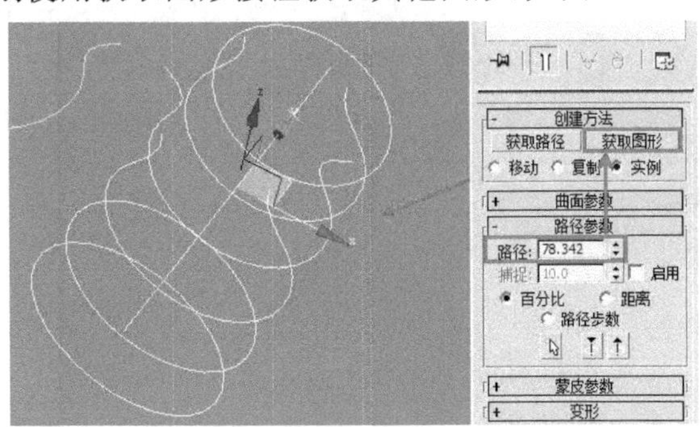

图 12 - 28

将封口始端和封口末端去除，如图 12 - 29 所示。

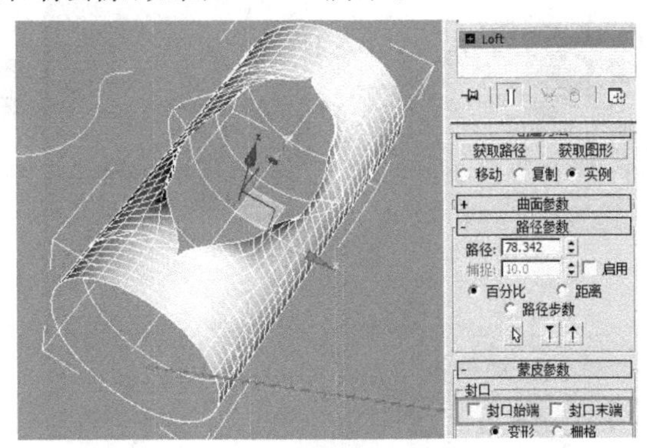

图 12 - 29

进入放样变形展卷栏，选择缩放命令，在弹出的曲线图标中添加控制点，再将最后的控制点向下移动，在视图中我们发现易拉罐的顶部缩小了，如图 12 - 30 所示。

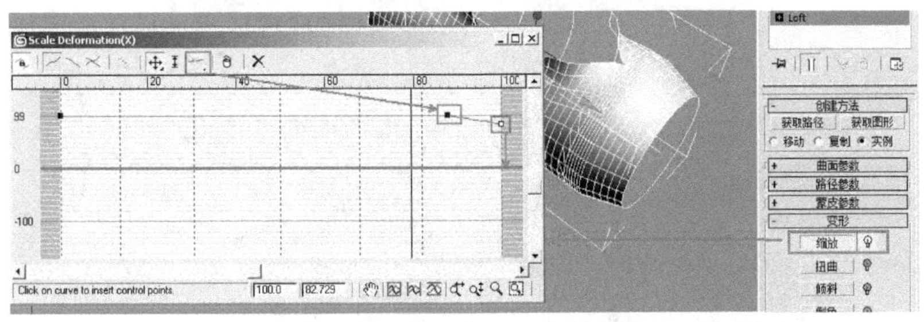

图 12 - 30

在顶视图中画出易拉罐底部横截面，使用车削对其进行旋转成型，使用同样的方法完成易拉罐顶部造型，如图 12 - 31 所示。

创建二维曲线并挤出，使其与易拉罐底部完全相交，选择顶盖物体，使用复合几何体建模中的布尔运算工具，将挤出的物体减去，如图 12 - 32 所示。

布尔运算完成后的结果如图 12 - 33 所示。

选择易拉罐的中间部分，添加 FFD 变形工具，选择控制点对易拉罐造型进行变形，使其类似于踩扁的效果，如图 12 - 34 所示。

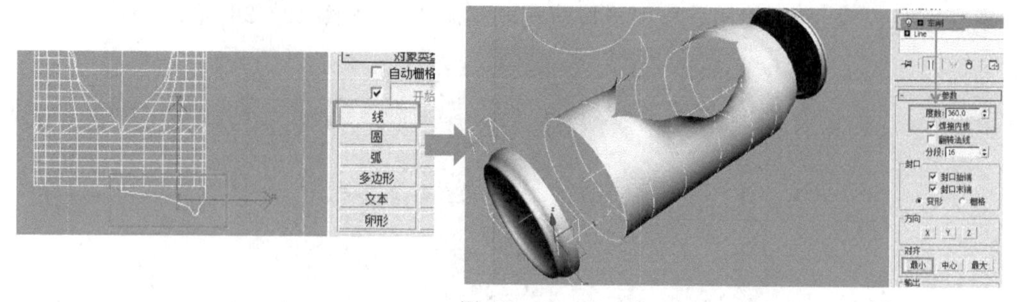

图 12 - 31

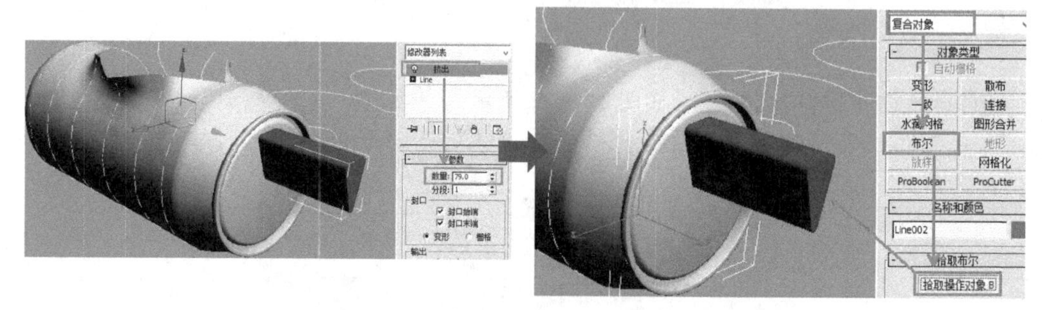

图 12 - 32

图 12 - 33

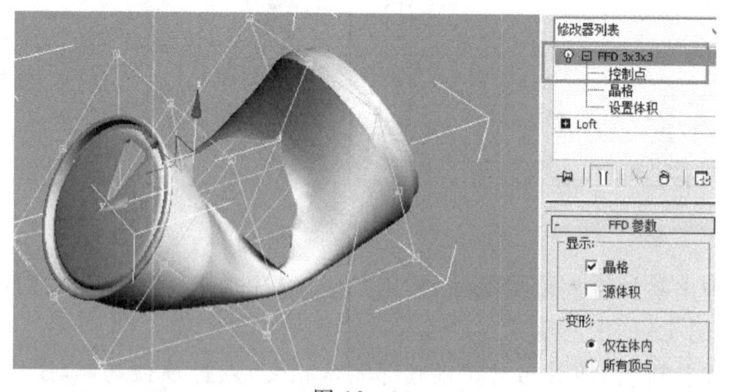

图 12 - 34

选择易拉罐的顶盖和底盖，为其添加不锈钢材质，将光线跟踪中的环境贴图进行模糊处理，这样能体现顶盖和底盖的铝质特性，如图 12 - 35 所示。

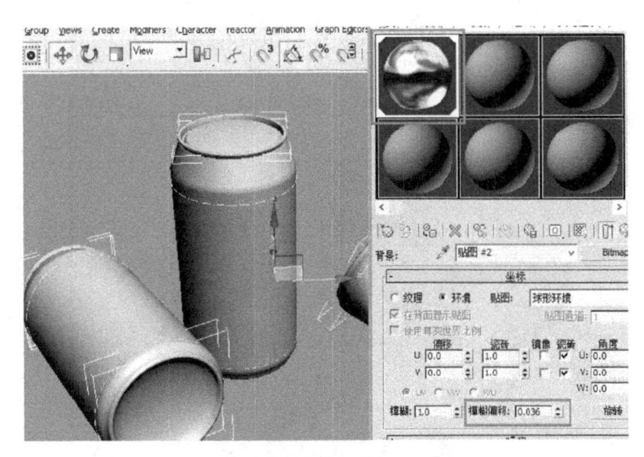

图 12 - 35

选择易拉罐中间部分，给它一个新材质，将材质的类型由标准改为双面材质，这种材质支持物体内表面和外表面异同，如图 12 - 36 所示。

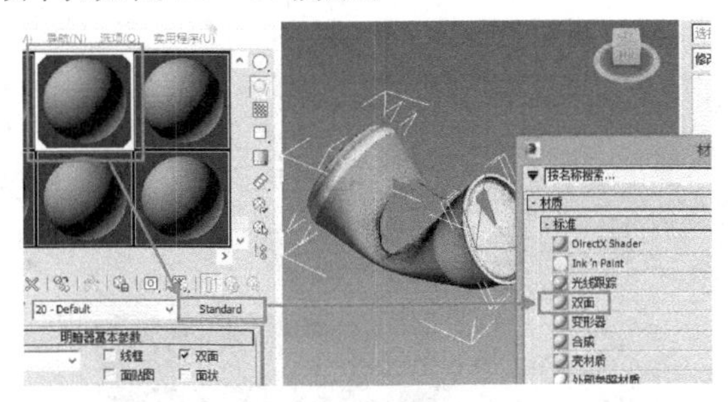

图 12 - 36

双面材质的正面贴上百事可乐的贴图，背面创建一个铝材质，如图 12 - 37 所示。

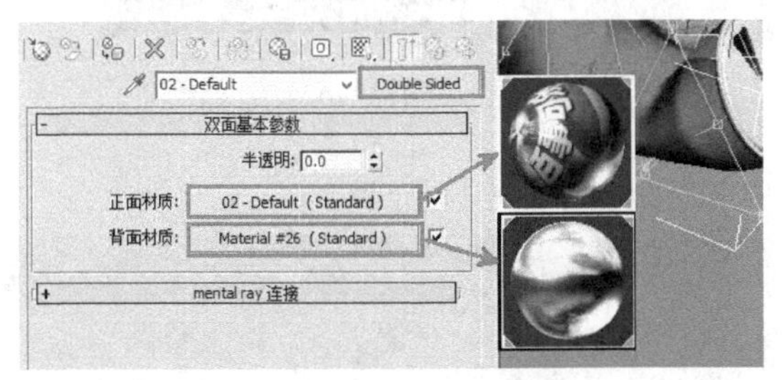

图 12 - 37

复制几个易拉罐物体，分别给它们添加材质，如图 12 - 38 所示。

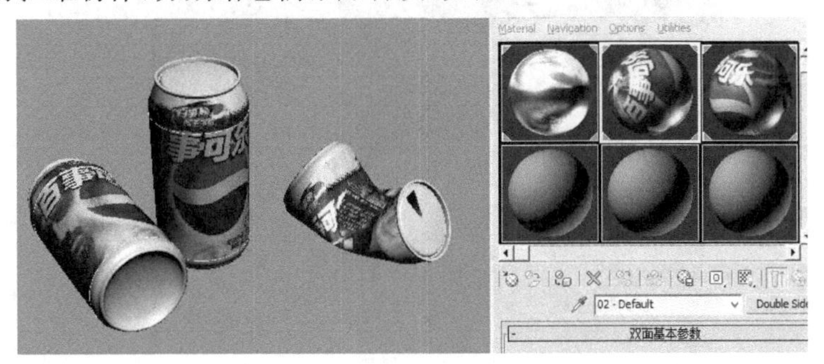

图 12 - 38

为场景添加一些装饰小球，并给它赋予带有反射的彩色材质，效果如图 12－39 所示。

图 12－39

创建目标聚光灯和泛光灯，目标聚光灯模拟主光源，泛光灯模拟环境反射光，调整它们的位置和强度，将聚光灯的阴影打开，如图 12－40 所示。

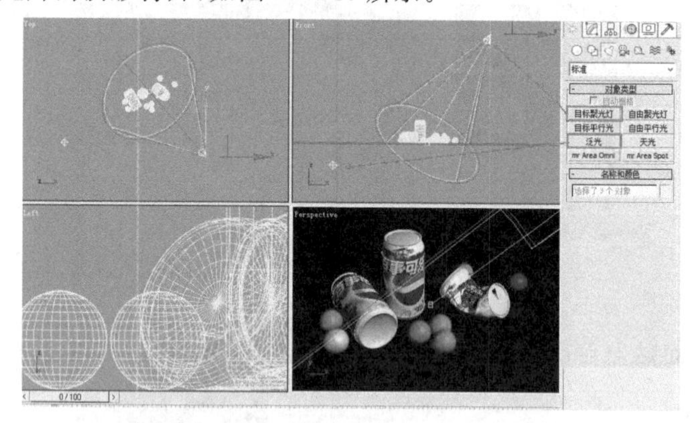

图 12－40

易拉罐场景渲染完成，效果如图 12－41 所示。

图 12－41

12.4 蜡烛台上实例

前面几个案例学习了 Max 一些常用材质的制作方法，它们分别是多维子对象材质、金属材质和双面材质，我们能做出一些很漂亮、崭新的材质，但是在三维世界中，会用到很多旧材质，这些材质赋予场景更多的历史痕迹，带给观众更多的联想。这一节我们重点学习 Max 中混合材质的制作方法，看看旧材质是如何产生的。

图 12-42

首先我们看一下蜡烛台上场景模型是如何创建出来的，如图 12-42 所示。

蜡烛模型的创建方法：创建圆柱体，增加高度段数，转化为可编辑的多边形，选择一些侧面表面向外进行倒角挤出，软选择蜡烛中间的顶点并向下移动，形成一个凹槽，使用网格平滑命令对整个物体进行网格平滑，为了增加蜡烛随机扭动的效果，最后添加噪波，如图 12-43 所示。

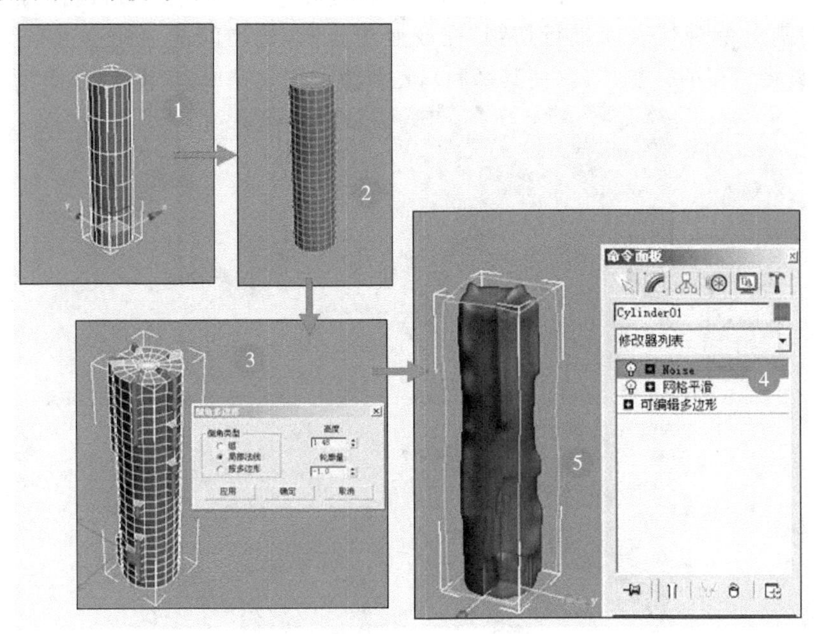

图 12-43

蜡烛台的创建方法：在前视图画出二维直线，使用车削得到蜡烛台底座的基本形状（注意调整车削中的旋转边数分段为 8，过多的分段数不利于后期编辑修改），在前视图画出二维扭曲曲线，在编辑多边形中选择车削底座物体的 4 个多边形，使用沿样条线向外挤出命令对齐向外挤出，最后添加网格平滑命令，如图 12 - 44 所示。

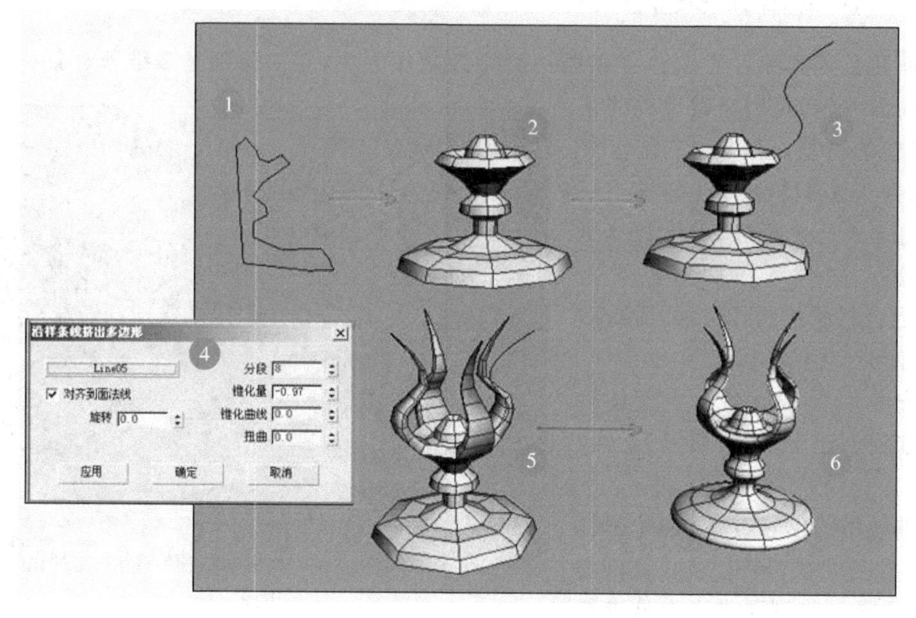

图 12 - 44

匕首的制作方法：创建长方体，调整合适的段数，使用编辑多边形中的倒角挤出命令进行修改，最后添加网格平滑，手柄完成。在顶视图上创建刀刃二维图形并挤出，转换为可编辑多边形，使用切割命令对其表面进行切割，完成血槽布线，将中间的血槽直线向下移动，使用 FFD 变形工具将刀刃的一侧压扁(使其锋利)，匕首模型创建完成，如图 12 - 45 所示。

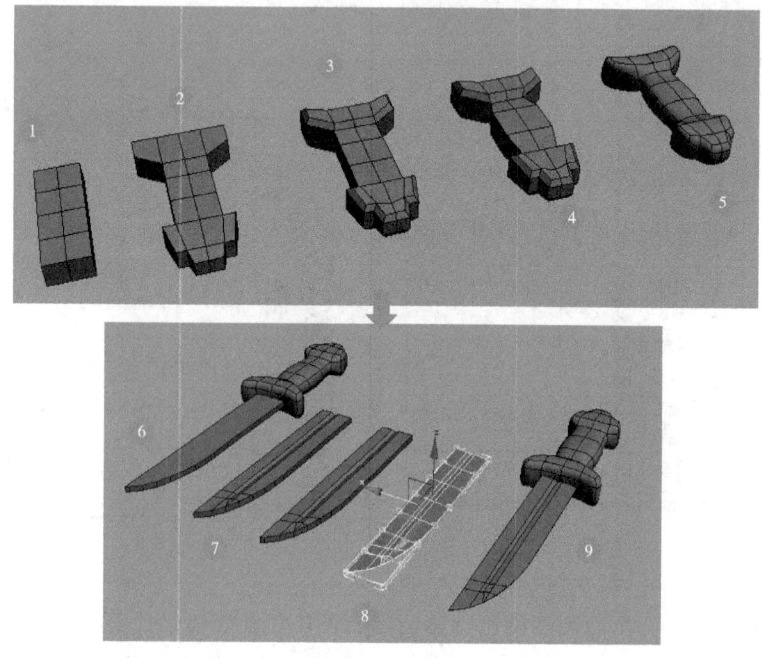

图 12 - 45

旧银票的建模方法：创建平面物体，调整适应的段数，添加 Noise 修改器（表现褶皱效果），再添加 Bend 弯曲，如图 12－46 所示。

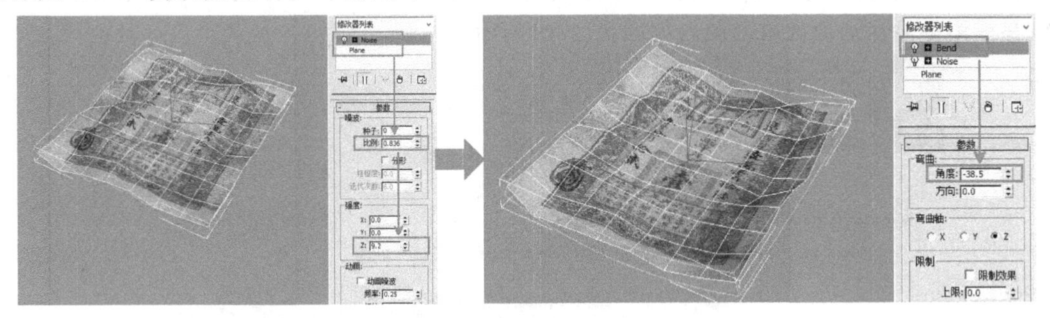

图 12－46

把场景模型摆放一下，模型部分基本完成，如图 12－47 所示。

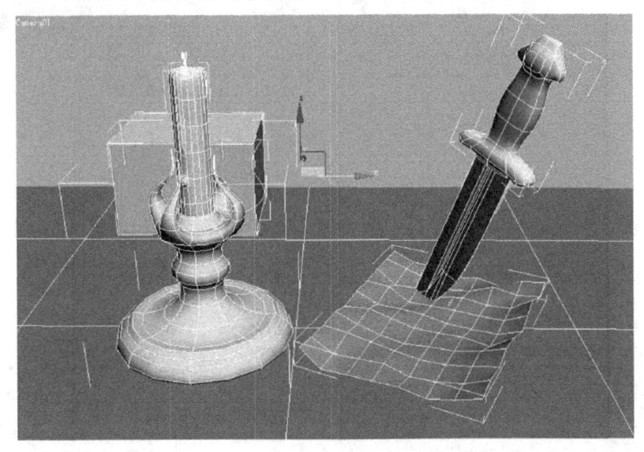

图 12－47

下面，我们来看一下场景中材质的创建过程。在贴图创建前，需要为场景寻找贴图素材，如图 12－48 所示，在素材中，有两张黑白贴图，它们是用来完成混合材质的。

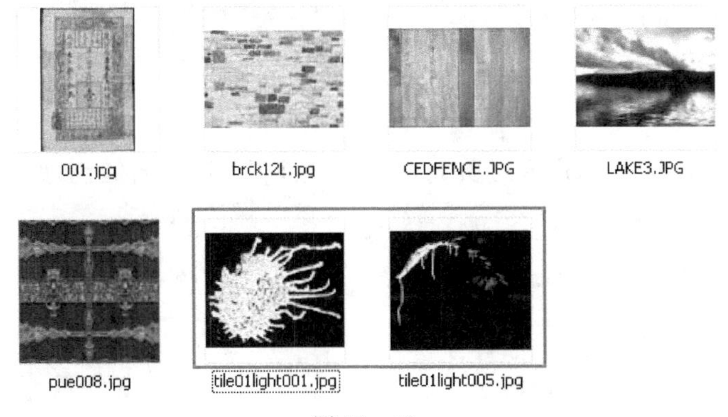

图 12－48

首先我们来完成银票混合材质。

将一个新材质赋予银票物体，将 Standard 标准材质更改为混合材质，在弹出的对话框中单击【确定】按钮（问你是否保留原始材质为混合的子材质），进入混合材质后，我们的材质制作思路：材质 1 使用银票，材质 2 就是暗红色（模拟血滴），遮罩（混合通道）是一张黑白血滴的位图，在贴图完成后，黑色部分将使材质 2 透明，白色部分将保留并显示材质 2。交互式代表激活（在视图中显示某种材质贴图），如图 12-49 所示。

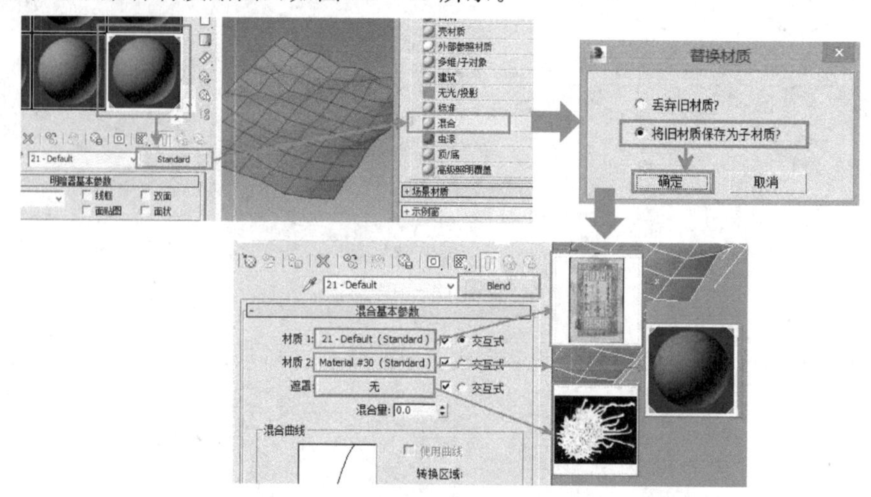

图 12-49

单击材质 1，贴上银票图，发现图片有黑边（贴图素材上的黑边），可以使用裁切与放置功能下的查看图像按钮，在弹出的裁切栏中将黑色部分切除，如图 12-50 所示。

注意：这种 Max 中裁切贴图的方法在实际工作中是非常有效的。

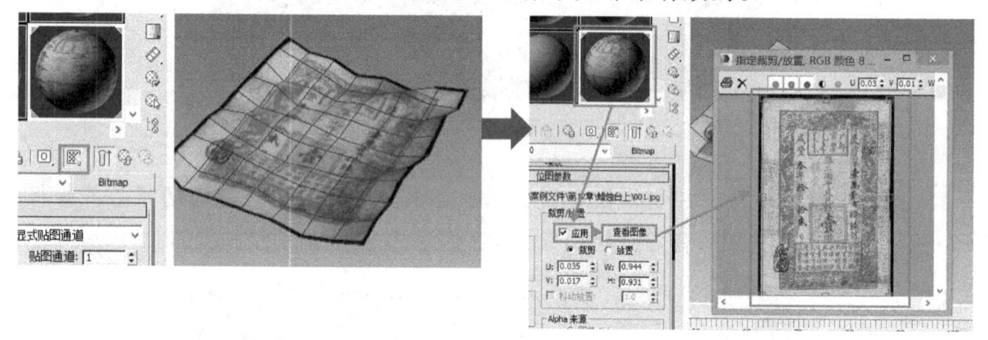

图 12-50

返回上一级，单击材质 2，进入材质 2，将材质 2 漫反射改为暗红色，如图 12-51 所示。

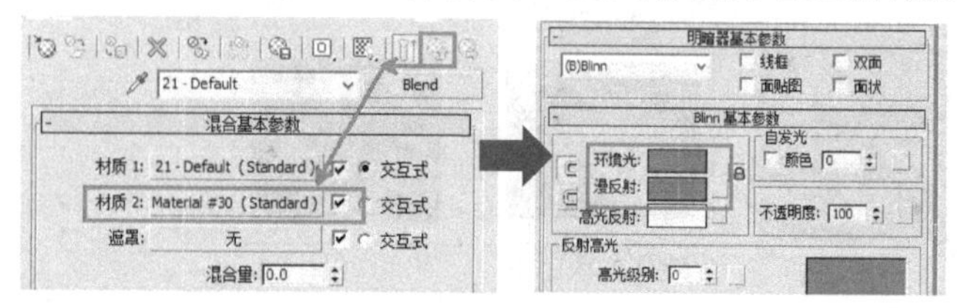

图 12-51

返回上一级，将遮罩贴图通道贴入血滴黑白图，如图 12-52 所示。

渲染场景，发现材质已经混合，只是血滴的大小太大，下面我们来通过贴图坐标调整血滴的大小，如图 12-53 所示。

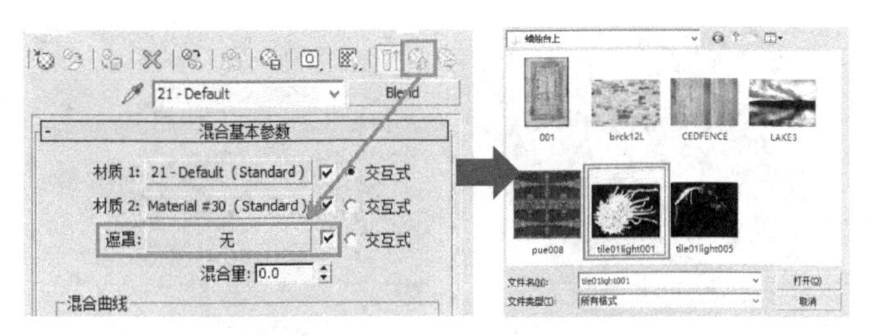

图 12 - 52

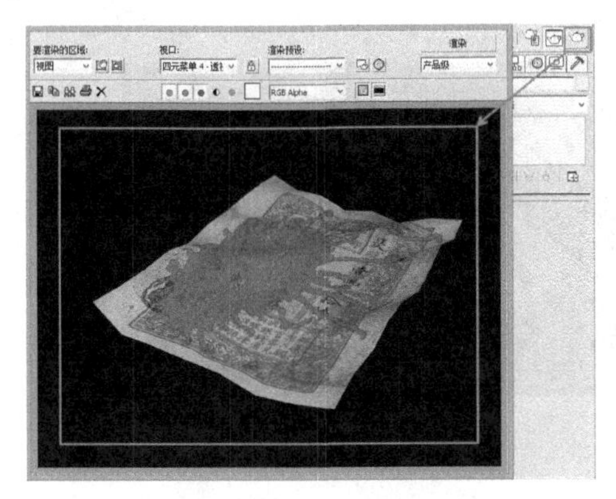

图 12 - 53

激活遮罩的画面交互，这时视图上能够看见血滴的黑白图，进入遮罩贴图，将贴图通道改为 2，为银票添加 UVW 贴图坐标命令，将它的控制通道改为 2，调整贴图坐标大小，银票上出现了很多血滴，如图 12 - 54 所示。

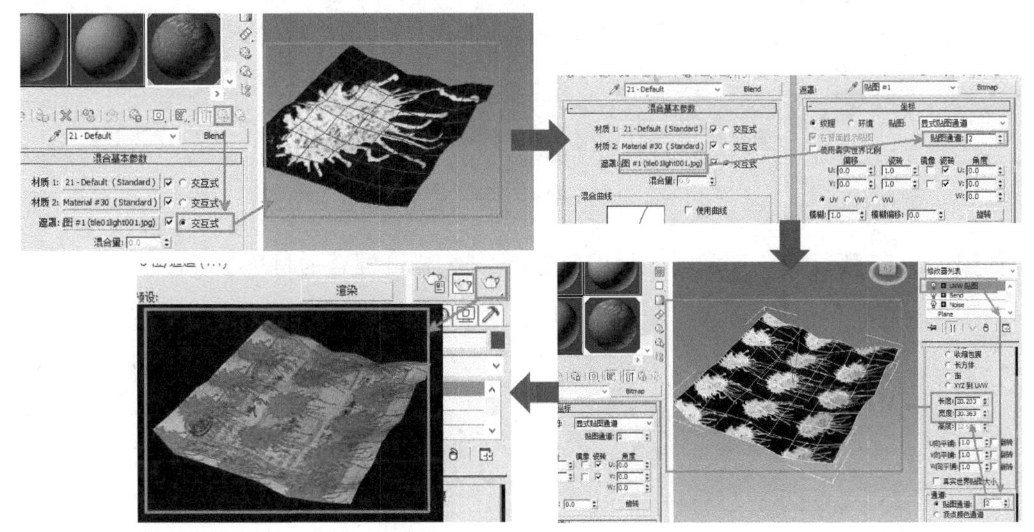

图 12 - 54

将平铺去除，遮罩血滴贴图的数量减少，可以选择 UVW 贴图中的 Gizmo 线框移动旋转到不同位置，得到不同的混合结果，如图 12 - 55 所示。

混合贴图可以完成多次混合，通过单击第一次的 Blend，在弹出的类型中选择混合，系统

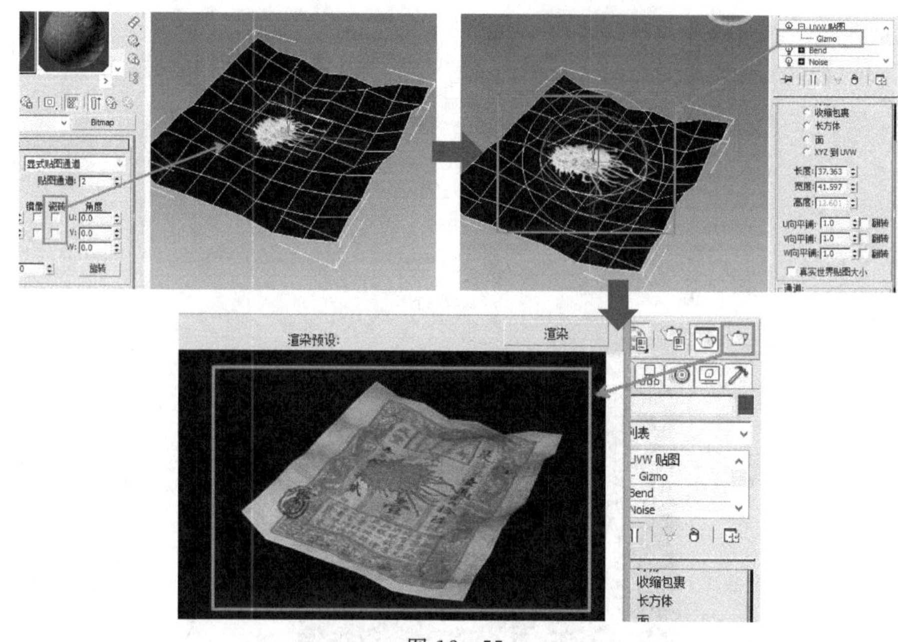

图 12－55

提问是否保留上一次混合为子材质，单击保留，如图 12－56 所示。

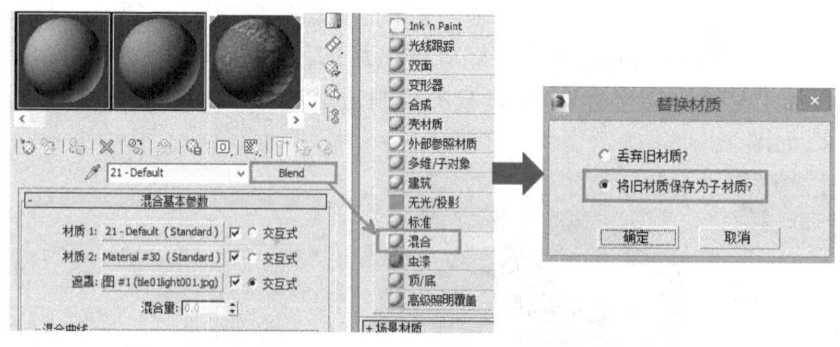

图 12－56

如图 12－57 所示，第一次 Bend 材质成为第二次 Bend 混合的材质 1 了。

图 12－57

使用前面讲到的创作方法，可以为银票物体的材质进行多次混合，达到按设计者的要求制作旧场景的效果，如图 12－58 所示。

本书配套资源中包含很多遮罩黑白贴图，帮助我们完成各种混合材质，如图 12－59 所示。

蜡烛材质类似前面学习的玉器材质，使用半透明明暗类型，调整漫反射、高光、透光参数，

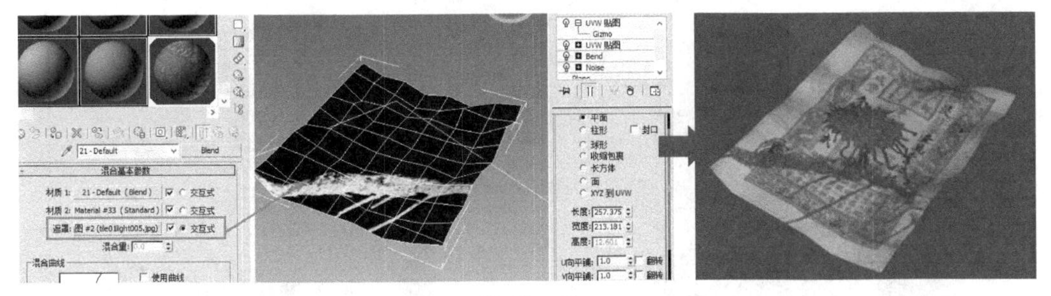

图 12-58

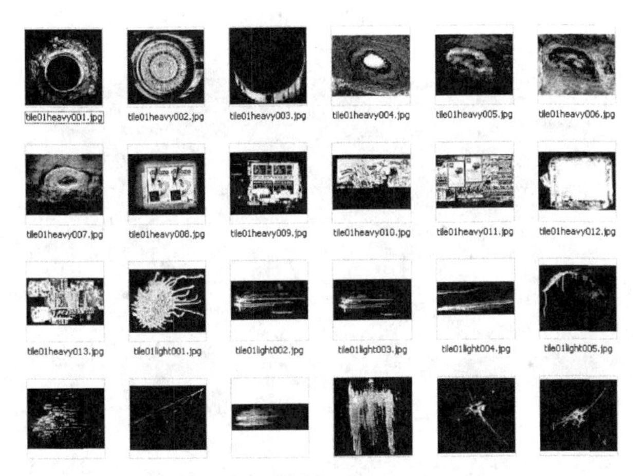

图 12-59

如图 12-60 所示。

图 12-60

创建辅助对象中的大气装置，选择球形的大气装置，完成后进入修改面板为其添加火焰环境效果，如图 12-61 所示。

完成其他物体材质贴图，添加聚光灯为场景的主光源，泛光灯为场景的辅助光源，激活透视图，按下【Ctrl+C】组合键将透视头切换为摄像机视图，在三视图上调整摄像机机位置，如图 12-62 所示。

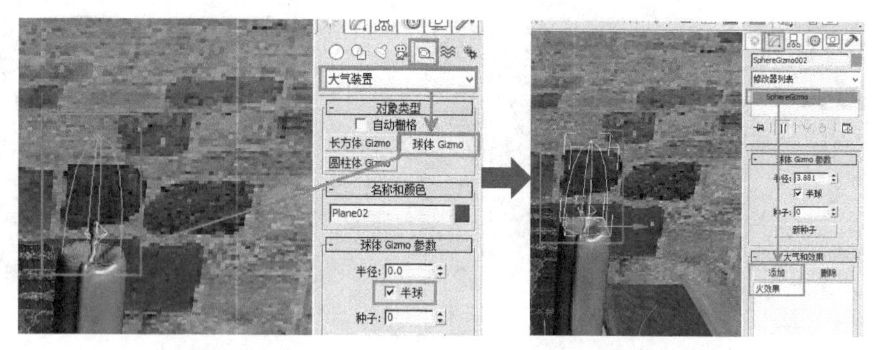

图 12-61

图 12-62

对场景进行渲染,效果如图 12-63 和图 12-64 所示。

图 12-63

图 12-64

12.5 艺术场景创作——木偶的故事

通过对前面内容的学习,本节将综合运用建模,贴图绘制,灯光等技术,演示艺术场景创作——木偶的故事制作过程。最终效果如图 12-65 所示。

图 12-65 艺术场景木偶的故事

从最终效果图上看，制作比较复杂，我们可以分为四个步骤：模型制作、UV 展开、贴图绘制与后期处理。

12.5.1 木偶模型制作

(1)在整个场景模型制作中，木偶角色模型制作是该场景的重点与难点。首先，我们需要详细了解木偶模型的整体结构，通过对模型的观察分析，我们可以分为三步完成。第一，头部的制作；第二，身体制作；第三，衣服制作，效果如图 12-66 所示。

图 12-66

(2)头部的造型和布线都是非常重要的，头部是造型中最传神的部分，所以大家在做头部刻画时需要多加用心。从制作一个正方体开始，线框的分段数需要更改。通过前面模型的制作，大家应该已经体会出，多边形建模是线越少越容易调大形。为了确保建模的准确，右击工具栏中的选择和移动命令，将 X、Y、Z 的值改成零，如图 12-67 所示。

使用修改器列表中的球形化命令。再右击鼠标，选择相应命令将其塌陷成可编辑的多边形，在点级别下，打开使用软选择，调节衰减值，按照头部结构调节大形，如图 12-68 所示。

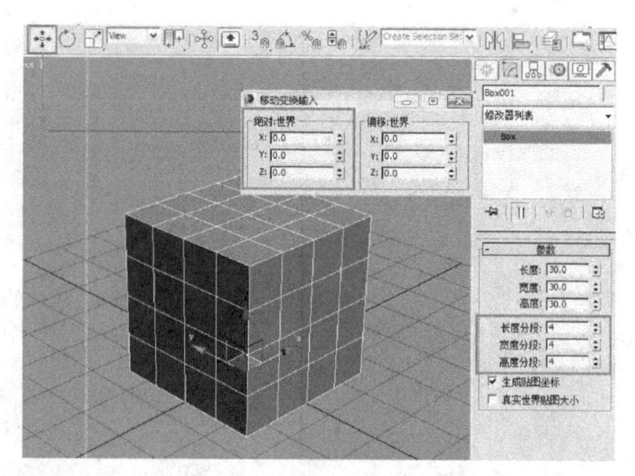

图 12 - 67

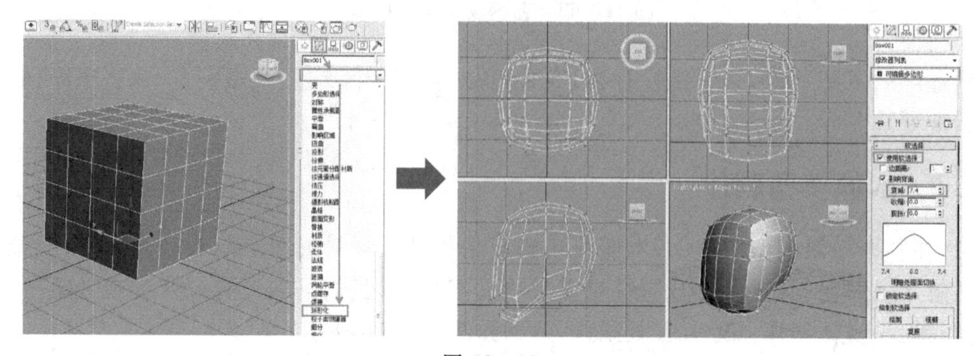

图 12 - 68

(3)头部结构是左右对称的,我们选择镜像方法进行制作,在可编辑多边形的面级别下,选择一半面删除。使用修改器列表中的对称命令,复制出另一面,复制的面会随着原始的面变化。点击可编辑多边形,发现只存在一半的面,点击 图标显示最终结果工具,就会出现左右完整的头部结构,如图 12 - 69 所示。

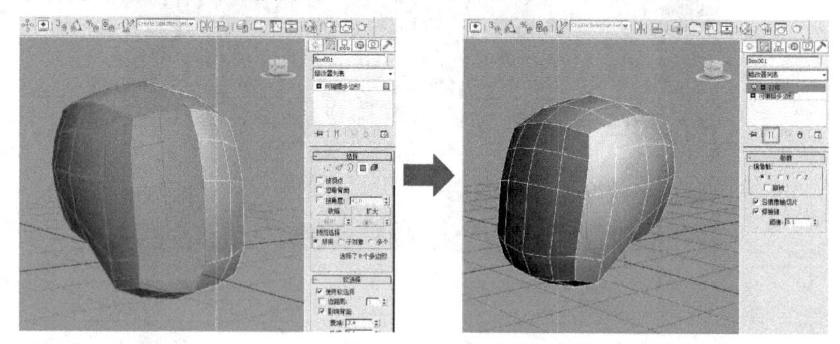

图 12 - 69

(4)使用修改器列表中的涡轮平滑命令,选中【等值线显示】复选框,更直观地观看布线,如图 12 - 70 所示。头部结构调节可参考布线参考图。

(5)使用可编辑多边形中的切割工具,根据头部结构布线,将多余的线段、点移除。根据头部的肌肉结构,嘴部和眼部的布线为环形,如图 12 - 71 所示。

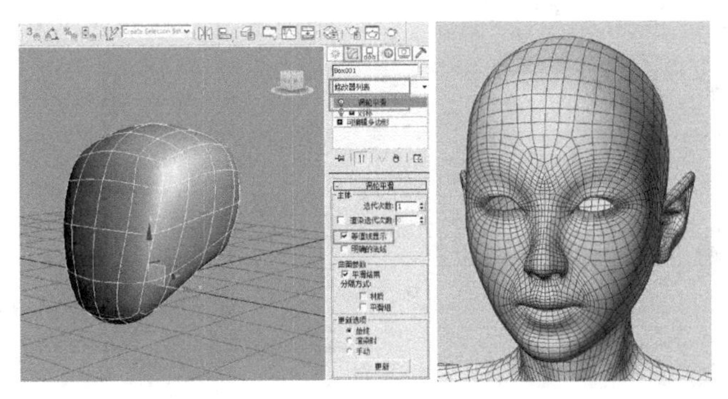

图 12-70

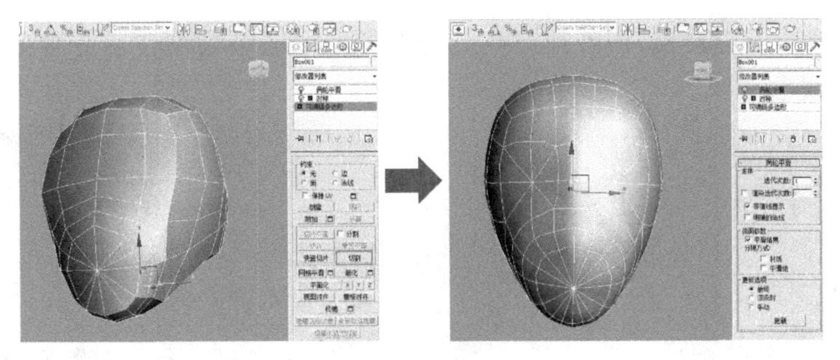

图 12-71

(6)嘴部的制作。进入顶点子物体级别,选择中间的点,用切角命令,调节数值控制开口的大小,使开口成空心状态。选择嘴部一圈线段点击连接成环形线。根据结构制作出完整的嘴部,如图 12-72 所示。

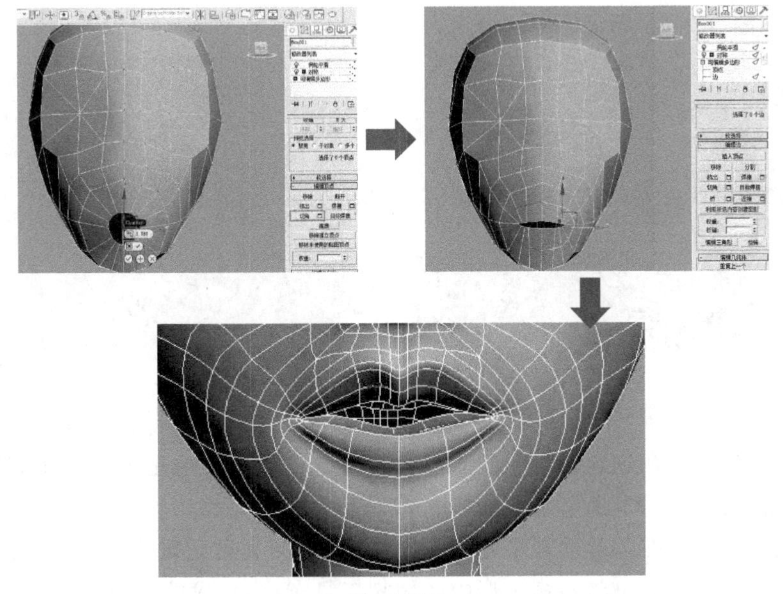

图 12-72

(7)眼部的制作。进入顶点子物体级别,点击切角命令,将眼部顶点切开,根据结构制作出完整的眼部,如图 12-73 所示。

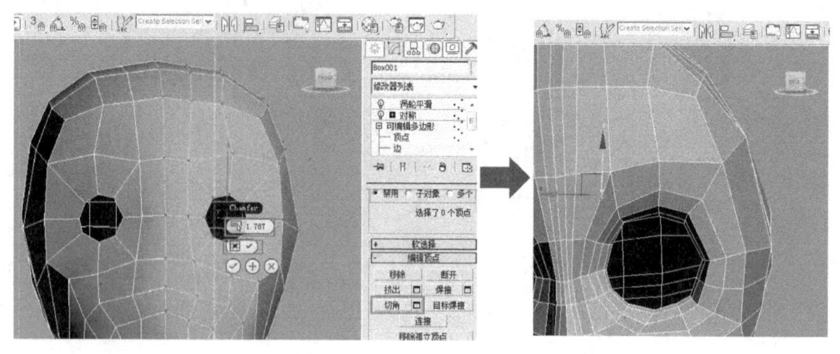

图 12－73

(8)鼻子的制作。选择点,向外拖出鼻子的大形。根据结构制作出完整的鼻子,如图 12－74 所示,鼻子布线参考图。

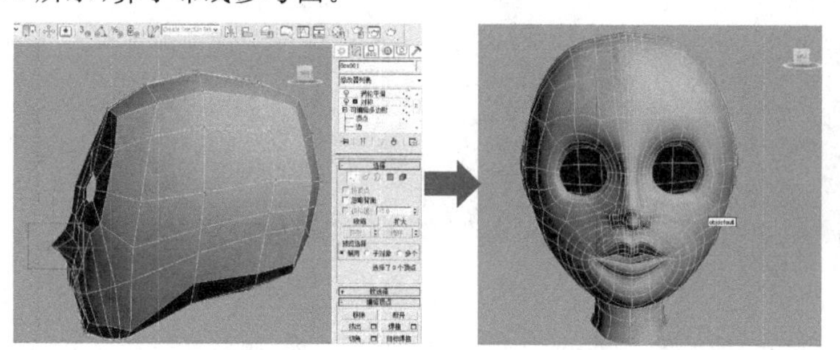

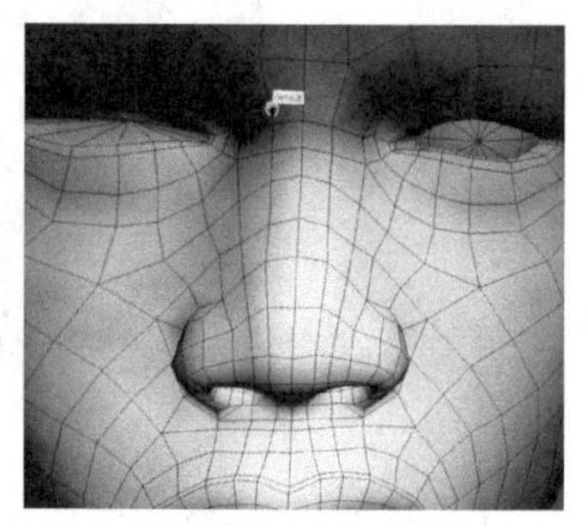

图 12－74

(9)耳朵的制作。选择符合耳朵位置的面。用挤出命令挤出耳朵大形。根据结构制作出完整的耳朵,如图 12－75 所示。

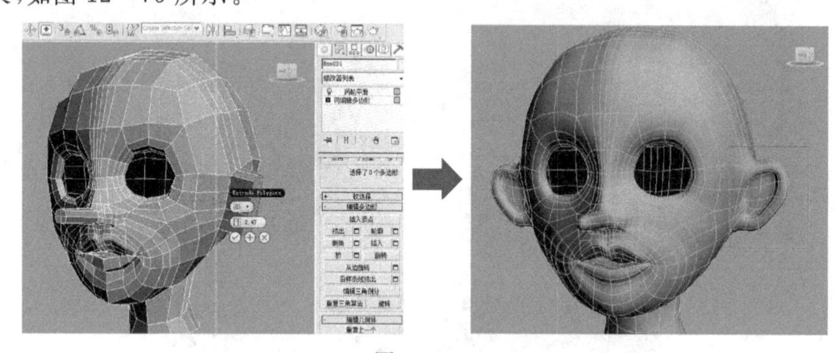

图 12－75

(10)眼睛的制作。在创建面板中建立球体。将球体放置在合适的位置上,选择眼睛部分表面,向内挤出,调整后将背面多余的面删去,如图 12－76 所示。

(11)头发的制作。在创建面板中建立长方体,将其转为可编辑多边形,在点级别下,移动点的位置调节大形。使用可编辑多边形中的切割工具布线,头发的结构很规整,布线以四边面为主。使用修改器列表中的涡轮平滑命令,头发的模型制作完成,如图 12－77 所示。

(12)辫子的制作同上,最终完成头部的整个模型,效果如图 12－78 所示。

(13)木偶身体的制作。在创建面板中建立长方体。将其转为可编辑多边形,面子物体级

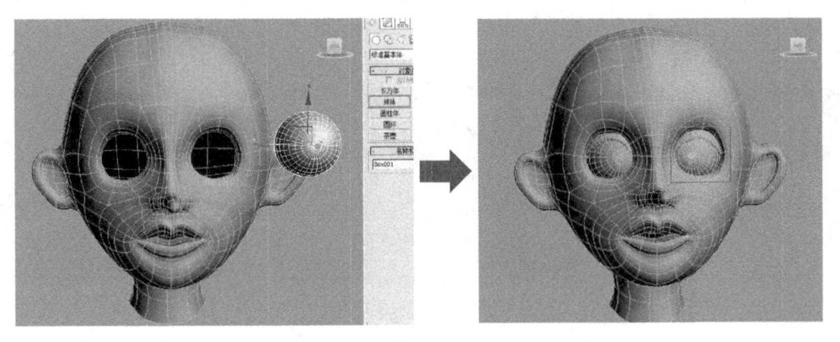

图 12-76

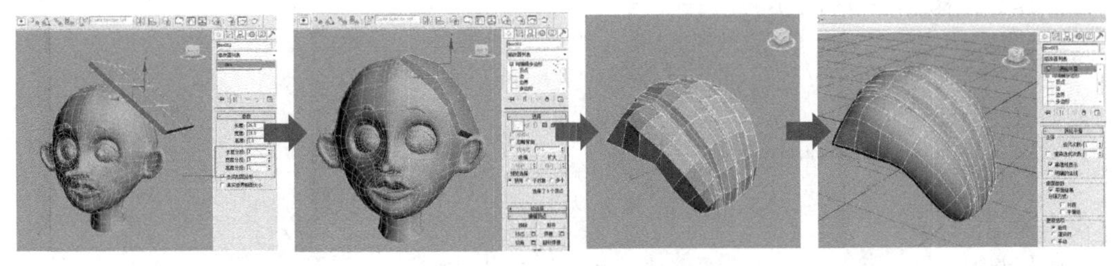

图 12-77

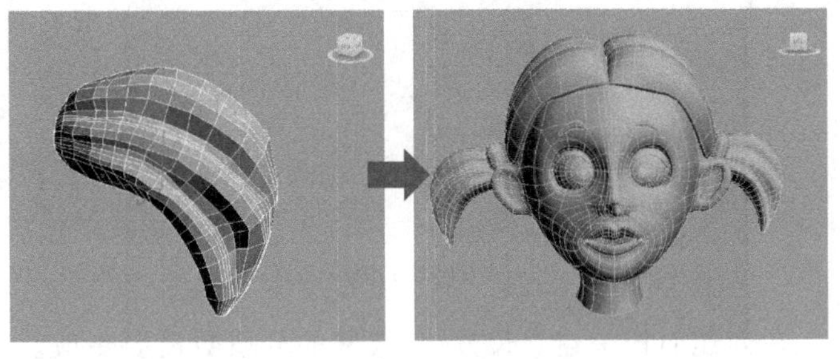

图 12-78

别删除一半；使用修改器列表中的对称命令。在可编辑多边形的点级别下，根据结构调节身体大形，使用连接工具布线，完成身体的制作，如图 12-79 所示。

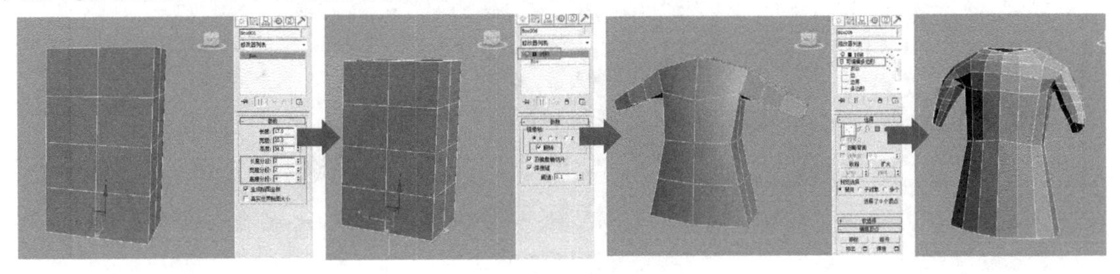

图 12-79

(14)胳膊的制作。在创建面板中建立圆柱体，线框的分段数需要更改。将其转为可编辑多边形，在点子物体级别下调节大形。使用修改器列表中的涡轮平滑命令。胳膊模型制作完成，如图 12-80 所示。

(15)手的制作。在创建面板中建立长方体，线框的分段数需要更改。将其转为可编辑多

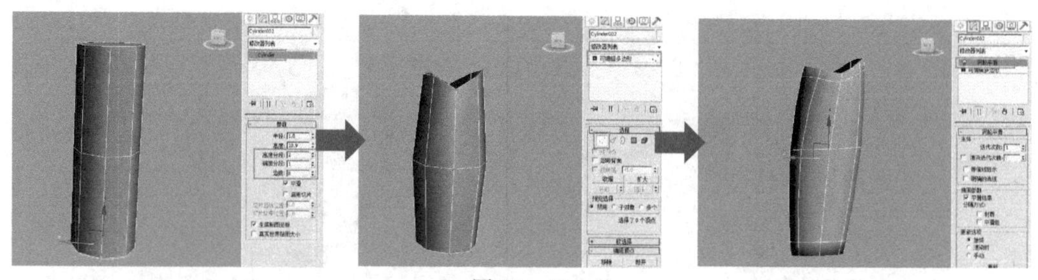

图 12-80

边形。在点级别下调节手部大形。使用修改器列表中的涡轮平滑命令,手指制作同上,手部模型制作完成,如图 12-81 所示。

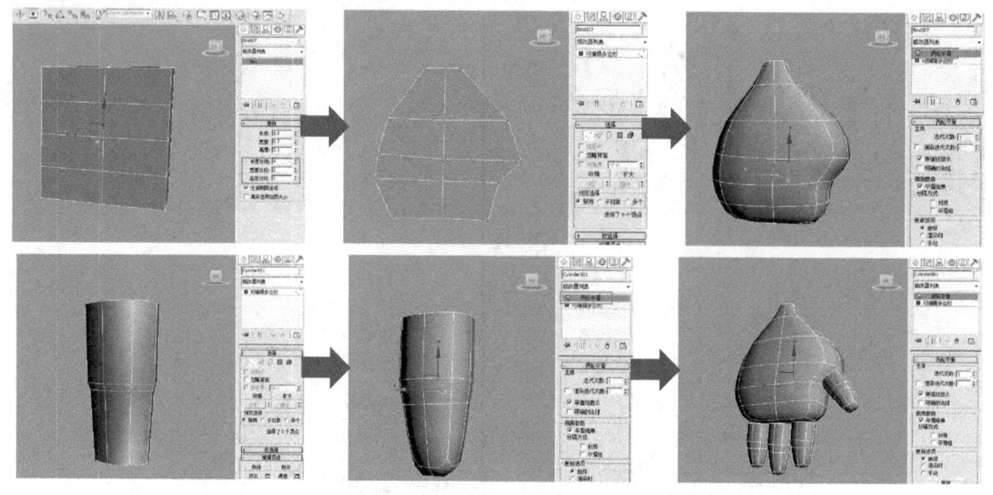

图 12-81

(16)脚的制作。在创建面板中建立长方体,线框的分段数需要更改。将其转为可编辑多边形。在点级别下调节脚的大形。使用修改器列表中的涡轮平滑命令,脚模型制作完成。腿的制作,在创建面板中建立圆柱体,线框的分段数需要更改。将其转为可编辑的多边形,在点级别下调节大形,使用修改器列表中的涡轮平滑命令。腿模型制作完成,如图 12-82 所示。

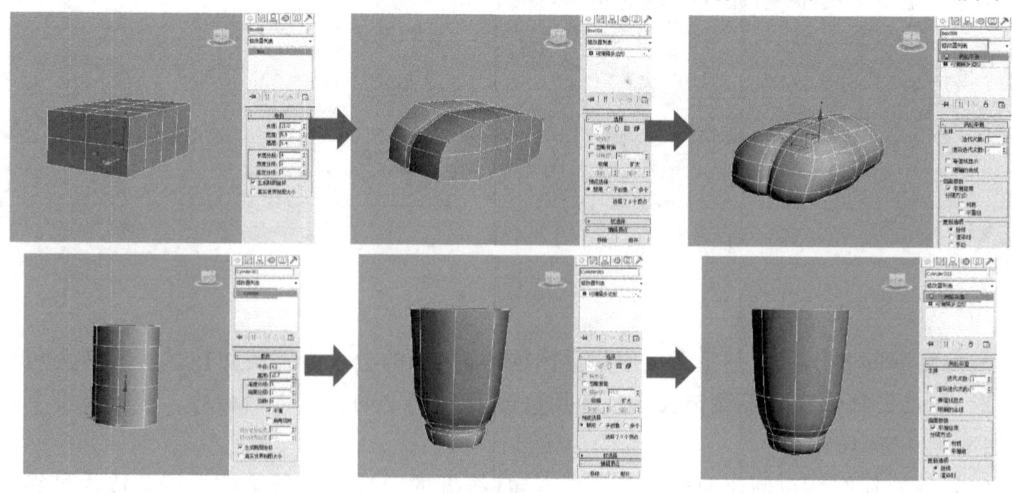

图 12-82

(17)衣服的制作。在身体模型的基础上制作出衣服。使用可编辑的多边形,在面级别下选择适合做衣服的面,用缩放工具,按住【Shift】键缩放复制出衣服的模型。在可编辑多边形的元素级别下,选择缩放出来的元素,用分离工具,把衣服和身体分离成两个独立的模型。在可编辑多边形的点级别下,调节大形,衣服的模型制作完成,如图 12-83 所示。

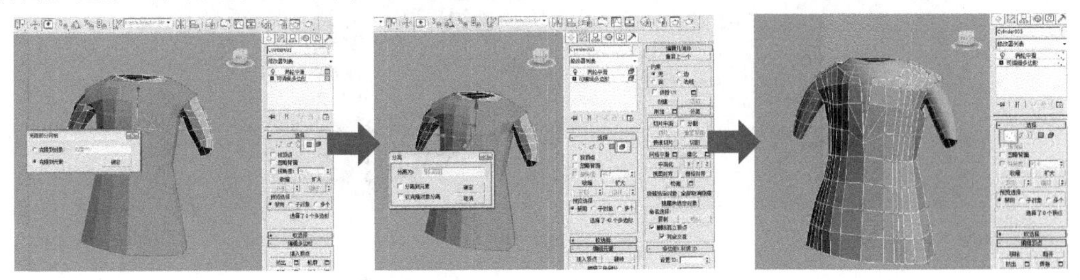

图 12-83

木偶全部模型最终完成,效果如图 12-84 所示。

图 12-84

12.5.2　场景模型制作

(1)场景模型制作。我们做的是一个室内艺术场景,为了能够真实地模拟光在室内的效果,要建立一个完整的房子模型。房子模型使用创建面板中建立平面来堆砌制作,如图 12-85 所示。

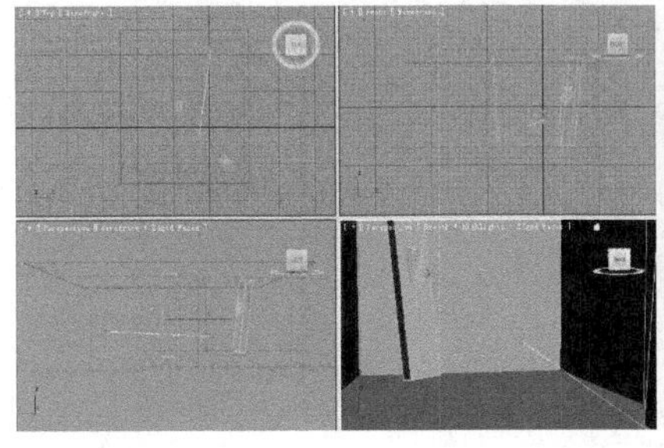

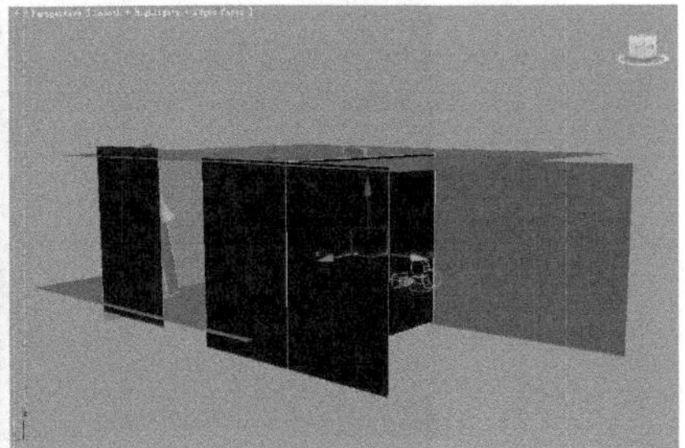

图 12-85

(2)木花的制作。使用创建面板二维物体中的螺旋线命令，画出一条螺旋线。使用修改器列表中的挤出命令，如图 12-86 所示。

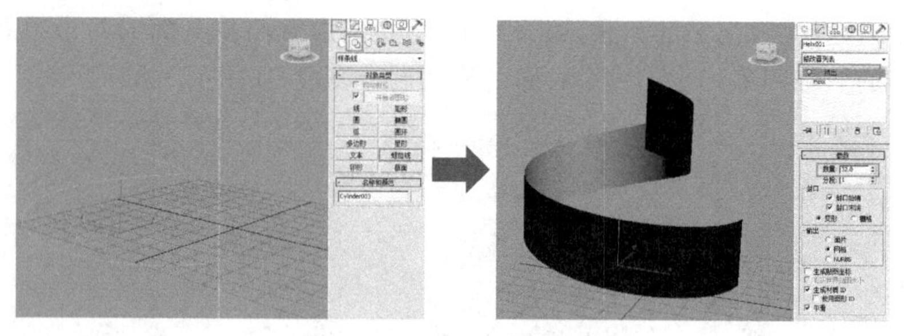

图 12-86

艺术场景《木偶的故事》模型部分最终完成，效果如图 12-87 所示。

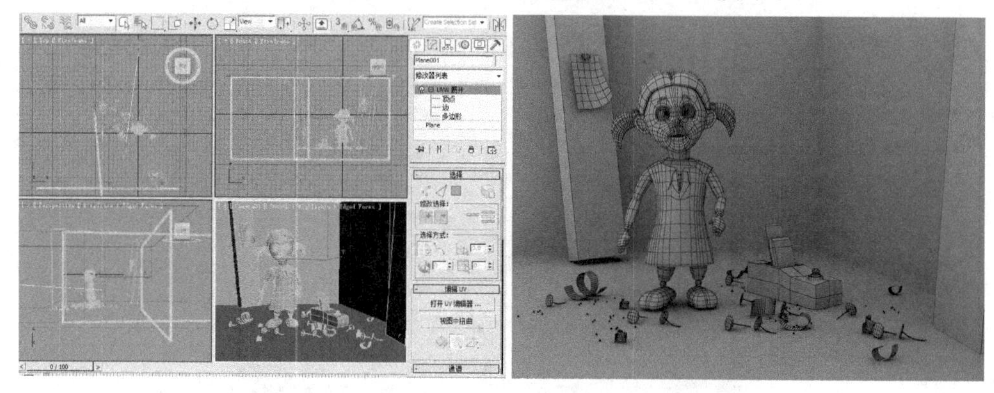

图 12-87

12.5.3　模型 UV 展开

用 3ds Max 自带的 UV 展开工具，展人物 UV 比较复杂，这里我们将用到一个展 UV 的软件 Unfold3D。下面介绍一下它的基本功能，详细使用方法可参考 14 章。鼠标左键是平移视图，鼠标中键是缩放视图，鼠标右键是旋转视图。Shift+左键是划分边界，Alt+左键是划分连续边界，Ctrl+左键是减去划分边界。还有一些图标，如图 12-88 所示。

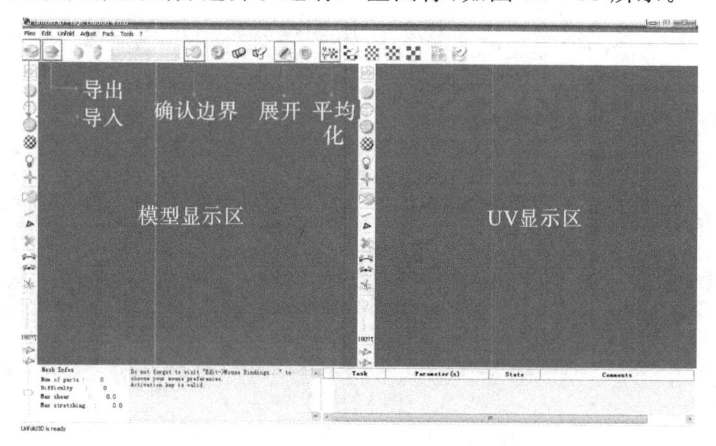

图 12-88

(1)在3ds Max里导出木偶模型的OBJ格式文件。打开Unfold 3D,点击主工具栏中的图标导入命令,将木偶模型导入Unfold3D。开始划分边界,蓝色的线是划分的边界,点击工具确认切割边界,线为黄色。头部的划分如图12-89所示。

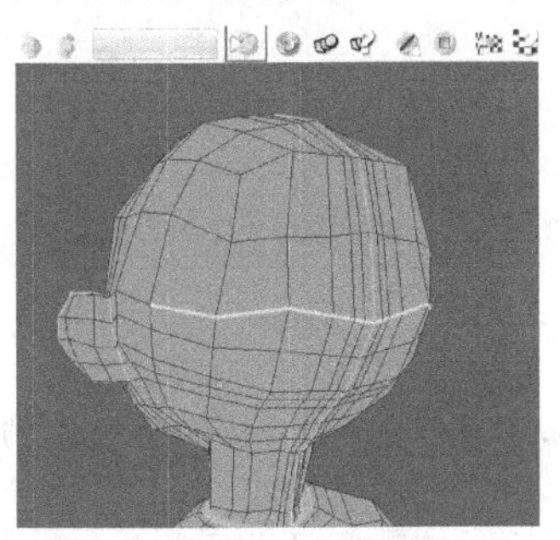

图12-89

UV切割划分的边界最好要放在视线不容易发现的地方,这样可以尽量隐藏模型最终的贴图接缝。头部、身体、手部、胳膊、腿部、脚部的划分如图12-90所示。

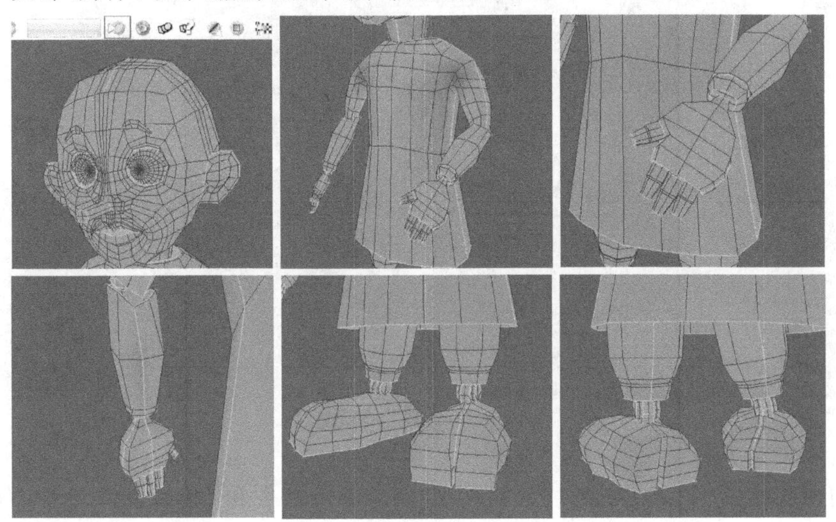

图12-90

(2)在模型显示区,划分完木偶模型,点击图标展开命令,在UV显示区就会显示出木偶的UV信息。注:黄色部分代表拉伸区域,灰色部分代表正常区域,如图12-91所示。

点击主工具栏平均化命令图标,减小拉伸,点击导出命令图标,将展平的结果导出保存,如图12-92所示。

(3)头发和衣服的UV展开方法同上,先在Max中将头发与衣服分别导出为OBJ格式,在Unfold 3D中再分别导入,划分边界线展开后保存,如图12-93所示。

(4)在Unfold3D里点击导出命令图标,导出一个有UV信息的OBJ格式文件(Unfold 3D会在导入模型文件的目录下创建一个有Unfold 3D尾缀的OBJ文件)。在3ds Max的菜单栏点击导入命令,导入有UV信息的木偶模型。模型的初始状态是可编辑的网格。将

图 12 - 91

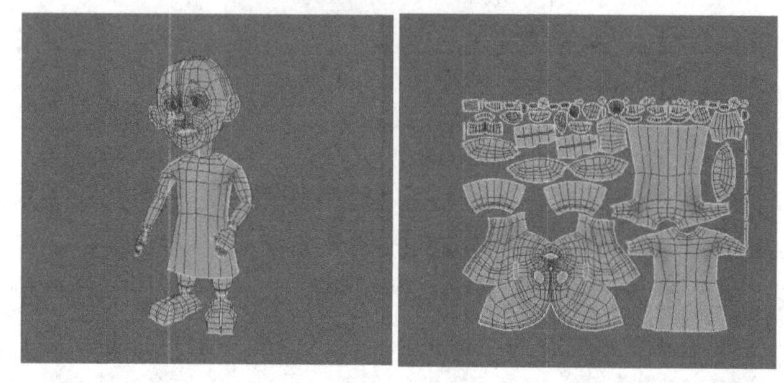

图 12 - 92

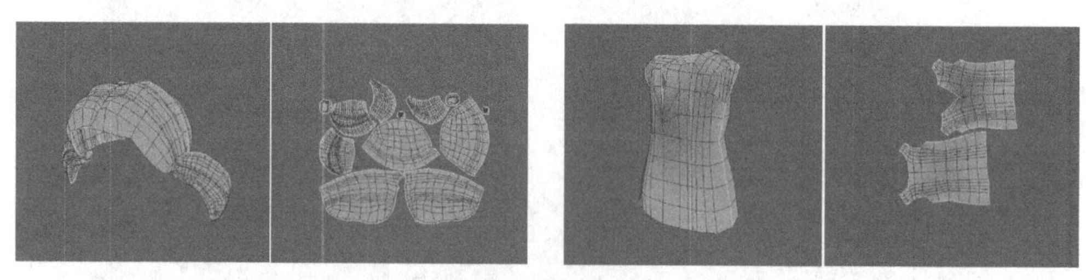

图 12 - 93

其转换为可编辑多边形。使用修改器列表中的涡轮平滑命令和 UVW 展开命令，如图 12 - 94 所示。

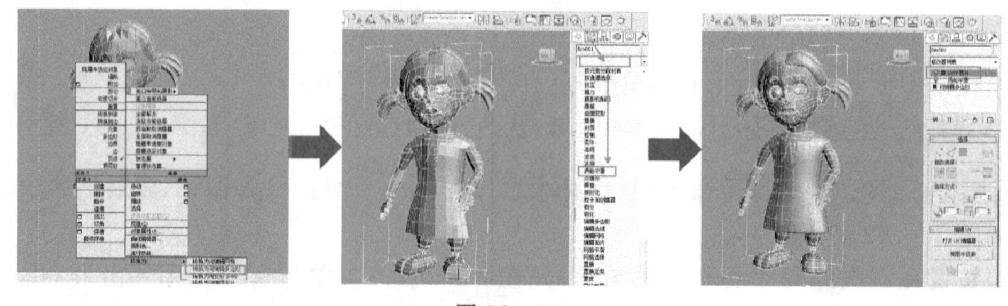

图 12 - 94

(5)在 UVW 展开的面级别下，点击编辑 UV 弹出 UV 编辑器的对话框，勾选选择元素。把相同的面叠放在一起。注：按住【Ctrl】键是等比例放缩。整理完毕后，点击工具选择渲染 UVW 模型，弹出的对话框点击渲染 UV 模型，选择文件格式为 JPEG，如图 12 - 95 所示。

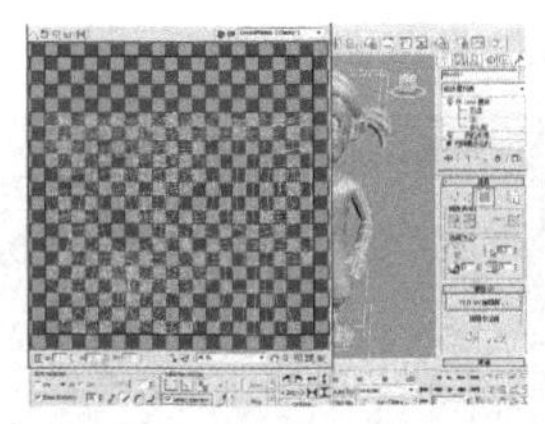
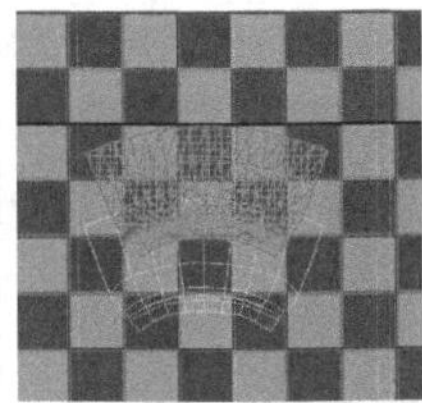

图 12-95

使用同样的方法处理头发与衣服模型UV,渲染好的木偶模型UV图,如图12-96所示。

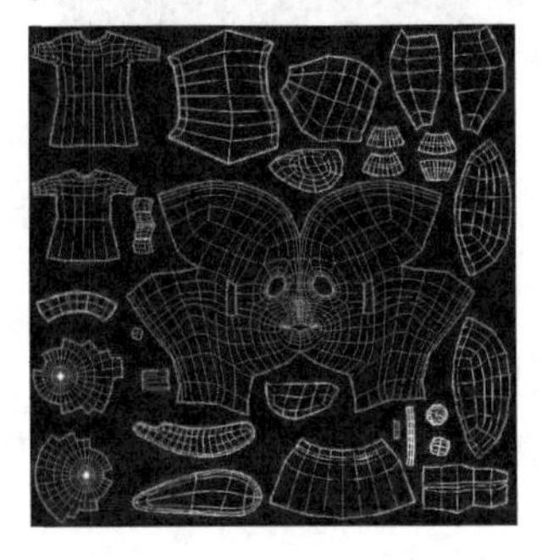
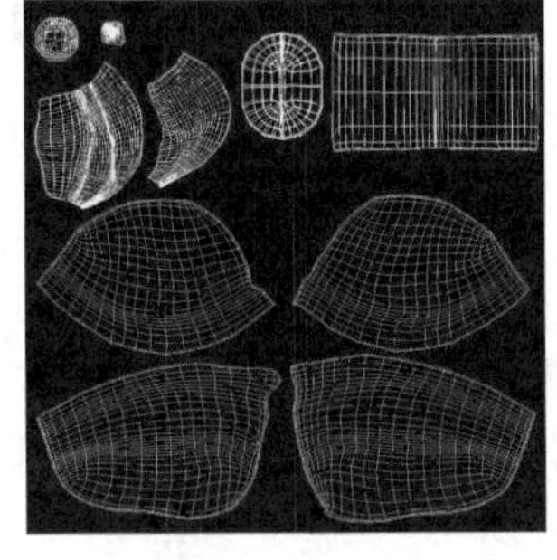
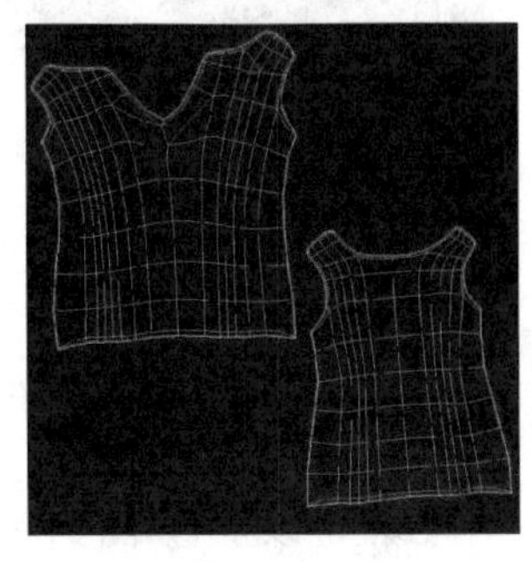

图 12-96

(6)场景的模型比较简单,我们用3ds Max的UVW展开来完成。打开材质编辑器,将TileCheck图打开。(注:图在素材\第12章\木偶的故事\TileCheck.BMP)。单击 材质赋予物体命令图标,单击 显示贴图图标,如图12-97所示。

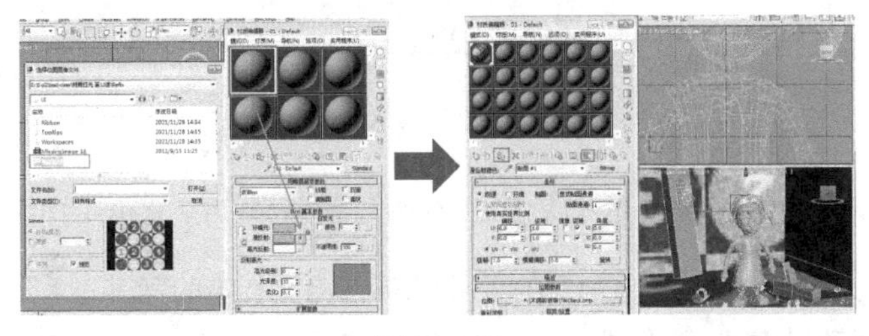

图 12-97

(7)使用修改器列表中的UVW展开编辑命令。调节面的形状,使贴图上呈现正方形显示状态,使墙面贴图减少拉伸,如图12-98所示。

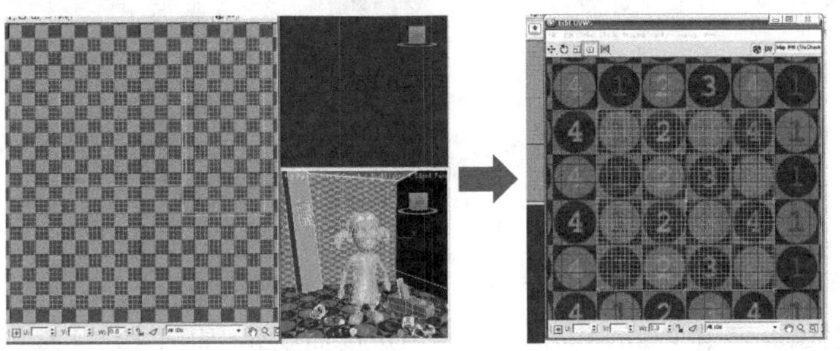

图 12-98

渲染整理好的墙面、木袍子、木花 UV 图如图 12－99 所示。

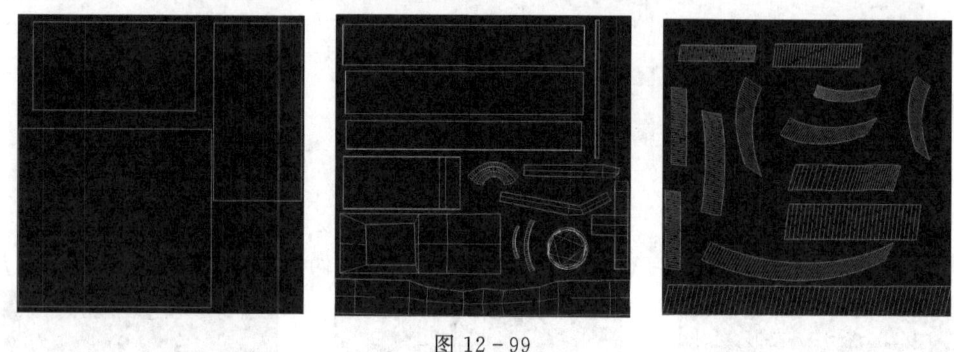

图 12－99

12.5.4 贴图绘制

贴图绘制我们用 Photoshop CS 这个软件来完成。为了让绘制的纹理更丰富，用到了 Blur’s good brush 笔刷插件。插件的安装很简单，将笔刷文件复制到 PS 的画笔文件夹中，重新运行 PS 就可以了，如图 12－100 所示。

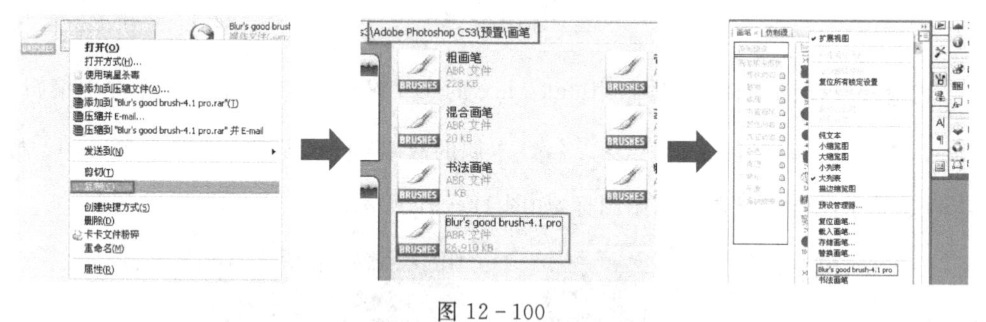

图 12－100

（1）在 Photoshop 中打开木偶的 UV 图。在图层面板将 UV 图层的混合模式更改为差值。把找好的木纹图导入 Photoshop（注：图在素材\第 12 章\木偶的故事\木纹. JPEG），使用移动工具，把木纹图移动复制到木偶的 UV 图上，调整图层位置，如图 12－101 所示。

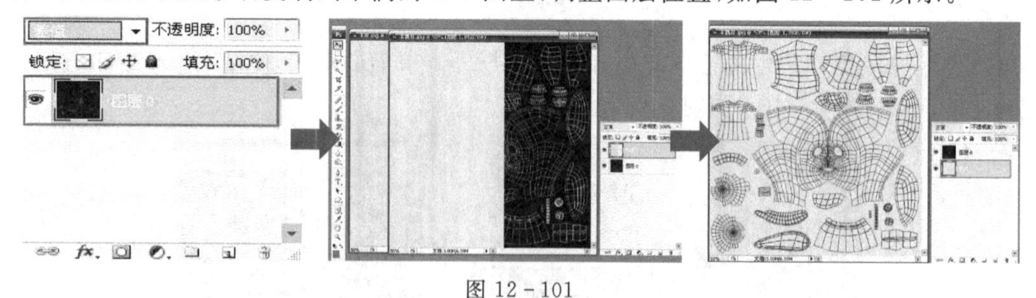

图 12－101

（2）为了检测绘画的效果，在 Photoshop 中将木偶贴图保存为 PSD 格式，在 3ds Max 中给木偶赋予贴图，贴图会随着 Photoshop 中的绘画进度而变化，如图 12－102 所示。

（3）在木纹图上绘制纹理，为了方便更改，新建图层。选择画笔工具，在【画笔预设】中选择旧木头笔刷，点击【画笔笔尖形状】可以调节笔刷的大小、角度、圆度。可以调节画笔的【不透明

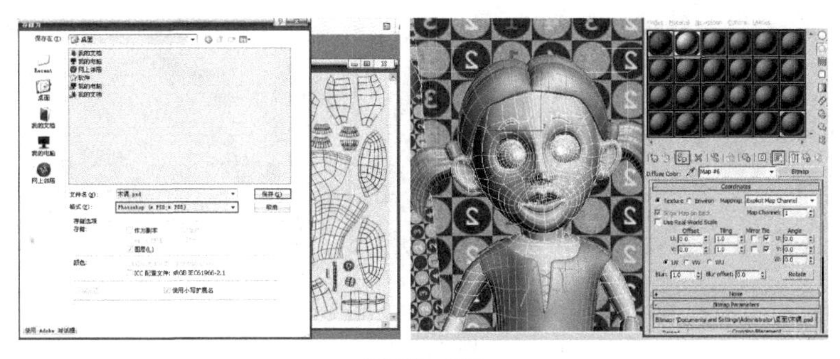

图 12-102

度】和【流量】来控制画笔颜色的深浅，如图 12-103 所示。

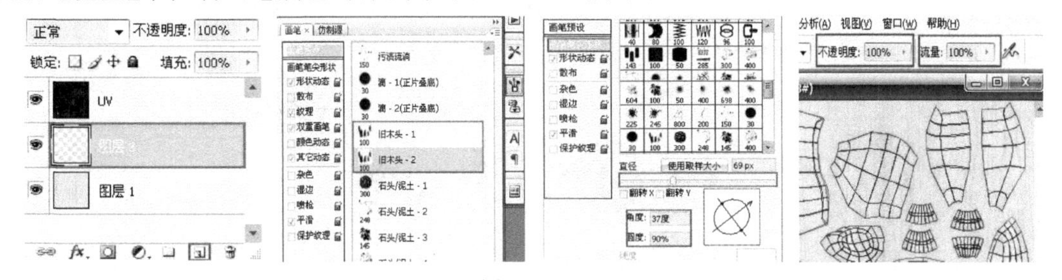

图 12-103

(4)脸部的贴图绘制。首先，注意到木偶是一个旧的，在它的身上应该有一些绿色的苔藓和污渍。贴图的绘制可以发挥想象，使人物更生动、更自然。用旧木头笔刷，画出脸部的污渍。在【画笔预设】里选择 good 笔刷-3，选择棕色的前景色，调节笔刷的【不透明度】，画出眼眶。还可以选择喷枪画笔绘画。用黑色的画笔画出脸部的接缝，为了有立体感，选择减淡工具，在黑色接缝旁提亮颜色。眼部的接缝方法同上。选择深色的前景色，画出木偶的嘴，加深减淡画出立体感，如图 12-104 所示。

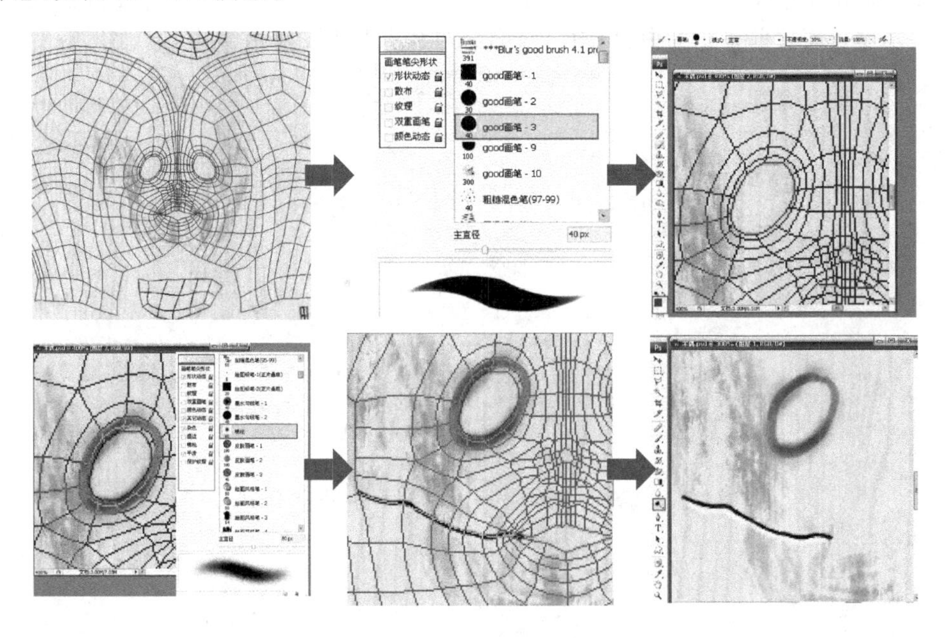

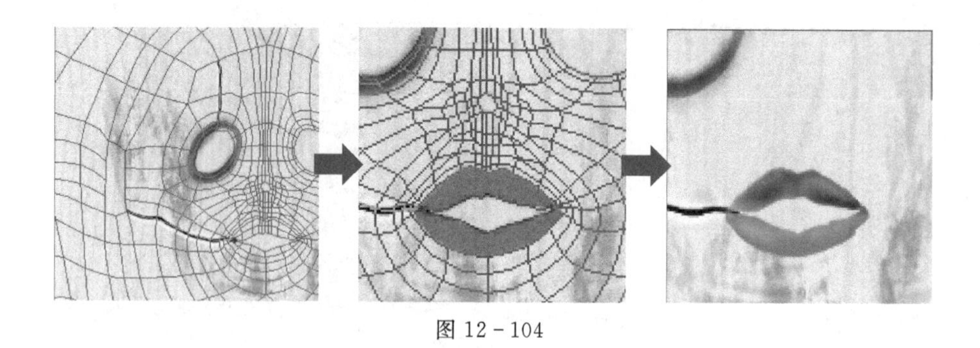

图 12-104

(5)眼睛的贴图绘制。用椭圆选框工具,画出眼珠。在眼白地方画出阴影,如图 12-105 所示。

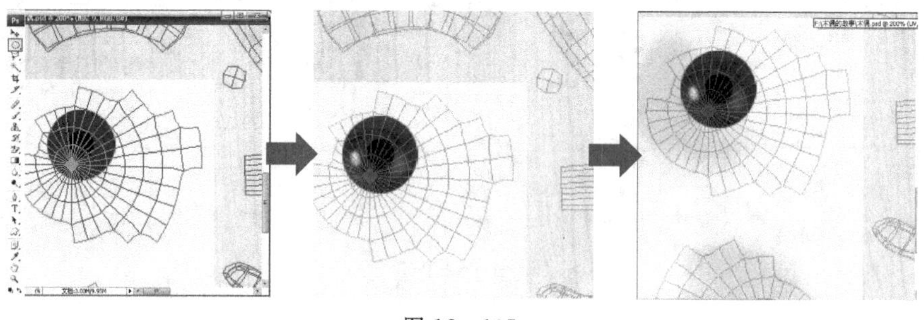

图 12-105

分别绘画出眼皮、眉毛、胳膊等贴图,如图 12-106 所示。

(6)头发的贴图绘制。头发是深颜色的,选用同一张木纹图,调节曲线,使木纹图呈现红棕色,使用画笔和加深减淡工具绘制出头发贴图,如图 12-107 所示。

(7)衣服的贴图绘制。找到一张衣服的纹理图,在上面绘制污渍和补丁。想让衣服有破旧的边就需要做出 Alpha 通道。在通道里新建 Alpha 图层。在 Alpha 图层中,白色代表显示,黑色代表隐藏。设置前景色为白色,画出破旧的边和衣服需要显示的地方。将其保存为 TGA

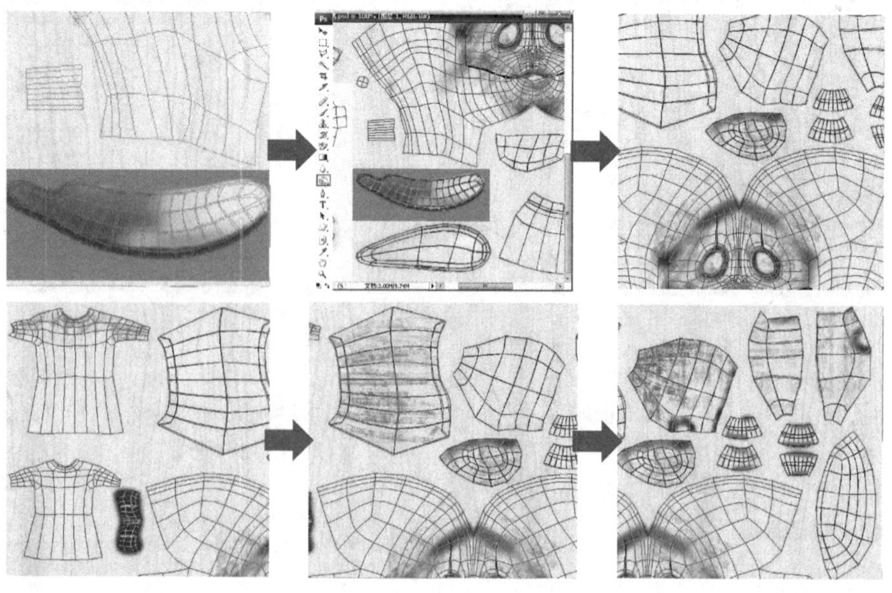

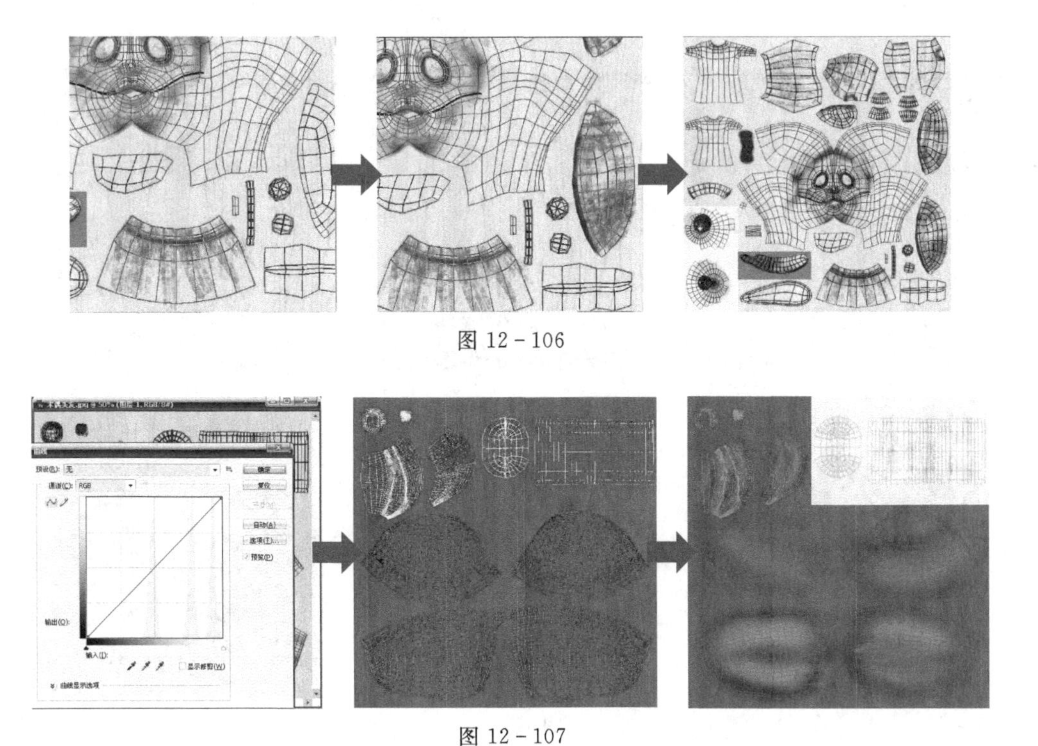

图 12-106

图 12-107

格式文件。在 3ds Max 的漫反射贴图里贴上 TGA 文件并将其复制到不透明贴图，如图 12-108 所示。

图 12-108

(8)墙面和地板的贴图绘制。想达到两张贴图叠加的效果，可以用【背景橡皮擦工具】。地板贴图按照场景的比例调节到合适的大小，为了符合色调，可以填充颜色，将该图层的混合模式更改为正片叠底。绘制出苔藓和污渍，如图 12-109 所示。

(9)场景道具的贴图绘制。我们可以用真实的木头贴图来制作。在上面增加内容使它符合场景需要。使用同样的方法绘制场景道具。木花的制作仍然需要做出 Alpha 通道，如图 12-110 所示。

(10)铁钉的材质。生锈的铁钉材质，可以在 3ds Max 自带的材质面板调节。打开材质编辑器。点击标准材质，选择混合材质，如图 12-111 所示。

(11)为了让木偶显示出木纹，更加有质感，需要再贴一张凹凸贴图。在 3ds Max 的材质编辑器中，单击贴图命令，勾选凹凸贴图工具，贴上制作好的凹凸贴图，如图 12-112 所示。

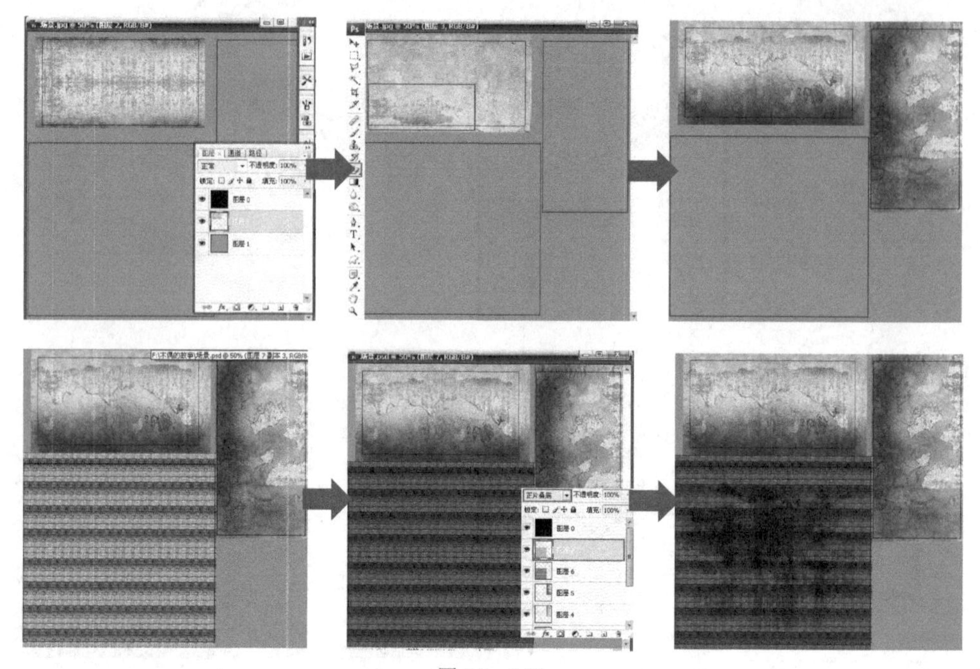

图 12-109

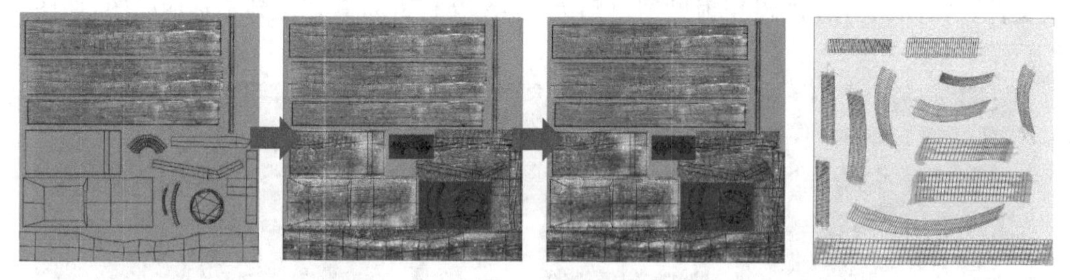

图 12-110

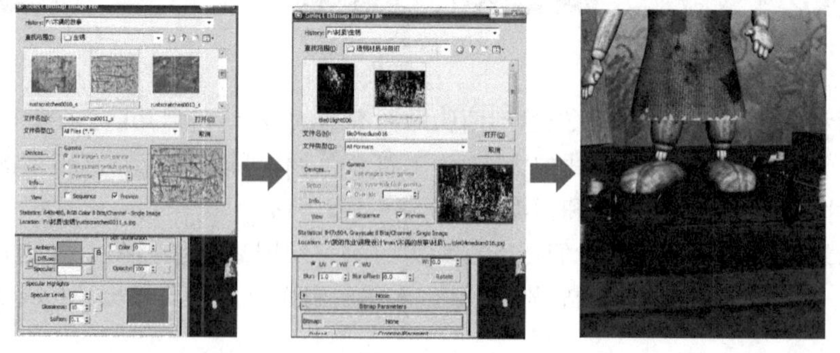

图 12-111

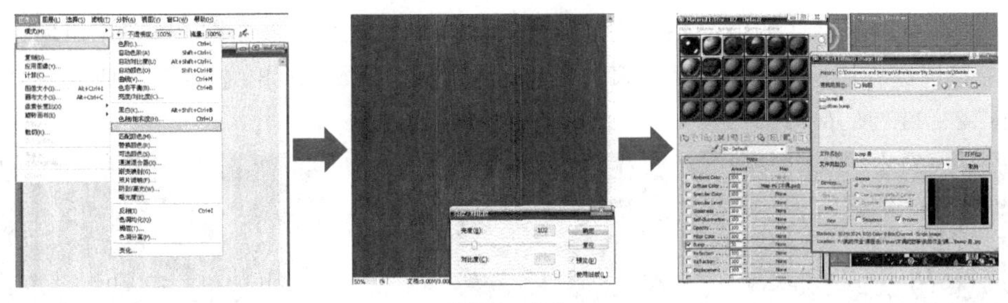

图 12 - 112

12.5.5　后期处理

灯光设置。为了能够达到更好的全局光效果，我们的最终渲染使用 VRay 渲染器。本场景是个半封闭的室内空间。要表现的是白天阳光照射进室内的效果。所以在灯光的设计上，使用目标平行光来模拟太阳光，室内使用两组灯光来补光。灯光在场景中的位置如图 12 - 113 所示。

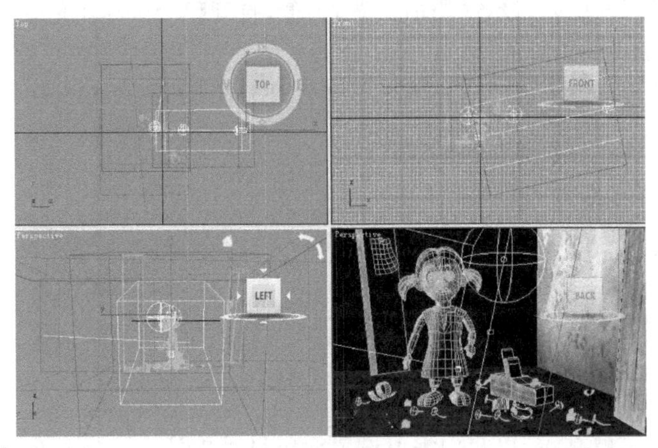

图 12 - 113

(1)选择创建下的灯光命令，点击目标平行光，在场景中创建一盏 Direct01 来模拟太阳光的效果。选择 Direct01，进入修改面板，设置 RGB 颜色为【255 243 201】，暖色调，设置阴影类型为 VRay 阴影，设置倍增值为 1.3，打开 VRay 阴影卷展栏，勾选区域阴影，设置细分值为 8，如图 12 - 114 所示。

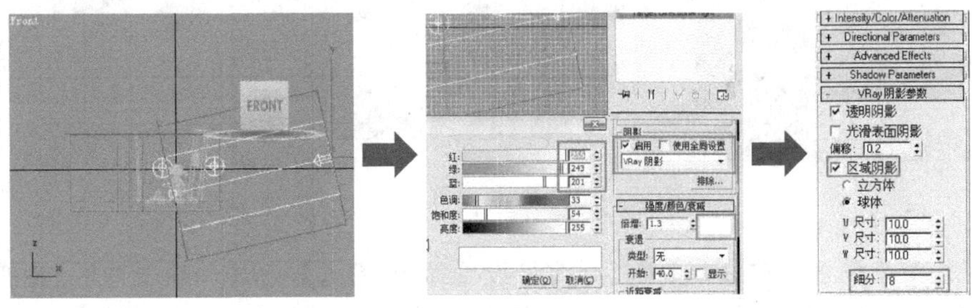

图 12 - 114

(2)用 3ds Max 默认的渲染器，按照上面灯光的设置渲染出来的图有些黑，如果在灯光参数卷展栏勾选越界照明，又没有了光束的效果。所以用 VRay 渲染，它能更好地模拟全局光效果，如图 12－115 所示。

图 12－115

(3)设置较低的渲染参数进行渲染测试，按【F10】键打开渲染设置面板，设置【V-Ray：全局开关】，不勾选【默认灯光】。打开【V-Ray：环境】卷展栏，设置天光为开，【倍增器】为 0.8。打开【V-Ray：间接照明】卷展栏，设置【二次反弹】全局光引擎为灯光缓存。为了减少渲染时间，打开【V-Ray：发光贴图】卷展栏，设置【当前预置】为低，打开【V-Ray：灯光缓存】卷展栏，设置【细分】值为 200，如图 12－116 所示。

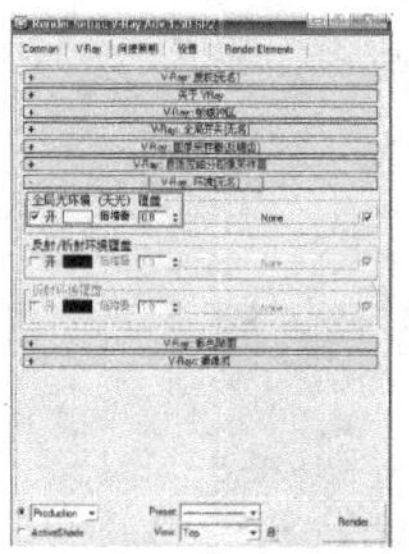
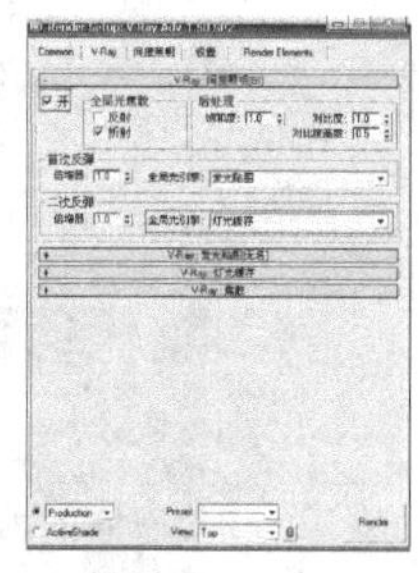

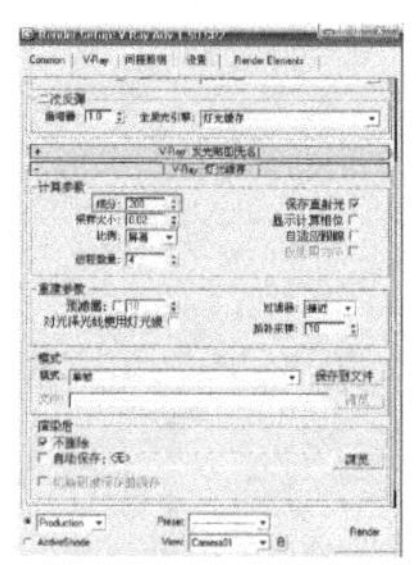

图 12－116

(4)场景的暗部不够亮，所以我们需要设置两组灯光来补光。选择创建下的灯光命令，选择 VRay 灯光在室内创建两个 VRay 球体灯光。进入修改面板，设置 RGB 颜色为【255 243 201】，暖色调，设置【倍增值】为 7.0。选中【不可见】复选框，如图 12－117 所示。

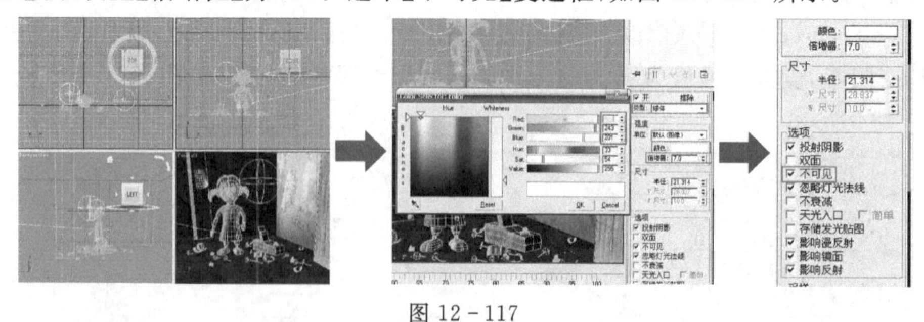

图 12－117

(5)最终渲染设置。按【F10】键打开渲染设置面板，打开【V-Ray：帧缓冲区】卷展栏，选中【启用内置帧缓冲区】和【渲染到内存帧缓冲区】复选框，设置【从 MAX 获取分辨率】为 1600×1200。打开【V-Ray：图像采样器(反锯齿)】卷展栏，开启【抗锯齿过滤器】，选择【Catmull-Rom】。打开【发光贴图】卷展栏，设置【当前预置】为高。打开【V-Ray：灯光缓存】卷展栏，设置

【细分】值为 1000，如图 12－118 所示。

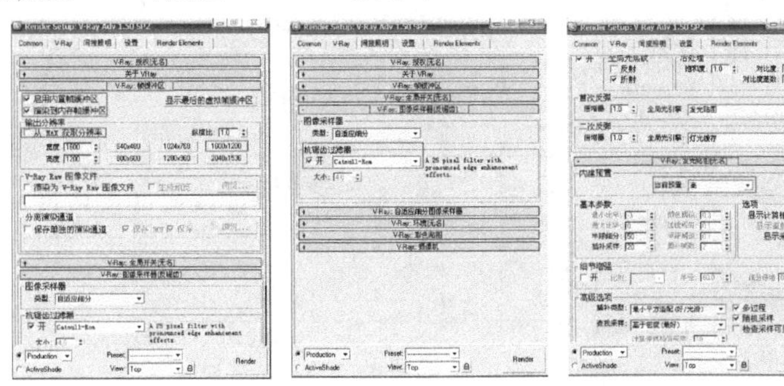

图 12－118

图 12－119

Max 中的最终渲染效果如图 12－119 所示。

为了让艺术场景更好，增加景深效果。在 3ds Max 中做景深比较费时，也达不到太好的效果。这里我们将用到 Photoshop 的景深插件 Depth of Field Generator。

(6)制作景深效果需要原图和一张 Z 深度图。Z 深度图的制作。在 3ds Max 里，按下【F10】键打开渲染设置面板，选择渲染元素，点击添加，在菜单里选择【Z 深度】，设置【Z 最小值】和【Z 最大值】的值。

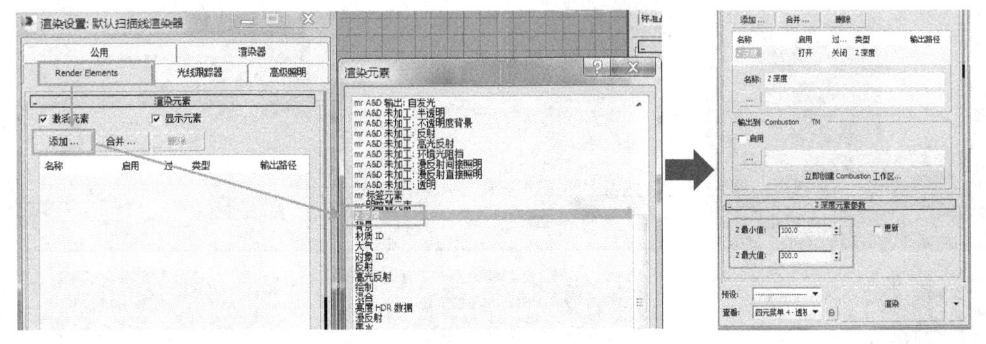

图 12－120

【Z 最小值】和【Z 最大值】值的设置可以根据摄像机的值而定。选择摄像机，进入修改面板，选中【手动剪切】复选框，调节远距剪切的值，根据显现的物体定【Z 深度】的值，如图 12－121 所示。

ZDepth 图中白色代表景深开始位置，黑色代表景深结束位置。注：Z 的图渲染尺寸大小要和效果图大小一样，如图 12－122 所示。

(7)打开 Photoshop 导入艺术场景图，选择【滤镜】→【Depth of Field Generator】选项。进入【Depth of Field Generator】面板，选择【Mode】→【Depth Map】贴图选项，点击【Load】导入 ZDepth 图。在左上角的缩略图中单击木偶，代表除木偶以外被虚化。调节【Size】的值控制模

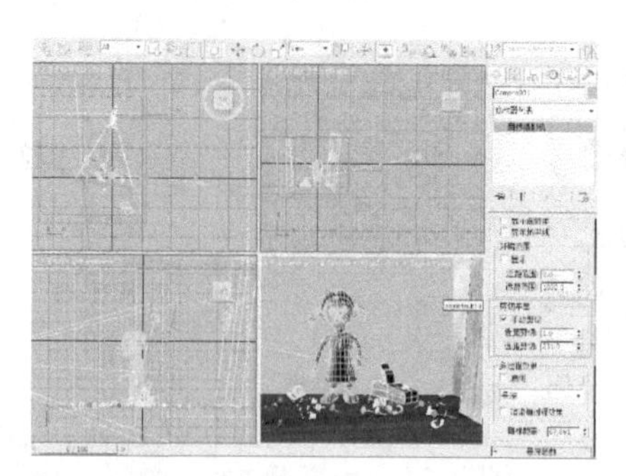
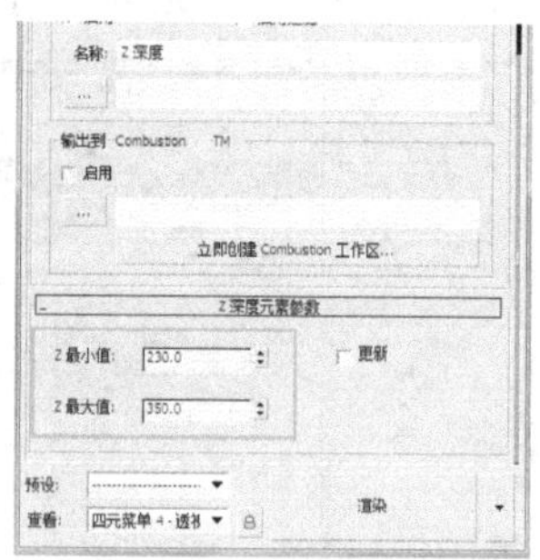

图 12-121

图 12-122

糊程度，点击【OK】渲染，完成景深。可以调节亮度和对比度，使图片效果更好。用【多边形套索工具】选择区域，打开【亮度/对比度】对话框进行调节，如图 12-123 所示。

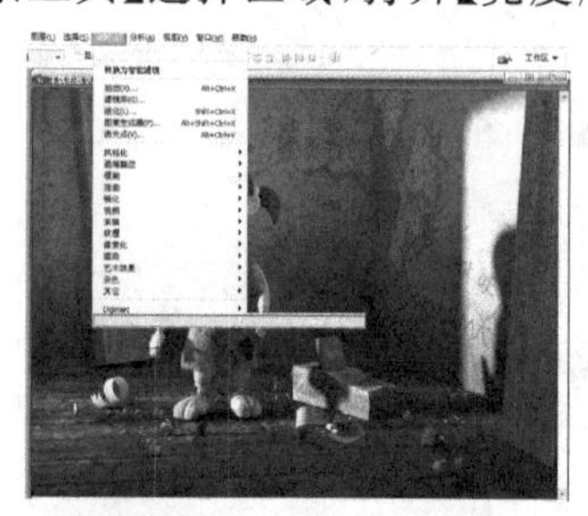
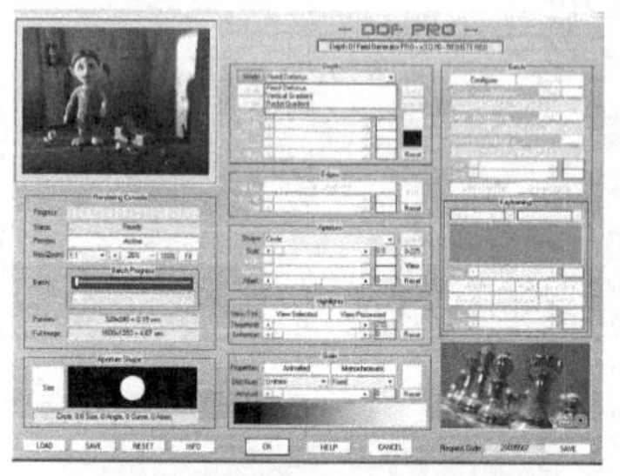

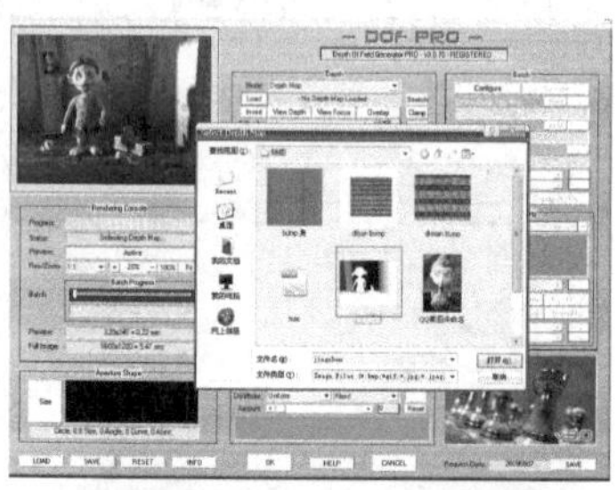

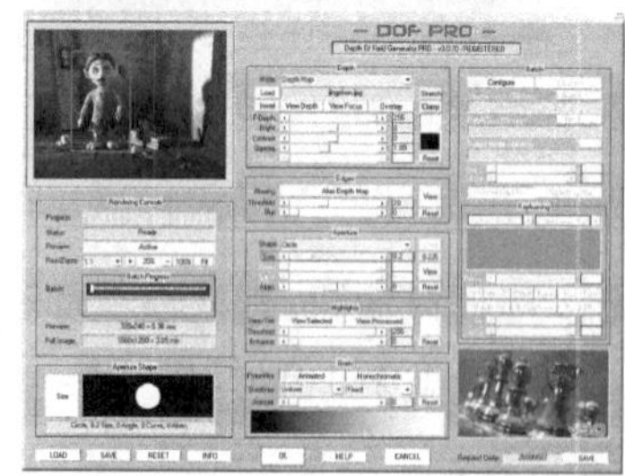

图 12-123

(8)景深效果使木偶背景更加模糊，突出表现主题，艺术场景——木偶的故事制作完成，如图 12-124 所示。

图 12 - 124

本章小结

本章通过五个材质贴图艺术场景创作实例，全面讲述了材质艺术场景创作的工作流程。咖啡盒与书本实例重点学习多维子物体材质、灯光阴影技术；金元宝与易拉罐场景实例，重点学习金属材质；蜡烛台上场景学习混合材质的表现技法；木偶的故事模拟古典陈旧场景表现，学习的卡通角色模型制作、UV 贴图展开、Ps 手绘材质的表现技法。通过实例的学习，要求大家掌握不同风格艺术场景的创作技法，为以后的动画创作打下坚实的基础。

思考与练习

1. 练习完成简单贴图场景咖啡盒与书本实例，如图 12 - 125、图 12 - 126 所示。

图 12 - 125　贴图场景

图 12 - 126　贴图场景

2.练习完成金元宝场景实例。

3.练习完成易拉罐场景实例。

4.练习完成蜡烛台上实例。

5.根据参考图,练习完成材质艺术场景创作,如图 12－127 所示。

图 12－127 材质艺术场景

3ds Max 动画制作

第13章

本章重点

(1)理解 3ds Max 动画产生的主要分类与方法。

(2)掌握自动关键帧动画、手动关键帧动画的操作流程。

(3)了解常用的动画控制快捷键。

学习目的

本章主要讲述 3ds Max 动画命令的主要位置、常用的两种动画产生方法以及动画控制的主要快捷键,通过归纳总结基础动画知识,达到掌握常用三维动画制作方法的目的,为提高三维动画创作水平打下基础。

13.1 Max 中主要动画分类

3ds Max 是一款功能强大的动画软件。通常 Max 主要动画功能分类有位移动画、参数动画、修改器动画、材质与灯光动画、摄像机动画和角色动画,如图 13-1、图 13-2 所示。

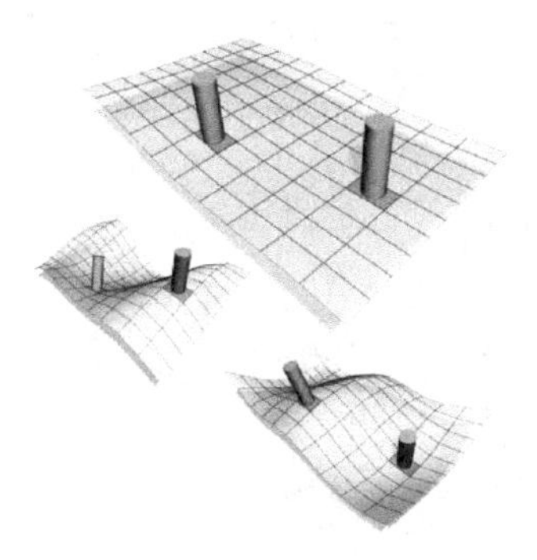

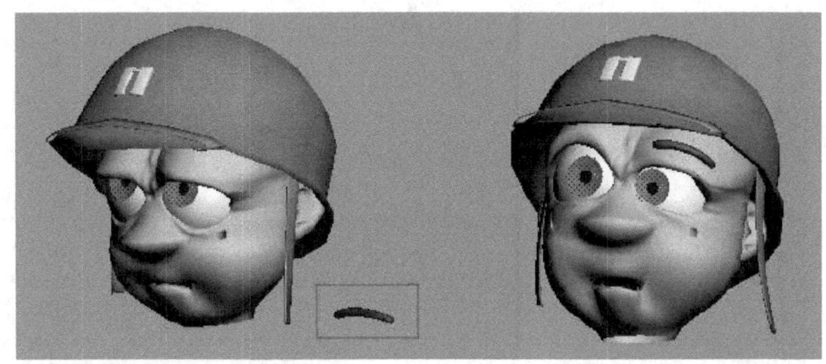

图 13-1 修改器动画

图 13－2 材质动画

13.2 动画控制区介绍

13.2.1 动画控制区的主要位置

在 3ds Max 的界面中，三维动画相关的工具主要分布在以下 5 个区域，如图 13－3 所示，它们分别如下。

①动画菜单：动画相关的常用命令。

②曲线编辑器：用功能曲线记录物体的运动轨迹。

③运动命令面板。

④动画控制区：动画播放、时间设置、自动关键帧、手动关键帧工具。

⑤时间线：控制动画时间的长短，显示关键帧所在位置。

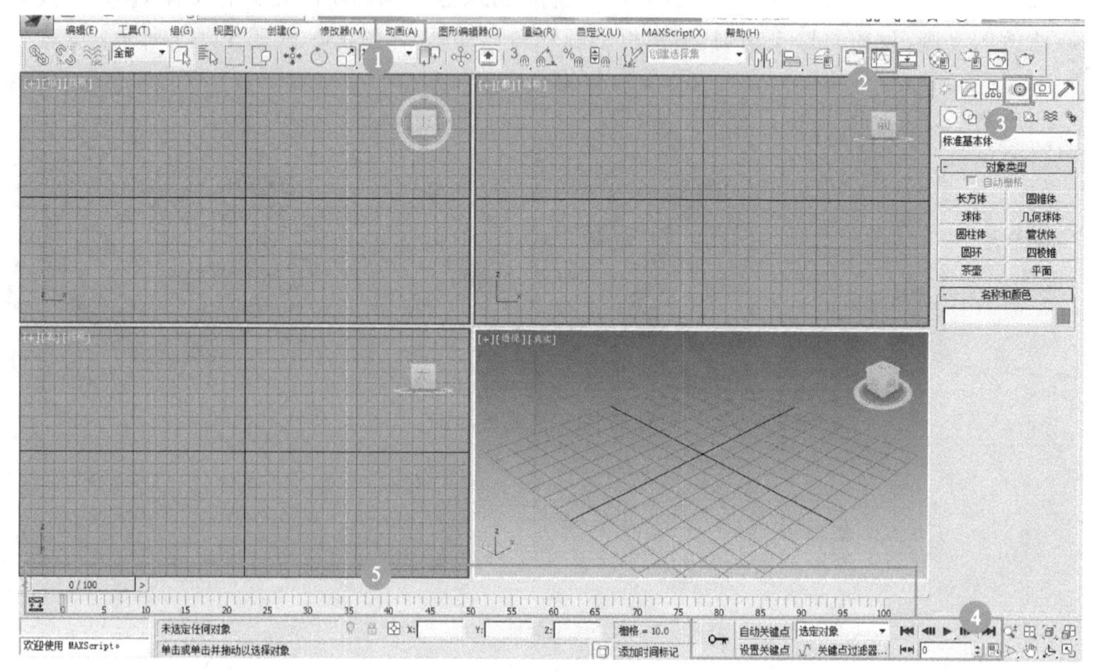

图 13－3 3ds Max 界面中的动画工具区域

13.2.2　动画时间设置

动画的产生和时间是息息相关的,没有时间的变化也就不会有动画。

三维软件中的动画时间是以每秒钟走多少帧来计算的,也就是帧每秒。帧,我们可以理解为画面的意思;一帧就是一张静止的画面,由很多张静止的画面进行快速连续的播放,观众眼前的动画效果就产生了。

单击动画控制区的时间配置命令,可以弹出 Max 动画时间配置面板,如图 13－4 所示。

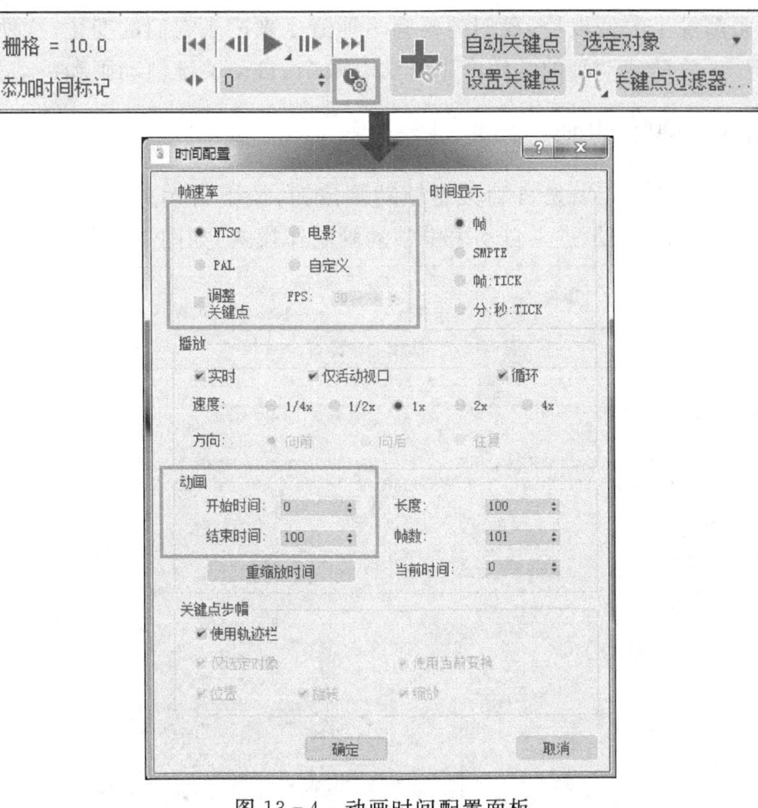

图 13－4　动画时间配置面板

帧速率也就是帧每秒。常用的帧速率有

【NTSC】　欧美的电视播出标准,每秒 30 帧。

【PAL】　亚洲主流电视播出标准,每秒 25 帧。

【电影】　电影播出标准,每秒 24 帧。

【自定义】　用户自定义播出标准,可以在它下方的方框中自行设置,可以是每秒 5 帧,也可以是每秒 500 帧。

在时间配置的【动画】栏目中,可以调整开始时间和结束时间,还有动画的长度;它们都是以帧为计算单位。

这里需要说明的是,每当我们开始制作一段动画,最初的一项工作往往就是时间配置,最常见的是把帧速率改为中国的电视标准 PAL 制,每秒 25 帧,然后设置动画的制作长度,例如 200 帧长度,也就是 8 秒。

13.4 动画的产生方法

在三维世界中,动画的产生有两个必备条件:时间的变换和画面的改变。

时间不发生改变就不会有动画。例如照片就是静止时间记录的画面。

画面改变有很多表现形式,例如物体位置改变、摄像机位置改变、物体材质灯光的改变等等。

时间和画面都发生改变以后,我们需要有一种命令来记录它们的变化,这种命令就是关键帧,也可称关键点,关键帧动画的常用产生方法有两个:自动关键帧动画和手动关键帧动画。

13.4.1 自动关键帧动画

动画控制区自动关键点就是自动关键帧动画按钮,按下自动关键帧动画按钮,Max 时间线和界面就会出现红色,表示进入自动关键帧动画制作模式,如图 13-5 所示。

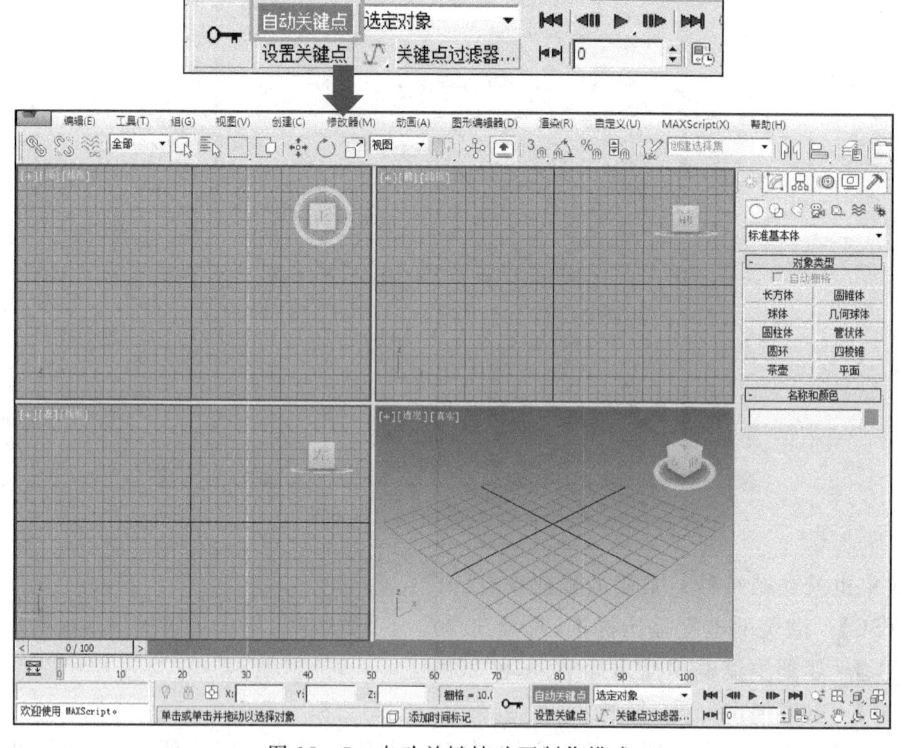

图 13-5　自动关键帧动画制作模式

下面我们通过完成一个茶壶向前飞行的实例学习自动关键帧动画的工作流程。

(1)创建完成茶壶模型,如图 13-6 所示。

(2)将茶壶在透视图移动到左下角,打开自动关键点按钮,将时间线时间滑块位置移动到 100 帧,(时间改变),如图 13-7 所示。

(3)选择茶壶物体,将它向 X 轴向前移动,再沿 Y 轴旋转 360°,(画面改变),如图 13-8 所示。

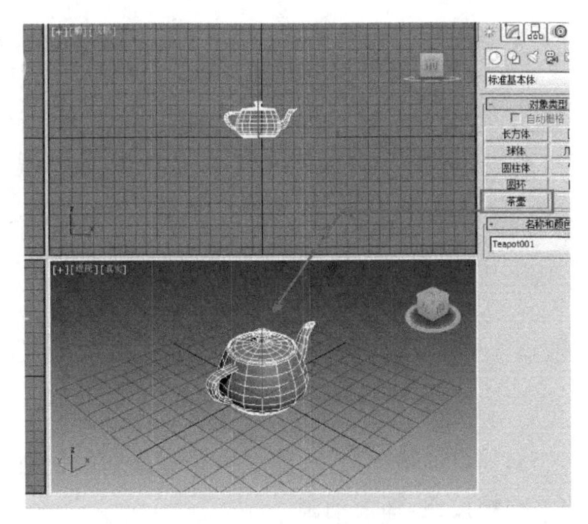

图 13－6 创建茶壶模型

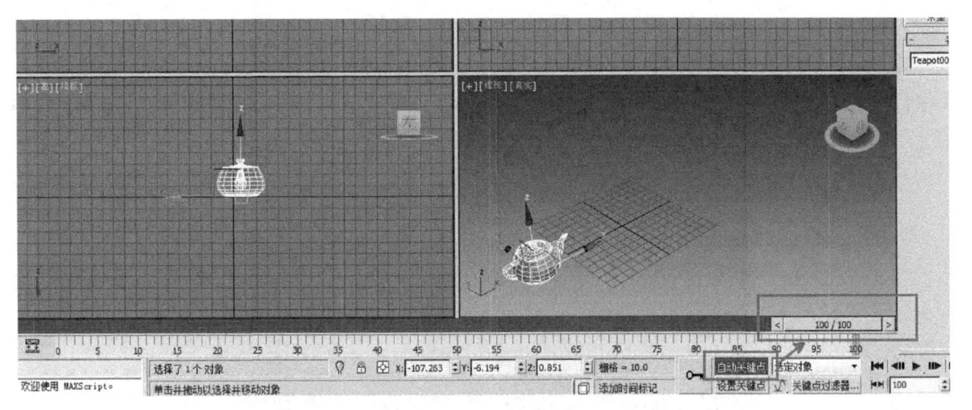

图 13－7 时间改变

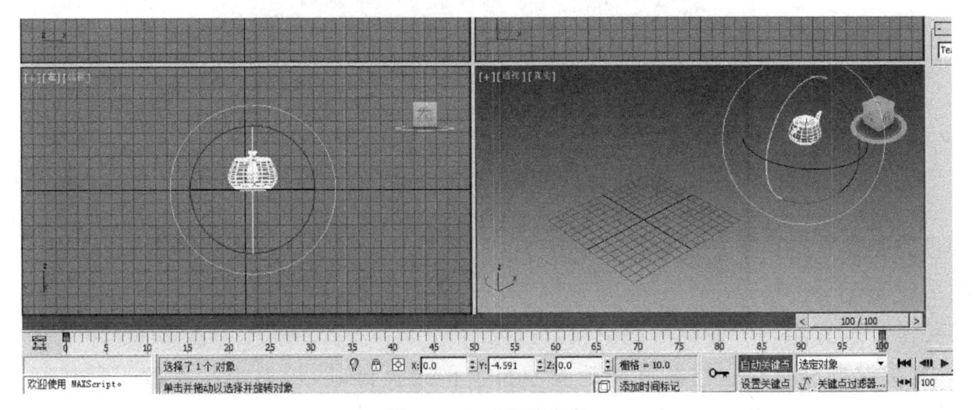

图 13－8 画面改变

(4)关闭自动关键帧按钮，点击播放动画按钮，茶壶向前翻转飞行动画完成，如图 13－9 所示。

以上实例反映了自动关键帧动画的工作流程，包含下面五个部分。①完成场景模型；②打

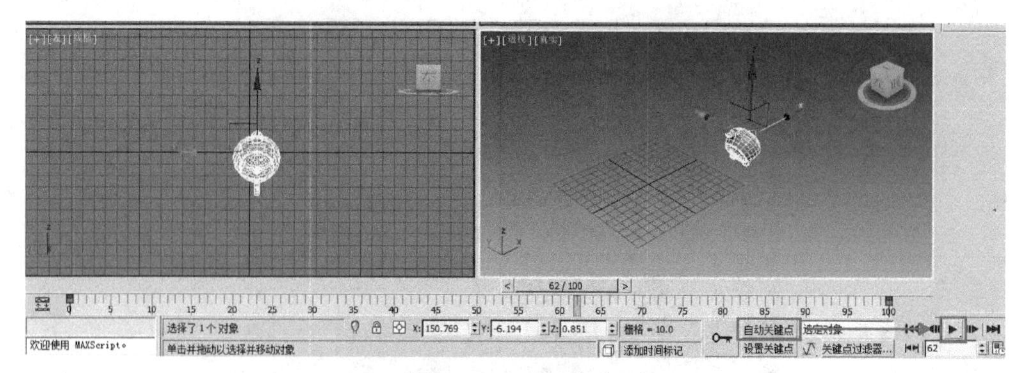

图 13－9　动画完成

开自动关键帧记录按钮；③移动时间滑块(改变时间)；④变换需要动画的物体(画面改变)；⑤动画记录完成，关闭自动关键帧按钮，播放动画。

采用同样的方法，可以完成物体位移、旋转、缩放等动画效果。

13.4.2　手动关键帧动画

相对自动关键帧动画命令，手动关键帧动画的工具要多一些，主要如图 13－10 所示。

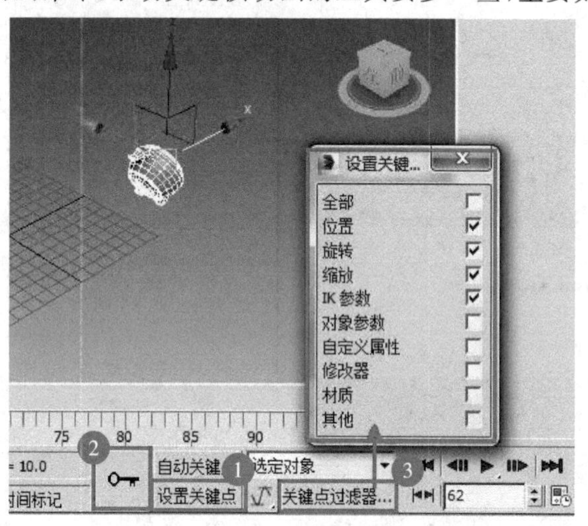

图 13－10　手动关键帧动画命令面板

①设置关键点——手动关键帧动画开关；

②关键帧记录按钮；

③关键点过滤器——关键帧记录项目过滤器。

其中，关键点过滤器是指在哪些动画项目上记录关键帧，一般很少修改。默认开启了位置、旋转、缩放、IK 参数四项，如图 13－10 所示。

下面，我们通过飞行茶壶实例来看看手动关键帧动画的工作流程。

(1)模型完成后将设置关键点工具打开，如图 13－11 所示。

(2)保持时间 0 帧位置不变，选择需要记录动画的物体(茶壶)，点击关键帧记录按钮，记录起点关键帧，如图 13－12 所示。

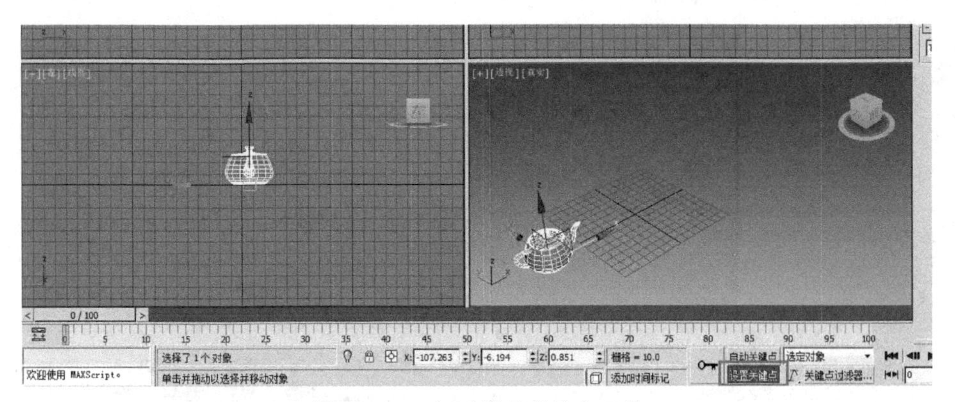

图 13-11　打开设置关键点工具

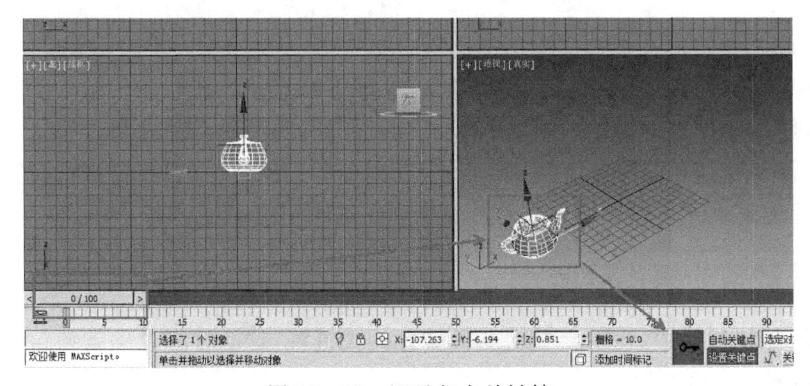

图 13-12　记录起点关键帧

(3)改变时间滑块到 100 帧(时间改变),将茶壶向前移动并旋转 360°(改变画面),如图 13-13 所示。

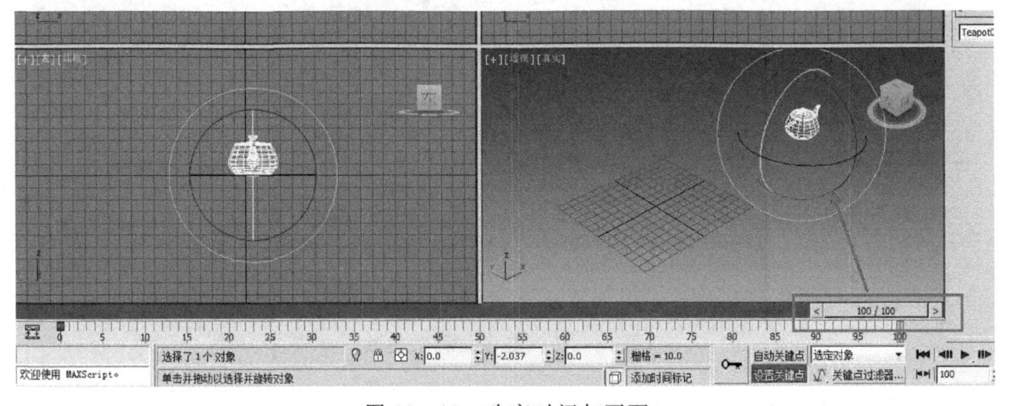

图 13-13　改变时间与画面

(4)再次点击关键帧记录按钮,记录茶壶飞行结束点关键帧,如图 13-14 所示。

(5)关闭设置关键点记录开关,点击播放动画,茶壶翻滚飞行动画完成。

手动关键帧动画由以下 6 个部分组成:①完成场景模型;②打开设置关键点动画开关;③选择需要动画的物体,在起始帧点击关键帧记录命令;④将时间滑块移动到 100 帧,选择物体移动并旋转;⑤保持物体选择状态,再次点击记录关键帧命令;⑥关闭设置关键点命令,播放

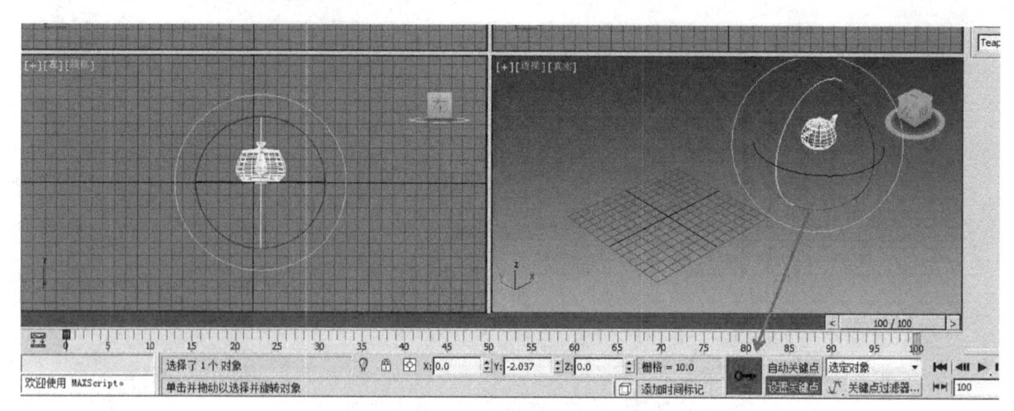

图 13－14 记录结束点关键帧

动画，动画完成。

自动关键帧动画与手动关键帧动画相比较有以下特点。

自动关键帧：操作方便灵活，但动画记录只能根据时间滑块从前往后进行。

手动关键帧：操作相对烦琐，但动画记录可由前向后进行，也可以由后向前进行动画录制，这项功能往往能解决我们动画制作过程中碰到的一些棘手问题。

13.4.3 关键帧的颜色信息

在关键帧制作过程中，我们会看到 6 种颜色的关键帧，这 6 种颜色关键帧包含了动画对象的 6 个方面的动画信息。

打开自动关键帧，对物体进行移动动画的时候，会产生红色的关键帧，如图 13－15 所示。

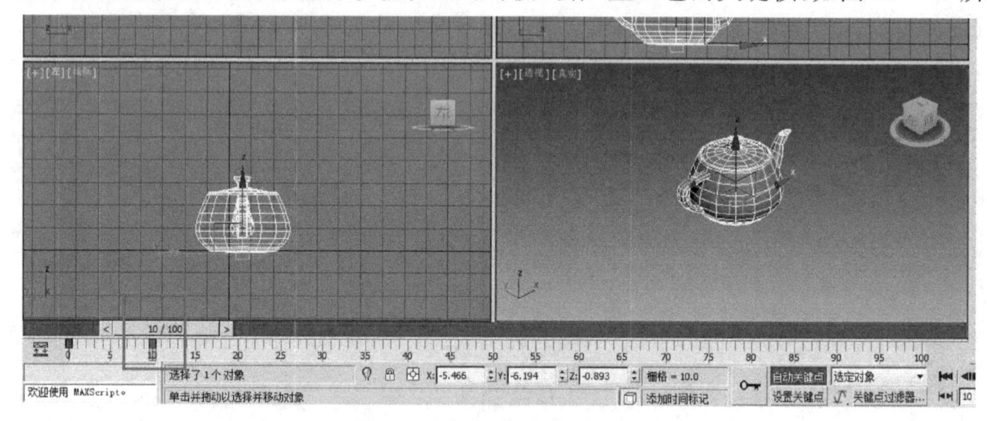

图 13－15 红色位移关键帧

对物体进行旋转动画的时候会产生绿色的关键帧，如图 13－16 所示。

对物体进行缩放操作的时候会产生蓝色的关键帧，如图 13－17 所示。

对物体进行移动、旋转、缩放三个操作的时候会产生多色的关键帧，多色关键帧代表记录了多种动画轨道信息，如图 13－18 所示。

当物体发生参数变化的时候会产生灰色的关键帧，如图 13－19 所示。

单击时间线，框选关键帧，发现选择的关键帧是白色，如图 13－20 所示。

我们总结一下关键帧颜色所包含的动画信息，如图 13－21 所示。

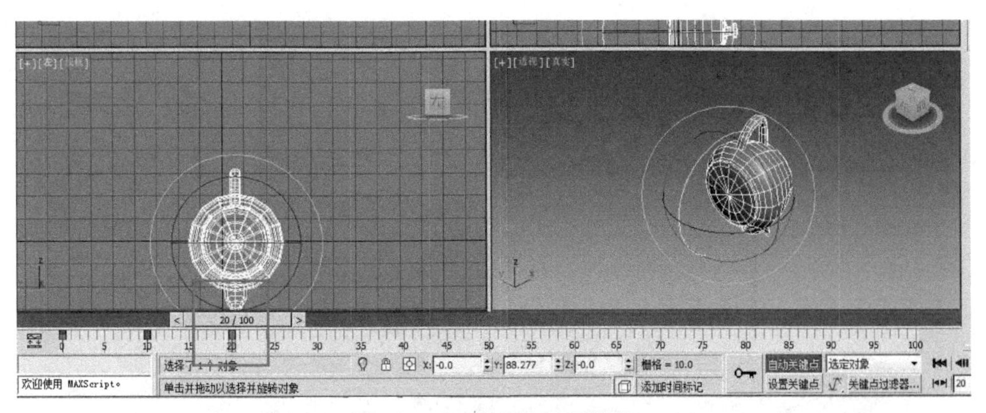

图 13－16　绿色旋转关键帧

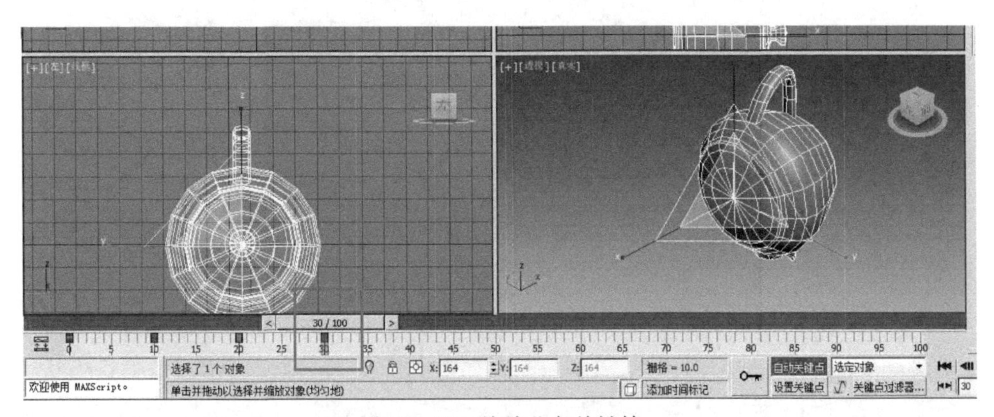

图 13－17　缩放蓝色关键帧

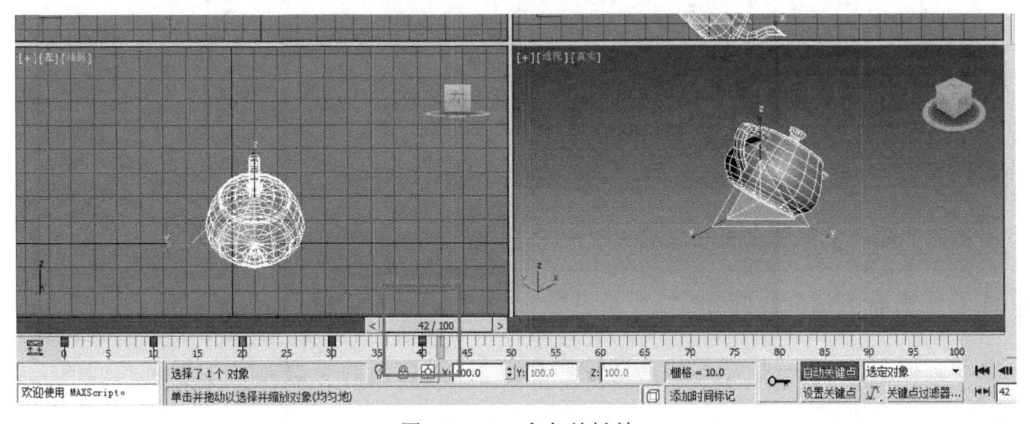

图 13－18　多色关键帧

红色：移动动画信息。

绿色：旋转动画信息。

蓝色：缩放动画信息。

多色：多色是由红、绿、蓝中两种颜色或三种颜色组成，代表包含移动、旋转、缩放相应的动画信息。

灰色：物体参数动画，灰色中还可能包含移动、旋转、缩放动画信息。

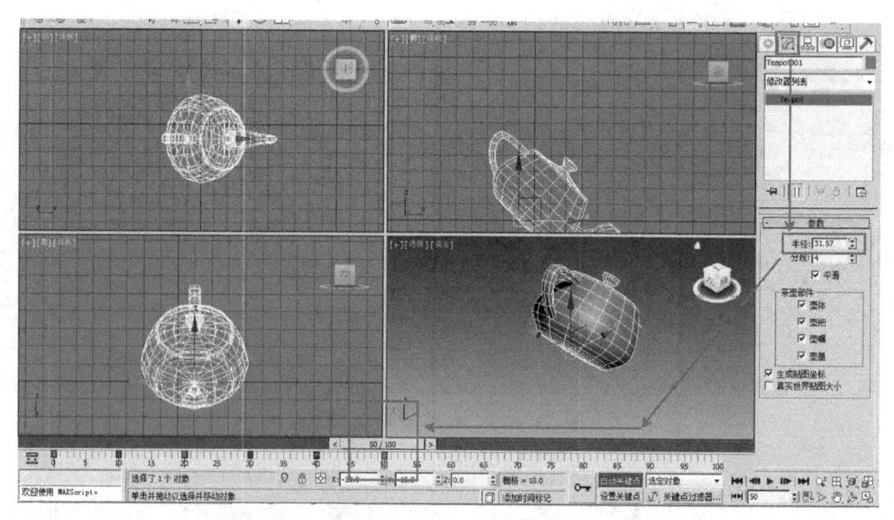

图 13-19 灰色关键帧

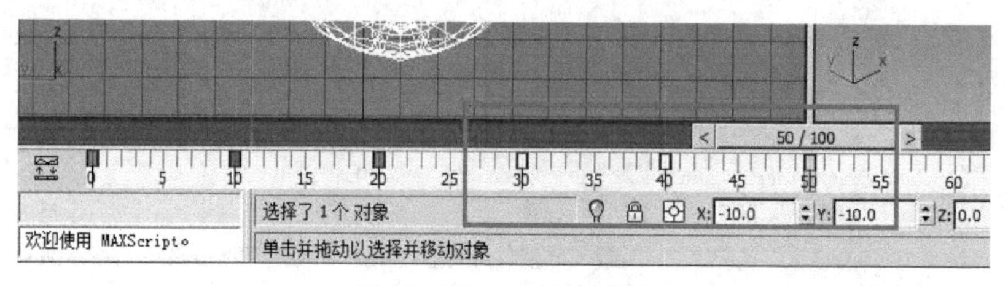

图 13-20 白色关键帧

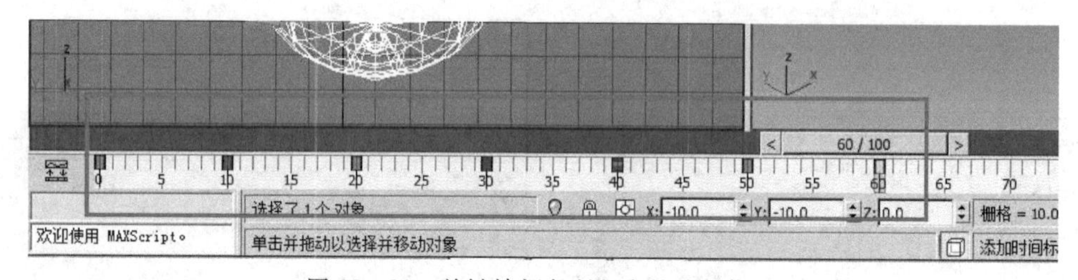

图 13-21 关键帧颜色所包含的动画信息

白色:用户已经选择到的关键帧。

13.4.4 动画控制快捷键

在动画控制区,有一些常用的动画控制快捷键,对它们的掌握有助于提高我们的工作效率,如图 13-22 所示。

①播放动画命令:键盘【?】键。

②时间滑块向前移动一帧:键盘【>】键。

③时间滑块向后移动一帧:键盘【<】键。

④自动关键点开关:键盘【N】键。

⑤手动关键帧记录开关:键盘【K】键。

⑥改变动画的开始帧数(动画起始时间):Ctrl+Alt+鼠标左键单击时间线起始点左右拖动。

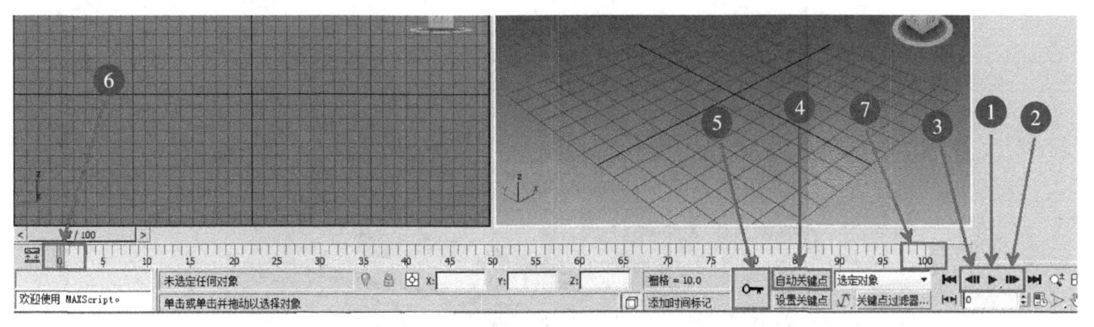

图 13 - 22　常用的动画控制命令

⑦改变动画的结束帧数(动画结束时间):Ctrl＋Alt＋鼠标右键单击时间线结束点左右拖动。

13.5　路径动画

路径约束会对一个对象沿着样条线或在多个样条线间的平均距离间的移动进行限制。路径二维物体可以是任意类型的样条线,如图 13 - 23 所示。

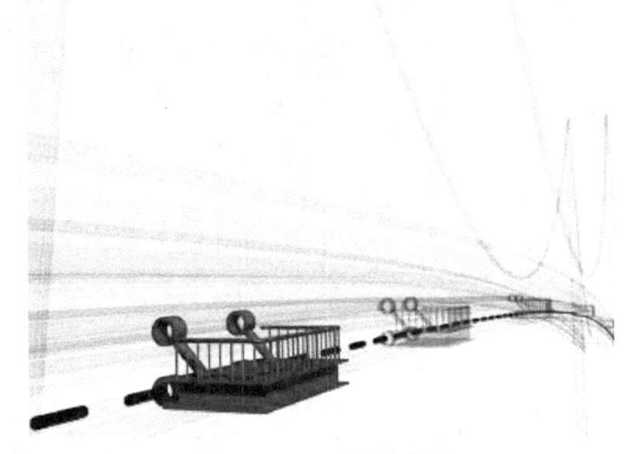

图 13 - 23　路径动画

下面我们通过制作在路径上运动的汽车来学习路径约束的工作流程。

打开素材中本章节的配套文件,是一辆汽车模型,汽车有很多零部件,这些零部件都链接到了车身底部的虚拟体上,虚拟体成为整个汽车的父物体,它的移动、旋转、缩放会带动整个车辆运动,也可以用茶壶物体代替汽车模型,模拟路径动画制作,如图 13 - 24 所示。

在顶视图根据汽车比例大小画出一条汽车需要运动的路径曲线,如图 13 - 25 所示。

选择虚拟体,进入动画菜单的约束命令,为其添加路径约束,在拖出的虚线单击路径,单击完成后发现汽车已经移动到路径上,播放动画发现汽车能够沿着路径匀速运动,只是不能根据曲线的运动方向而自动改变汽车运动方向,如图 13 - 26 所示。

选择虚拟体,进入运动命令,选中路径约束参数中的跟随复选框,这时播放动画,发现汽车能够根据曲线运动方向发生旋转,只是汽车是侧面跟随,如图 13 - 27 所示。

将路径约束中的轴向改为 Y 轴,播放动画发现汽车在路径上进行倒退运动,选中复选框翻转 Y 轴方向,这时汽车运动正常,如图 13 - 28 所示。

图 13-24 汽车模型

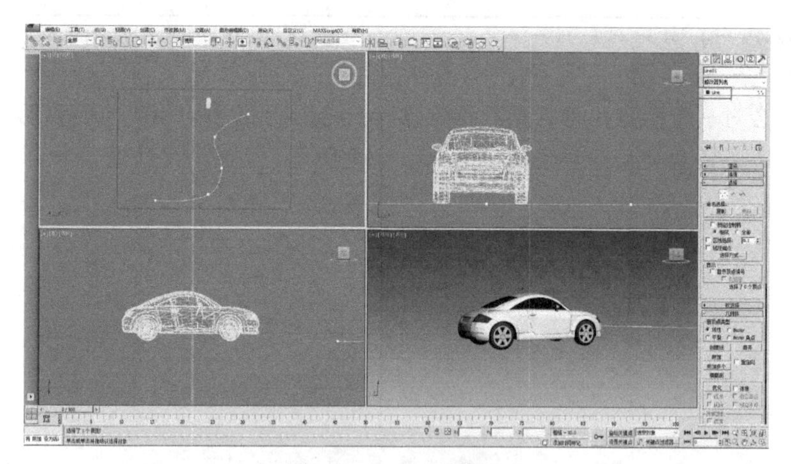

图 13-25 画出路径

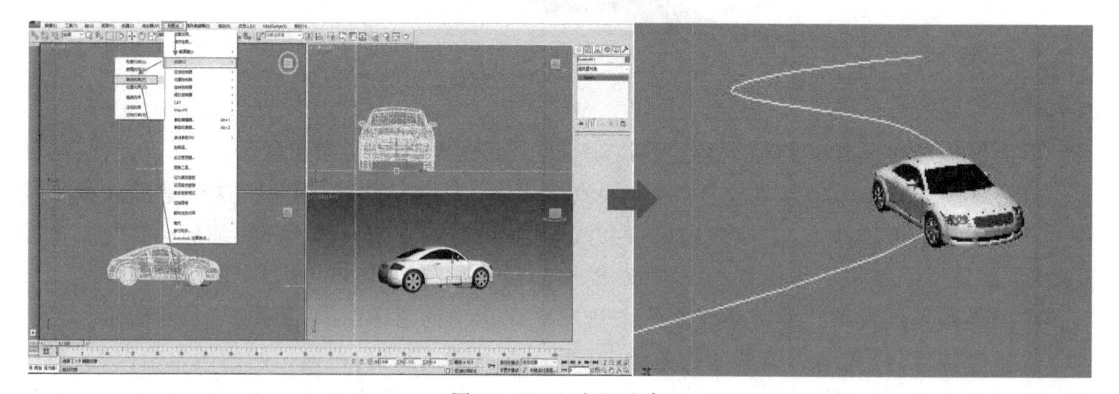

图 13-26 路径约束

为了增加车辆运动更真实的效果，可以选中路径约束的倾斜复选框，它能够模拟汽车高速运动时发生的重力倾斜，如图 13-29 所示。读者在上机练习时可以测试一下倾斜数值的正负产生的不同效果。汽车沿路径运动动画完成。

路径约束主要参数如图 13-30 所示。

图 13-27 跟随

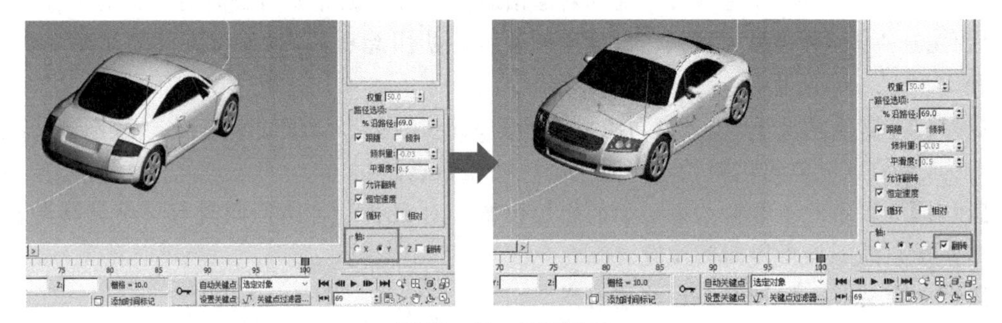

图 13-28 正常运动

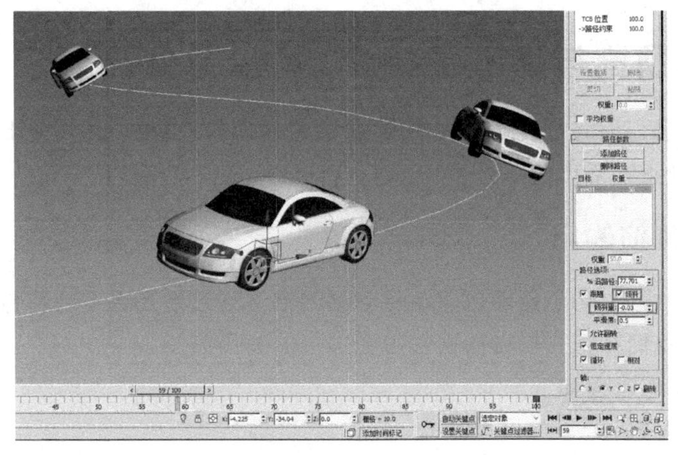

图 13-29 模拟汽车高速运动

【跟随】 在对象跟随轮廓运动同时将对象指定给轨迹。

【倾斜】 当对象通过样条线的曲线时允许对象倾斜(滚动)。

【倾斜量】 调整这个量使倾斜从一边或另一边开始,这依赖于这个量是正数还是负数。

【平滑度】 控制对象在经过路径中的转弯时翻转角度改变的快慢程度。较小的值使对象对曲线的变化反应更灵敏,而较大的值则会消除突然的转折。此默认值对沿曲线的常规阻尼是很适合的。当值小于 2 时往往会使动作不平稳,但是值在 3 附近时能较好地模拟出某种程度的真实的不稳定效果。

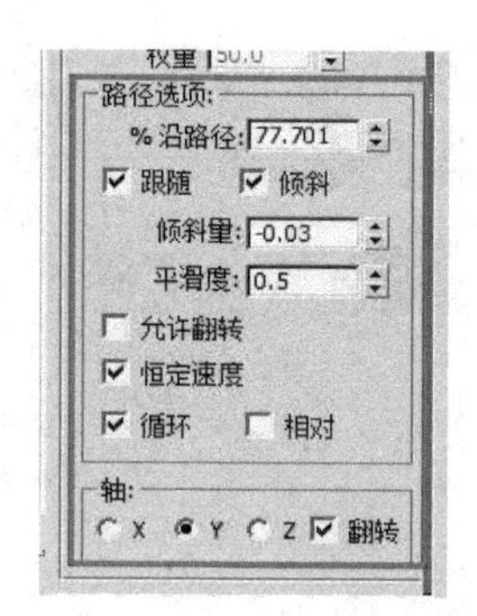

图 13-30 路径约束主要参数

【允许翻转】 启用此选项可避免在对象沿着垂直方向的路径行进时有翻转的情况。

【恒定速度】 沿着路径提供一个恒定的速度。禁用此项后,对象沿路径的速度变化依赖于路径上顶点之间的距离。

【循环】 默认情况下,当约束对象到达路径末端时,它不会越过末端点。循环选项会改变这一行为,当约束对象到达路径末端时会循环回起始点。

【相对】 启用此项保持约束对象的原始位置。对象会沿着路径同时有一个偏移距离,这个距离基于它的原始世界时间位置。

【轴】 定义对象的轴与路径轨迹对齐。

【翻转】 启用此项来翻转轴的方向。

13.6 动画预览与输出

动画制作完成后,最终都需要渲染输出,再通过后期软件合成,动画输出的方式有两种:动画预演输出和动画正式输出。

13.6.1 动画预演输出

在动画制作完成后,为了能够快速观看动画的节奏与效果是否与动画脚本要求一致,以节省正式渲染时间,我们在正式渲染前通常需要进行动画预演。

动画预演的工作流程如下。

(1)场景动画完成。

(2)单击【工具】菜单栏,选择【预览-抓取视口】→【创建预览动画】命令,如图 13-31 所示,弹出【生成预览】面板,调节预演画面大小,单击【创建】按钮进行生成。

(3)使用预览动画另存为对刚刚完成的预演进行保存。

【生成预览】面板主要参数介绍。

【活动时间段】 预览的时间范围。可以预演活动的时间段或者是用户自定义时间范围,Max 中的时间都是以关键帧为单位,如果改为 0 到 50 帧,生成的预览时间长度就是 50 帧。

【帧速率】 每秒播放多少帧画面,一般我们将它调整为每秒 25 帧(PAL 制)。

【图像大小】 预演图像大小。输出百分比 50 代表是正式输出大小的一半,正式输出的尺寸大小参考下一小节。

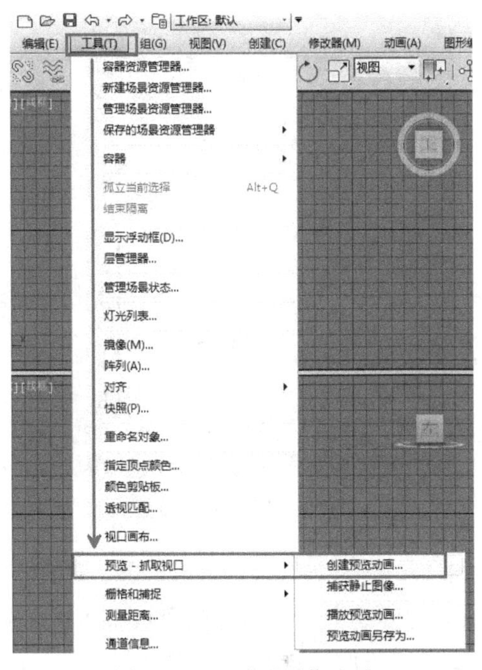

图 13－31　动画预览工具

【在预览中显示】 勾选预演中需要显示的项目，通常保持默认值，如图 13－32 所示。

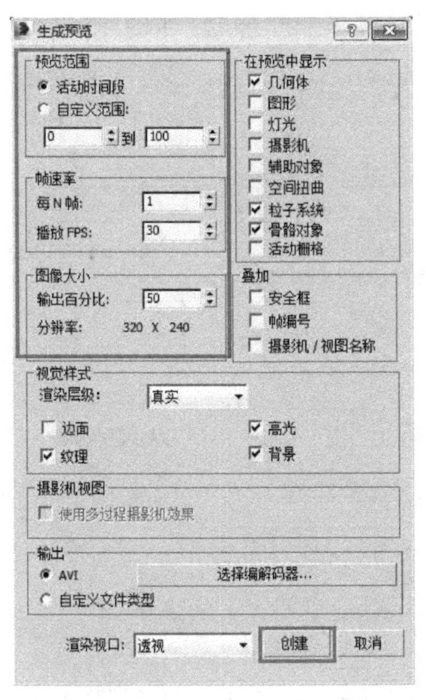

图 13－32　生成预览对话框

13.6.2　动画正式输出

动画预演完成后，如果动画效果与前期预期效果相同，我们就可以对动画进行正式输出了。单击工具栏的渲染命令，可以打开渲染面板，如图 13－33 所示。

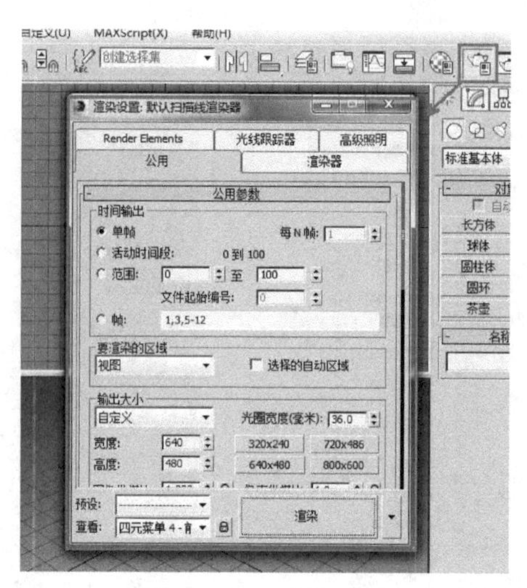

图 13-33 渲染面板

正式渲染主要参数如下。

【时间输出】 渲染动画通常要改为活动的时间段或范围。单帧指渲染 1 帧;活动时间段指渲染整个时间线长度;范围指渲染时间线某个范围,例如 50～100,就是从 50 到 100 帧;帧是指选框中的某些帧;每 N 帧指渲染时每次间隔 N 帧进行。

【输出大小】 可以是默认尺寸大小,也可以自己定义为宽频画面,如宽度 800 像素、高度 400 像素,高清是宽度 1280 像素、高度 720 像素,如图 13-34 所示。

图 13-34 渲染画面大小

渲染动画时还有一个重要的参数就是面板下方的渲染输出,动画渲染必须在渲染前指定保存的文件名称和类型,这一点是动画渲染和静帧渲染流程上的重要区别,如图 13-35 所示。

单击【文件】按钮出现保留的文件类型很多,常用的有两种动画渲染文件类型。

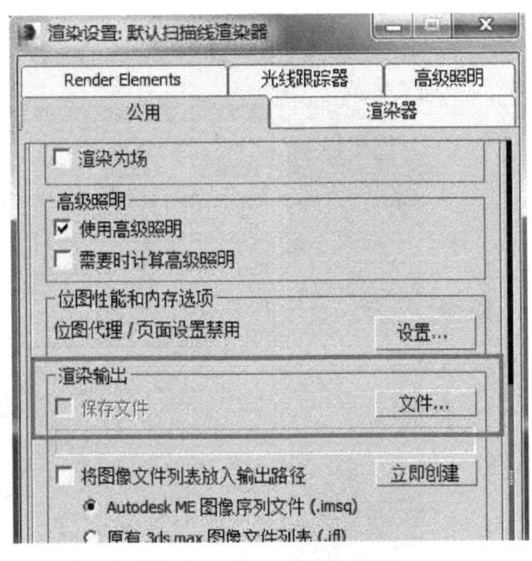

图 13-35　保存文件

(1)动画视频格式文件:avi、mov 格式文件,优点是能够用多种播放软件播放动画,缺点是不能保存图像的各种通道信息,不方便在后期软件中进一步艺术加工。

(2)静态序列文件:通常有 tga、rla、jpg 序列文件。序列文件是指每帧渲染一张图片,它们按照次序排成序列完成。序列文件的优点是方便后期加工处理,缺点是只能用内存播放器或后期软件才能播放,如图 13-36 所示。

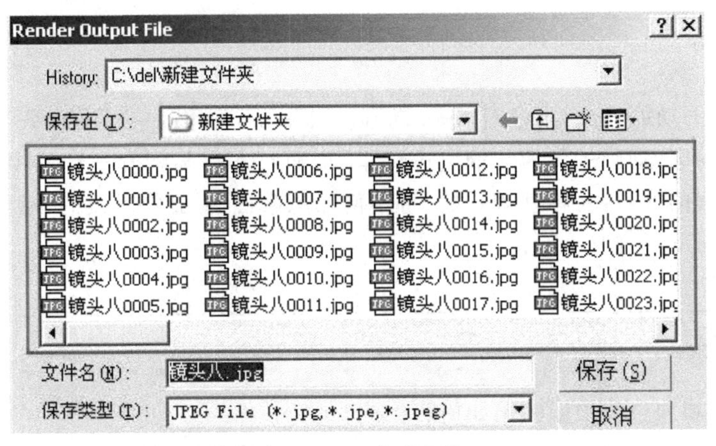

图 13-36　序列文件

序列文件的播放可以通过 Max 自带的【比较 RAM 播放器中的媒体】工具来完成。Sequence 是序列的意思,它们把所有连在一起的序列文件一次调入内存播放器中,单击播放动画,就可以看到序列文件的动画效果了,如图 13-37 所示。

13.6.3　动画预演输出与正式输出的异同

动画预演输出和动画正式输出都是动画制作过程中必不可少的组成部分,应该说每段动画正式输出前都会先进行一下动画预演。

动画预演和正式输出的优缺点如下。

(1)动画预演计算速度较快,正式输出速度较慢;一段十几秒钟的动画预演可能只要几分钟,但是正式渲染要几个小时,通过预演动画发现动画中存在的缺陷可以节省制作时间。

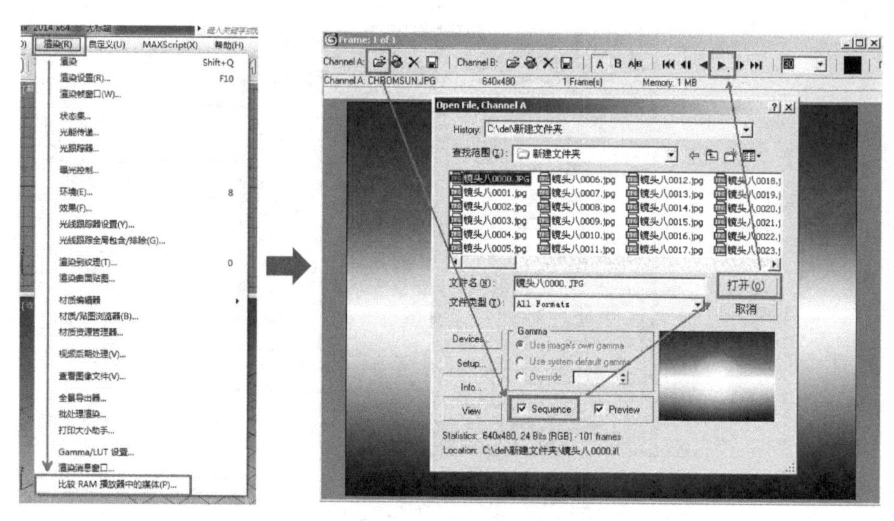

图 13－37 内存播放器播放

(2)动画预演完成后可以将获得的动画文件交后期人员进行配音、剪辑等处理,加快整体动画制作的同步进行。

(3)动画预演没有材质灯光效果,正式渲染有很好的材质、灯光、大气特效等效果。

本章小结

3ds Max 动画功能强大,本章对 Max 动画基础知识、常用的三维动画分类、关键帧动画的产生方法、路径动画、动画的预演与输出进行学习,通过本书与配套视频或中国大学 mooc《三维动画基础》课程的学习,从零基础开始,将案例熟悉掌握,做到举一反三、活学活用,为提升三维动画创作能力打好基础。

思考与练习

1. 手动关键帧和自动关键帧是如何产生的?
2. 如何产生关键帧的 6 种颜色,它们各代表什么动画信息?
3. 动画输出有哪些形式? 各自有什么特点?